WILEY

유압제어 시스템

유압기초부터 모델링까지

HYDRAULIC CONTROL SYSTEMS

허준영 옮김

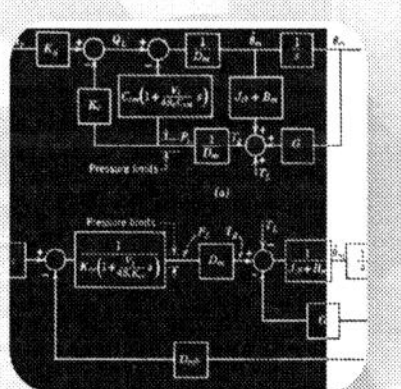

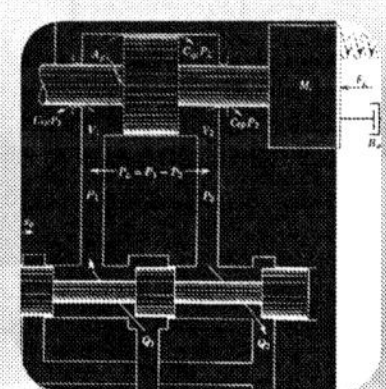

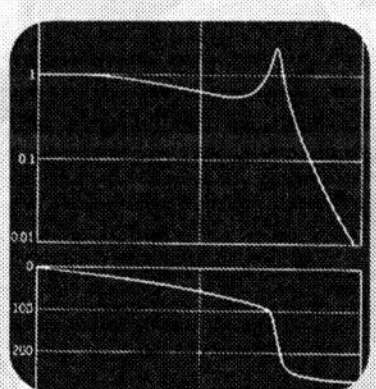

HERBERT E. MERRITT

홍릉과학출판사

HYDRAULIC CONTROL SYSTEMS

Herbert E. Aerritt저
허준영 역

ISBN 978-0-470-64612-0
Printed in the United States of America
ISBN 0 471 59617 5

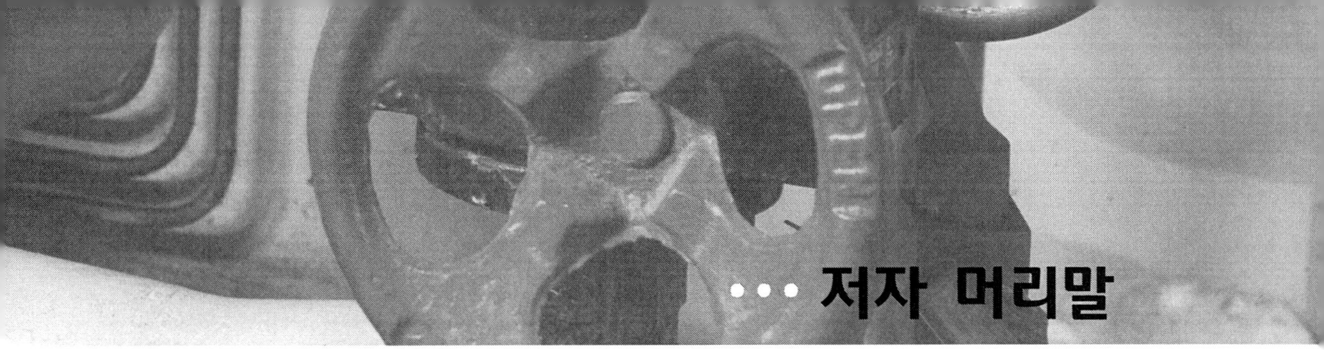

••• 저자 머리말

금세기에 특히 제2차 세계대전 이후 기계장치의 유압제어에 관한 분야는 큰 발전을 이루었다. 유압제어의 성장은 운송장비와 농장장비, 건설장비, 산업기계, 가공장비에서 그리고 선박제어와 방재제어, 항공, 미사일을 포함한 수많은 다른 응용의 발전과 함께 이루어졌다. 이 책에서 대학과정의 피드백제어이론을 수강한 수준의 현장기술자와 학생을 대상으로 유압시스템 설계 시에 비용과 시간을 소비하는 시행착오적인 과정을 대체하는 유용한 이론적인 설계기술을 서술하였다. 유체역학과정이 매우 도움이 되지만 필수과정은 아니다. 나는 독자에게 많은 수식을 남겨 놓기보다는 결론적인 설계 관계식을 쓰려고 노력하였다. 이 책의 구성은 다음과 같다.

제1장 서론
기본적으로 유체역학에서 필요한 내용들에 대한 복습

제2장 작동유의 물리화학적인 성질

제3장 다양한 통로에서 유체 흐름과 기본 유압방정식
유압서보 제어시스템의 부품 설명

제4장 유압 액추에이터의 특성

제5장 유압제어밸브들, 주로 스풀과 플래퍼 형식들

제6장 유압제어서보에서 기본 동력단위인 밸브와 액추에이터 조합 혹은 액추에이터를 제어하는 펌프와의 조합

제7장 전기유압서보밸브의 기본적인 형식과 토크모터의 정적, 동역학적 분석
시스템적인 주제

제8장 전기유압서보의 주요 형식

제9장 유압기계서보

제10장 유압시스템의 비선형성에 따른 영향
시험과 리밋사이클 발생에 대한 실제적인 제안

제11장 유압동력 생성에 일반적으로 잘 사용되는 제어밸브들

제12장 유압동력 공급과 제어와의 상호작용

역자 머리말

유압제어기술은 현재에도 산업현장에서 많이 사용되고 있다. 인건비와 기계기술의 수준, 기술의 난이도를 고려할 때 우리나라에서 잘 할 수 있는 분야 중에 하나이다. 우리나라 유압기술자들은 산업현장에서 유압기술을 경험적으로 습득한 경우가 많다. 이는 대학에서 유압기술을 교과목으로 가르치는 데가 적고, 있다고 하더라도 실험실습을 통하여 체험화시키는 데에 한계가 있기 때문이다. 유압기술은 유체의 흐름을 잘 이해하고 있어야 하며, 시스템 제어도 이해해야 하기 때문에 처음에 시작은 쉬어도 할수록 어려워지는 기술분야이다. 유압기술 개발은 1960년대에 정점에 도달한 후에 지금까지 응용분야를 다양하게 늘려오고 있다. 이 책은 거의 유압기술 개발의 정점에서 완성된 책으로 유압요소 설계와 유압시스템 제어에 대하여 자세히 다루고 있어서 이 분야의 바이블과 같은 위치를 차지하고 있다고 볼 수 있다.

요즈음에는 이 책이 쓰여졌던 1967년과는 다르게 강력한 시뮬레이션 소프트웨어들이 개발되어 있어서 새로운 유압시스템을 개발하는 데에 시뮬레이션 소프트웨어를 많이 사용하고 있는 실정이다. 각종 유용한 소프트웨어들의 기본 구조는 유압부품의 대표적인 형상을 그림기호로 나타내고, 사용자는 이 그림기호들을 끌어와서 대상으로 하는 유압시스템을 구성해 낸다. 다음 과정으로는 이를 미분방정식으로 만들어 주고 잘 개발된 솔버(solver)를 사용하여 시간에 대하여 적분한 다음 그 결과를 보여주는 방식이다. 이 과정이 기계적으로 또는 자동으로 진행되어 사용자가 수치해석에 대한 깊은 지식이 없어도 무방하다. 역자가 유압공학을 공부했던 1980년 경에는 시뮬레이션 소프트웨어들이 태동하는 시기로 적당한 것이 없어서 사용자가 직접 모델링하여 미분방정식으로 만들고 Runge-Kutta 또는 Adams-Moulton법 같은 적분방법을 통하여 시간에 대해 적분한 다음, 별도의 그래픽 소프트웨어를 사용하여 그림으로 나타내었다. 이 전에 비하여 시뮬레이션 소프트웨어를 사용할 수 있는 요즈음은 자칫 유압시스템을 쉽게 해석할 수 있는 것으로 생각되기도 하나 모델링 과정이나 그 과정에서의 가정, 각종 파라미터들의 특성을 이해하고 있어야 하는 점에서는 전과 동일하다고 할 수 있겠다. 따라서 이 책의 중요도는 아직도 여전하다고 할 수 있다. 본 교재는 대학원 수준의 교재로 사용될 수 있으며, 현장의 유압기술전문가 또는 유압요소설계자들에게 유용한 참고서가 될 수 있을 것이다.

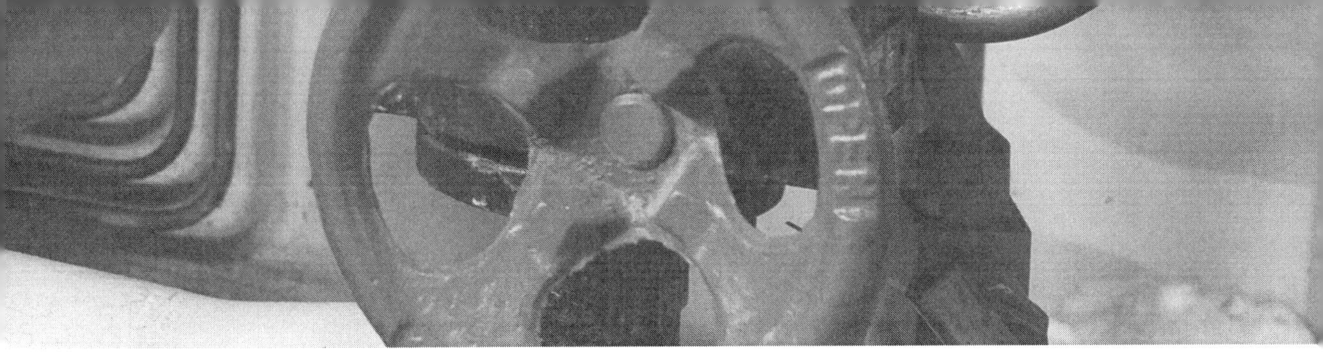

이 책에서 사용하는 단위가 lb, in, °F를 사용하는 영국 공학단위이어서 우리에게 불편한 점은 예제를 사용하여 SI 단위로 환산토록 하여 독자의 이해를 돕도록 하였다. 전문 용어의 번역은 가능한 한 대한기계학회에서 용어집의 용어를 사용하도록 노력하였는데, 의미의 전달을 효율적으로 하기 위하여 필요한 부분에는 영어를 병기하였다. 좋은 번역서가 되도록 노력하였으나 오역이나 부적절한 용어에 대해서는 독자들의 지적과 조언에 따라 수정코자 한다.

이 책 번역의 초벌작업에 함께한 한국기술교육대학교 유공압연구실 구성원인 최순우 소장과 강용주 사장, 김철재, 이선형, 이세진, 문강현, 김대호, 정성원, 박성수 군에게 감사를 표한다. 그리고 이 책의 중요성을 일깨우고 독려해 주신 부경대학교 이일영 교수님께 감사드린다. 끝으로 본 역서를 출판하도록 배려해 주신 홍릉과학출판사의 관계자 여러분께 감사드린다.

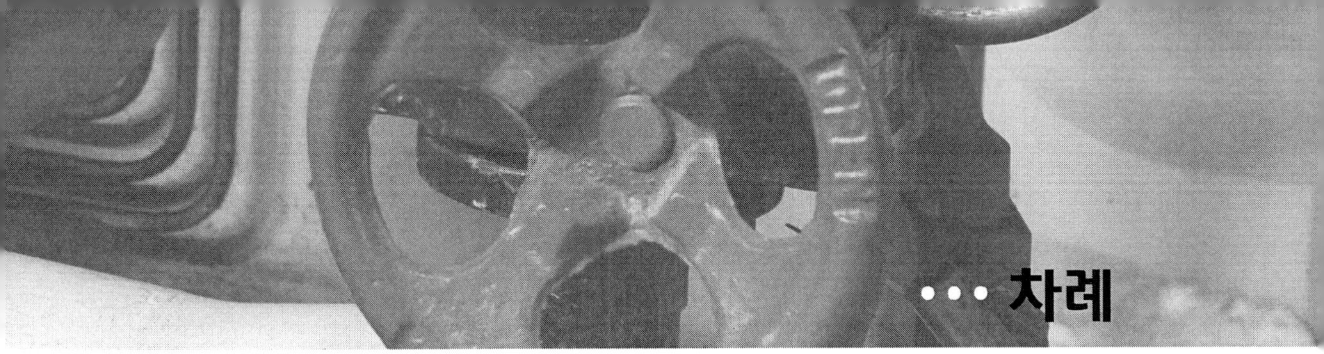

차례

제1장 서 론

제2장 유압작동유

제3장 유체 흐름의 기초

제4장 유압펌프와 모터

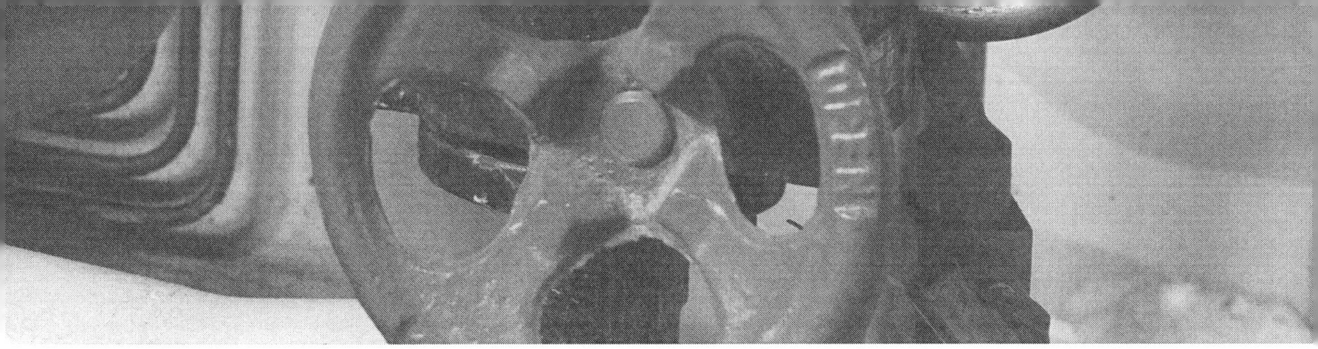

제5장 유압제어밸브

제6장 유압으로 제어되는 모터와 실린더

제7장 전기유압 서보밸브

제8장 전기유압 서보기구

제9장 유압기계적 서보기구

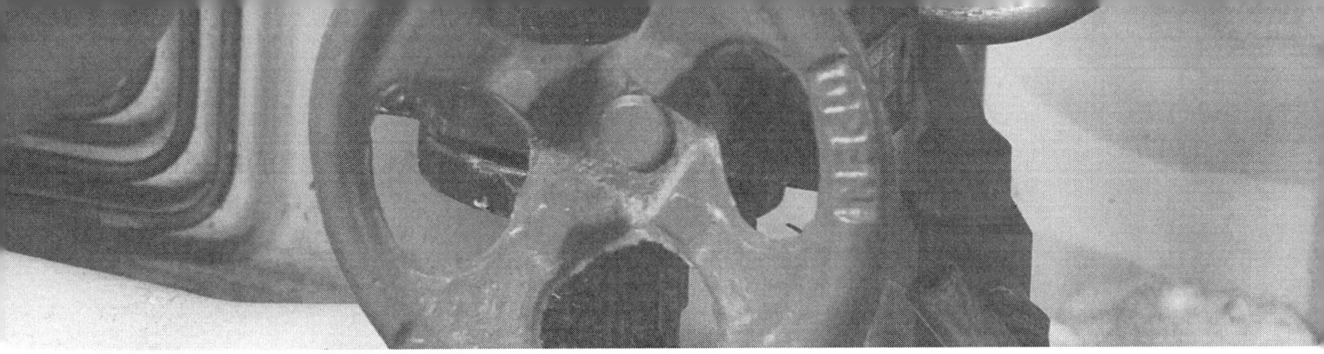

제10장 제어시스템의 비선형성

제11장 압력과 유량제어밸브

제12장 유압동력 공급장치

찾아보기 / 311

제1장 서 론

인간이 다룰 수 있는 동력의 양은 점점 증가하는 추세에 있기 때문에 현대제어시스템의 엄격성은 유압제어시스템의 이론과 설계, 응용에 집중된 관심을 갖도록 하였다. 유체 흐름의 과학인 유압공학은 특히 유압제어분야로 최근에 다시 각광받기 시작하였다. 유압부품과 시스템은 많은 수송기계와 항공기, 산업에 응용된다.

1-1 유압제어의 장점과 단점

제어의 다른 방식과 비교할 때 유압제어는 많은 특징이 있다. 이 특징들이 유압제어가 널리 사용되는 기본적인 이유이다. 장점들은 다음과 같다.

1. 내부손실에 의한 발생 열은 많은 기계에서 기본적인 제한조건이다. 온도가 올라가면서 윤활이 나빠지거나, 기계부품이 끼이거나, 절연이 파괴된다. 유압작동유가 발생한 열을 편리한 열교환기로 운반하므로 이 점에 있어서 유압부품은 다른 것에 비해 뛰어나다. 이 특징은 더 작고 가벼운 부품을 만들 수 있도록 한다. 작으면 틈새가 작아지고, 열발생이 심화될 수 있는데, 이를 방지할 수 있기 때문이다. 이러한 특징은 유압부품을 더 작고 가볍게 만들 수 있도록 한다. 유압펌프와 모터는 4.5 hp/kg 이상의 무게에 대한 동력비로 사용할 수 있다. 작고 간편한 시스템은 이동장비와 항공기 장착에서 매력적이다.

2. 유압오일은 또한 윤활유로서 역할을 하여 부품수명을 길게 한다.

3. 유압부품에는 전기장치의 자성재료의 포화와 손실 같은 현상이 없다. 전기모터의 회전력은 전류에 비례하다가 자기포화에 의해 제한된다. 유압 액추에이터(예로, 모터, 피스톤)의 회전력은 압력차에 비례하고 오로지 안전강도 레벨에 의해서 제한된다. 그러므로 유압 액추에이터는 상대적으로 비교적 작은 장치로 큰 회전력을 만들 수 있다.

4. 전기모터는 기본적으로 인가된 전압에 따라 장치가 일정한 속도로 구동하기까지 시간 지연(1차 지연)이 발생한다. 유압 액추에이터는 기본적으로 유입 흐름에 대하여 출력속도를 발휘할 때 높은 고유진동수를 갖는 2차 지연시스템이다. 그러므로 유압 액추에이터는 빠른 시작과 정지, 속도반전 등에서 높은 반응속도를 가진다. 관성에 대한 회전력 비(Torque/inertia)가 커서 결과적으로 높은 가속성능을 가진다. 따라서 유압서보시스템은 높은 시스템 게인과 대역폭(bandwidth)이 가능하다.

5. 유압 액추에이터는 연속 또는 간헐, 역회전이 가능하고 손상없이 정지할 수 있다. 릴리프밸브의 보호로 유압 액추에이터가 움직이는 물체를 정지시키는 데 사용될 수도 있다.
넓은 속도범위를 무단으로 제어할 수 있다. 직선형과 회전 액추에이터가 모두 사용가능하다.

6. 유압 액추에이터는 다른 운동장치에 비해 누설이 작아 높은 강성(stiffness)을 갖는다. 따라서 부하를 인가해도 속도가 거의 감소하지 않는다. 이것은 폐회로 시스템에서 위치 강성(positional stiffness)을 높이고 위치오차를 최소화 한다.

7. 유압 액추에이터의 개루프제어와 폐루프제어는 밸브와 펌프를 사용하여 비교적 간단히 이루어진다.

8. 동력전달은 유압관로를 통해 적당히 간편하다. 에너지 저장은 축압기(Accumulator)를 통해 비교적 간단하게 이루어진다.

유압제어가 주는 많은 분명한 장점에도 불구하고 몇 개의 단점은 이들 사용을 제한하는 경향이 있다. 주된 단점은 다음과 같다:

1. 유압동력은 항상 유압동력장치가 필요하므로 전기동력과 같이 간편하지 않다. 이것은 이동형 응용과 항공응용에서는 그렇게 심각하지 않지만 대부분의 고정형 응용에서는 위협이 된다.

2. 유압부품을 사용하면 높은 정밀도를 얻는 대신에 가격이 비싸다.

3. 유압오일이 온도의 상한을 제한한다. 만약 유압시스템이 발화 원인 근처에서 사용된다면, 화재와 폭발위험이 있다. 그러나 이 같은 상황들은 난연성 작동유의 사용으로 개선되었다. 유압시스템을 보수유지하는 데 기름의 누출을 막기 어렵기 때문에 지저분하다. 시스템에 파손이 생기면 오일을 완전히 손실할 수 있다.

4. 오일을 불순물에 오염되지 않게 유지하는 것은 불가능하다. 오염된 오일은 밸브와 액추에이터를 막을 수 있고, 만약 오염물질이 거친 알갱이 형태라면, 영구적인 성능저하나 고장을 일으킨다. 오염된 오일은 유압시스템 고장의 주요 원인이다. 따라서 유압제어에서 깨끗한 오일과 신뢰성은 같은 의미를 갖는다고 할 수 있다.

5. 유압시스템 해석의 복잡성 때문에 기본설계 과정들이 부족하고 어렵다. 예를 들어, 저항에 흐르는 전류는 간단히 옴의 법칙으로 표현된다. 이와 비교하여 유로를 흐르는 유압저항을 표현하는 단일 공식이 없다. 이 같은 간단한 문제에 대해 유압시스템에서는 레이놀즈 수와 층류, 난류, 유로의 기하학, 저항인자, 방출계수와 같이 고려해야 할 많은 요소들이 있다.

6. 수학적 계산과 오차감지, 증폭, 계측, 보상을 목적으로 하는 낮은 동력의 신호처리에서 유압은 전자 또는 전기기계 장치만큼 유연하거나, 선형적이고, 정밀하고, 값싸지 않다. 그러므로 일반적으로 유압장치는 낮은 동력의 제어시스템에서는 바람직하지 않다.

유압동력은 우수한 특징들을 갖고 있지만 낮은 동력레벨에서는 비교적 유연성이 떨어지기 때문에 시스템의 낮은 동력부분은 기계적으로 혹은 전자기계적 수단으로 이루어진다.

1-2 디자인에 대한 일반적인 설명

'디자인'라는 용어는 목적을 완수하는 가능한 기계장치의 스케치와 대략적인 개념도를 요구하는 창의성을 의미하거나 부품이나 시스템을 이루는 장치의 선택과 크기결정에 필요한 공학적인 계산과 분석을 의미한다. 또한, 디자인은 재료선정과 세세한 계산, 그리고 전체 공학도면 제작을 의미하기도 한다. 이 책은 유압이 동력인 제어시스템의 해석과 디자인(종이와 연필에 의한)을 지향한다. 여기서 디자인이란 적절한 크기를 산정하는 것을 의미한다. 완성장치에서 재질과 강도 레벨, 실(seal)에 대한 것들도 동등하게 중요함에도 불구하고, 이들은 시스템의 동적 성능에 직접적으로 관련이 없고 다른 행정허가 기관에서 취급된다.

유압부품을 설명하는 미분방정식은 비선형이고, 고차식이다. 따라서 유압서보시스템의 설계에는 컴퓨터가 사용된다. 그 과정은 시스템을 기술하는 미분방정식을 쓰고 컴퓨터를 사용하여 시간에 대해 적분하는 방식이다. 상수들은 계산된 성능(안정성, 정확성, 응답속도)이 만족될 때까지 조절된다. 그 다음에 계산결과에 근거하여 그와 같이 동작할 것이라는 희망으로 시스템이 제작된다. 그러나 물리적 성능은 희망한 것과는 다르게 나올 수 있다. 이때는 다음과 같은 사항을 면밀히 검토해 보아야 한다.

1. 초기의 방정식에 사용된 기본 가정(assumption)이 유효한가?
2. 모든 영향이 고려되었는가?
3. 예상하지 않은 약간의 비선형성이 엉뚱한 결과를 초래하였는가?
4. 이론이 잘못 되었는가?

실제로, 컴퓨터 시뮬레이션은 마지막 확인을 위한 것이고, 이를 실시하기 전에, 시스템에 대해 종이와 연필을 사용한 해석과 설계가 진행되면, 많은 시간과 문제발생을 방지할 수 있다. 견실한 공학적 판단으로 주의깊게 진행하면, 많은 경우에 컴퓨터 계산은 필요하지 않다. 판단이 아주 어렵고 복잡한 경우에는, 컴퓨터 계산이 필요하나 이러한 경우는 예외이다. 최근 복잡한 비선형 미분방정식들을 푸는 컴퓨터 프로그램의 발전으로, 이제 정확한 해의 비교를 위해, 근사적인 결과를 결정하는 예비적인 검토가 더욱 필요하게 되었다. 문제의 물리적 수학적 공식화가 더욱 중요해졌다.

예비적인 동적 검토는 필연적으로 선형화된 미분방정식에 한정되는데, 이것은 선형화되어야만 큰 어려움 없이 풀 수 있기 때문이다. 동적 성능에 관심이 있다면, 선형해석은 다음의 상황을 고려하는 적당한 툴이다.

1. 주로 초기 방정식을 얻기 위해 만들어진 기본 가정을 고려하고,
2. 실험적 상관의 수적 우세를 반영하고,
3. 일반 성능지수를 반영한다.

더욱이 대수적(algebraic)이거나 유압 관련식에서 나타나는 단일 값을 갖는 비선형성들은 보통 예상 값과 실제 결과 값의 차이를 만드는 원인이 아니다. 그 차이의 원인이 되는 두 가지 기본

현상은:

1. 리밋사이클(limit cycle) 진동을 일으키는 것으로 알려진 백래시(backlash)같은 복수값(multi value)을 가지는 비선형성들
2. 유압해석에서 사용한 물리량의 형식들이다.

유압제어 해석에서 물리량을 2가지 형식으로 구분한다: 하드(hard)량과 소프트(soft)량이다. 하드량은 꽤 정확히 결정되고 상대적으로 상수를 유지하는 값이다. 짧게 말해서 하드량은 쉽게 확인되고 계산되고 제어할 수 있다. 이에 비해 소프트량은 가장 좋은 경우라야 일정한 범위의 값을 갖는 것이다. 소프트량은 신뢰하기 어렵고, 애매하고, 잘 모르거나 제어할 수 없는 변수의 함수이다. 한 예로, 간단한 스프링-질량 배열을 생각하자. 질량과 스프링 상수는 하드량이고, 결과적으로 비감쇠 고유진동수도 하드량이다. 그러나 감쇠율은 측정될 수 있는 값을 가짐에도 불구하고, 계산하기 어려운 소프트량이다.

서보시스템에서 가장 중요한 특성은 안정성으로, 안정성은 하드량들로 개발해야 한다. 사실 시스템설계는 성능을 좌우하는 하드량의 숫자로 판단할 수 있다. 만약 어떤 성능지수가 소프트량에 따른다면, 그에 따라 애매한 물리적 성능이 예측될 것이다. 예로 1단 릴리프밸브의 안정성은 무엇보다도 밸브의 압력민감도에 따라 결정된다. 이것은 밸브의 닫힌 상태에서의 기하학적 구조, 밸브의 마모 등에 따르는 소프트량이고, 이들 밸브는 채터링 현상을 수반하는 것으로 잘 알려져 있다. 이에 비해 비보상(uncompensated)된 전기유압서보의 안정성은 밸브유량게인과 피스톤 면적과 같은 하드량에 의존하고, 이들의 안정성은 실제로 확실하다. 그러므로 이 책의 의도는 물리량들이 성능에 어떻게 관계하는지에 더하여, 물리량들의 품질을 판단하는 능력을 기르도록 하는 것이다. 이러한 공학적 판단은 유압제어의 이론적 설계를 위해 절대적으로 필요하다. 설계자는 항상 필요한 성능이 소프트량에 의존하는지 반드시 확인해야 한다. 우수한 시스템을 만들기 위해서는 시스템을 표현하는 방정식들의 정확한 수학적 해를 얻는 것보다는 물리량들의 품질과 이 물리량들이 설계에서 어떻게 작용하는지에 더 주의해야 한다.

참고문헌

[1] Blackburn, J. F., G. Reethof, and J. L. Shearer, *Fluid Power Control*. New York: Technology Press of M.I.T. and Wiley, 1960.

[2] Ernst, W., *Oil Hydraulic Power and Its Industrial Applications*, 2nd ed., New York: McGraw-Hill, 1960.

[3] Lewis, E. E., and H. Stern, *Design of Hydraulic Control Systems*. New York: McGraw-Hill, 1962.

[4] Morse, A. C., *Electrohydraulic Servomechanisms*. New York: McGraw-Hill, 1963.

[5] Pippenger, J. J., and T. G. Hicks, *Industrial Hydraulics*. New York: McGraw-Hill, 1962.

[6] Pippenger, J. J., and R. M. Koff, *Fluid-Power Controls*. New York: McGraw-Hill, 1959.

[7] Fitch, Jr., E. C., *Fluid Power and Control Systems*. New York: McGraw-Hill, 1966.

제2장 유압작동유

액체(liquid)와 기체(gas)를 모두 포함하는 유체(fluid)는 작은 전단력이라도 가해지면 변형되는 특성이 있다. 액체와 기체는 상대적인 비압축성에 의해 구분된다. 그리고 액체는 자유표면을 가지는 반면에, 가스는 제한된 공간을 채우기 위해 팽창한다. 제어분야에서 유압(hydraulic)이라는 용어는 액체를, 공압(pneumatic)이라는 용어는 가스를 사용하는 시스템을 설계하는 것으로 사용된다. 유압시스템에서 액체는 동력을 전달하는 매체이기 때문에 이의 특성에 대한 지식이 꼭 필요하다.

이 장의 목적은 유체의 유용한 물리적 성질을 정의하고, 관련된 화학적 성질과 유체의 선택, 사용가능한 유체의 종류를 논의하는 것이다. 이 책에서는 영국단위계(힘: 파운드, 길이: 인치, 시간: 초, 온도: 화씨)를 사용한다.

2-1 밀도와 관련 물리량

비중량(Weight-density)은 체적에 대한 재료의 무게로 정의된다. 기호 γ가 비중량으로 사용되고 단위는 lb/in.^{3}이다. 석유계 작동유의 근사 비중량은 γ=0.03 lb/in.^{3}이다. MIL-H-5606B 유압작동유의 비중량은 그림 2-1과 같다.

밀도(Mass-density)는 체적에 대한 질량으로 정의된다. 기호 ρ가 사용되고 단위는 lb-sec^2/in.^{4}이다. 비중량과 밀도의 관계식은

$$\rho = \frac{\gamma}{g} \tag{2-1}$$

여기서 g는 중력가속도이고, g=386 in./sec^{2}이다. 석유계 작동유의 근사 밀도는 ρ=0.78*10^{-4} lb-sec^2/in.^{4}이다.

비중(Specific gravity)은 일정한 온도와 체적에서 물의 질량(또는 무게)에 대한 재료의 질량(또는 무게)의 비율이다. 비중은 단위가 없고 기호 σ와 SG가 자주 사용된다. 그러나 온도는 지정되어야 한다. 미국 석유산업계는 60°F(15.6℃)를 유압작동유의 비중 표준온도로 선정하였다. 따라서 60°F에서의 물과 60°F에서의 오일 비중이 σ 60/60°F로 표시된다. 유압유체의 비중은 석유계가 약 0.8에서부터 염소화탄화수소계(chlorinated hydro-carbons)가 1.5까지의 범위이다.

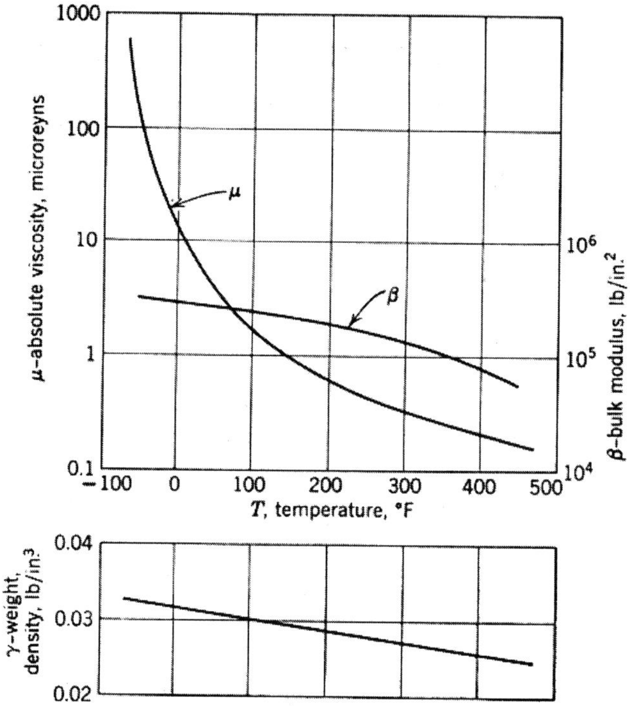

그림 2-1 MIL-H-5606B 작동유의 절대점도와 체적탄성계수, 비중량

예 제

2-1 석유계 작동유의 비중량은 $\gamma = 0.03$ lb/in.^{3}이다. [kgf/m^3] 단위로 나타내어라.

【풀이】 1 lbf=0.4536 kgf , 1 in. =0.0254 m이므로,

$$\gamma = 0.03\left[\frac{\text{lbf}}{\text{in.}^3}\right] \times \frac{0.4536\,[\text{kgf}]}{1\,[\text{lbf}]} \times \frac{1\,[\text{in.}^3]}{(0.0254\,[\text{m}])^3} = 830.4\left[\frac{\text{kgf}}{\text{m}^3}\right]$$

2-2 석유계 작동유의 밀도는 $\rho = 0.78{*}10^{-4}$ lb-sec^2/in.^{4}이다. SI 단위로 나타내어라.

【풀이】 $$\rho = 0.78\times 10^{-4}\left[\frac{\text{lbf}\cdot\text{sec}^2}{\text{in.}^4}\right] \times \frac{0.4536\,[\text{kgf}]}{1\,[\text{lbf}]} \times \frac{1\,[\text{in.}^4]}{(0.0254\,[\text{m}])^4} = 85.0\left[\frac{\text{kgf}\cdot\text{sec}^2}{\text{m}^4}\right]$$

또는

$$\rho = 85.0\left[\frac{\text{kgf}\cdot\text{sec}^2}{\text{m}^4}\right] \times \frac{9.8\,[\text{kg}\cdot\text{m/sec}^2]}{1\,[\text{kgf}]} = 830.4\left[\frac{\text{kg}}{\text{m}^3}\right]$$

2-2 액체의 상태방정식

액체의 밀도는 압력과 온도의 함수이다. 유체(액체와 기체)에서 밀도와 압력, 온도에 관한 함수는 상태방정식이다. 액체의 상태방정식은 물리적인 원리로부터 수학적으로 유도할 수 없다. 반면에 가스의 상태방정식은 기체의 운동이론에서 유도할 수 있다. 그러나 액체에 대해서는 압력과 온도의 함수인 밀도의 변화가 작기 때문에, 테일러(Taylor) 급수에서 두 변수에 대한 처음 3항만을 근사적으로 사용할 수 있다. 그러므로

$$\rho = \rho_0 + \left(\frac{\partial \rho}{\partial P}\right)_T (P - P_0) + \left(\frac{\partial \rho}{\partial T}\right)_P (T - T_0) \tag{2-2}$$

여기서 ρ, P, 그리고 T는 액체의 밀도와 압력, 온도이고 초기값은 ρ_0, P_0, T_0이다. 식 (2-2)를 좀 더 간편한 모양으로 정리하면,

$$\rho = \rho_0 \left[1 + \frac{1}{\beta}(P - P_0) - \alpha(T - T_0)\right] \tag{2-3}$$

여기서

$$\beta \equiv \rho_0 \left(\frac{\partial P}{\partial \rho}\right)_T \text{ and } \alpha \equiv -\frac{1}{\rho_0}\left(\frac{\partial \rho}{\partial T}\right)_P$$

식 (2-3)이 액체의 선형화된 상태방정식이다. 밀도는 압력이 올라가면 증가하고, 온도가 올라가면 감소한다. 밀도는 체적에 대한 질량이므로 체적으로 나누어진다. β와 α에 대한 동등한 표현식은

$$\beta = - V_0 \left(\frac{\partial P}{\partial V}\right)_T \tag{2-4}$$

$$\alpha = \frac{1}{V_0}\left(\frac{\partial V}{\partial T}\right)_P \tag{2-5}$$

여기서 V는 액체의 전체 체적이고, V_0는 초기의 전체 체적이다.

β량은 일정 온도에서 체적이 변화할 때 압력의 변화량이고 액체의 등온 체적탄성계수(isothermal bulk modulus)라고, 또는 단순히 체적탄성계수(bulk modulus)라고 한다. $(\partial P/\partial V)_T$가 항상 음수이므로, 체적탄성계수는 항상 양의 값을 갖고, 석유계 작동유는 약 220,000 lb/in.^{2}이다. 그러나 실제로는 이런 큰 값이 거의 없는데, 그것은 작동유에 가스가 조금이라도 포함되면 급격히 체적탄성계수가 감소하기 때문이다. 뒤의 장들에서 논의되듯이, 체적탄성계수는 유체의 강성(stiffness)에 관계하므로 유압시스템의 동적 성능을 결정하는 가장 중요한 유체 특성이다.

단열 체적탄성계수(adiabatic bulk modulus) β_a도 정의될 수 있다. 단열과 등온 체적탄성계수의 관계는 다음과 같다.

$$\beta_a = \frac{C_p}{C_v}\beta \tag{2-6}$$

여기서 C_p/C_v는 비열비이다. 이 비율은 액체의 경우에 1보다 약간 크기(2-4절 참조) 때문에 단열과 등온 체적탄성계수를 구분하여 정의하는 것이 어렵고(거의 같은 값을 가진다), 특히 공기를 포함한 경우와 유연한 기계시스템의 경우에 더욱 그렇다. 2-5절에서는 시스템 체적탄성계수의 실제값 산출을 다룬다. β의 역수는 c로 나타내고 액체의 압축성(compressibility)이라고 한다. MIL-H-5606B 유압작동유의 체적탄성계수를 그림 2-1에 나타낸다.

α량은 온도변화에 따른 체적의 부분적인 변화량이고 체적팽창계수(cubic expansion coefficient)라고 한다. 석유계 작동유의 체적팽창계수는 약 $\alpha = 0.5\times10^{-3}(°\mathrm{F})^{-1}$, 즉, 온도가 100°F 증가하면 체적이 약 5% 증가한다.

2-3 점도와 관련된 물리량

점성(viscosity)은 윤활을 위해서 절대적으로 필요하다. 만약 유체의 점성이 너무 낮으면, 누유량이 증가하고 점성이 너무 높으면 유체마찰로 추가의 동력손실 때문에 구성요소의 효율이 감소한다. 실제로 유압작동유를 나타낼 때 특정 온도에서 특정 점도를 갖는 것으로 나타낸다. 예로, 130°F에서 150 SSU인 오일.

뉴턴(Newton)이 점성을 처음으로 정량적으로 정의하였다. 그림 2-2의 피스톤과 실린더를 참조하면 반경방향의 틈새(radial clearance) C_r은 유체로 채워져 있다. 뉴턴은 상대운동을 만들기 위해서는 힘이 필요한 것을 관찰하였다. 이 힘은 유체의 내부마찰 또는 전단저항의 측정값으로 접촉면적과 속도에 비례하고 간극에 반비례한다. 그러므로

$$F = \mu A \frac{\dot{x}}{C_r}$$

비례상수 μ는 유체의 절대점도(또는 점성계수, coefficient of viscosity 라고도 한다)이다. 이 경우에, $A = \pi DL$이므로, 다음과 같이 얻어진다.

$$F = \frac{\pi DL\mu}{C_r}\frac{dx}{dt} \tag{2-7}$$

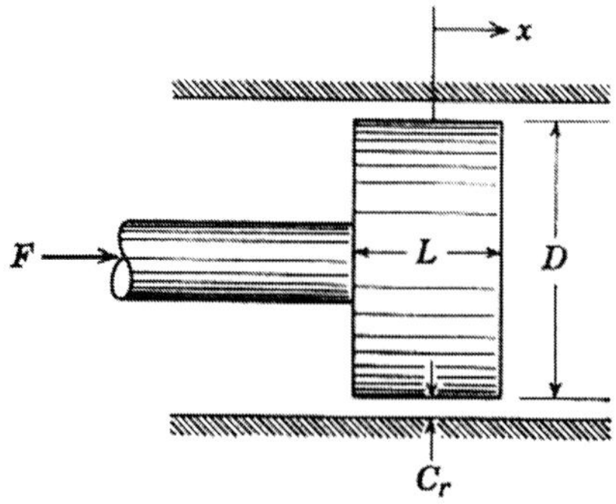

그림 2-2 실린더 내의 동심된 피스톤

만약 어떤 주어진 온도에서 절대점도가 전단속도에 상관없이 일정하면, 이 유체를 뉴턴유체(Newtonian)라고 하고, 전단속도에 대해 변하면, 이 유체를 비뉴턴(non-Newtonian fluid)유체* 라고 한다. 물과 기름의 혼합(water-in-oil) 에멀전(emulsion)을 제외하면 대부분 유압작동유는 뉴턴유체이다.

영국단위계에서 절대점도는 ib-sec/in.^{2}이고 레인(reyns)이라고 한다. 즉,

$$1\ \text{ib-sec/in.}^2 = 1\ \text{reyn}$$

1 reyn은 매우 큰 값이고 더 작은 단위, micro-reyn이 사용된다.

$$1\ \text{micro reyn} = 10^{-6}\ \text{reyn}$$

cgs 단위계에서 절대점도의 단위는 dyne-sec/cm^{2}이고 포아즈(poises)라고 한다.

$$1\ \text{dyne-sec/cm}^2 = 1\ \text{poise}$$

다시, 이 값은 매우 큰 값이고 더 작은 값, centi-poise(cp)를 자주 사용한다. 두 단위계 사이의 환산계수는 $1.45 * 10^{-7}$ reyn/cp와 $1.45 * 10^{-5}$ reyn/poise이다. 따라서 만일 절대점도가 cgs 단위계로 주어지면, 적당한 계수를 곱하여 영국단위계로 변환한다.

예 제

2-3 자주 사용되는 60℉, 100℉, 2,000℉는 각각 몇 ℃인가?

【풀이】 환산공식 ℃=(℉-32)/1.8을 사용하면 각각 15.5℃, 37.8℃, 93.3℃를 얻는다.

밀도에 대한 절대점도의 비는 많은 방정식(Navier-Stokes, Reynolds number 등)에서 나타나는데, 점도계로 간단히 측정할 수 있고, 유체의 동점도(kinematic viscosity) ν라 한다. 즉,

$$\nu = \frac{\mu}{\rho} \tag{2-8}$$

cgs 단위계에서 동점도는 cm^2/sec 단위를 가지고 스토크스(stokes)라고 한다. 이 단위가 크기 때문에 centistokes(cs), 1 cs=10^{-2} stokes를 자주 사용한다. 영국단위계에서 동점도는 in.^{2}/sec단위를 갖지만, 이름은 없다. 환산계수는 $1.55 * 10^{-3}$(in.^{2}/sec)/cs이다.

동점도는 많은 장치를 사용하여 쉽게 측정된다. 이들 중에 잘 알려진 것은 미국의 세이볼트

* 전단속도의 크기에 관계없이 일정한 점도를 나타내는 유체를 뉴턴(Newton)유체라고 하며, 전단응력과 전단속도의 관계는 원점을 지나는 직선이 된다. 물, 알코올 등의 저분자 액체, 액상유지, 이들의 혼합액체, 저분자 물질의 용액 등 비교적 단순한 조성의 액체가 뉴턴유체의 거동을 나타낸다(→ 뉴턴 유동). 한편, 고분자 용액, 콜로이드 분산계에서는 입자 사이의 상호작용에 의해 형성되어 있던 3차원구조가 흐름에 의해 파괴되어 변하므로 전단응력과 전단속도 사이에 비례관계가 성립하지 않게 된다. 이러한 액체는 비뉴턴유체(non-Newtonian fluid)라고 부른다.

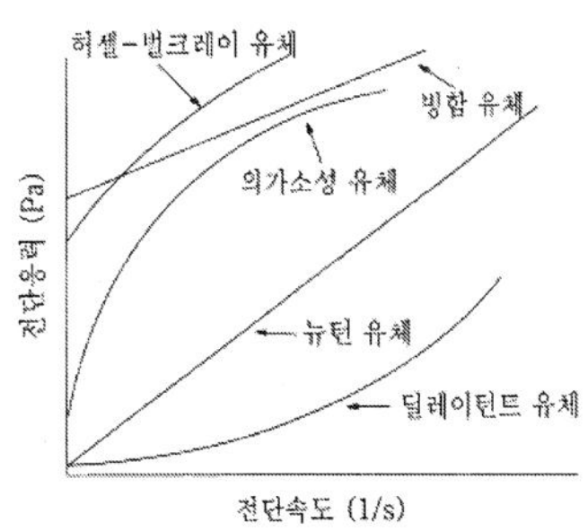

뉴턴유체와 시간독립성 비뉴턴유체의 유동곡선

유니버설 점도계(Saybolt Universal Viscometer)이다. 이 장치를 사용하면 일정한 온도에서 직경 0.176 cm, 길이 1.225 cm의 튜브를 통해 샘플의 작동유 60 cm^3가 통과하는 시간을 측정한다. 초(second)로 나타내는 결과의 시간을 세이볼트 유니버설 초(Saybolt Universal Seconds)라고 하고 짧게 SSU 또는 SUS라고 한다. 유럽에서도 비슷한 장치들(영국에서는 Redwood, 독일에서는 Engler)이 사용되지만 시료체적이 달라서 변환하기에는 곤란하다. SSU는 석유산업계에서 유체 점도를 나타내는 데 주로 사용된다. 그러나 SSU는 공학적 계산을 위한 적당한 단위가 없으므로 반드시 다른 측정값으로 변환해야 한다. 다음 수식에 의해 센티스토크스(cs)로 나타낸 동점도, ν에 근사적으로 변환된다. 다만 SSU는 32 sec보다 큰 값인 경우에 적용 가능하다.

$$\nu = 0.216\ \mathrm{SSU} - \frac{166}{\mathrm{SSU}}$$

매우 정확한 변환이 필요하다면 ASTM D 446 53의 표를 참조해야 한다.

불행히도 점도라는 이름이 식 (2-8)에서 정의되는 양에 붙여졌다. 그래서 이것은 점도의 기본적인 정의와 혼동된다. 그리고 여러 가지 방법과 경험을 바탕으로 절대점도와 동점도 사이의 변환이 시도되었다. 그 결과 점도측정의 변환을 쉽게 하기 위해 그림 2-3과 같은 변환자가 만들어졌다. 영국단위계가 유압제어시스템에 사용될 경우에 레인(reyn)의 단위는 편리하다.

액체의 점도는 온도의 상승과 함께 급격히 감소하고 아주 작지만 압력의 증가와 함께 증가한다. 따라서 온도에 따른 점성 변화가 더 중요하고 다음 수식으로 근사된다[1].

$$\mu = \mu_0 e^{-\lambda(T-T_0)} \tag{2-9}$$

여기서 μ=절대점도, 온도 T에서, ib-sec/in.^{2}

μ_0=절대점도, 기준 온도 T_0에서, ib-sec/in.^{2}

λ=액체에 의존하는 상수, (°F)$^{-1}$

T=온도, °F

유압작동유의 점도-온도 특성을 나타내는 가장 일반적인 방법은 ASTM D 341의 ASTM 점도-온도표이다. 이 표의 장점은 점도-온도 특성의 점선들이 거의 직선이어서 몇 번의 실험적인 점으로부터 상당히 정확한 곡선을 만들 수 있는 데 있다.

유체의 온도에 따른 점도 변화를 측정하는 여러 가지 방법들이 제안되었다. 일반적인 측정은 Dean과 Davis 점도지수(Viscosity Index)이다. 이 점도지수는 경험 수이고 ASTM D 567에서 주어진 표에 따라 계산되었다. 액체의 낮은 점도지수는 온도에 따라 점도변화가 크고, 반대는 그 반대이다. 점도지수는 처음에 0~100까지로 고안되었다. 하지만 새로운 유압작동유 제작과 정제 기술로 인해 100 이상의 점도지수를 갖게 되었다. 온도변화에 따른 점도변화의 다른 측정은 다음에 정의되는 점도-온도계수이다.

$$\mathrm{VTC} = \frac{\nu_{100} - \nu_{210}}{\nu_{100}} = 1 - \frac{\nu_{210}}{\nu_{100}} \tag{2-10}$$

여기서 ν_{210}과 ν_{100}은 210°F와 100°F에서 액체의 동점도이다. 큰 온도범위에서는 점성-온도 기울기의 측정값이 맞질 않아서, 전체곡선은 검토가 필요하다.

유압작동유 MIL-H-5606B의 온도의 함수로서 비중량, 절대점도, 체적탄성률의 곡선들을 그림 2-1에 보인다.

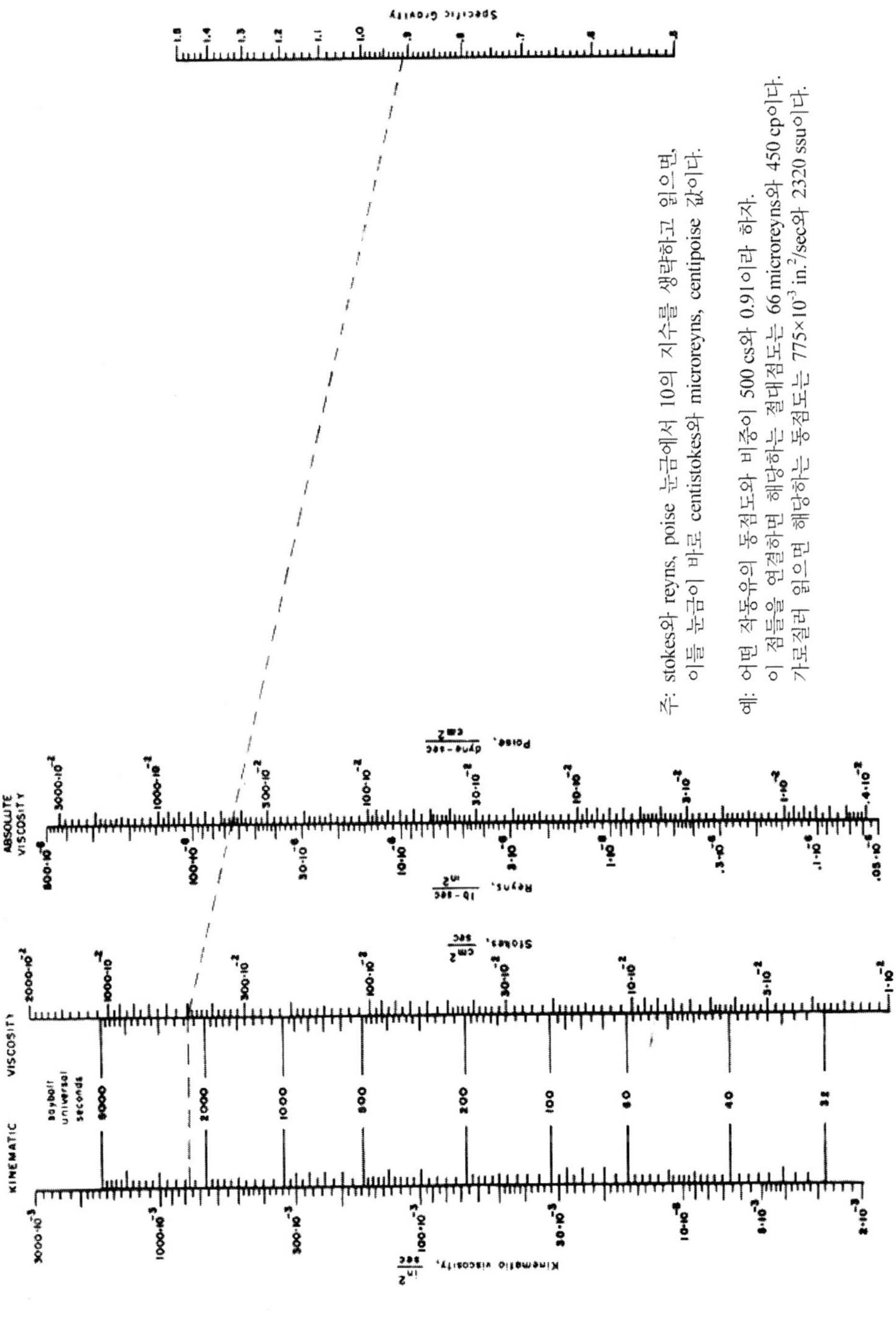

주: stokes와 reyns, poise 눈금에서 10의 지수를 생략하고 읽으면, 이들 눈금이 바로 centistokes와 microreyns, centipoise 값이다.

예: 어떤 작동유의 동점도와 비중이 500 cs와 0.91이라 하자. 이 점들을 연결하면 해당하는 절대점도는 66 microreyns와 450 cp이다. 가로질러 읽으면 해당하는 동점도는 775×10^{-3} in.^{2}/sec와 2320 ssu이다.

그림 2-3 점도 변환표

2-4 열적 특성

유압작동유의 2개의 열적 특성이 중요하다. 비열과 열전도이다. 특별히 유압동력 공급장치의 설계에 중요하다.

액체의 비열은 1°씩 단위 질량의 온도를 올리는 데 요구되는 열량이다. 기호 C_p가 사용된다. 그리고 석유계 작동유에 대한 전형적인 값은 $C_p = 0.5$이다. 열의 일당량인, 1 Btu=9,339 in.-lbs은 단위환산을 위해 사용될 것이다. Btu는 영국열량단위(British Thermal Unit)로 1파운드의 물을 1°F 상승시키는 데 필요한 열량이다. (1 BTU=1,055.06 J=252.04 cal=0.252 kcal)

일정체적에서 비열 C_v와 일정압력에서 비열 C_p는 가스에 대해서는 구별되어야 하나, 액체는 온도에 따라 거의 팽창하지 않으므로 비열들은 거의 같은 값이다. 액체에 대해서는 일반적인 열역학적 관계로부터 나타낼 수 있다. 비열들의 차가 참고문헌 [2]에 다음과 같이 주어져 있다.

$$C_p - C_v = \frac{T\alpha^2\beta}{9{,}339} \tag{2-11}$$

$\gamma = 0.03$ lb/in.^{3}, $\beta = 220{,}000$ psi, $\alpha = 0.5\times10^{-3}$(°F)$^{-1}$, $C_p = 0.5$ BTU/lb-°F의 석유계 작동유에 대한 값들을 사용하고, 작동유 온도를 100 °F라고 하면, 비열비는 $C_p/C_v = 1.04$를 얻는다. 보다 높은 온도에서 비열비는 증가하고 어떤 계산에서는 중요할 수 있다. 그러나 이 증가는 액체의 비열들이 온도에 따라 상승한다는 사실로 다소 상쇄된다.

열전도율은 열흐름의 방향으로 온도 기울기에 대하여 어떤 면적을 통해 흐르는 열흐름율의 측정이다. 석유계 작동유에 대한 열전도율은 약 0.08 Btu/hr-ft^2-(°F/ft)이다.

2-5 유효체적탄성계수 (Effective Bulk Modulus)

액체의 스프링 효과와 기계 부분의 질량과의 상호작용은 거의 모든 유압장치에서 공진을 야기시킨다. 대부분의 경우에 이 공진은 동적특성의 주된 제한점이다. 유체스프링은 체적탄성계수에 대한 값으로 특성화된다. 유체의 체적탄성계수는 포함된 공기와/또는 기계적인 유연성으로 인해 실제로는 더 낮을 수 있다. 이 절의 목적은 시스템의 체적탄성계수에 대한 수식과 실제값을 구하는 것이다.

그림 2-4a에 나타낸 바와 같이 액체와 증기 또는 가스의 혼합체인 유체로 가득찬 약간 유연한 용기를 고려하자. 가스는 한데 뭉쳐있는 것처럼 보이나 실제로는 버블과/또는 가스 포켓의 형태로 액체에 포함(entrained)되어 있다. 액체에 용해된 공기는 액체의 체적탄성계수에 거의 또는 전혀 영향을 주지 않는다. 초기에 용기 V_t의 전체 체적은

$$V_t = V_l + V_g \tag{2-12}$$

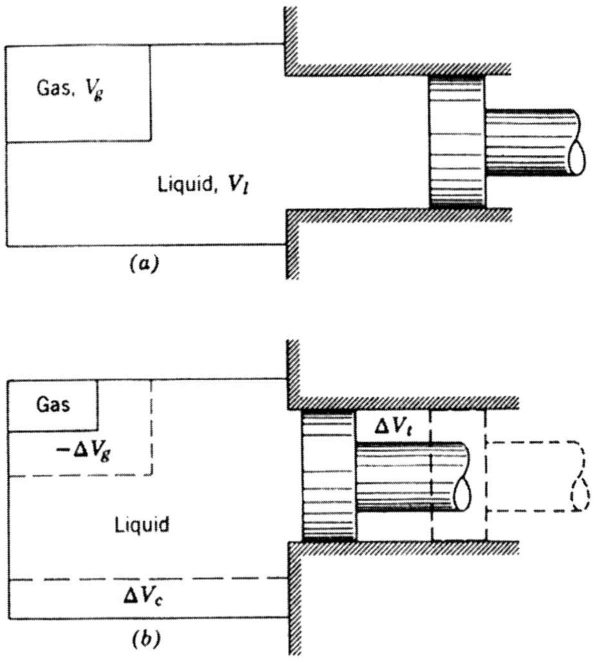

그림 2-4 압축을 받고 있는 가스-액체 혼합물로 채워진 유연한 용기

여기서 V_l과 V_g는 액체와 가스의 초기 체적이다. 피스톤이 왼쪽으로 움직이면(그림 2-4b) 압력은 ΔP만큼 증가하고 초기 체적은 다음과 같이 감소한다.

$$\Delta V_t = -\Delta V_g - \Delta V_l + \Delta V_c \tag{2-13}$$

여기서 첨자 g, l, c는 가스, 액체, 용기를 나타낸다. 유효(effective) 또는 전체(total) 체적탄성계수 β_e는 다음과 같이 정의된다.

$$\frac{1}{\beta_e} = \frac{\Delta V_t}{V_t \, \Delta P} \tag{2-14}$$

식 (2-13)과 (2-14)를 결합하면

$$\frac{1}{\beta_e} = \frac{V_g}{V_t}\left(-\frac{\Delta V_g}{V_g \, \Delta P}\right) + \frac{V_l}{V_t}\left(-\frac{\Delta V_l}{V_l \Delta P}\right) + \left(\frac{\Delta V_c}{V_t \Delta P}\right) \tag{2-15}$$

여기서 액체의 체적탄성계수는 다음과 같다. 2-2절의 식 (2-4)에서 독립변수가 하나라면 ∂ 대신에 d 또는 Δ를 쓸 수 있다.

$$\beta_l = -\frac{V_l \Delta P}{\Delta V_l} \tag{2-16}$$

가스의 체적탄성계수는 다음과 같이 정의될 수 있다.

$$\beta_g = -\frac{V_g \Delta P}{\Delta V_g} \tag{2-17}$$

식 (2-16)과 (2-17)에서 음의 부호는 압력의 증가에 따른 체적의 감소를 나타낸다.

$$\beta_c = \frac{V_t \Delta P}{\Delta V_c} \tag{2-18}$$

위 식은 전체 체적에 대한 용기의 체적탄성계수로 정의할 수 있다.

식 (2-16), (2-17), (2-18)을 (2-15)에 대입하면 다음의 결과를 얻는다.

$$\frac{1}{\beta_e} = \frac{V_g}{V_t}\left(\frac{1}{\beta_g}\right) + \frac{V_l}{V_t}\left(\frac{1}{\beta_l}\right) + \frac{1}{\beta_c} \tag{2-19}$$

이것은 유연한 용기에 갇힌 액체-기체 혼합물에 대한 등가 체적탄성계수의 일반식이다. 식 (2-19)의 약간의 간략화는 유용하다. 식 (2-12)를 V_l에 대하여 풀고 식 (2-19)에 대입하면

$$\frac{1}{\beta_e} = \frac{1}{\beta_c} + \frac{1}{\beta_l} + \frac{V_g}{V_t}\left(\frac{1}{\beta_g} - \frac{1}{\beta_l}\right) \tag{2-20}$$

$\beta_l \gg \beta_g$이기 때문에

$$\frac{1}{\beta_e} = \frac{1}{\beta_c} + \frac{1}{\beta_l} + \frac{V_g}{V_t}\left(\frac{1}{\beta_g}\right) \tag{2-21}$$

이 식은 분수항들로 표현되었기 때문에 유효체적탄성계수는 β_c, β_l 또는 $(V_t/V_g)\beta_g$의 어느 것보다도 작을 것이다. 이것은 병렬저항의 전체 저항값과 유사하다. 만약 증기나 갇힌 공기가 없다면

$$\frac{1}{\beta_e} = \frac{1}{\beta_c} + \frac{1}{\beta_l} \tag{2-22}$$

이 식은 훌륭하나 많은 양의 결정을 요구한다. 전체 체적 V_t는 기하학적 고려에 의해 쉽게 계산된다. 액체의 체적탄성계수 β_l은 제작사로부터 데이터를 입수할 수 있다. 가스의 등온 체적탄성계수는 압력레벨 P와 같고, 가스의 단열 체적탄성계수는 $(C_p/C_v)P$이다. 공기의 단열계수를 사용하면 $\beta_g = 1.4P$이다. 이제 2개의 양 V_g와 β_c만 결정하면 된다.

기계적 유연성에 따른 용기의 체적탄성계수를 결정하는 것은 별일 아니다. 어떤 경우에는 구조적인 소재의 탄성률(모터 하우징 같은)은 유효체적탄성계수를 크게 감소시킬 수 있다. 아마도 기계적 유연성의 주된 요소는 액추에이터에 연결되는 밸브와 펌프의 유압관로이다. ΔP의 내부 압력 증가로 인한 두꺼운 두께의 실린더의 내부 표면에서 반경방향의 변위 u는 참고문헌 [3]에 의해 다음과 같이 주어진다.

$$u = \frac{D\Delta P}{2E}\left(\frac{D_0^2 + D^2}{D_0^2 - D^2} + \nu\right) = \frac{D\Delta P}{2E}\left[\frac{(1+\nu)D_0^2 + (1-\nu)D^2}{2T(D_0 + D)}\right] \tag{2-23}$$

여기서 D는 내경, D_0는 외경, T는 실린더 두께($2T = D_0 - D$), E는 실린더 재질의 탄성계수, ν는 재질의 프와송 비이다. 식 (2-18)을 사용하면 두꺼운 두께의 실린더용기에 대한 체적탄성계수는

$$\frac{1}{\beta_c} = \frac{2}{E}\left[\frac{(1+\nu)D_0^2 + (1-\nu)D^2}{2T(D_0+D)}\right] \tag{2-24}$$

얇은 두께의 실린더에 대하여 $D_0 \fallingdotseq D$, 금속에 대하여 $\nu \approx \frac{1}{4}$이기 때문에, 식 (2–24)는 간략화된다.

$$\beta_c = \frac{TE}{D} \tag{2-25}$$

이 공식은 일반적으로 유압 튜브에 사용된다. 두꺼운 두께의 금속관에 대해서는 $D_0 \gg D$이므로 시 (2–24)는 다음과 같이 간략화된다.

$$\beta_c = \frac{E}{2(1+\nu)} \approx \frac{E}{2.5} \tag{2-26}$$

벽 두께가 내 반경과 같다면 $T = D/2$, $D_0 = 2D$이고, 따라서 식 (2–24)는

$$\beta_c = \frac{3E}{2(5+3\nu)} \approx \frac{E}{3.83} \tag{2-27}$$

이리하여 벽 두께가 $D/2$에서 무한대로 증가할 때 용기의 체적탄성계수에서 큰 증가(약 50%)가 없다.

많은 유압관로는 테프론이나 외부에 스테인리스강 단선 또는 복선망으로 보호된 경화고무로 만들어져 있다. 이와 같은 플렉시블호스는 10,000~50,000 psi의 비교적 낮은 체적탄성계수를 갖는다. 특별한 호스에 대한 값은 압력 하에서 호스의 3차원 팽창계수로부터 계산될 수 있다. 이들 계수는 호스제작사로부터 얻을 수 있다. 식 (2–18)은 체적탄성계수를 결정하는 데 사용된다.

식 (2–21)을 참조하면 작은 갇힌 공기량도 체적탄성계수를 대단히 크게 감소시킨다. 예를 들면, 강관 내에 유체가 500 psi(35 bar)의 압력을 받고, 전체 체적의 1%의 갇힌 공기를 가지고 있다고 가정하자. 관 내경은 벽 두께의 6배이다. 그러면 관의 체적탄성계수는 식 (2–25)에서

$$\beta_c = \frac{1}{6} \times 30 \times 10^6 = 5 \times 10^6 \text{psi}$$

석유계 작동유의 평균적인 체적탄성계수는 $\beta_l = 2.2 \times 10^5$ psi, 갇힌 공기의 체적탄성계수는 $\beta_g = 1.4 \times 500 = 700$ psi 이다.

이들 값들을 식 (2–21)에 대입하면

$$\frac{1}{\beta_e} = \frac{1}{5 \times 10^6} + \frac{1}{2.2 \times 10^5} + \frac{0.01}{700} = 1.904 \times 10^{-5}$$

따라서 β_e =52,600 psi(3,627 bar)이다. 갇힌 공기가 없을 경우 체적탄성계수는 210,000 psi (14,500 bar)일 것이다. 이리하여 액체 속의 공기의 적은 양이 체적탄성계수를 실제적으로 크게 감소시킬 수 있다. 만약 압력레벨이 1,000 psi(70 bar)이라면, 유효체적탄성계수는 84,000 psi (5,800 bar)일 것이다. 이것은 고압시스템과 관련하여 주요한 논의사항이다.

예 제

2-4 그림 2-1에서 100℉(38℃)의 절대점도 μ는 몇 centi-poise(cp)인가?

【풀이】 그림 2-1은 로그 눈금으로 되어 있다. 따라서 100°F에서 절대점도 μ 값을 읽으면 약 1.15 microreyns이다.

$$1\,[\text{microreyn}] = \frac{1\times10^{-6}}{1.45\times10^{-7}}\,[\text{cp}] = 6.9\,[\text{cp}]$$ 이다. 따라서

$$1.15\,[\text{microreyn}]\times6.9\,[\frac{\text{cp}}{\text{microreyn}}] = 7.9\,[\text{cp}]$$

어떤 경우에는 체적탄성계수를 이론적으로 구하기 어려워 실제로 측정하여 구하는 것이 더 쉽다. 유압시스템에 갇힌 공기의 양은 대기압하에서 20%까지 올라가는 것으로 추정된다. 압력이 올라갈 때 이들 공기는 액체에 녹아들어가서 체적탄성계수에 영향을 주지 않는다. 저자의 경험에 의하면 100,000 psi의 유효체적탄성계수는 가장 신뢰할 만한 결과를 준다. 갇힌 공기의 양이나 구조적 탄성률과 관계없이 액체만의 체적탄성계수의 사용은 계산된 공진에 큰 오차를 가져올 수 있다. 유압시스템에서 계산된 공진은 잘 해야 근사값이다.

갇힌 공기가 체적탄성계수를 낮출 수 있기 때문에, 서보시스템의 유압 액추에이터의 고유진동수는 시스템에 불안정을 초래하는 수준까지 낮아질 수 있다. 이것 때문에 유압서보장치를 장시간 비가동 후 구동시킬 때 특별히 주의를 요한다. 그 이유는 장시간의 비가동으로 인해 유압작동유가 공기를 많이 포함하고 있을 수 있기 때문이다. 공기 함유의 원인으로는 유체통로가 적절하게 설계되지 못한 경우가 대부분이다. 막힌 구멍과 포켓, 길고 복잡한 통로는 장치를 구동하여 플러싱(flushing)해도 빠지지 않는 공기를 가진다. 낮아진 체적탄성계수는 서보루프에서 낮은 게인이나 대역폭, 또는 불규칙적인 속도의 형태로 성능의 영구적인 저하를 야기시킬 수 있다.

2-6 화학적 특성

유체(Fluid)는 환경과 여러 속성들에 따라 쉽게 화학반응을 한다. 유체의 복잡한 특성으로 인해, 이 속성들의 대부분은 다소 느슨하게 정의되어 있다.

윤활성(Lubricity) : 경계층 윤활로서의 유체의 특성을 나타낸다.

주로 유막이라고 불리우는 오일필름은 표면에 확실히 부착되어 있어야 하고, 낮은 마찰계수를 갖기 위해서는 상대적인 표면 운동에서 기계적인 스트레스를 견디어야 한다. 윤활속성의 부족은 구성요소의 수명을 짧게 하며, 마모를 야기한다. 마모로 인해 표면 사이의 틈새가 증가되면 성능이 저하된다(누설 증가, 효율 저하, 압력 저하).

열적 안정성(Thermal stability) : 고열에서 화학반응 및 분해에 저항하는 유체의 능력. 온도가 증가하면 유체가 더 적극적으로 반응하고, 아마도 고체반응물질을 만들어내는데, 이는 필터나 밸브, 펌프 및 모터를 막을 수 있다.

산화 안정성(Oxidative stability) : 산소를 포함하는 물질, 특별히 공기와의 반응에 저항하는 유체의 능력. 고체반응물질과 침전물, 산(acid)이 만들어질 것이고 이는 눈막음(clogging)과 녹, 시스템 하드웨어의 부식을 야기시킨다.

가수분해 안정성(Hydrolytic stability) : 물과 반응에 저항하는 유체의 능력. 바람직하지 못한 고체침전물이 형성되거나 물-석유 에멀전이 만들어지는데, 이는 윤활능력의 저하와 녹과 부식의 촉진을 가져온다. 에멀전의 형성을 억제하기 위해 첨가제가 종종 사용된다.

호환성(Compatibility) : 호환성은 시스템에서 일반적으로 사용되는 재료와의 반응에 저항하는 능력을 말한다. 어떤 유체는 페인트나 실을 녹이기 때문에 사용에 주의해야 한다.

기포 발생(Foaming) : 기체, 특히 공기와 결합하여 에멀전을 형성하는 유체의 능력을 말한다. 갇힌 공기(entrained air)는 액체의 윤활능력이나 체적탄성계수를 감소시킨다. 체적탄성계수의 감소는 심각한 동적성능의 제한을 가져올 수 있다(2-5절). 유체는 에멀전의 형성없이 공기를 방출하는 능력이 있어야 하고 이를 위해 기포방지첨가제가 사용된다.

다음, 3가지 정량적인 측정은 가연성유체의 화재위험과 관련하여 정의되었다.

인화점(Flash point) : 시험불꽃이 가해졌을 때 일시적인 화염을 일으키기에 충분한 유증기가 형성되는 오일의 온도이다.

점화점(Fire point) : 일시적인 화염이 5초 동안 자기 유지되는 것이며, 석유계 작동유에 대하여 인화점보다는 보통 50°F 높은 오일 온도이다[4]. 자발적 또는 자생적 점화 온도는 가열된 액체의 작은 방울이 공기 중에서 뜨거운 표면에 충돌할 때 점화되는 온도이다; 그러나 이 온도는 상황에 따라 상당히 달라지기 때문에 정확한 조건에서 실험하고, 그에 따라 해석되어야 한다.

흐름점(Pour point) : 유체가 ASTM의 절차에 따라 실험되어질 때 흐를 수 있는 최저 온도이다. 이것은 제한 온도이고, 최저 시스템 구동 온도는 이것보다 상당히 높아야 한다.

취급 특성(Handling properties) : 유체의 독성과 냄새, 색깔, 저장 특성을 나타낸다. 몇몇 유체는 높은 독성을 가지고 있고 직접 접촉할 때 피부 염증을 야기시킬 수 있다. 유체의 냄새는 쾌적하거나 없어야 하고, 색깔은 식별이 가능해야 한다. 유체는 상당한 기간 동안 특성의 변동없이 저장 가능해야 한다.

2-7 유압작동유의 유형

제어시스템에서 사용되는 유압작동유의 2가지 기본형은 석유계와 합성유체이다. 합성유체는 화학적으로 합성된 것과 물 기반 유체로 세분화된다. 석유계 작동유는 원유를 정제하여 얻어진다. 이 유체의 주된 단점은 화재의 잠재적인 위험과 제한된 사용온도 범위이다. 이러한 문제점을 극복하기 위하여 합성유체는 화학적으로 난연성이거나 연소를 막는 인자로서 물을 첨가한 화합물로 만들어진다. 간혹 물은 윤활성을 증가시키고 녹을 감소시키는 용해 오일첨가제와 함께 성능의 중요성보다는 많은 양의 작동유가 요구되는 산업적 응용에 종종 사용된다. 그러나 물은 낮은 점도와 윤활성, 산화작용 때문에 유압작동유로서는 적당하지 못하다. 일부 상업적으로 유용한 유압작동유의 특성을 표 2-1에 나타내고, 유압작동유의 계통별 특성 비교를 표 2-2에 나타내었다.

석유계 작동유

석유계는 가장 일반적으로 사용되는 유압작동유이다. 석유는 주로 탄화수소로 구성된 복잡한 혼합물로 유압제어시스템에 적합한 점도특성을 갖는 유체를 생산하기 위해서는 고도로 정제되어야 한다. 거의 대부분의 작동유 공급업체는 석유로부터 정제된 탄화수소 유체에 녹과 산화방지, 기포의 감소, 점도지수와 윤활성의 증가를 위한 첨가제를 포함시킨 다양한 작동유를 공급한다. 군용 규격 MIL-H-5606B는 석유계 유압작동유에 대한 군의 표준 사양이다.

합성유체

합성유체는 대체로 우수한 내화성(fire resistant) 특성이 있다. 합성유체의 대부분은 고온에서 사용할 수 있고, 몇몇은 상당히 고가이다.

인산 에스테르 기반 유체(Phosphate ester base fluids) : 항공기와 산업용으로 이용된다. 300°F를 초과한 온도에서 인산 에스테르의 열 안정성은 떨어지나 윤활성은 우수하다[4]. 이 유체는 많은 종류의 페인트나 실을 용해시키기 때문에 세심한 주의가 요구된다.

규산염 에스테르 기반 유체(Silicate ester base fluids) : 고열유체로서 사용될 수 있는 우수한 열 안정성이 있지만 가수분해 안정성이 약하다.

실리콘 기반 유체(Silicone base fluids) : 우수한 점도-온도 특성을 갖지만 윤활능력에 의해 제한된다.

물 기반 유체(Water base fluids) : 내화성이 뛰어나고 표준 실재료를 용해시키지 않지만 윤활성이 빈약하다. 물 글리콜(Water glycols)은 물과 글리콜로 구성되고, 점도를 증가시키기 위해 걸쭉하게 한 것으로 윤활성을 향상시키고 내식성을 개선하기 위해 다양한 첨가제를 포함한다. 오일 속 물 에멀젼(Water-in-oil emulsions)은 탄화수소 오일 내 안정된 물입자로 구성된다. 만약 액체가 가만히 있게 된다면, 물과 기름은 분리되려는 경향이 있어서, 물이 오일 속에 분산되도록 휘젓는 것이 요구된다. 유체 사용 중에 수분함량은 만족할 만한 수준인지를 계속 확인해야 한다. 물 기반 유체는 수분함량 때문에 고온에서의 사용이 제한되지만 적절히 사용하면 만족스럽고 경제적인 산업용 유압작동유이다.

표 2-1 유압작동유의 특성값

Designation	Univis J-43	Skydrol 500A	Pydraul F-9	Oronite 8515	Houghto-Safe 620
Manufacturer	Esso Standard Oil Company	Monsanto Chemical Company	Monsanto Chemical Company	California Research Corporation	E. F. Houghton and Company
Base stock	Petroleum	Phosphate ester	Phosphate ester	Silicate ester	Water glycol
Use	Aircraft MIL-H-5606B	Aircraft	Industrial fire resistant	Aircraft	Industrial fire resistant
SG 60/60°F	0.848	1.07	1.28	0.93	1.055
Bulk Modulus, psi	270,000	308,000	387,000	248,000	285,000
Thermal expansion coefficient, 1/°F	0.0005	0.00045	0.00041	0.00044	0.00034
Viscosity, cs °F					
−65	2130	2300	—	2357	—
−40	500	480	—	600	—
0	100	90	4000/30°F	150	1079
100	14.3	11.5	47	24.3	43
210	5.1	3.9	5.5	8.1	16/155°F
400	1.9	—	—	2.6	—
Viscosity-temperature coefficient. (VTC)	0.645	0.695	0.883	0.67	—
Specific heat Btu/lb-°F	0.5	0.38	0.32	0.44	0.8
Thermal conductivity Btu/(hr)(ft²)(°F/ft)	0.08	0.078	0.067	0.083	0.25
Flash point, °F	225	360	430	395	none
Fire point, °F	275	425	675	450	none
Autogenous Ignition temperature, °F	700	1100	1100	755	—
Pour point, °F	−90	−85	−5	−100	−20

표 2-2 계열별 유압작동유 특성

Class	Viscosity Temperature	Volatility-Viscosity	Thermal Stability	Oxidative Stability	Hydrolytic Stability	Fire Resistance	Lubricating Ability	Additive Response
Petroleum	G	P	G	F	E	P	F	E
Phosphate esters	G	F	F	G	F	E	E	G
Silicate esters	E	G	E	G	F	F	G	G
Chlorinated hydrocarbons	P	F	E	E	G	E	F	G
Fluorinated hydrocarbons	P	P	E	E	G	E	P	P
Organic esters	G	G	F	F	G	F	G	G
Silicones	E	E	G	F	E	F	P	P
Water-glycol	G	P	F	G	E	E	P	G
Water-emulsion	G	P	F	G	E	E	P	G
Polyalkylene glycols	G	G	G	G	G	F	G	F
Polyphenyl ethers	F	G	E	G	E	F	G	G
Polyphenyls	P	F	E	P	E	F	P	F
Hydrocarbons	G	G	E	F	E	P	G	G
Silanes	F	F	E	G	E	F	F	F
No-beta hydrogen esters	G	G	G	F	G	F	G	G

[a] From Roger E. Hatton, *Introduction to Hydraulic Fluids*, New York, Reinhold, 1962.
E = excellent; G = good; F = fair; and P = poor.

예 제

2-5 강관 내의 유체가 1,000 psi(70 bar)의 압력을 받고, 전체 체적의 1%의 갇힌 공기를 가지고 있다. 관 내경은 벽 두께의 6배이다. 관의 유효체적탄성계수는 84,000 psi (5,800 bar)임을 증명하고, 이것을 저압시스템(500 psi)과 비교하여 어떤 중요점을 주는지 고찰하시오.

【풀이】 2-5절 식 (2-27) 아래의 예에서 압력수준이 1,000 psi일 경우,

$$\beta = \frac{1}{6} \times 30 \times 10^6 = 5 \times 10^6 \,[\text{psi}], \text{ 변화없음}$$

$$\beta_l = 2.2 \times 10^5 \,[\text{psi}], \text{ 변화없음}$$

$$\beta_g = 1.4 \times 1{,}000 = 1{,}400 \,[\text{psi}], \text{ 2배로 증가}$$

$$\frac{1}{\beta_e} = \frac{1}{5 \times 10^6} + \frac{1}{2.2 \times 10^5} + \frac{0.01}{1{,}400} = 1.189 \times 10^{-5}$$

$$\therefore \ \beta_e = 84{,}000 \,[\text{psi}]$$

이 경우에 β_e는 압력이 500 psi일 경우의 52,600 psi(3,627 bar)에서 84,000 psi (5,800 bar)로 1.6배 향상되었다. 따라서 유압장치를 고압에서 작동시키면 유체스프링 효과가 감소되고, 시스템의 강성을 확보할 수 있다.

2-6 Table 2-1 중에 산업용(industrial) 유압작동유인 Pydraul F-9과 국내에서 많이 사용되는 산업용 유압작동유인 Shell Tellus 46의 특성값을 SI단위계로 비교하시오.

【풀이】

Property \ Unit	British unit	SI unit
Designation	Pydraul F-9	Tellus 46
Manufacturer	Monsanto Chemi. Com.	Shell
Base stock	Phosphate ester	PAO(HV)
SG 60/60°F	1.28	0.872
Bulk modulus	387,000 psi	17,570 bar
Specific heat	0.32 Btu/lb · °F	0.52 kcal/kg · ℃
Thermal conductivity	0.067 Btu/ft · hr · °F	0.1 kcal/m · hr · ℃
Flash point	430°F	225℃
Fire point	675°F	266℃
Autogenous ignition	1,100°F	320℃
Pour point	−5°F	−36℃
Viscosity(40℃)	–	45.9 mm^2/sec · ℃
Viscosity Index	–	143

참고자료: Shell Lubricants, Technical data sheet

2-8 유압작동유의 선택

일반적으로 유압작동유는 유체의 화학적 성능과 적용환경을 고려하여 선택된다. 점도와 밀도, 체적탄성률 등과 같은 물리적 특성은 일반적으로 기본적인 고려사항은 아니다. 그러나 점성은 아주 중요하다. 체적탄성률은 커야 하지만, 이 요구 조건은 보통 유체의 고온 성능을 위해 양보된다. 예를 들면, 실리콘 기반 유체의 낮은 체적탄성률은 그들의 고온 사용범위에 의하여 상쇄된다.

적용에 있어서 화재와 폭발 위험 등의 문제에 따라 유체 선택의 기본적인 판단이 이루어져야 한다. 만약에 환경과 고온에서의 사용 제한이 석유계 작동유를 사용할 수 있는 범위 내에 있다면 석유계 작동유를 선택한다. 난연성 작동유의 사용이 요구되는 경우에는 화학적 합성과 물 기반 합성 중에 선택해야 한다. 고려할 요인은 온도 범위와 비용, 윤활성, 호환성, 취급특성이다. 일단 유체의 계통이 선정되면, 다양한 점성과 점성-온도의 특성은 보통 가능하고, 시스템 하드웨어의 요구(재료와의 호환성 등)에 맞추어야 한다.

참고문헌

[1] Blackburn, J. F., G. Reethof, and J. L. Shearer, *Fluid Power Control*. New York: Technology Press of M.I.T. and John Wiley, 1960.
[2] Van Wylen, G. J., *Thermodynamics*. New York: Wiley, 1959.
[3] Timoshenko, S., *Strenth of Materials*, 2nd ed., Part II. New York; Van Nostrand.
[4] Hatton, R. E., *Introduction to Hydraulic Fluids*. New York: Reinhold, 1962.

제3장 유체 흐름의 기초

유체의 흐름을 지배하는 방정식 및 기본적인 법칙에 관한 지식은 유압제어 요소와 시스템의 합리적인 설계를 위해 필수적이다. 이 장에서는 유체 운동의 일반적인 방정식과 흐름의 유형, 도관과 오리피스를 통한 흐름에 대해 논의할 것이다.

유체는 개개의 입자들, 즉 분자들로 구성된다. 정확한 해석은 각 입자의 운동을 고려해야 하지만, 이것은 해석적으로 매우 어렵다. 예를 들어, 기하학적인 관점에서 밀도는 어느 지점에 한 분자의 존재여부에 따라 달라진다. 그러므로 "연속" 이론에 의지해야 하며, 유체의 통계적 속성을 고려해야 한다. 이 개념은 분자 이론과 불일치하지만 공학적 목적으로는 충분히 정확하다. 하지만 분자 간의 거리가 큰 저압에서나 분자 간 거리가 영향을 줄 때는 운동학 이론이 필요할 것이다.

3-1 일반 방정식

일반적인 유체 흐름의 해석적 묘사를 위해서는 미소 유체 체적(small cube)의 운동이 먼저 정의되어야 한다. 이러한 미소 유체 체적이 충분히 정의될 수 있다면, 좀 더 복잡한 상황으로 나아가는 것이 가능할 것이다. 미소 유체 체적은 8개의 파라미터를 사용하여 완전하게 정의될 수 있다. 이 파라미터들은 요소의 x, y, z 좌표와 압력, 온도, 밀도, 점도, 시간이다. 따라서 시간에 대하여 동시에 풀기 위해서는 7개의 독립된 방정식이 요구된다.

먼저 뉴턴의 제2법칙(힘은 질량과 가속도의 곱 또는 운동량의 시간변화율이다)을 운동의 3방향에 적용하면 3개의 방정식을 얻을 수 있고 이는 Navier-Stokes 방정식*으로 알려져 있다.

$$\rho\left(\frac{\partial u}{\partial t}+u\frac{\partial u}{\partial x}+v\frac{\partial u}{\partial y}+w\frac{\partial u}{\partial z}\right)=\rho X-\frac{\partial P}{\partial x}+\mu\left(\frac{\partial^2 u}{\partial x^2}+\frac{\partial^2 u}{\partial y^2}+\frac{\partial^2 u}{\partial z^2}\right) \tag{3-1}$$

$$\rho\left(\frac{\partial v}{\partial t}+u\frac{\partial v}{\partial x}+v\frac{\partial v}{\partial y}+w\frac{\partial v}{\partial z}\right)=\rho Y-\frac{\partial P}{\partial y}+\mu\left(\frac{\partial^2 v}{\partial x^2}+\frac{\partial^2 v}{\partial y^2}+\frac{\partial^2 v}{\partial z^2}\right) \tag{3-2}$$

$$\rho\left(\frac{\partial w}{\partial t}+u\frac{\partial w}{\partial x}+v\frac{\partial w}{\partial y}+w\frac{\partial w}{\partial z}\right)=\rho Z-\frac{\partial P}{\partial z}+\mu\left(\frac{\partial^2 w}{\partial x^2}+\frac{\partial^2 w}{\partial y^2}+\frac{\partial^2 w}{\partial z^2}\right) \tag{3-3}$$

* 주어진 Navier-Stokes 방정식은 밀도와 점도를 상수로 가정하고 있으므로 좀 더 일반적인 Navier-Stokes 방정식의 단순화된 형태이다.

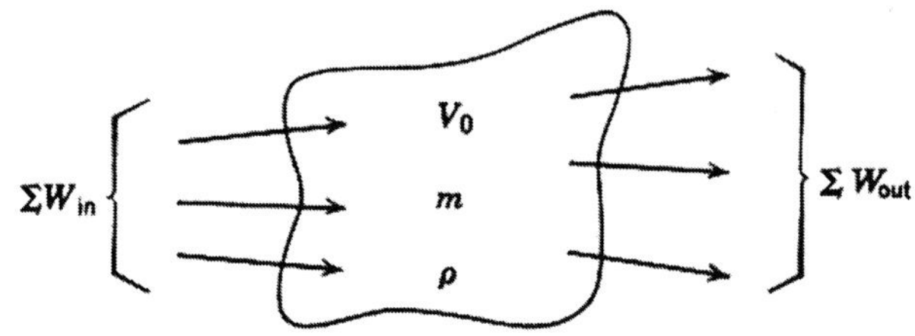

그림 3-1 제한체적을 출입하는 흐름

u, v와 w는 직교좌표의 x, y, z 방향의 속도이고, X, Y, Z는 좌표축 방향의 단위 체적당 작용하는 힘이고, t는 시간, P는 단위 면적당 압력, ρ는 밀도, μ는 유체의 절대점도이다. 이 식들은 운동량 보존 법칙의 결과로 좌측 항들은 유체관성의 결과이고, 우측의 마지막 3개의 항들은 점성마찰의 결과이다. 관성이 무시되는 경우에 방정식의 집합은 Stokes 방정식이라 불리고, 점도가 무시되는 경우의 방정식은 Euler의 방정식이라 불린다. 점성력에 대한 관성력의 비를 레이놀즈 수라 하고 Navier-Stokes 방정식의 점성과 관성항의 상대적 우세를 나타내는 데 사용된다. 높은 레이놀즈 수는 관성항이 우세한 것을, 낮은 레이놀즈 수는 점성항이 우세한 것을 나타난다.

4번째 방정식은 질량 보존의 법칙으로부터 구해진다. 들어가고 나가는 중량흐름율이 W인 그림 3-1의 검사체적에서 체적을 V_0라 하고, 체적 내부에 축척되거나 저장되는 유체의 질량은 m이라 한다. 이때 밀도는 ρ이다. 매체가 연속이라고 가정하면 질량이 저장되는 비율은 들어오는 중량흐름율에 나가는 중량흐름율을 뺀 것과 같아야 한다.

$$\Sigma W_{in} - \Sigma W_{out} = g\frac{dm}{dt} = g\frac{d(\rho V_0)}{dt} \tag{3-4}$$

식 (3-4)는 연속이론에 기초하기 때문에 연속방정식이라 하고, 유압 구성부품의 해석에 편리하게 사용된다.

5번째 방정식은 열역학 제1법칙이라 불리는 에너지 보존의 법칙으로부터의 결과이다. 들어가는 중량흐름율은 W_{in}lb/sec이고, 나가는 중량흐름율은 W_{out}lb/sec인 그림 3-2의 검사체적을 고려한다.

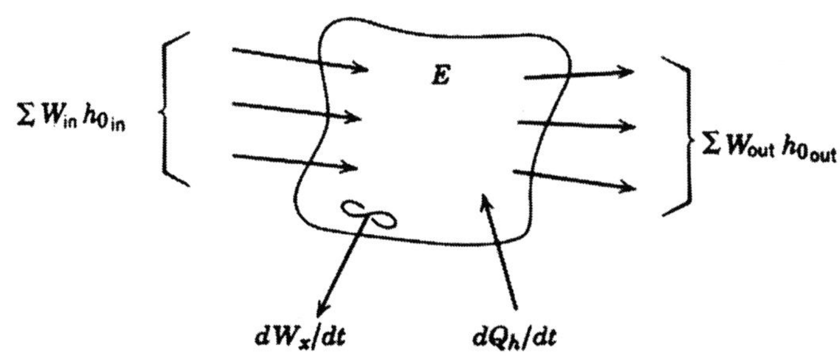

그림 3-2 제한체적을 출입하는 에너지

유체의 내부 체적은 dW_x/dt in.-lb/sec의 외부일(팽창과 축일, 전단)을 하고 있다. 그리고 열은 dQ_h/dt in.-lb/sec의 비율로 체적에 전달되고 있다. 열역학 제1법칙에 따르면 들어오는 에너지 흐름에서 밖으로 흘러나가는 에너지 흐름을 뺀 값은 체적 내부에 저장되는 에너지 비율과 같아야 한다.

$$\frac{dQ_h}{dt} - \frac{dW_x}{dt} + \sum W_{in} h_{0\,in} - \sum W_{out} h_{0out} = \frac{dE}{dt} \tag{3-5}$$

여기서 $h_0 = h + V^2/2g + z$, 유체의 단위 중량당 총 에너지(내부, 압력, 운동, 위치), in.-lb/lb

E = 체적 내 유체의 총 내부 에너지, in.-lb

u = 내부(본질적) 에너지, in.-lb/lb

P = 압력, lb/in.^{2}

γ = 비중량, lb/lin.^{3}

V = 속도, in./sec

g = 중력가속도, 386 in./sec^2

z = 위치, in.

W = 중량유량, lb/sec

$h = u + P/\gamma$, 유체의 엔탈피, in.-lb/lb

이 방정식에서 표면장력과 전기력, 자기력은 없다고 가정하였다.

액체에 대한 단위 중량당 내부 에너지는 $u = 9{,}339\,C_p T$이다. 여기서 T는 액체 온도 °F, C_p는 비열 Btu/lb-°F이며, 9,339는 열의 일당량 in.-lb/Btu이다. 따라서 그림 3-3과 같이 높이의 변화가 없는 장소에서 검사체적으로 들어오는 그리고 나가는 비압축성 액체의 정상흐름에 대하여 (즉, 체적에 축적되는 에너지가 없는 경우, $dE/dt = 0$ 그리고 $\gamma_1 = \gamma_2 = \gamma$) 식 (3-5)는 식 (3-6)과 같이 된다.

$$\frac{dQ_h}{dt} - \frac{dW_x}{dt} + W_1\left(9{,}339\,C_p T_1 + \frac{P_1}{\gamma} + \frac{V_1^2}{2g}\right) - W_2\left(9{,}339\,C_p T_2 + \frac{P_2}{\gamma} + \frac{V_2^2}{2g}\right) = 0 \tag{3-6}$$

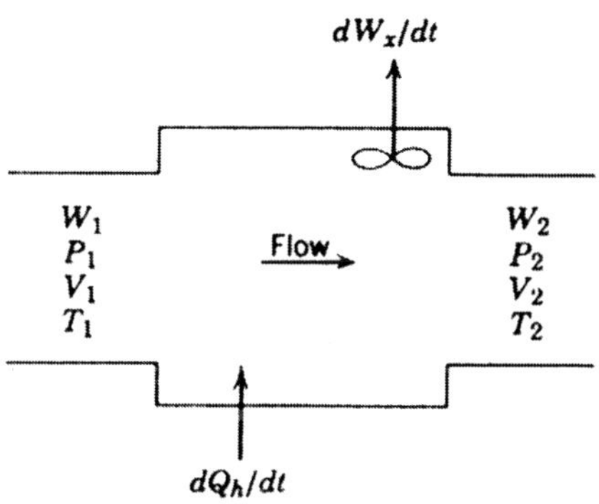

그림 3-3 가해지는 열과 외부로의 일을 고려한 제한체적을 출입하는 흐름

체적으로의 열전달은 열전도의 푸리에 법칙에 의해 결정된다. 이것은 수학적으로 정의하기 쉽지 않고, 모든 가능성을 포함하는 2개의 극단적인 경우가 보통 고려된다. 열은 등온이 유지되도록 전달될 수 있다. 이 조건을 등온조건이라고 하고, 온도가 일정하기 때문에, 에너지 방정식은 필요하지 않다. 그밖에 다른 극단적인 경우로 열은 전달되지 않는다. 즉, $dQ_h/dt=0$이고, 이 조건을 단열조건이라 한다. 일반적으로, 체적팽창계수가 작고, 밀도의 변화를 무시할 수 있기 때문에 온도의 변화는 액체의 흐름에 거의 영향을 주지 않는다.

여섯 번째 방정식은 상태방정식이고 다음과 같이 기술된다.

$$\rho = f(P,\ T) \tag{3-7}$$

액체에 대해서는 식 (2-3)이 이용될 것이다. 일곱 번째이자 마지막 방정식은 압력과 온도의 함수로서 점도를 정의하기 위해 요구된 것이다.

$$\mu = f_1(P,\ T) \tag{3-8}$$

액체에 대한 식으로 식 (2-9)가 이용될 수 있다.

유체의 흐름을 기술하는 방정식들은 복잡한 경계조건을 갖는 비선형 편미분방정식이다. 말할 필요도 없이, 이 방정식의 일반적인 해는 아직 구하지 못하였다. 일반 방정식들(general equations)은 유체를 포함하는 어떤 문제의 범위를 정의하는 데 기여한다. 여러 가지 경우에서 약간의 근사(approximation)를 하면 이 방정식들의 복잡성을 감소시키고 대부분의 목적에 충분히 정확한 해를 구할 수 있다.

3-2 유체 흐름의 형태

유체 흐름의 일반적인 취급은 없기 때문에 각 특정 상황은 각각의 특별한 경우로 고려되어야 한다. 응용의 많은 경우에 있어서 적용하는 공식은 경험과 해석의 조합으로부터 발달하여 왔고, 실제 응용에서는 상당히 많은 판단이 요구된다. 관로에서의 흐름은 특별히 관심의 대상이었고, 여기에는 관 내의 흐름, 급속 확대관, 급속 축소관, 피팅을 통과하는 흐름, 오리피스에서의 흐름 등이 포함된다.

유체 흐름에 대하여 약간의 일반적 언급이 가능하다. 유체의 흐름에 영향을 미치는 힘은 중력과 부력 같은 체력(body force)과 유체 관성력, 내부 유체마찰(점성)로 인해 발생하는 마찰력, 표면장력, 전기와 자기장력이 있다. 대부분의 경우에 유체 관성과 점성으로 인해 발생하는 힘들이 중요하다. Navier-Stokes 방정식은 대단히 복잡하기 때문에 점성 또는 관성항(둘 모두는 아님)만으로는 해석적으로 고려될 수 있다. 하지만 경험적으로 볼 때 자연 상태의 흐름은 일반적으로 유체의 점성 또는 관성에 의해 지배된다. 따라서 주어진 흐름상황에서 이들 두 힘의 상대적인 중요성을 나타내는 어떤 양을 정의하는 것이 필요하다. 점성에 대한 관성력의 무차원 비를 레이놀즈 수(Reynolds number)라고 하고 다음과 같이 나타낸다.

$$R = \frac{\rho \bar{u} a}{\mu} \tag{3-9}$$

여기서 ρ는 밀도, μ는 절대점도, $\bar{u}$는 흐름의 평균속도, α는 특정한 흐름 상황의 특성값(직경)이다. 각 흐름의 경우에 대해 점성지배흐름에서 관성지배흐름의 전이를 나타내는 레이놀즈 수에 대하여 경험값이 얻어졌다.

점성력에 의해 지배되는 흐름은 층류 또는 점성흐름이라 한다. 층류는 유체가 정돈되어 부드럽게 평행선 운동하는 것이 특징이다. 관성지배흐름은 보통 난류라고 하고, 유체입자의 경로는 불규칙하고 변덕스러우며 회오리와 비슷한 것이 특징이다.

어떤 경우에 점성은 고체층에 연접한 경계층이라 불리는 층에서만 중요하다. 반면에 경계층 밖의 흐름의 주체는 관성이 우세하다. 그리고 경계층에서는 층류와 같이 질서정연한 흐름이다. 경계층의 힘이 무시될 수 있다면, 결과의 흐름은 포텐셜 흐름 또는 유선 흐름이라 하는데, 예를 들면, 오리피스를 통한 흐름이 있다. 포텐셜 흐름은 난류가 아니고, 유선(streamline)을 따르는 흐름이며, 마찰이 없기 때문에 레이놀즈 수가 무한하다. 따라서 관성지배흐름은 난류 또는 포텐셜 흐름일 것이다: 그러나 난류라는 용어는 일반적으로 높은 레이놀즈 수의 흐름을 나타내기 위해서 사용된다.

체력(body force)이 없고, 정상, 비압축성, 마찰이 없는($\mu = 0$) 1차원 흐름을 가정하면, Navier-Stokes 방정식은

$$u\frac{\partial u}{\partial x} = -\frac{1}{\rho}\frac{\partial P}{\partial x}$$

로 감소되고, 적분하면

$$\frac{P}{\gamma} + \frac{u^2}{2g} = \text{constant} \tag{3-10}$$

식 (3-10)은 무시할만한 중력을 받는 베르누이(Bernoulli) 방정식이며 포텐셜 흐름의 유선에 적용 가능하다. 흐름단면에서 속도가 균일하다면, 상수는 모든 유선에 대해 동일하고 식 (3-10)은 식 (3-11)이 된다.

$$\frac{P_1}{\gamma} + \frac{u_1^2}{2g} = \frac{P_2}{\gamma} + \frac{u_2^2}{2g} \tag{3-11}$$

단면에서 속도 u가 증가한다면, 압력이 감소해야 한다. 그리고 그 반대의 경우도 성립함에 주목하라. 이것은 어떤 단면에서 총 수두는 일정하다는 것을 의미한다.

일반적으로 층류는 흐름의 기하학이 간단한 경우에 Navier-Stokes 방정식으로부터 구해진다. 포텐셜 흐름은 베르누이 방정식에 의해 기술될 수 있다. 하지만 난류에 대해서는 거의 전적으로 실험에 의존한다. 실제적인 관심의 일부 특정한 경우가 다음 절에서 설명될 것이다.

3-3 관로 내의 흐름

관 내의 흐름은 층류 혹은 난류일 것이다. 레이놀즈 수에 사용되는 특성길이는 관 내부 직경 D이고, 평균유속은 관 면적으로 나누어지는 체적유량(volumetric flow)이다. 즉,

$$\bar{u} = \frac{Q}{A} = \frac{4Q}{\pi D^2} \tag{3-12}$$

따라서 레이놀즈 수는 식 (3-13)과 같이 주어진다.

$$R = \frac{\rho \bar{u} D}{\mu} = \frac{4\rho Q}{\pi \mu D} \tag{3-13}$$

층류에서 난류로의 천이는 2,000<R<4,000 범위 내에서 일어나는 것으로 실험적으로 관찰되었다. R=2,000 이하일 때의 흐름은 항상 층류이다; R이 4,000 이상일 때의 흐름은 보통 난류이나, 항상 그런 것은 아니다. 만약 난류로 유도하는 외란을 피하기 위해 매우 주의한다면 레이놀즈 수 4,000 훨씬 이상에서도 층류의 발생이 가능하다. 하지만 이러한 경우는 예외적이고, 4,000이 최고 한도의 적정선이다.

관 내의 층류 흐름

먼저 관 내의 안정한 층류를 고려해 보자. 이와 같은 관은 보통 층류를 야기시키는 작은 직경 때문에 종종 모세관이라 일컬어진다. 하지만 낮은 속도 혹은 큰 점성은, 또한 큰 직경 관 내에서 층류를 야기시킬 수 있다는 것을 알아야 한다. 만약 입구가 라운드(rounding)되어 있다면, 유체가 관 내로 유입될 때 속도형상은 $\bar{u}$ 값으로 일정하다. 관 벽에서의 유속은 0이고, 이 유체층은 연속의 법칙을 만족하기 위해 속도가 반드시 $\bar{u}$를 초과하도록 내층에 상당한 전단력을 발휘한다. 이리하여 형성된 경계층은 관의 중심에 도달할 때까지 두께가 증가한다. 그러면 속도형상은 포물선이 되고 관의 끝까지 포물선을 유지한다. u_0를 입구 속도형상의 정점 속도라고 하자. 포물선 곡선에서, 정점 속도는 $2\bar{u}$이다. $u_0/\bar{u}$ 비는 입구에서 1인데, 포물선 속도 형상이 만들어지는 관 길이에서 2로 변한다. Langhaar [1]는 이 경우를 상세히 연구하였고, 그 결과가 그림 3-5에 표시되어 있다. P_0는 탱크내의 압력이고, P_2는 관길이 L(L은 보통 전체길이다)에서 압력이다.

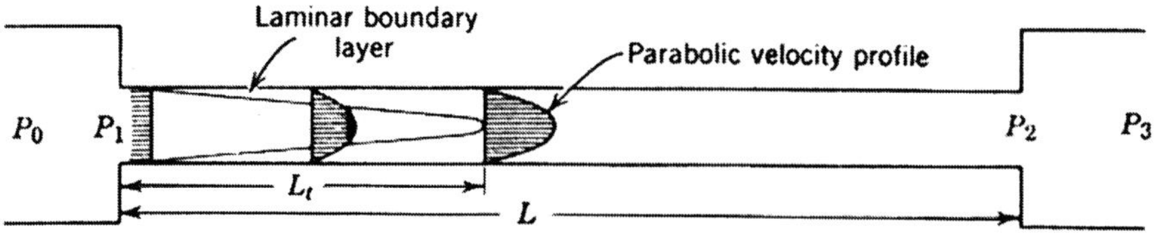

그림 3-4 관 내의 층류 흐름

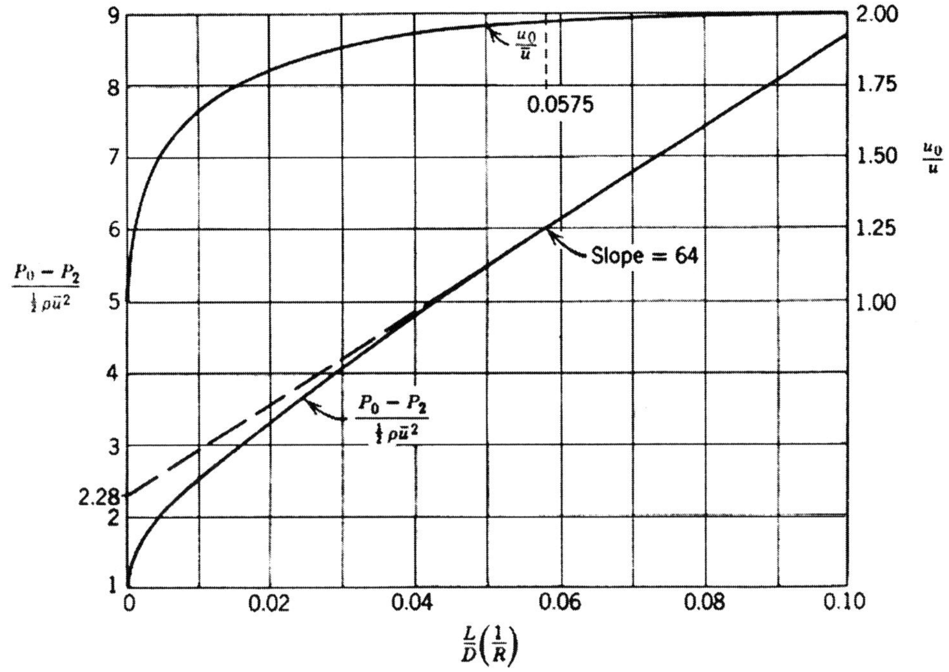

그림 3-5 관 내 정연한 층류 흐름의 압력강하와 최고속도

정점속도가 $2\bar{u}$ 의 최종 정점속도의 1% 내인 지점에서의 입구 길이는 천이 길이라고 불린다. 그림 3-5로부터 층류에 대한 천이 길이는 식 (3-14)로 나타난다.

$$L_t = 0.0575DR \tag{3-14}$$

층류의 상한값, 즉 R=2,000에서, 지름 115인 관은 충분히 발달된 층류를 만들기 위해 0.0575×115×2,000의 천이 길이(L_t)가 요구된다.

관성력과 점성력은 모두 천이 길이 내에서 압력강하에 영향을 준다. 하지만 일단 포물선 속도 형상이 이루어지면 오직 점성력만이 중요하다. 천이 길이보다 긴 관 길이에 대하여 그림 3-5에 보여진 압력강하는 식 (3-15)로 근사될 수 있다.

$$\frac{P_0 - P_2}{\frac{1}{2}\rho\bar{u}^2} = 64\frac{L}{D}\left(\frac{1}{R}\right) + 2.28 \tag{3-15}$$

식 (3-12)와 (3-13), (3-15)를 결합하면,

$$P_0 - P_2 = \frac{128\mu LQ}{\pi D^4}\left(1 + \frac{2.28}{64}\frac{DR}{L}\right) \tag{3-16}$$

식 (3-16)의 첫 번째 항은 관 내의 충분히 발달된 층류에 대한 잘 알려진 Hagen-Poiseuille 법칙이다. 내층이 천이 길이 내에서 가속되기 때문에, 두 번째 항은 유체 관성으로 인한 손실을 나타낸다. 입구와 출구 손실은 식 (3-16)에 포함되지 않았으나 반드시 추가되어야 한다(3-5절

참고). 예를 들어, 큰 탱크에서 갑작스러운 직각 모서리의 입구는 0.5의 손실계수를 갖는다. 큰 탱크 안으로 향하는 갑작스러운 출구는 1의 손실계수를 갖는다. 이것은 분출되는 유체의 모든 동적 에너지가 탱크 내의 유체와 섞이는 난류에서 소실됨을 의미한다; 따라서 $P_2 \approx P_3$. 이러한 손실은 2.28을 2.78로 대체함으로써 식 (3-16)에 고려될 수 있다. 따라서 날카로운 모서리의 입구와 출구를 갖는 모세관 내의 압력강하는

$$P_0 - P_3 = \frac{128\mu LQ}{\pi D^4}(1 + 0.0434\frac{D}{L}R) \tag{3-17}$$

만약 관의 길이가 천이 길이보다 작다면, 압력강하는 그림 3-5의 곡선으로부터 결정될 수 있다. 만약 압력강하를 알고 있고, 유량을 구해야 한다면 시행착오법이 요구된다. 만약 유량을 알고 있다면, 가로좌표는 직접적으로 산출될 수 있을 것이고 상응하는 세로좌표는 압력강하를 결정하기 위해 선택될 수 있을 것이다. 다시 한 번 말하자면, 입구와 출구 손실은 반드시 결과에 추가되어야 한다.

Langhaar's 이론은 $L/DR < 0.001$에 대하여 실험값과 차이를 보이는 듯하다. Shapiro, Siegel, Kline에 의한 이 범위의 연구는 잘 라운드 가공된 입구를 갖는 단관에 대하여 식 (3-18)을 준다.

$$\frac{P_0 - P_2}{\frac{1}{2}\rho \bar{u}^2} = 1 + 13.74\sqrt{\frac{L}{DR}} \tag{3-18}$$

직각 모서리 입구에 대한 0.5의 손실계수를 포함하고, 직각 모서리 출구라서 압력이 $P_2 \approx P_3$와 같다고 가정하면, $\bar{u} = Q/A$이므로, 식 (3-19)를 얻는다.

$$P_0 - P_3 = (1.5 + 13.74\sqrt{\frac{L}{DR}})\frac{\rho}{2}(\frac{Q}{A})^2 \tag{3-19}$$

이 결과는 $L/DR < 0.001$ 범위 내의 갑작스러운 입구와 출구를 갖는 단관에 대해 유용하다.

모든 층류 흐름의 특성인 압력강하의 선형성은 많은 회로에서 바람직하다. 모세관은 정압베어링 내에서 상류 흐름 저항기로서 종종 압력제어밸브를 안정화시키기 위해 사용되고, 감쇠를 향상시키기 위해 모터 관로들을 가로질러 위치한다. 하지만 층류는 점성에 의존하므로 온도에 민감하고, 이 단점은 반드시 항상 고려되어야 한다.

모세관은 보통 코일형태의 작은 내경의 배관이나 나사 모양의 관으로 만들어진다. 비록 주어진 공식은 직관에 대한 것일지라도, 보통 감긴 반지름이 모세관 반지름보다 매우 크기 때문에 계산된 결과는 매우 감긴 모세관에 대한 실험 데이터와 매우 잘 일치된다. 설계자의 관심은 층류가 우세해지는 데에 요구되는 관의 길이이다.

(*a*) Laminar flow through an elliptical tube

$$Q = \frac{\pi a^3 b^3}{4\mu L(a^2 + b^2)}(P_1 - P_2)$$

If $a = b = r$, then Hagen-Poiseuille law for a circular tube is obtained:

$$Q = \frac{\pi r^4}{8\mu L}(P_1 - P_2)$$

(*b*) Laminar flow through rectangular passages ($w \geq h$, i.e., w is selected to be the larger dimension)

$$Q = \frac{wh^3}{12\mu L}\left[1 - \frac{192h}{\pi^5 w}\tanh\frac{\pi w}{2h}\right](P_1 - P_2)$$

If $w = h$ (square cross section)

$$Q = \frac{w^4}{28.4\mu L}(P_1 - P_2)$$

If $w \gg h$, then

$$Q = \frac{wh^3}{12\mu L}(P_1 - P_2)$$

(*c*) Laminar flow through triangular passages
Equilateral triangle cross section

$$Q = \frac{s^4}{185\mu L}(P_1 - P_2)$$

Right angle triangle cross section

$$Q = \frac{s^4}{155.5\mu L}(P_1 - P_2)$$

(*d*) Laminar flow in annulus between circular shaft and cylinder ($c \ll r$)

$$Q = \frac{\pi r c^3}{6\mu L}\left[1 + \frac{3}{2}\left(\frac{e}{c}\right)^2\right](P_1 - P_2)$$

Passage cross sections

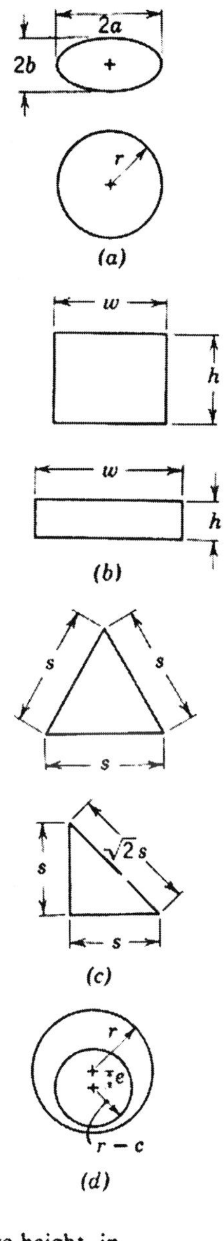

Nomenclature:

Q = volumetric flow rate, in.^{3}/sec
$P_1 - P_2$ = pressure drop in direction of flow, psi
L = passage length, in.
μ = fluid viscosity, lb-sec/in.^{2}
w = passage width, in.
h = passage height, in.
r = tube radius, in.
c = radial clearance, in.
e = eccentricity of shaft, in.
a, b = axes of ellipse, in.
s = side of a triangle, in.

그림 3-6 다양한 단면을 갖는 관 내에서의 층류 흐름

층류 $R = 2,000$의 극단적인 한계와 800의 직경 비율의 길이를 선택하면, 우리는 식 (3-17)의 괄호가 1.11의 값을 갖는 것을 발견한다. 그러므로 $L/D > 800$의 비율은 Hagen-Poiseuille의 법칙으로부터 계산될 때, 압력강하에서 11% 이하의 오차를 준다. 만약 $R < 2,000$이면, 상응하는 보다 짧은 길이가 사용될 수 있다. 압력 계산에서 기준으로 10%의 오차를 사용하고, 식 (3-17)을 참조하면, 우리는 식 (3-20)으로 주어지는 설계비를 얻게 되고, 이는 엔지니어링 목적으로 만족할만 하다.

$$\frac{L}{D} \geq 0.434R \tag{3-20}$$

모세관 설계(층류가 되도록)에 대하여 종종 사용되는 보수적인 경험법칙은 $L/D \geq 400$이다. 그러나 훨씬 더 작은 비율이 더 낮은 레이놀즈 수에서 만족된다. 타원형, 사각형, 삼각형, 환상형과 같은 다른 기하학적 단면을 갖는 관에서의 층류흐름은 [3]에서 유도될 수 있고, 공식들은 그림 3-6에 요약되었다. 하지만 실험 데이터가 항상 선호된다. 층류는 단지 통행단면이 비교적 작거나 상대적으로 긴 길이를 가질 때 야기되는 결과라는 것이 강조되어야 한다. 그렇지 않으면 난류가 발생할 것이다. 유압직경에 근거한 레이놀즈 수는 흐름 형태를 대충 알기 위해서 계산되어야 한다. 그림 3-6 (d)를 참조하면 환상면적을 통한 흐름은 축이 편심될 때 더 증가됨을 알 수 있다. 축이 실린더 벽에 접촉되는 극단적인 경우에, 편심률과 틈새 반지름은 같고, 축과 동심인 실린더에서 얻어지는 흐름의 2.5배이다. 실제로는 편심률은 모르기 때문에 두 극단 사이의 평균 흐름이 사용될 것이다. 이 관계는 누설 흐름 요구조건을 초과되지 않도록 실에서 반경방향의 틈새를 설정하는 데 유용하다.

관 내의 난류 흐름

관 내의 난류 흐름에 대한 흐름패턴과 방정식은 실험적 관찰에 크게 근거한다. 흐름이 관으로 들어갈 때, 초기 경계층은 층류이다. 그러나 아주 얇은 층류 하층을 제외하면 매우 짧은 거리 후에 난류가 된다.

이 난류경계층은 대략 직경의 25~40배의 천이 길이에서 관의 중심까지 두께가 증가한다. 이때 다소 둔화된 속도 분포(대략 $1.2\bar{u}$의 최고 속도)가 만들어져서 관 끝까지 간다. 충분히 발달된 난류에 대한 압력강하를 구하는 경험식은 식 (3-21)과 같고, 여기서 f는 레이놀즈 수와 관의 거칠기에 관련된 요소이다.

$$P_1 - P_2 = f\frac{L}{D}\frac{\rho\bar{u}^2}{2} \tag{3-21}$$

천이 길이로 인한 추가적인 압력강하는 대략 $0.09\,\rho\bar{u}^2/2$이고, 대부분의 계산에서 무시할만하다. 입구와 출구손실로 인한 압력강하도 또한 보통 무시할만 하다.

식 (3-21)과 Hagen-Poiseuille 식을 같다고 두면 층류흐름에 대한 마찰계수는 식 (3-22)와 같다.

$$f = \frac{64}{R} \tag{3-22}$$

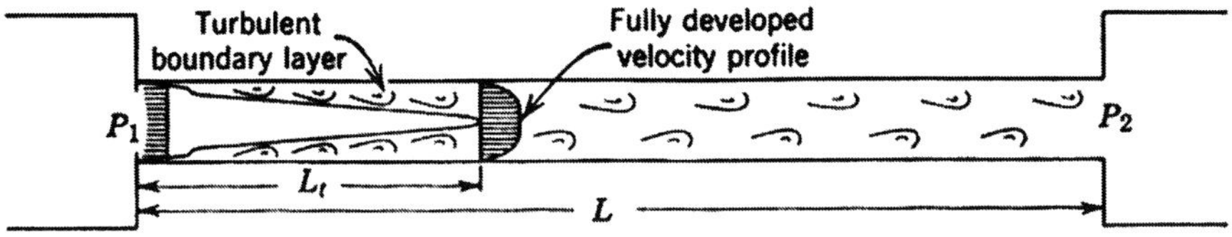

그림 3-7 관 내의 난류 흐름

난류 흐름에서 Blasius는 매끈한 관에서 100,000 미만의 레이놀즈 수에 대해 마찰계수를 식 (3-23)과 같이 실험적으로 구하였다.

$$f = \frac{0.3164}{R^{0.25}} \tag{3-23}$$

매끈한 관에 대한 Prandtl의 마찰의 보편적인 법칙, 식 (3-24)는 상당히 큰 레이놀즈 수에 대해서는 적용이 가능하지만 수학적으로 다루기는 다소 어렵다.

$$\frac{1}{\sqrt{f}} = 2\log_{10}(R\sqrt{f}) - 0.8 \tag{3-24}$$

다행스럽게도 식 (3-23)은 유압제어의 경우들에 적용가능하다. 그 이유는 유압제어에서는 관이 매끄럽고, 급격한 밸브 폐쇄로 인한 높은 서지 압력을 피하기 위해서 흐름속도는 보통 15 ft/sec (4.6 m/sec) 아래로 유지되며(3-7절 참조), 따라서 레이놀즈 수는 10^5 이하로 유지된다.

두 흐름 상황(층류와 난류)과 레이놀즈 수에 대하여 마찰계수를 그리는 것이 보통이지만(그림 3-8), 레이놀즈 수는 초기에 알 수 없기 때문에 주어진 압력차에 대하여 흐름을 결정하기 위해서는 반복계산이 요구된다. 만약 흐름이 알려져 있고, 압력강하가 요구된다면, 레이놀즈 수는 바로 계산될 수 있고 마찰계수는 그림 3-8로부터 선택될 수 있다. 그러면 압력강하는 식 (3-21)로부터 얻어진다. 그러나 층류와 난류흐름에 대한 보다 편리한 표현법이 다음과 같이 얻어질 수 있다[5]: Hagen-Poiseuille 법칙은 충분히 발달한 층류흐름에 대하여 식 (3-25)와 같이 나타낼 수 있다.

$$\frac{P_1 - P_2}{L} = \frac{128\mu}{\pi D^4} Q \tag{3-25}$$

충분히 발달된 난류흐름에 대해서는 식 (3-13)과 (3-21), (3-23)이 결합하여 다음 식으로 나타낼 수 있다.

$$\frac{P_1 - P_2}{L} = 0.242 \frac{\mu^{0.25} \rho^{0.75}}{D^{4.75}} Q^{1.75} \tag{3-26}$$

여기서 $P_1 - P_2$ = 압력 강하, psi
Q = 체적 흐름률, in.^{3}/sec
L = 관 길이, in.
D = 관 내경, in.
ρ = 유체의 밀도, lb-sec^2/in.^{4}
μ = 유체의 절대점도, lb-sec/in.^{2}

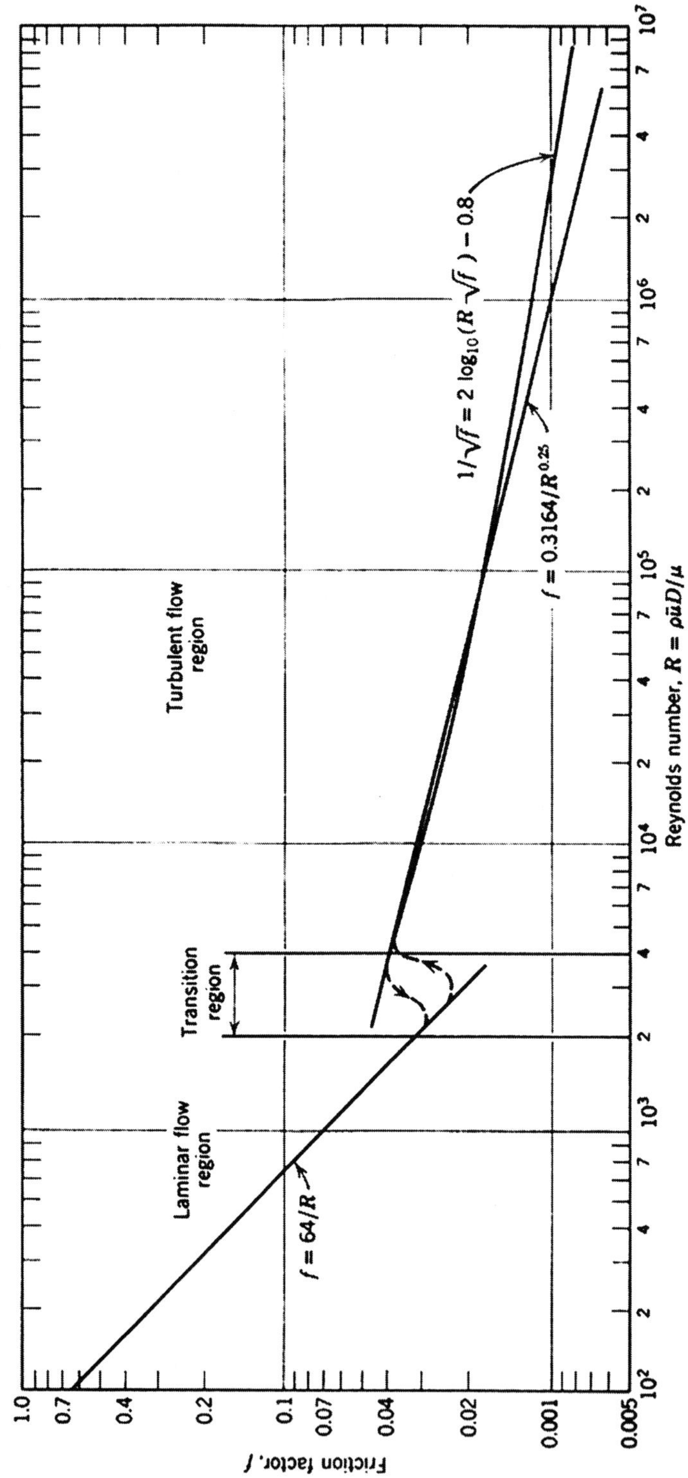

그림 3-8 매끈한 관 내 흐름의 마찰계수

주어진 유체와 선택된 직경, $R < 2{,}000$에 대하여 식 (3-25)와, $R > 4{,}000$에 대하여 식 (3-26)은 그림 3-9와 같이 그려진다. 이 그림은 레이놀즈 수에 대한 명백한 계산없이 유량과 압력강하, 관 크기를 바로 읽을 수 있으므로 설계에 아주 유용하다.

난류영역의 흐름에서 관을 따라 압력구배의 변화율은 증가함을 주목하라. 이 때문에 층류는 바람직하다. 그러나 결과의 관은 보통 불필요하게 크다. 보통 흐름은 부하속도조건으로부터 결정된다. 그리고 관 크기는 압력강하가 적당하도록 결정된다. 최고속도 15 ft/sec(4.6 m/s)와 압력강하 1 psi/ft(0.2 bar/m)의 관 선택의 기준은 일반적이다.

원형이 아닌 단면의 도관 내의 난류흐름은 직경 대신에 수력직경(hydraulic diameter)을 사용하면 주어진 공식에 의해 대략적으로 계산될 수 있다. 수력직경은 다음과 같이 정해진다.

$$D_h = \frac{4A}{S} \tag{3-27}$$

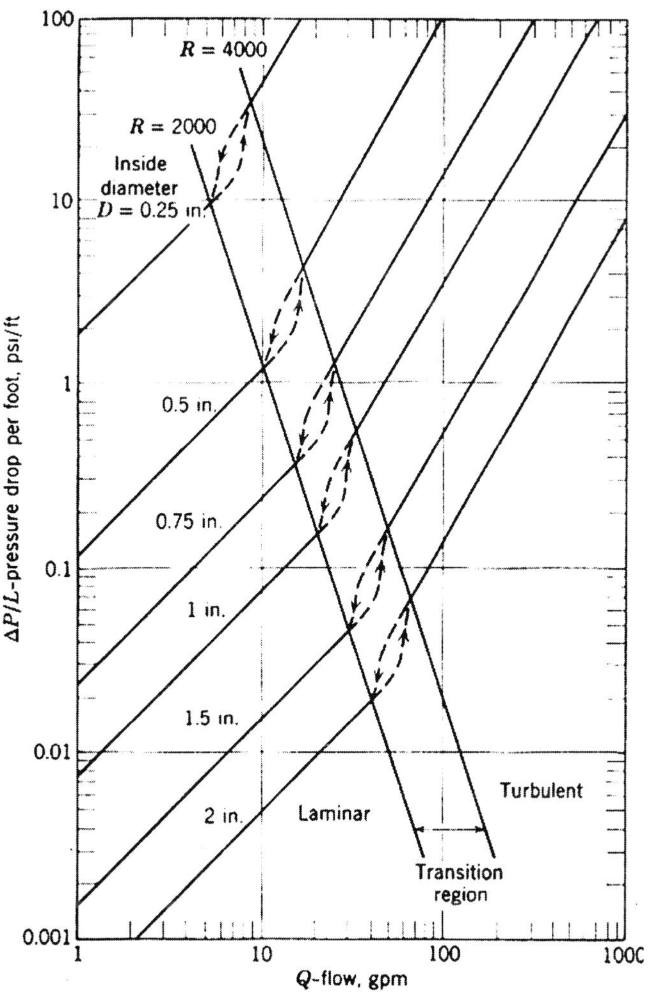

그림 3-9 매끈한 관 내 흐름의 foot당 압력강하
(밀도는 0.0307 lb/in.^{3}이고 점도는 4×10^{-6} lb-sec/in.^{2}이다)

여기서 A는 흐름의 단면적이고, S는 흐름의 주변길이이다. 원형단면에 대하여 수력직경은 관 내경과 같아진다. 원형이 아닌 단면의 도관 내의 흐름들은 통로의 형상에 크게 의존하기 때문에 수력직경의 개념은 층류흐름에 바로 사용되어질 수 없다. 천이 레이놀즈 수는 수력직경에 따라 대략 정해질 수 있다.

3-4 오리피스를 통한 흐름

오리피스는 유체동력제어를 위한 기본적인 수단이다. 오리피스의 흐름특성은 많은 유압제어 장치의 설계에 있어서 주된 역할을 한다. 오리피스는 흐름 통로에서 짧은 길이의 갑작스런 저항으로 고정형과 가변형이 있다. 관성력 또는 점성력의 우세 여부에 따라 흐름의 두 가지 유형(그림 3-10)이 있다. 오리피스를 통한 흐름속도는 연속의 법칙을 만족시키기 위해 상류지역보다 높게 증가해야 한다. 높은 레이놀즈 수에서, 오리피스를 통한 압력강하는 상류속도로부터 더 높은 분출속도로의 유체입자의 가속에 기인한다. 낮은 레이놀즈 수에서, 압력강하는 유체의 점성으로 인한 내부 전단력의 결과이다.

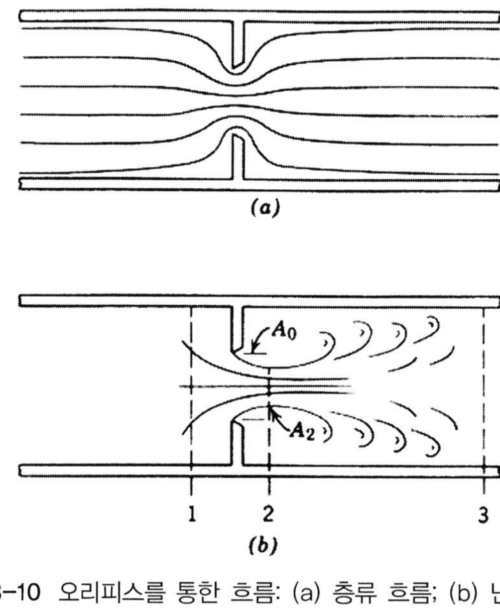

그림 3-10 오리피스를 통한 흐름: (a) 층류 흐름; (b) 난류 흐름

난류 오리피스 흐름

대부분의 오리피스 흐름은 높은 레이놀즈 수에서 일어나기 때문에, 이 영역에서의 오리피스는 매우 중요하다. 이러한 흐름을 보통 "난류"라고 하지만, 이 용어는 관의 흐름에서와 똑같은 의미를 갖는 것은 아니다. 그림 3-10b를 참고하면, 유체입자들은 1과 2사이에서 제트속도로 가속된다. 이 지점들 사이의 흐름은 유선 또는 포텐셜 흐름이고, 경험상 이 영역에서 베르누이 방정식의

사용은 정당하다. 유체입자들은 관성을 가지고 있고 오리피스 열림구간에서 곡선의 통로를 따라 움직이고 있기 때문에 오리피스 면적보다 유출 제트의 면적이 더 작다. 제트를 따라 면적이 최소가 되는 지점을 수축 면적(vena contracta)라고 한다. 오리피스 면적 A_0에 대한 수축 면적에서 흐름면적 A_2의 비를 수축계수 C_c라 한다.

$$A_2 = C_c A_0 \tag{3-28}$$

둥근 오리피스에 대해, 수축 면적은 오리피스 직경의 대략 절반쯤의 하류에서 발생하고, 1지점은 같은 거리의 상류에 있다(slit형 오리피스에 대해서는 이들 거리는 대략 b/2이다). 따라서 유체는 대략 1개의 오리피스 직경의 총 거리에서 가속된다[6]. 그림 3-10b의 지점 2와 3 사이는 난류이고 하류지역에 있는 유체와 분출하는 제트가 격렬하게 섞이게 된다. 제트의 운동에너지는 난류에 의해 유체의 내부에너지(온도)의 증가로 변환된다. 제트의 운동에너지는 복원되지 않기 때문에 압력 P_2와 P_3는 거의 같다. 이것은 2와 3 사이의 단면을 급속확대로 해석할 수도 있다(3-5절 참조).

하류의 속도 u_1에서 더 높은 제트속도 u_2로의 유체입자들의 가속에 요구되는 압력차는 1지점과 2지점 사이에 베르누이 방정식을 적용함으로써 구할 수 있다.

$$u_2^2 - u_1^2 = \frac{2}{\rho}(P_1 - P_2) \tag{3-29}$$

비압축성 흐름에 대한 연속방정식을 적용하면, 식 (3-30)이 된다.

$$A_1 u_1 = A_2 u_2 = A_3 u_3 \tag{3-30}$$

식 (3-29)와 (3-30)을 결합하면 식 (3-31)을 얻는다.

$$u_2 = [1 - (\frac{A_2}{A_1})^2]^{-\frac{1}{2}} \sqrt{\frac{2}{\rho}(P_1 - P_2)} \tag{3-31}$$

점성마찰 때문에 제트속도는 식 (3-31)로 주어진 것보다는 약간 작다. 따라서 이러한 불일치를 보상하기 위해 속도계수 C_v라 하는 실험값이 도입되었다. C_v는 보통 약 0.98이고, 대부분의 계산과 거의 일치한다. $Q = A_2 u_2$이기 때문에 수축 면적에서 체적유량은 식 (3-32)로 된다.

$$Q = \frac{C_v A_2}{\sqrt{1 - (A_2/A_1)^2}} \sqrt{\frac{2}{\rho}(P_1 - P_2)} \tag{3-32}$$

수축 면적보다는 오리피스 면적을 사용하는 것이 더 편리하기 때문에 식 (3-32)와 (3-28)을 결합하여

$$Q = C_d A_0 \sqrt{\frac{2}{\rho}(P_1 - P_2)} \tag{3-33}$$

여기서 C_d는 방출계수라 불리고, 식 (3-34)와 같이 주어진다.

$$C_d = \frac{C_v C_c}{\sqrt{1 - C_c^2 (A_0 / A_1)^2}} \tag{3-34}$$

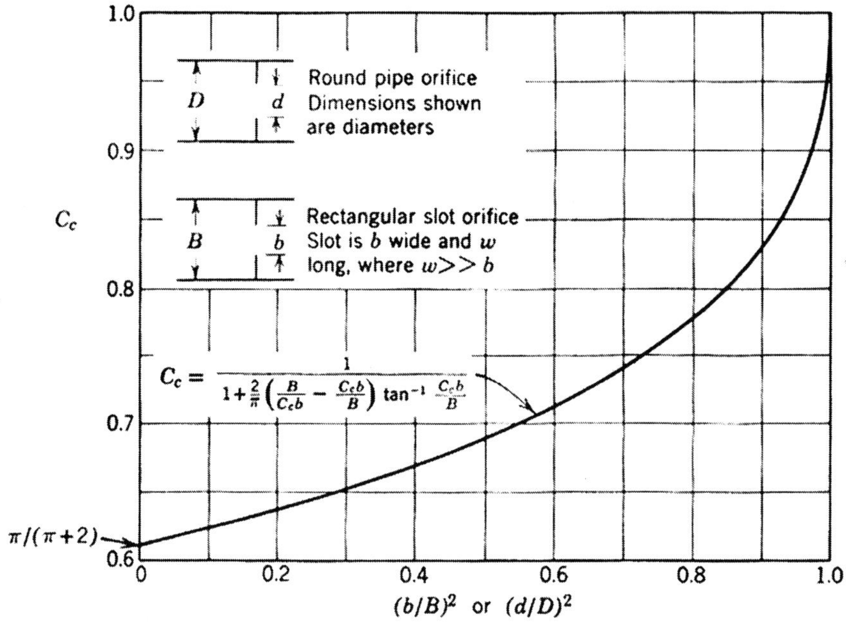

그림 3-11 원형과 사각형상 오리피스에서의 수축계수

$C_v \approx 1$과 A_0가 보통 A_1보다 훨씬 작기 때문에 방출계수는 수축계수와 거의 같다. 수축계수를 계산하기는 어렵지만, 원형과 slit형 칼날오리피스에 대해서는 해결책이 있고 그림 3-11에 나타내었다[6, 7]. 경험상 흐름이 난류이고 $A_0 \ll A_1$이라면, $C_c = \pi/(\pi+2) = 0.611$의 이론적인 값은 특정 형상에 상관없이 모든 날카로운 모서리 오리피스에 대해 사용될 수 있다. 이러한 이유로 인해 $C_d \approx 0.60$의 방출계수는, 모든 오리피스에 대해 적용되고, $C_d\sqrt{2/\rho} \approx 100\,\text{in.}^2/\sqrt{\text{lb}}\text{-sec}$이기 때문에 오리피스 식은 익숙한 형태인 식 (3-35)가 된다.

$$Q = 100A_0\sqrt{P_1 - P_2} \tag{3-35}$$

여기서 압력은 psi, 오리피스 면적은 in.^{2}, 체적유량은 in.^{3}/sec.

예 제

3-1 식 (3-35)를 SI 단위(압력: bar, 오리피스 면적: m^2, 체적유량: m^3/sec)로 나타내면 계수는 100 대신에 얼마인가?

【풀이】 식 (3-33)에서 $C_d = 0.6$, $\rho = 0.78 \times 10^{-4}$ [lb · sec^2/in.^{4}]을 대입하면

$$C_d\sqrt{\frac{2}{\rho}} = 0.6\sqrt{\frac{2}{0.78\times10^{-4}}} = 96.1 \approx 100$$

위식을 SI 단위로 변환하기 위하여

$\rho = 830$ [kg/m^3]

$$C_d\sqrt{\frac{2}{\rho}} = 0.6\sqrt{\frac{2}{830}} = 0.0294\ [\text{m}\sqrt{\text{m}}/\sqrt{\text{kg}}]$$

압력의 단위로 bar와 오리피스 면적의 단위로 m^2을 사용하면

$$Q = 0.0294\left[\frac{m\sqrt{m}}{\sqrt{kg}}\right] \times A_0[m^2] \times \sqrt{10^5 \Delta P\left[\frac{kg \cdot m}{m^2 \cdot sec^2}\right]}$$
$$= 9.3 A_0 \sqrt{P_1 - P_2}\ [m^3/sec]$$

칼날 오리피스는 특성이 예측가능하고 온도변화에 대하여 둔감하기 때문에 바람직하다. 하지만 비싸기 때문에 사용이 제한된다. 특히 고정 저항기에 대해서는 길이를 갖는 오리피스가 종종 사용된다. 이러한 짧은 튜브 오리피스에 대한 평균 방출계수는 [2, 8]에서와 같이 얻어질 수 있다. 식 (3-33)과 (3-19), (3-15)를 결합하면, 방출계수는 다음과 같다.

$$C_d = \left[1.5 + 13.74\left(\frac{L}{DR}\right)^{\frac{1}{2}}\right]^{-\frac{1}{2}} \qquad \text{for } \frac{DR}{L} > 50$$

$$C_d = \left(2.28 + 64\frac{L}{DR}\right)^{-\frac{1}{2}} \qquad \text{for } \frac{DR}{L} < 50$$

이들의 관계를 그림 3-12에 나타낸다. 이 유량계수는 근사값이지만 설계의 목적으로는 충분하다. 하지만 실험 데이터가 항상 더 선호된다.

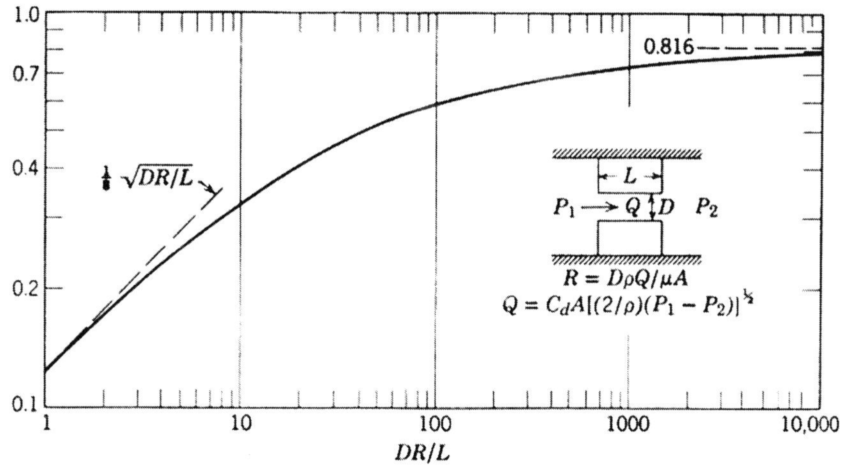

그림 3-12 짧은 튜브 오리피스에서의 방출계수

오리피스를 통한 층류 흐름

저온과 오리피스의 낮은 압력강하, 작은 열림에서 레이놀즈 수는 층류를 허용하도록 충분히 낮을 것이다. 오리피스에 대한 레이놀즈 수는 식 (3-36)으로 정의된다.

$$R = \frac{\rho(Q/A_0)D_h}{\mu} \tag{3-36}$$

여기서 Q/A_0는 오리피스 열림의 제트속도이고, D_h는 열림의 수력직경이다. 직경 d의 원형 오리피스에 대한 수력직경은 $D_h = d$이다. 폭 w와 높이 b의 직사각형 slit형 오리피스는 $w \gg b$일 때 수력직경은 식 (3-37)로 정의된다.

$$D_h = \frac{4bw}{2(b+w)} \approx 2b \tag{3-37}$$

식 (3-33)은 낮은 레이놀즈 수에서는 유효하지 않지만 방출계수를 레이놀즈 수의 함수로 나타내므로 이 식을 층류영역으로까지 확장하려는 시도가 행해졌다. 이러한 데이터의 전형을 그림 3-13에 나타낸다. $R < 10$에 대해 많은 연구자들은 방출계수가 레이놀즈 수의 제곱근에 비례한다는 것을 발견하였다. 즉, 식 (3-38)이다.

$$C_d = \delta\sqrt{R} \tag{3-38}$$

δ의 크기는 기하학적 구조에 따르고, 층류계수라 불린다. 낮은 레이놀즈 수에 대해서 식 (3-36)과 (3-38)을 식 (3-33)에 대입하면 식 (3-39)를 얻는다.

$$Q = \frac{2\delta^2 D_h A_0}{\mu}(P_1 - P_2) \tag{3-39}$$

이 식에서 흐름은 밀도가 없기 때문에, 유량은 압력 차이에 직접적으로 연관되고 유체점도에 의해 주도되어지는 것에 유의해야 한다.

Wuest[9]는 칼날 오리피스를 통한 층류흐름에 대한 표현식을 이론적으로 구하였다. 무한평면 속의 원형 오리피스(i.e., $d \ll D$ in 그림 3-11)에 대하여 그 결과는,

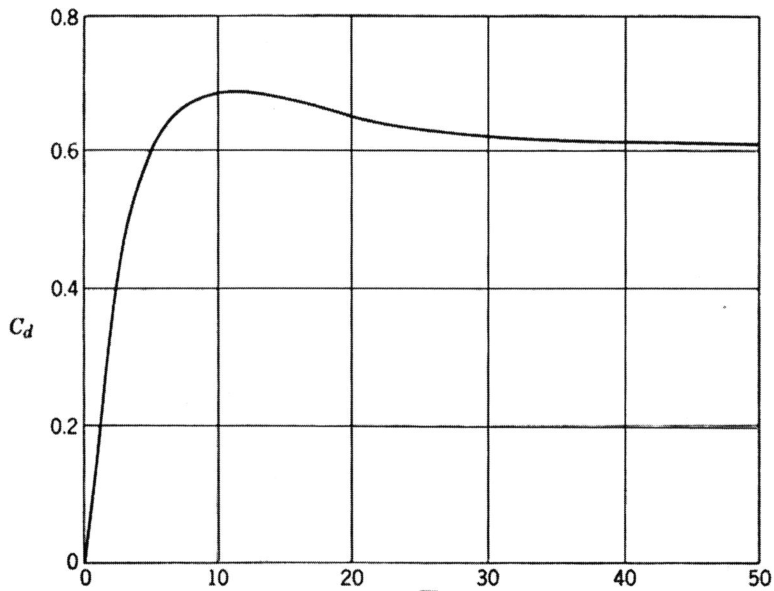

그림 3-13 오리피스에서 레이놀즈 수에 대한 방출계수의 전형적인 곡선

$$Q = \frac{\pi d^3}{50.4\mu}(P_1 - P_2) \tag{3-40}$$

$w \gg b$를 갖는 무한평면(즉, $b \ll B$ in 그림 3-11) 속에서 높이 b와 폭 w의 직사각형 slit에 대한 결과는,

$$Q = \frac{\pi b^2 w}{32\mu}(P_1 - P_2) \tag{3-41}$$

식 (3-39)와 (3-40), (3-41)을 같다고 두면, 칼날 둥근 오리피스에 대하여 $\delta = 0.2$가 구해지고, 칼날 slit 오리피스에 대해서는 $\delta = 0.157$가 구해진다. Viersma[10]는 그림 3-14에 나타낸 것처럼 난류영역에서 $C_d = 0.611$이고, 층류영역에서는 식 (3-38)로 정의된 점근선으로 방출계수를 나타내었다. 천이 레이놀즈 수 R_t는 2개의 점근선의 교점으로 정의되고 다음과 같다.

$$R_t = \left(\frac{0.611}{\delta}\right)^2 \tag{3-42}$$

$\delta = 0.2$에 대한 천이 레이놀즈 수는 $R_t = 9.3$이고, δ가 감소할 때 R_t는 증가한다.

여러 가지 경우에 초기의 압력강하 없이 오리피스의 흐름계수, $\Delta Q / \Delta(P_1 - P_2)$를 평가하는 것이 바람직하다. 만약 난류라고 가정하면, 이 계수는 식 (3-33)의 미분에 의해 보여진 것과 같이 무한할 것이다. 하지만 흐름은 압력강하가 작거나 흐름계수가 식 (3-40)과 (3-41)로 나타낼 수 있는 유한한 값을 가질 때 층류가 된다.

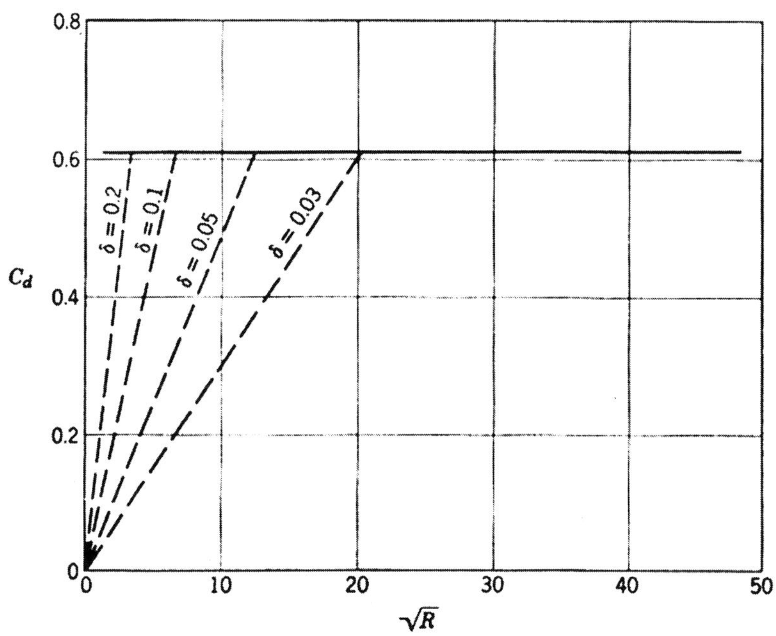

그림 3-14 방출계수의 점근적 근사

요약하면, 오리피스의 흐름은 식 (3-39)로 주어진 압력강하에 직접적으로 연관된 흐름율을 갖고, $R < R_t$에 대하여 층류이다. R_t 부근에서는 관성과 점성이 모두 중요하다. $R > R_t$에 대해서 흐름은 난류로 취급될 수 있고, 오리피스 방정식 식 (3-33)으로 나타낼 수 있다. 이 오리피스 방정식은 마주칠 수 있는 흐름의 형태를 완전 무시하고 모든 상황에 대하여 공통으로 사용된다. 이것은 대부분의 경우에 정당하지만, 특정 경우에서는 상당히 큰 오차로 이어질 수 있다.

3-5 미소손실(minor losses)

미소손실이라는 용어는 흐름 단면에서의 급격한 변화와 굽어짐, 피팅에 의한 에너지 손실을 나타낸다. 이러한 손실은 경험적으로 식 (3-43)으로 기술된다.

$$H_L = K\frac{u^2}{2g} = \frac{K}{2g}\left(\frac{Q}{A}\right)^2 \tag{3-43}$$

여기서 u는 유체 속도, Q는 체적유량, A는 통과 면적(만약 두 개의 면적이 관여하는 경우에는 작은 단면의 면적이 사용됨.), K는 저항계수 또는 손실계수라 불리고, 주 관심의 경우에 대한 값들이 그림 3-15에 주어져 있다.

그림 3-15의 갑작스런 출구의 지점 2와 3 사이에 적용된 베르누이 방정식은 압력의 증가를 예측할 것이다. 하지만 고려해야 할 에너지 손실이 있다. 큰 탱크(i.e., $d_2/d_1 \gg 1$)로의 모든 상당히 갑작스런 출구에 대하여 $K=1$이기 때문에, 손실수두는 $u^2/2g$이 된다. 이것은 탱크로 들어가는 유체의 전체 운동에너지가 난류혼합에 의해 열에너지로 전환되는 것을 의미한다. 따라서 확장하는 동안에 압력은 약간 또는 전혀 회복되지 않기 때문에, $P_2 \approx P_3$이다. 상당한 압력 회복을 얻기 위해서는 출구는 매끄러워야 하고 서서히 커져야 한다. 유압제어 대부분의 경우에 큰 챔버로 들어가는 출구에 대하여 $P_2 = P_3$로 가정하는 것은 충분하다.

유체 흐름이 급격한 수축에 부딪혔을 때, 최소 수축부(vena contracta)는 대략 관 직경의 $\frac{1}{2} \sim 1$배 하류에서 형성된다. 입구에서 압력에너지의 운동에너지로의 전환은 매우 효율적이기 때문에, 대부분의 에너지 손실은 최소 수축부로부터 유체 흐름의 확장으로 인해 일어난다. 그림 3-15의 급격한 수축지점 0과 2에 대하여 베르누이의 방정식을 적용하면 다음과 같다.

$$\frac{P_0}{\gamma} + \frac{u_0^2}{2g} = \frac{P_2}{\gamma} + \frac{u_2^2}{2g} + K\frac{u_2^2}{2g}$$

여기서 K는 다른 입구 형상에 대해서 그림 3-15에 주어진다.

$u_0 \ll u_2$이기 때문에, u_0는 무시될 수 있다. 우리는 다음 식을 얻는다.

$$P_0 - P_2 = (1+K)\frac{\rho}{2}u_2^2$$

지점 2는 최소 수축부의 하류 지점이지만, 지점 1과 2 사이의 구분은 종종 간과되고, $(P_0 - P_2)$는 입구 압력강하로 언급된다.

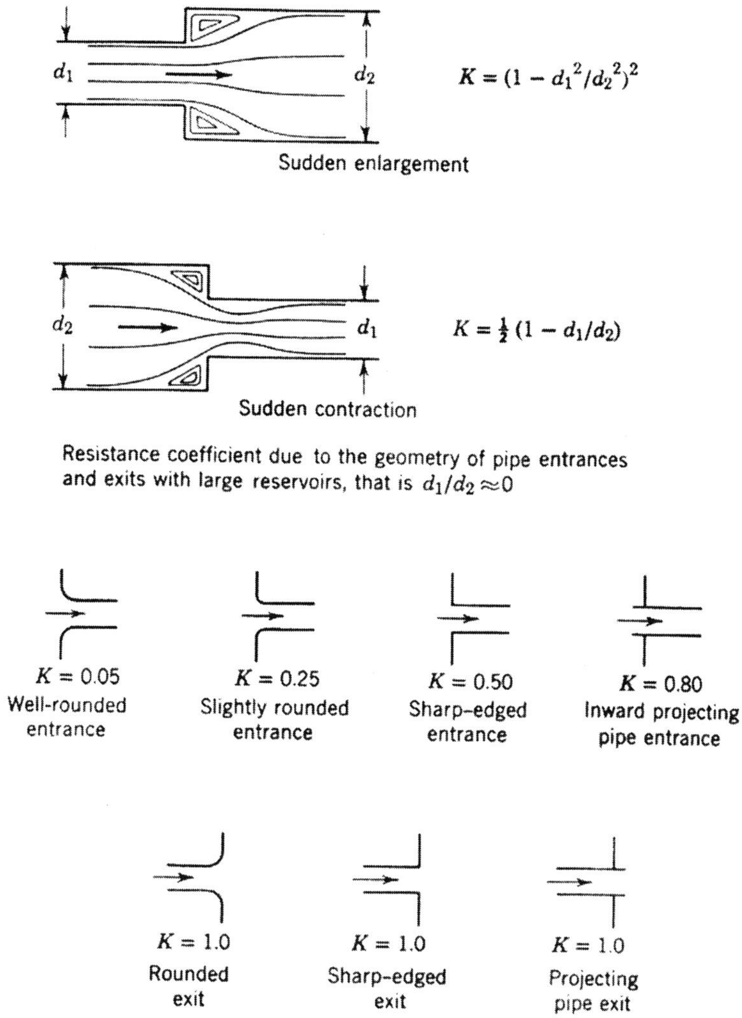

그림 3–15 관로 단면의 급격한 변화와 관로 입구와 출구의 형상에 따른 손실계수

원심력과 2차 흐름 패턴은 관 굽힘에서 압력강하로 나타난다. 굽힘의 저항 계수에 대한 시험 데이터는 대단히 많고, 그림 3-16에 주어진 값들은 근사값으로 간주되어야 한다[4, 5]. 그림 3-16에서 지점 1과 2의 유속이 동일하기 때문에, 베르누이의 방정식을 적용하면 굽힘으로 인하여 압력강하가 발생함을 나타난다.

$$P_1 - P_2 = K\frac{\rho}{2}\left(\frac{Q}{A}\right)^2$$

굽힘의 길이에 대한 압력강하는 식 (3-21)로부터 주어지고 굽힘으로 인한 것에 추가되었다. 피팅과 밸브에서의 압력강하는 매우 다양하고 데이터는 제작사 또는 직접 측정에 의해 얻어져야 한다.

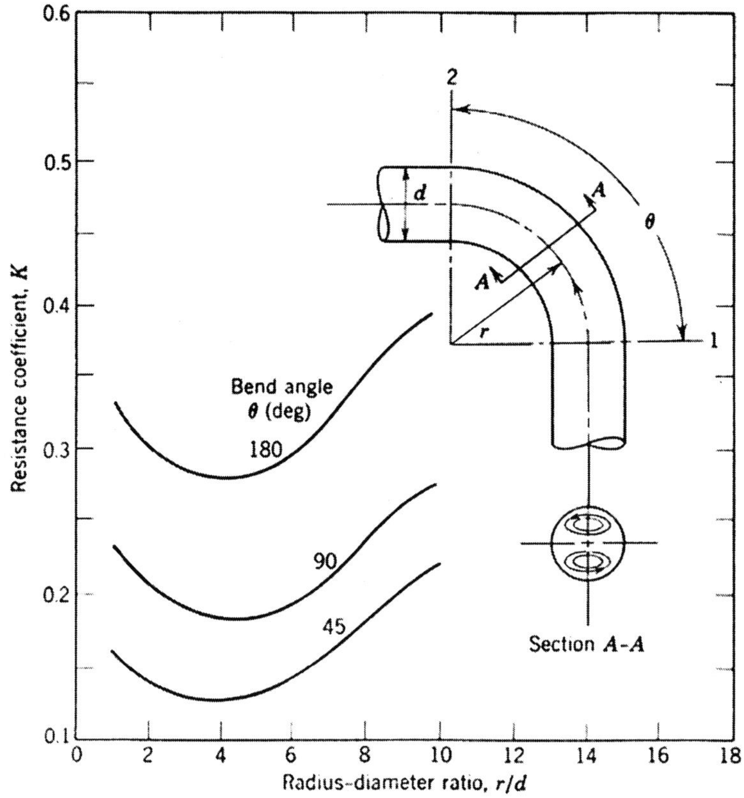

그림 3-16 굽은 관의 손실계수(출처: J.J.Taborek[5])

3-6 동력손실과 온도상승

유압마력은 압력강하와 유량의 곱 ΔPQ이다. 많은 경우에서 이 동력은 흐름마찰에 의해 소모되고 유체의 내부에너지를 증가시킨다. 오리피스와 밸브, 관, 모세관 및 작은 손실과 같은 모든 유압저항에 의해 사용된 동력은 열로 변환되어 유체의 온도를 증가시킨다. 유압모터에 의해 발생된 대부분의 마력은 축일로 사용되지만, 내부마찰과 누설에 사용된 동력은 열로 변환된다.

유압 저항에 의해 열에너지로 변환된 동력은 $9,339\,C_p \Delta TQ\gamma$이다. 이것을 ΔPQ의 공급된 유압마력과 같다고 두면, 식 (3-44)의 흐름방향으로 온도상승을 구할 수 있다.

$$\Delta T = \frac{\Delta P}{9,339\,C_p \gamma} \tag{3-44}$$

따라서 $\gamma = 0.03$ lb/in.^{3}의 석유계 작동유의 경우에 140 psi의 압력강하에 대하여 어떤 유압 저항(오리피스, 관 등)에서도 대략 온도가 1°F 상승한다.

예 제

3-2 $\gamma = 830\,\text{kgf/m}^3$의 석유계 작동유가 오리피스를 통과할 때 10 bar의 압력강하가 발생하였다. 작동유의 온도는 몇 ℃ 상승할 것인가?

【풀이】 식 (3-44)를 적용하기 위하여 아래와 같이 단위를 환산한다.

$\Delta P = 10\text{ bar} = 10{,}171.6\ [\text{kgf/m}^2]$

9,339 lb · in./Btu 대신에 427 kgf · m/kcal를 사용한다.

$C_p = 0.4997\ [\text{Btu}/(\text{lb}^\circ\text{F})] = 0.4997\ [\text{kcal}/(\text{kg}^\circ\text{C})]$

$\gamma = 830\ [\text{kgf/m}^3]$

$$\Delta T = \frac{10{,}171.6\ [\text{kgf/m}^2]}{427[\frac{\text{kgf}\cdot\text{m}}{\text{kcal}}] \times 0.4997[\frac{\text{kcal}}{\text{kgf}^\circ\text{C}}] \times 830[\frac{\text{kgf}}{\text{m}^3}]}$$

$= 0.5758\,℃$

식 (3-44)는 식 (3-6)으로부터 더 엄격한 방식으로 유도될 수도 있다. 추가된 열이 없거나 행한 일이 없고, 정상흐름(즉, $W_1 = W_2$)이라면 식 (3-6)은

$$9{,}339\,C_p\,T_1 + \frac{P_1}{\gamma} + \frac{V_1^2}{2g} = 9{,}339\,C_p\,T_2 + \frac{P_2}{\gamma} + \frac{V_2^2}{2g} \tag{3-45}$$

대부분의 경우 입구와 출구는 같은 크기이므로 $V_1 \approx V_2$이고, 식 (3-45)는 식 (3-44)로 간략화된다. 식 (3-44)로 주어진 온도증가는 유압시스템에서 생성된 열을 구하는 데 유용하다(12-6절 참조).

3-7 유압 도관 내의 압력천이

도관에서 유체의 흐름이 도관의 끝에서의 밸브의 급격한 폐쇄로 인해 갑자기 정지되었을 때, 아주 큰 압력천이(pressure transient)가 생길 것이다. 이 현상은 보통 상당한 소음을 동반하기 때문에 수격작용(waterhammer)이라 불린다. 밸브에 인접한 유체는 초기에 멈춰진다. 그리고 압력파가 다음 식으로 주어지는 c의 속도로 유압원으로 되돌아간다.

$$c = \left(\frac{\beta_e}{\rho}\right)^{\frac{1}{2}} \tag{3-46}$$

여기서 c = 유체 속에서의 음속, in./sec

β_e = 유효체적탄성계수(유체와 기계적 컴플라이언스포함), lb/in.^{2}

ρ = 유체의 밀도, lb-sec^2/in.^{4}

c값은 보통 35,000~50,000 in./sec(890~1270 m/s)의 범위에 있다. 압력파가 도관의 유압원에 도착하였을 때, 유체 질량이동의 운동에너지는 도관과 유체의 탄성으로 인한 에너지로 완벽하게

저장되고, 압축된 유체의 압력 P_{IC}는 최대가 된다. 이때 감압파가 형성되고 밸브를 향하여 전달된다. 이 파동은 마찰로 에너지가 다 소모될 때까지 운동에너지와 탄성에너지가 서로 교환되며 전후 왕복을 계속한다.

밸브가 폐쇄되는 순간에 이동유체의 운동에너지는,

$$KE = \frac{1}{2}M_f v_0^2 = \frac{1}{2}\rho L A v_0^2 \tag{3-47}$$

여기서 A는 도관 면적이고, v_0는 유체의 초기 속도이다. 압축된 유체에 저장된 에너지는

$$PE = \frac{1}{2}\frac{LA}{\beta_e}P_{IC}^2 \tag{3-48}$$

여기서 P_{IC}는 순간적인 밸브 폐쇄로 인한 압력 상승이다. 이들 에너지를 같다고 두면, 압력상승에 대한 식이 얻어진다.

$$P_{IC} = \rho c v_0 \tag{3-49}$$

ρ와 c에 대한 전형적인 값을 사용하면, 이 식은 $P_{IC} \approx 50v_0$ psi가 되고, 여기서 v_0의 단위는 ft/sec이다.

식 (3-49)에서 볼 수 있듯이 ρ와 c값이 고정되어 있기 때문에 서지 압력을 줄이기 위한 가장 효과적인 단 한 가지 방법은 관 면적을 굵게 함으로써 원래의 유속을 낮추는 관시스템을 디자인하는 것이다. 만약 유속이 최대 15 ft/sec(4.6 m/s)로 제한된다면, 순간적인 닫힘 시의 압력상승

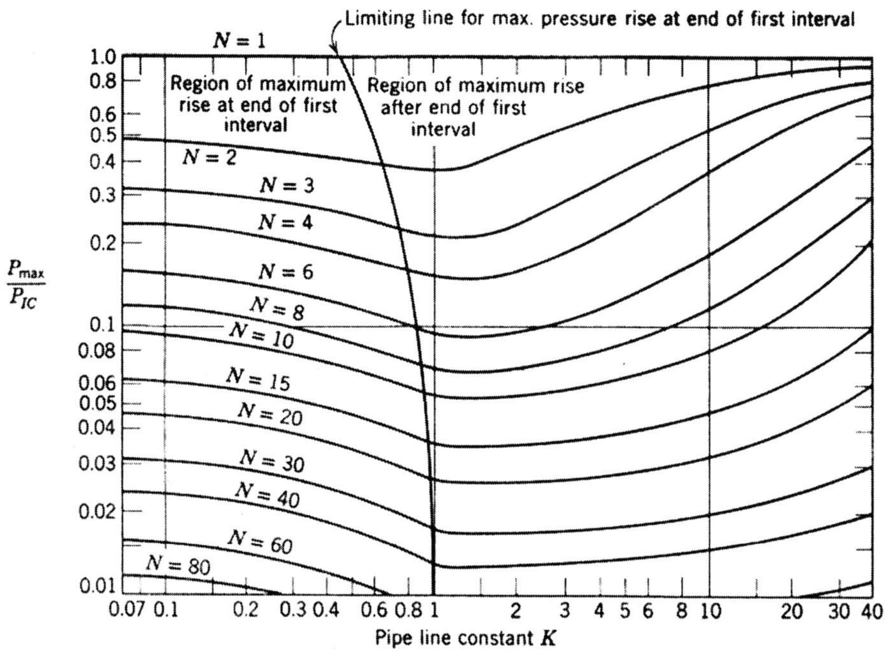

그림 3-17 균일한 밸브 닫힘으로 인한 최고 압력상승을 나타내는 Quick의 선도 (출처: M. P. O'Brien[12])

(정상상태 수준의 위쪽)은 대략 750 psi(52 bar)이다. 이는 일반적으로 안전한 설계값이라고 고려되고, 도관의 선택 기준이 된다. P_{IC}가 관로의 길이에 무관한 것을 주목하면 흥미롭다.

밸브 닫힘시간 T가 압력파의 한 번 왕복시간보다 작다면, 식 (3-49)가 유효하고 밸브 닫힘이 순간적이다. 즉,

$$T \leq T_c = \frac{2L}{c} \tag{3-50}$$

여기서 T_c는 주로 임계 닫힘시간이라 불린다. 짧은 관로에 대하여 이 부등식은 일반적으로 만족되지 않는다. 여기서 압력상승은 관로 길이와 정상상태에서의 압력 레벨, P_{IC}, 밸브 닫힘시간에 따를 것이다. 이 상황을 기술하는 수학 방정식은 다루기 힘들지만, 해결책은 만들어져서 그래픽 형태로 표현될 수 있다. Quick의 도표[11]는 균일한 밸브 닫힘을 가정하고, 가장 편리한 그래픽 기법이다(그림 3-17).

Quick의 도표를 사용하기 위해서는 우선 K와 N량을 계산해야 한다.

$K = \dfrac{P_{IC}}{2P_0}$ =관로상수, 무차원

$N = \dfrac{T}{T_c}$ =임계 닫힘시간 간격 수, 무차원

P_0 =도관 내의 정상상태 압력, psi

$T_c = \dfrac{2L}{c}$ =임계 닫힘시간, sec

T =균일 밸브 닫힘시간, sec

P_{max} =도관 내에서 균일 밸브 닫힘에 따른 P_0 이상의 압력상승
(순간적인 닫힘에 대하여, $P_{max} = P_{IC}$), psi

P_{IC}는 식 (3-49)로부터 계산되기 때문에 도표에서 P_{max} / P_{IC}의 값을 얻어라. 그러면 P_{max}가 계산된다. P_{max}가 항상 P_{IC}보다 작다는 것에 유의하라.

요약하면 하나의 관에서 가장 가혹한 압력서지는 즉각적인 밸브 닫힘(즉, $T \leq T_c$)에 의해 야기되고, 식 (3-49)로 주어진다. 밸브 닫힘이 즉각적이지 않은 경우(즉, $T > T_c$)에, 균일한 밸브 닫힘이 가정되어야 하고 P_{max}은 Quick의 도표로부터 얻어진다. 이 경우가 짧은 관로($T > 0.005$ sec 라면 10 ft 보다 짧은)에 대해 일반적이다. 하지만, P_{IC}가 최대 서지압력이기 때문에, 순간 밸브 닫힘은 보통 설계의 목적으로 가정된다.

3-8 요 약

많은 식이 제시되었을 때, 혼란의 가능성은 항상 있다. 따라서 유압제어 해석에서 보통 사용되는 기본 방정식들을 정리한다. 유체의 상황을 정의하기 위하여 처음 7개의 방정식이 요구된다. 유체가 액체라면, 이 7개의 식들은 상당히 간략화된다.

처음 3개의 Navier-Stokes 식은 3-3과 3-4, 3-5절에서 토의된 공식의 적용으로 간략화된다. 유압저항이 주로 사용되기 때문에 의도적으로 삽입된 유압저항을 기술하는 이들 식들이 동적 해석에 사용된다. 관과 굽힘, 피팅과 같은 흐름통로에서의 저항은 종종 무시된다. 그러므로 자주 사용하는 공식은 오리피스 식 (3-33)과 그림 3-6에 주어진 것들이다.

액체에 대한 체적팽창계수가 작기 때문에 유체밀도(결과적으로 유체 흐름)에 대한 온도의 직접적인 영향은 종종 무시된다. 이것은 열의 변화율이 결코 존재하지 않는다고 하는 것이 아니다. 이것은 단순히 이러한 변화율이 흐름조건에 거의 영향을 주지 않는다는 것이다. 따라서 보통 작동온도에서 유체 특성을 평가함으로써 온도를 포함하는 것으로 충분하다. 일반적으로 액체 흐름은 등온조건으로 가정된다. 등온의 가정은 에너지 방정식에 대한 필요성을 제거하고, 간단한 형태인 식 (3-51)로 상태방정식을 간략화시킨다.

$$\rho = \rho_i + \frac{\rho_i}{\beta} P \tag{3-51}$$

여기서 ρ_i와 β는 밀도와 제로 압력에서의 체적탄성계수이다. 연속방정식 (3-4)는 식 (3-52)로 쓸 수 있다.

$$\sum W_{in} - \sum W_{out} = g\frac{d(\rho V_0)}{dt} = g\rho\frac{dV_0}{dt} + gV_0\frac{d\rho}{dt} \tag{3-52}$$

중량유량은 $W = g\rho Q$로 나타낼 수 있고, 식 (3-53)을 얻는다.

$$\sum Q_{in} - \sum Q_{out} = \frac{dV_0}{dt} + \frac{V_0}{\beta}\frac{dP}{dt} \tag{3-53}$$

따라서 연속방정식과 상태방정식은 더 유용한 형태로 결합되어 식 (3-53)으로 주어진다.
우변의 첫째항은 검사체적의 확장에 의해 소모된 흐름이다; 만약 체적이 고정이면 이 항은 제로이다. 둘째항은 압축성 흐름이고, 압력의 변화로 인한 흐름을 나타낸다.

일곱 번째 방정식에 대한 필요성은 점도가 일정하다고 하는 가정에 의해 제거된다. 따라서 초기 방정식의 모든 7개에 대해서 설명되었다. 공압시스템에서는 온도는 변할 것이고, 초기 방정식의 약간 다른 간소화가 요구된다.

참고문헌

[1] Langhear, H. K., "Steady Flow in the Transition Length of a Straight Tube," *J. Appl. Mech.,* June 1942, A55-A58.

[2] Spapiro, A. H., R. Siegel, and S. J. Kline, "Friction Factor in the Laminar Entry of a Smooth Tube," Proc. *2nd* U. S. *Natl Congr. Appl. Mech.,* June 1954, 733-741.

[3] Dryden, H. L., F. D. Murnaghan, and H. Bateman, *Hydrodynamics*. New York: Dover, 1956, p. 197.

[4] Schlichting, H., *Boundary Layer Theory*. New York: McGraw-Hill, 1960.

[5] Taborek, J. J., "An Engineering Approach to Hydraulic Lines," *Machine Design*, April 16, 30; May 14, 28; June 11; July 9, 1959.

[6] Rouse, H., and A. Abul-Fetouh, "Characteristics of Irrotational Flow Through Axially Symmetric Orifices," *J. Appl. Mech.,* December 1950, 421-426.

[7] Cisotti, U., *Idromeccanica Piana,* vol. 2. Milan: Librerio Editrice Politecnica, 1922, pp. 237-383.

[8] Kreith, F. and R. Eisenstadt, "Pressure Crop and Flow Characteristics of Short Capillary Tubes at Low Reynolds Numbers," *ASME Trans.,* July, 1957, 1070-1078.

[9] Wuest, W., "Stromung durch Schlitz-und Lochblenden bei kleinen Reynolds-Zahlen," *Ingenieur Archiv,* No. 22, 1954, 357-367.

[10] Viersma, T. J., "Designing Load-Compensated Fast Response Hydraulic Servor," *Control Eng.*, May 1962.

[11] Quick, Ray S., "Comparison and Limitations of Various Waterhammer Theories," *Mech. Eng.,* **49**, No. 5a, May 1927, 524-530.

[12] O'Brien, M. P., and Hickox, G. H., *Applied Fluid Mechanics*, McGraw-Hill Book Co., 1937.

제4장 유압펌프와 모터

유압펌프와 모터는 기계에너지를 유압에너지로 전환하고, 그 반대로도 전환한다.

이들 장치들은 넓게 축류형과 용적형으로 구분할 수 있다. 터빈과 원심펌프, 제트펌프 같은 축류형 장치에서는 유체 흐름이 입구로부터 출구까지 연속이어서 에너지는 직접적으로 유체 흐름에 전달된다. 이들 장치들은 기본적으로 대용량·저압력이다. 이들은 아주 저효율이고 제어목적으로는 적합하지 않지만 냉각펌프 같은 보조기능으로 사용된다.

용적형 장치에서 유체는 입구를 통해 체적이 팽창하는 챔버(chamber)로 들어가서 공간을 채운다. 체적팽창은 모터에서는 축회전을 일으키고, 펌프에서는 축회전에 의해서 체적팽창이 일어난다. 입구로부터 들어 와서 갇힌 유체체적은 기계적인 수단에 의해 입구로부터 실되고, 출구로 운반되어 토출된다. 이렇게 운반된 작은 유체체적의 연속은 아주 일정한 흐름을 만든다. 이리하여 축회전당 일정한 유체량이 장치를 통하여 운반된다. 용적형 장치들은 아주 효율적이고 제어 시스템에서 넓게 사용된다.

이 장에서는 용적형 장치의 정상상태 성능 파라미터와 특성에 관하여 논의한다. 의미있는 동적해석에는 펌프·모터와 함께 제어부품이 포함된다. 제5장에서는 밸브의 정상상태 성능을 다룬다. 제6장에서는 밸브와 펌프, 모터를 결합하여 기본적인 유압동력장치로 구성되고, 이에 대한 동력학적 해석이 행해진다.

4-1 기본 형식과 제작

용적형 장치들은 크게 요동형과 회전형으로 구분된다. 요동형 액추에이터의 예는 일반적인 피스톤(그림 4-1)과 요동회전모터(그림 4-2)이다. 이들 장치들은 제작이 간단하고 축배치나 로드와 설치방법이 다양하다.

회전식 용적형 장치들은 기어나 베인, 피스톤헤드 같은 압력이 작용하는 기계적 요소를 가져야 하고, 힘을 토크로(또는 펌프의 경우는 토크를 힘으로) 변환하는 기어 반경과 편심 로터, 경사 피스톤 축, 경사판, 캠과 같은 지렛대 기계구조를 가져야 한다. 그리고 입구에서 출구까지 밀폐하는 방법이 있어야 하고, 압력이 작용하는 기계부품으로 유체를 전달하는 방법을 가져야 한다. 회전식 용적형 장치들은 기계적 구성에 의해 최소 5개의 기본형식으로 분류된다: 나사, 기어, 베인, 회전 접합, 피스톤. 약간의 제한은 있지만 모든 형식이 펌프나 모터로 동작될 수 있다.

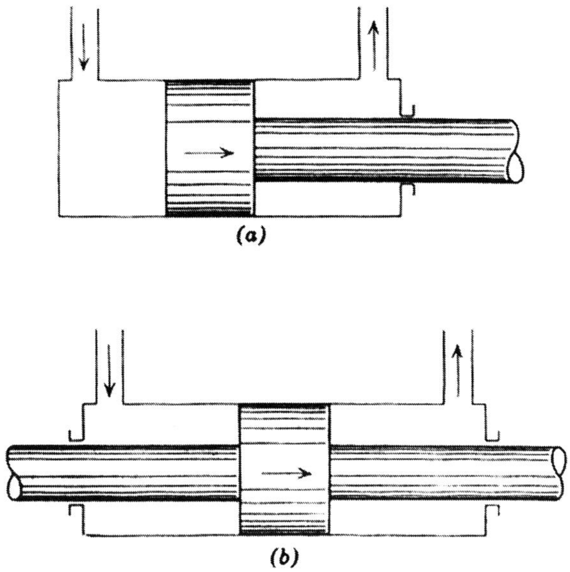

그림 4-1 복동실린더의 개략도: (a) 단로드; (b) 양로드

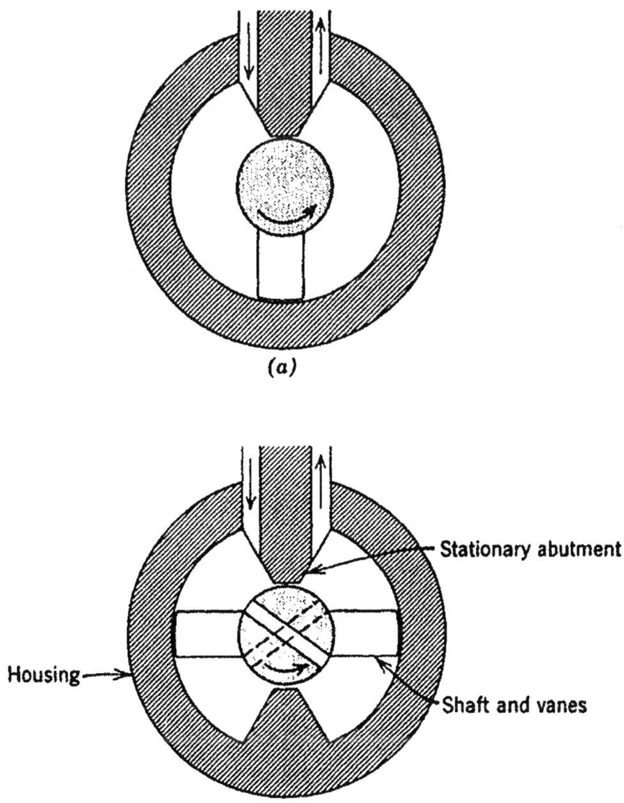

그림 4-2 요동모터의 개략도: (a) 단베인; (b) 양베인

나사형 : 나사 형식 장치들은 맞물려 있는 2개나 3개의 나사로 구성되고 알맞게 케이싱되어 있다. 유체는 스크류의 맞물림에 의해 형성된 밀폐공간 속에서 축방향으로 밀려 나아간다. 이들 장치는 동작이 조용하고 유량변동이 적다. 용량은 가변될 수 없고 압력범위는 1,000 psi(70 bar) 이하이다.

기어형 : 기어 장치들은 외접기어와 내접기어 구성으로 나눌 수 있다. 외접기어 장치는 적용된 기어모양에 따라, 스퍼(spur)와 헬리컬(helical), 헤링본(herringbone)으로 다시 나눌 수 있다. 기어 펌프 또는 기어모터는 두 개의 맞물린 기어로 구성(그림 4-3)되고, 기어 중 하나와 연결된 축과 함께 알맞게 케이싱되어 있다. 과도한 누유를 방지하기 위해 하우징과 기어측면과 둘레표면 사이의 공차가 작아야 한다. 두 기어 사이의 공간으로 유체가 이송되고, 기어의 맞물림이 입구측과 출구측 사이의 밀폐를 만든다. 이들 장치들의 기본적인 유체정역학적 불평형은 심각한 마찰과 마모를 초래한다. 따라서 저압에서 사용되어야 하고 최고압력을 1,000 psi(70 bar)로 제한한다. 그러나 유체정역학적 평형장치들을 사용하면 더 높은 압력에서 동작할 수 있고, 모터로서는 반드시 가져야 하는 특성이다.

내접기어장치들은 초승달형 실(Crescent seal)과 지로터(Gerotor)형으로 나눈다. 초승달형 실 장치(그림 4-4)는 실 역할을 하는 초승달 모양의 부품으로 분리된 내부기어와 외부기어로 구성된다. 두 기어는 같은 방향으로 회전하지만 내부기어 속도가 외부기어보다 빠르다. 그러나 기어들의 상대속도는 낮다.

유체는 기어가 분리되기 시작하는 곳에서 들어가고, 두 기어 사이의 공간에 붙잡혀 초승달형 실의 양쪽 면을 지나 기어가 맞물리기 시작하는 곳에서 출구로 보낸다. 지로터 펌프 또는 모터(그림 4-5)는 정교하게 들어맞는 기어 쌍으로 구성되어 내부기어의 이빨이 유체를 가두는 포켓을

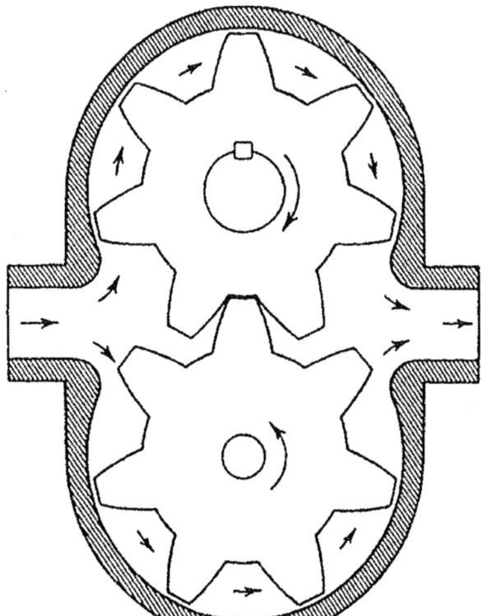

그림 4-3 스퍼기어펌프의 개략도

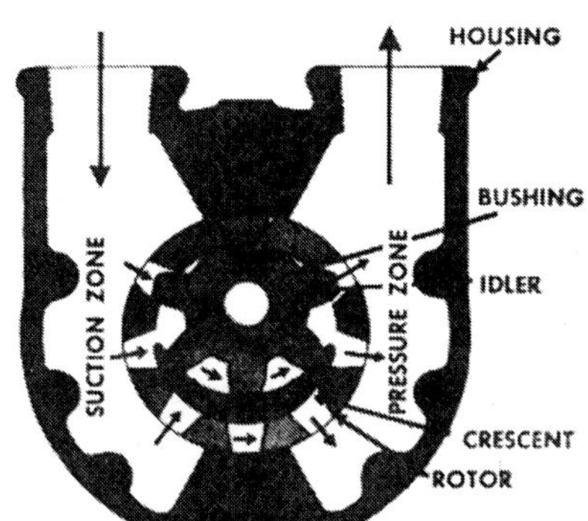

그림 4-4 초승달 실을 갖는 내접기어펌프

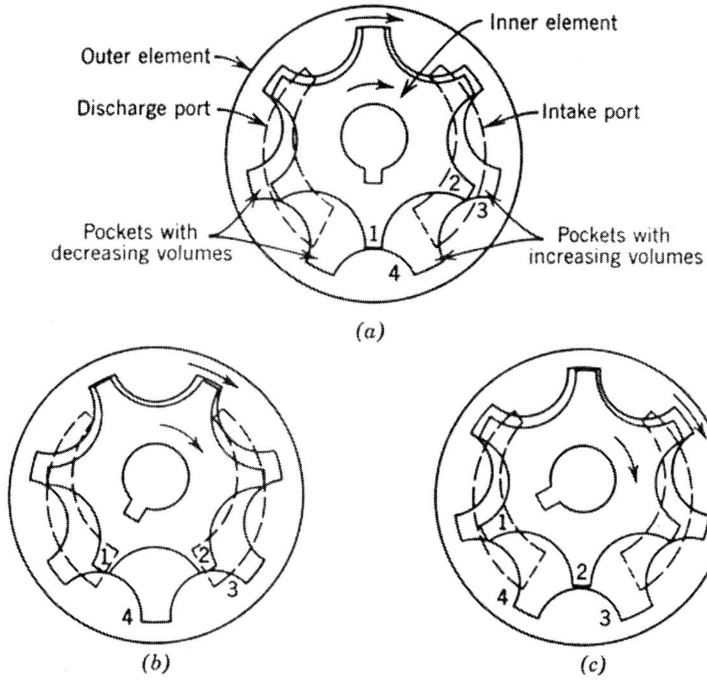

그림 4-5 지로터 펌프 또는 모터의 작동원리. 내부요소가 약간 빠르게 회전하나 내부와 외부요소는 동일한 방향으로 회전한다. 기어의 이 1과 2, 3, 4가 어떻게 작동유로 채워진 갇힌 공간을 만드는지 그리고 축 회전에 따라 흡입측으로부터 토출측으로 운반하는지 주목하라

만들기 위해 항상 외부기어와 미끄러지며 만나고 있다. 두 기어는 같은 방향으로 낮은 상대속도로 내부기어가 좀 더 빠르게 회전한다. 유체는 부피가 증가하는 방으로 들어가고, 이빨 사이 공간에 밀폐되어 갇히고, 출구로 보내진다. 유압 불평형에 의한 마찰토크 때문에 내접기어 장치는 저압력용으로 사용이 제한된다. 기어타입의 펌프나 모터는 용량을 변화시킬 수 없다.

베인펌프와 모터(그림 4-6)는 베인형상으로 구분된다: 슬라이딩 베인, 스윙 베인, 롤링 베인 등. 슬라이딩 베인형은 가장 일반적인 설계로, 로터표면의 슬롯에 베인이 끼워지고, 스프링 또는 원심력, 압력으로 케이스에 밀착된다. 스윙 베인형은 베인이 로터에 힌지되어 회전원심력으로 케이스에 밀착한다. 이 두 장치는 베인의 닳음이 자동적으로 보상된다. 롤러 베인형은 반원형 원통으로 로터가 회전할 때도 항상 평행이 되도록 유지되며 회전한다. 이들 모든 장치들에서 로터는 케이스에 편심되어 장착한다. 유체는 부피가 커지는 방으로 들어 가서 베인들 사이에 밀폐되어 부피가 줄어드는 방으로 전송된다. 로터의 편심율을 바꾸어 베인장치의 용량을 변경할 수 있고, 유압불평형 때문에 저압에서 중간압(1,500 psi까지) 사이로 작동이 제한된다. 고압 또는 모터로서는 유압적 평형장치가 선호된다. 평형 설계(그림 4-7)에서, 베인장치는 계란모양의 내부공간을 중심로터가 회전한다. 체적이 변화하는 두 공간이 로터 경로 주위에 형성되어 유체가 전송된다. 유압평형 베인장치는 정용량형이다.

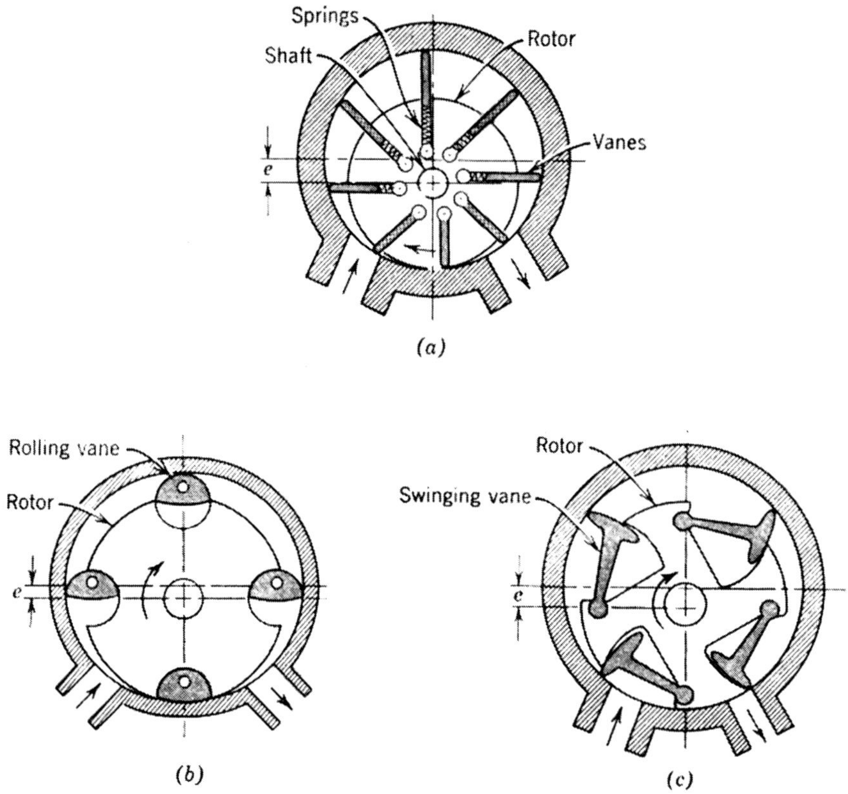

그림 4-6 베인형상의 펌프와 모터: (a) 슬라이딩 베인; (b) 롤링 베인; (c) 스윙 베인

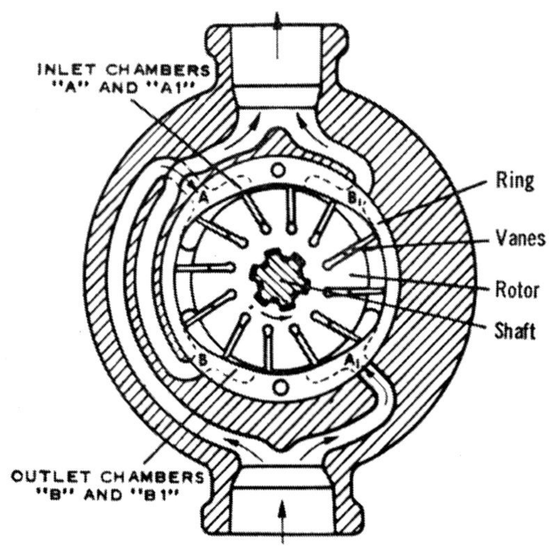

그림 4-7 압력평형형 베인펌프 또는 모터
(출처: Vickers, Inc., Machinery Hydraulics Division, Ferndale, Michigan)

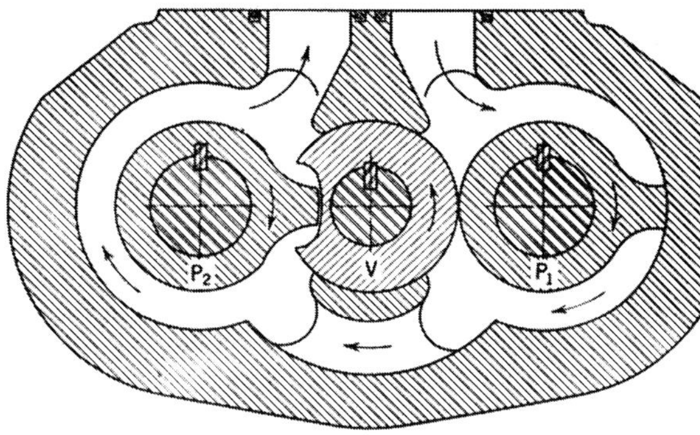

그림 4-8 회전형 교대(abutment)펌프 또는 모터
(출처: Tyrone Hydraulics, Devision of Oliver Tyrone Corp., Corinth, Mississippi)

회전 접합형 펌프와 모터는 그림 4-2와 같이 기본적으로 제한된 회전 작동기이지만, 회전 접합을 적절하게 설계하면 회전 접합이 로터 베인 주위로 움직일 수 있고 따라서 연속회전이 가능하다. 단일과 이중 베인 설계로 구분된다. 그림 4-8에서 회전피스톤 P_1, P_2가 교대로 1/2 회전 동안 유효하게 동작하는 베인이 되므로 기본적으로 1개의 베인장치이다. 회전 받침이라 하는 중심부품 V는 입구와 출구 사이를 실(seal)하기 위해 동작 피스톤과 구름접촉한다. 3개의 부품 모두는 1:1 회전 비율의 기어로 되어 있고, 동력은 회전 접합되는 축으로부터 나온다. 압력이 베인 둘레에서 동일하기 때문에 회전 접합 휴회에서 비활성 베인이 지나갈 때는 밀폐 접촉이 불필요하다. 회전 접합 모터는 정용량이고 저속에서 부드럽게 동작한다.

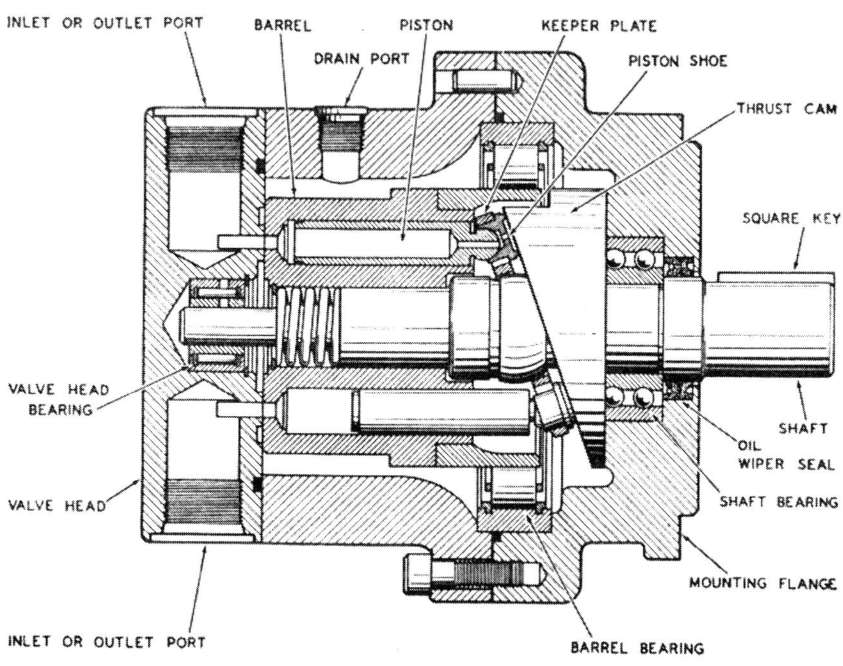

그림 4-9 액셜 피스톤 펌프 또는 모터
(출처: the Dynex Company, Division of Applied Power Industries, Inc., Pewaukee, Wisconsin)

그림 4-9에서 4-12까지에 나타낸 바와 같이 피스톤 펌프와 모터는 동력축에 대한 피스톤의 상대적인 동작에 의해 사판형과 사축형, 방사형으로 구분된다.

이들 장치들은, 또한 힘을 토크로 전환하는 데에 적용된 지렛대 구조형식과 피스톤으로 유체를 보내는 데에 사용된 기본구조에 의해 구분될 수 있다. 일반 지렛대 구조는 경사판, 경사축, 캠, 그리고 편심 회전자 이다. 3개의 기본적 포트구조가 사용된다: 밸브판, 핀틀, 피스톤으로 그림 4-10과 같다. 피스톤 장치들은 3,000 psi(200 bar) 이상의 작동압력에서 가변형으로 사용될 수 있다. 이들 장치들은 아주 튼튼하고 다양하며 효율적이어서 항공기와 산업시스템 양쪽에서 유압제어를 위해 넓게 사용되고 있다.

그림 4-9는 고정 경사판과 밸브판을 사용하는 액셜 피스톤 펌프 또는 모터를 보여준다. 밸브판은 입력유체를 실린더 배럴의 1/2에 공급하고, 이 유체를 받은 피스톤들은 경사판에 의하여 힘을 받는다. 판이 고정이기 때문에, 실린더 배럴이 회전해야 하고 구동축과 연결되어 있다. 가변 용량은 경사판의 각도를 변경시킴으로 얻어진다. 어떤 액셜 모터는 고정 실린더 배럴과 피스톤 운동의 결과로 구동축을 돌게 하는 회전하는 경사판을 가진다.

사축식 장치(그림 4-10)도 밸브판을 사용한다. 유체는 밸브판에 의해 실린더 배럴의 1/2에 연결되고, 밸브판으로부터 멀어지도록 배럴에서 피스톤에 힘을 가한다. 이들 피스톤은 피스톤 축이 구동축과 경사져 있어, 피스톤이 밸브판으로부터 최대거리로 가도록 구동축을 회전한다. 실린더 배럴은 구동축의 이음축을 통해 구동된다.

레이디얼 피스톤 장치는 그림 4-11과 같다. 실린더블록은 편심되어, 유체는 핀틀을 통해 실린더 블록원통 1/2에 들어가고, 피스톤이 반경방향으로 밖으로 가도록 힘을 가한다. 그러나 피스톤은 오직 출력축을 회전시키는 회전하는 실린더 블록에 의해 반경방향으로 움직일 수 있다. 피스톤은 핀틀에 의해 출구로 연결되어 방의 부피가 감소되어 유체가 출구로 방출하도록 움직인다.

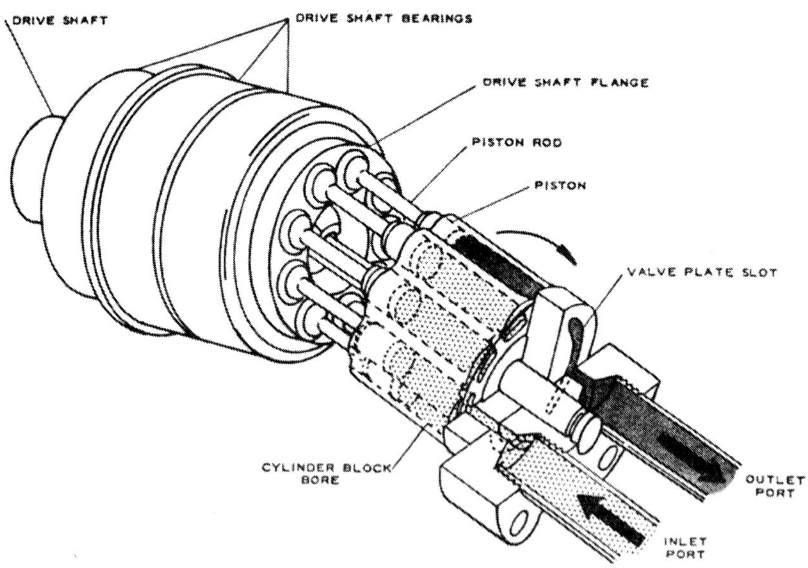

그림 4-10 사축식 펌프 또는 모터
(출처: Vickers, Inc., Machinery Hydraulics Division, Ferndale, Michigan)

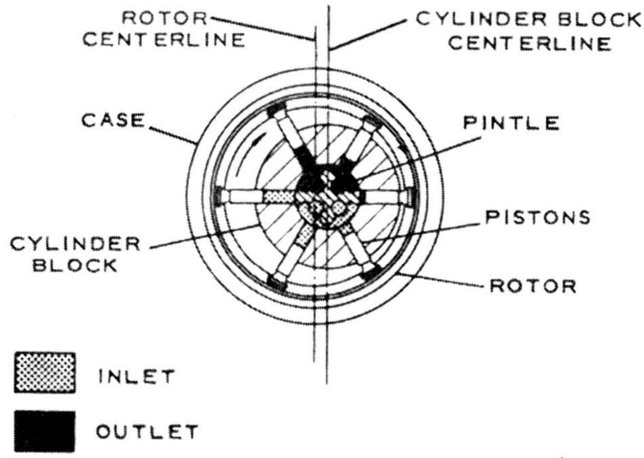

그림 4-11 핀틀 포트를 갖는 레이디얼 피스톤 펌프 또는 모터
(출처: Vickers, Inc., Machinery Hydraulics Division, Ferndale, Michigan)

그림 4-12의 레이디얼피스톤 모터는 피스톤의 압력 힘을 축 토크로 전환하기 위해 계란형 캠을 사용한다. 캠은 모터의 체적 변위가 매우 일정하도록 모양이 만들어져 있다. 대부분 피스톤 모터의 행정체적은 피스톤 개수와 축속도에 따른 어떤 주파수로 약간의 %로 주기적으로 변한다. 이 행정체적의 변동은 바람직하지 않은 속도변동을 야기시킨다. 그림 4-12의 각 피스톤은 이웃 피스톤과 함께 입구 또는 출구에 연결된다. 이 모터는 기본적으로 저속 고토크 장치이다.

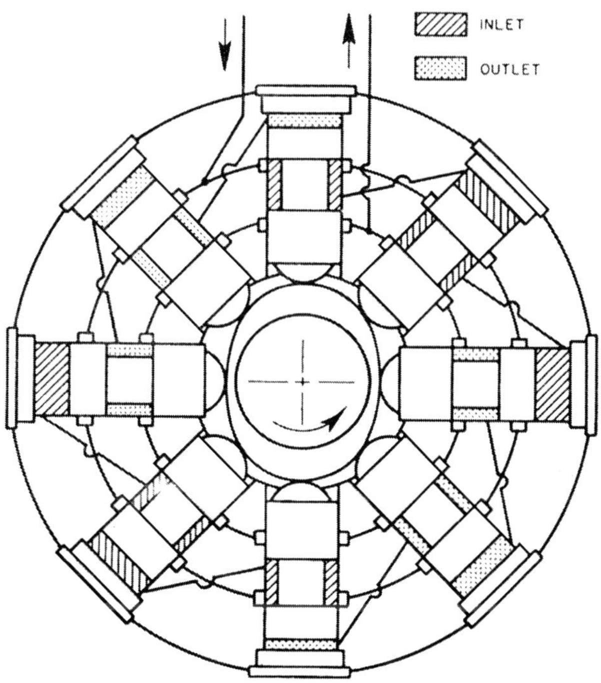

그림 4-12 캠 롤러를 갖는 레이디얼 피스톤 모터
(출처: the Cincinnati Milling Machine Company, Cincinnati, Ohio)

모든 거론한 용적형 장치들에서, 오직 베인과 피스톤 장치만이 가변 용량이 가능하다. 이 특징은 회로에서 필요한 유량을 맞추고 따라서 효율을 증대시키도록 토출유량을 조절할 수 있기 때문에 펌프에서 매우 요구된다. 그러나 이 특징은 모터로 사용하는 장치에서는 제한적으로 유용하다. 베인과 피스톤 장치들 모두에서, 지렛대 변경으로 행정체적을 바꿀 수 있다. 모터로 동작할 때, 지레팔의 축소는 겹침이 일어나기 때문에 내부마찰에 의해 제한된다. 실제적인 제한으로, 모터 행정체적은 최대 행정체적의 1/4정도까지만 감소될 수 있다.

4-2 이상적인 펌프와 모터의 해석

이상적인 펌프 또는 모터는 마찰과 누유에 의한 손실이 없는, 결과적으로, 100%의 효율을 갖는다. 이것은 실제적으로 일어날 수 없지만, 유압 장치들은 아주 효율적이어서, 시스템 설계는 종종 이상적인 장치들로 가정하여 이루어진다. 이상적인 유압모터를 생각하자. 기계적인 힘의 출력은

$$hp|_{out} = T_g \dot{\theta}_m \tag{4-1}$$

여기서 T_g = 토크 (모터에 의해 생성되고 부하에 전달되는), in.-lb

$\dot{\theta}_m$ = 모터의 축속도, rad/sec

모터에 공급되는 유압 힘은

$$hp|_{in} = P_L Q_L \tag{4-2}$$

여기서 P_L=압력차(모터 배관 양단의), psi

Q_L=유량(모터를 통과하는), in.^{3}/sec

효율이 100% 모터로 가정하였으므로, 이들 표현식은 동일하게

$$T_g = \frac{Q_L}{\dot{\theta}_m} P_L \tag{4-3}$$

이제, 정의에 의해,

$$D_m = \frac{Q_L}{\dot{\theta}_m} \tag{4-4}$$

여기서 D_m =모터의 행정체적, in,^{3}/rad. 이 식들을 결합하여

$$T_g = D_m P_L \tag{4-5}$$

식 (4-4)와 (4-5)는 이상적인 모터(또는 펌프)의 기본적인 관계식이다. 오직 하나의 변수 D_m 이 이상적인 장치를 정의하기 위해 필요하고, 이 양이 또한 실제의 장치를 위한 한 개의 가장 중요한 변수이다. 사실, 유압 모터 크기들은 이상적인 이론 행정체적으로 설계된다. 이 해석은 기계적인 동력이 유압동력으로 전환되는 이상적인 펌프에서도 성립한다. 펌프 크기는 관습적으로 특정한 축 속도에서 얻어지는 유량에 의해 명시된다. 이들 양들의 비율이 회전당 행정체적이다.

비슷한 해석이 이상적인 피스톤 작동장치에서도 가능하다. 피스톤 면적은 회전 장치의 행정체적과 유사하다.

4-3 실제적인 펌프와 모터의 해석

누유흐름과 마찰은 유압 장치에서 손실의 근원이다. 이제 이들 손실을 조사하고 이들을 정상상태 성능의 분석에 포함시킨다. 그림 4-13의 액시얼 피스톤 모터를 생각하자. 이 모터는 피스톤 운동을 회전운동으로 전환하는 고정경사판을 가지고 있고, 밸브판 연결을 사용한다. 두 개의 방에서 각각 1개씩 있는 두 개의 피스톤이 간단하게 그림 4-13에 그려졌다. 모든 피스톤의 누유와 마찰손실이 이들 피스톤에 집중되어 있다.

그림 4-13에서, 2가지의 누유 흐름이 존재하는 것을 보여 주는데, 배관 사이의 양단의 누유와 각 모터 방으로부터 피스톤을 지나 케이스 드레인으로의 외부 누유이다. 모터에서 손실을 줄이기 위해, 모든 틈새가 의도적으로 작게 만들어지기 때문에 이들 누유흐름은 층류이고, 그러므로, 압력의 1승에 비례한다. 내부 누유는 모터 압력차에 비례하고 다음과 같이 쓸 수 있다.

$$Q_{im} = C_{im} P_L \tag{4-6}$$

여기서 C_{im}=내부 또는 포트 사이 누유계수, in.^{3}/sec/psi

P_L=$P_1 - P_2$=모터 포트 사이 압력차, psi

각 방의 외부 누유는 각 방의 압력에 비례하고(드레인 압력은 무시할 수 있다고 가정하면) 다음과 같이 쓴다.

$$Q_{em1} = C_{em} P_1 \tag{4-7}$$

$$Q_{em2} = C_{em} P_2 \tag{4-8}$$

여기서 C_{em}=외부누유계수(각 챔버에서 동일하다고 가정), in.^{3}/sec/psi

P_1=상류챔버의 압력, psi

P_2=하류챔버의 압력, psi

모터 챔버의 정상상태 연속방정식(즉, 압축성 흐름이 없는)은

$$Q_1 - C_{em} P_1 - C_{im}(P_1 - P_2) - D_m \dot{\theta}_m = 0 \tag{4-9}$$

$$D_m \dot{\theta}_m + C_{im}(P_1 - P_2) - C_{em} P_2 - Q_2 = 0 \tag{4-10}$$

여기서 D_m=모터의 이론 행정체적, in.^{3}/rad

$\dot{\theta}_m$=모터 축속도, rad/sec

Q_1=모터로 흘러들어오는 유량, in.^{3}/sec

Q_2=모터에서 흘러나가는 유량, in.^{3}/sec

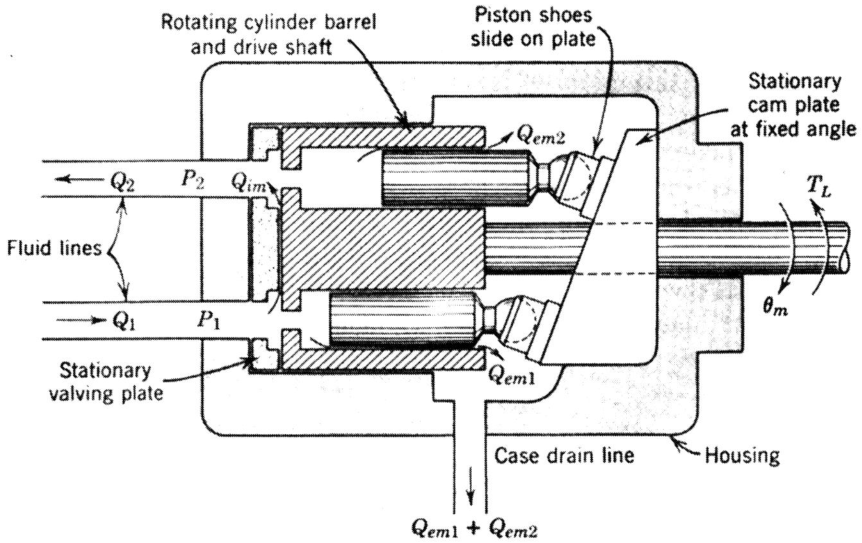

그림 4-13 고정 용량형 액셜 피스톤 모터의 개략도

이들 두 방정식은 모터에서 유량흐름을 완벽하게 나타내고 있다. 만약 누유상수가 0이면, $Q_1 = Q_2 = D_m\dot{\theta}_m$ 이고, 이것은 이상적인 모터의 결과와 같다.

식 (4-9)에서 식 (4-10)을 빼면,

$$Q_L = D_m\dot{\theta}_m + \left(C_{im} + \frac{C_{em}}{2}\right)P_L \tag{4-11}$$

여기서 정의에 의해

$$Q_L = \frac{Q_1 + Q_2}{2} \tag{4-12}$$

Q_L은 일반적으로 부하유량이라고 하고, 두 모터 배관의 유량흐름의 평균값을 나타내며; 만약 외부누유가 0이라고 하면, Q_L은 각 배관에 흐르는 유량과 동일하다. 부하유량의 개념은 유용한데, 2개의 유량 방정식을 부하유량이 모터 압력 차이와 속도에만 관계한 한 개의 방정식으로 만들어준다. 매우 자주 식 (4-11)이 직접 쓰여지고 Q_L은 각 배관의 유량으로 해석되는데, 그러나 이것은 오직 $C_{em} = 0$일 경우만 이다. 평균유량으로 Q_L을 정의하는 것은 이 제한을 피하고, 압력차에 관심이 있는 한 외부누유가 내부누유 같이 보여지도록 한다. 동적인 경우를 다루는 제6장에서 보겠지만 외부누유는 또한 모터 감쇠에 기여한다.

이제 모터에 작용하는 토크를 고려하자. 이상적인 발생 토크는

$$T_g = D_m(P_1 - P_2) \tag{4-13}$$

그러나 여기에는 최소 3개의 토크 손실 원천이 있다.

1. 기계 부품 사이의 작은 공차의 상대적인 운동으로 유체를 자르는 데 필요한 토크가 필요하기 때문에 모터속도에 비례하는 토크가 존재한다. 이 감소 토크는 다음과 같이 나타낼 수 있는데,

$$T_d = B_m \dot{\theta}_m = C_d D_m \mu \dot{\theta}_m \tag{4-14}$$

여기서 $B_m = C_d D_m \mu$=점성감쇠계수, in.-lb-sec

C_d=무차원 감쇠계수

μ=유체의 절대점도, lb-sec/in.^{2}

내부 경로에서의 압력강하와 로터 편류는 또한 속도에 의존하는 토크 손실을 만들지만, 이것들은 중요하지 않다.

2. 피스톤 모터에서 피스톤 운동을 회전축 운동으로 전환하기 위해 어떤 종류의 지렛대 구조가 요구된다. 각 피스톤에 작용하는 힘에는 피스톤 면적에 작용하는 압력에 비례하는 실린더 내에서 피스톤의 운동을 반대하는 마찰력이 있다. 또한, 베어링 같은 다른 모터 부품들도 모터 압력에 비례하여 부하를 받고 마찰토크를 만든다. 그러므로 그림 4-14와 같이, 모터 행정체적과 모터압력의 합에 비례하는 마찰토크로 귀착된다. 정상상태 성능에 대해, 곡선의 정지마찰 부분은 통상 무시되고 토크손실은 다음과 같다.

$$T_f = \frac{\dot{\theta}_m}{|\dot{\theta}_m|} C_f D_m (P_1 + P_2) \tag{4-15}$$

여기서 C_f=내부마찰계수, 무차원

C_{fs}=내부정적마찰계수, 무차원

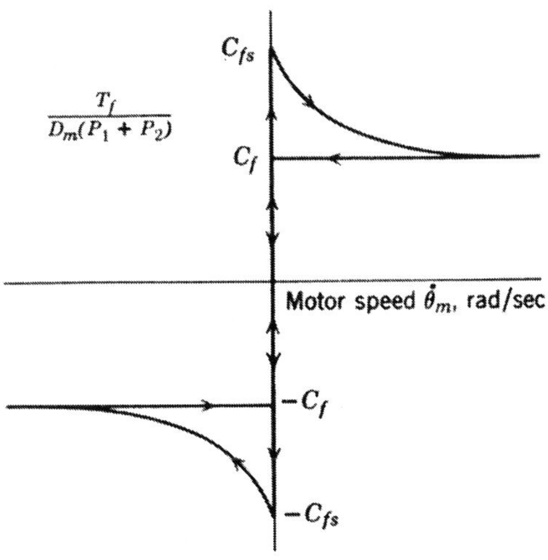

그림 4-14 모터 챔버(chamber) 내의 압력으로 인한 시작과 회전 중 마찰 토크

3. 또한, 일정하지만 회전과 반대 방향의 실 마찰을 극복하기 위해 요구되는 작은 토크가 있다. 이 토크는 $(\dot{\theta}_m / |\dot{\theta}_m|) T_c$와 같이 표시되지만 대부분의 경우에 무시될 수 있다.

이들 토크들은 이제 합하여져서 실제 부하에 전달되는 토크는

$$T_L = D_m (P_1 - P_2) - C_d D_m \mu \dot{\theta}_m - \frac{\dot{\theta}_m}{|\dot{\theta}_m|} C_f D_m (P_1 + P_2) - \frac{\dot{\theta}_m}{|\dot{\theta}_m|} T_c \tag{4-16}$$

여기서 T_L = 모터축에 가해지는 외부 부하토크, in.-lbs. 펌프에서는, 음수가 양수가 되고 T_L은 전동기로부터 축에 가해진 토크를 표시한다.

식 (4-9), (4-10) 그리고 (4-16)은 모터의 정적 성능을 정의한다. 그러나 여기에 6개의 변수 (Q_1, Q_2, P_1, P_2, T_L and $\dot{\theta}_m$)가 있지만 오직 3개의 방정식만이 있다. 연립방정식의 해를 위해 다른 3개의 양도 반드시 정의되어야 하는 것은 분명하다. 입구측 유량 Q_1과 부하토크 T_L은 적절히 입력으로 간주되어야 하는 임의의 양이다. 다른 하나의 양이 또한 반드시 정의되어야 하거나 다른 방정식 하나가 주어져야 한다*.

주어진 부하토크는 모터 양단의 압력차를 요구함에도 불구하고, 이 차이를 가질 수 있는 수많은 개개의 압력이 있다. 그러므로 요구되는 정보의 마지막 조각은 P_2, P_1을 정의함으로써 또는 이들 사이의 관계를 얻어서 구해진다. 각각의 챔버압력이 부하와 모터 내의 조건에 의해 단독으로 형성되지 않고 모터가 놓여진 회로에 따른다는 것을 아는 것이 중요하다. 따라서 모터 압력의 하나는 입력으로 올바르게 고려될 수 있고 반드시 정해져야 한다.

모터를 제어하는 두 가지 일반 기법은 펌프나 서보밸브를 사용하는 것이다. 펌프제어로 한쪽 배관 압력은 부하를 다루기 적당한 반면, 다른 한쪽 배관은 매우 낮은 압력(압력을 보충하는)에 있다. 이러한 형식의 제어에서, 리턴압력은 무시될 수 있어; 즉, $P_2 \approx 0$이다. 서보밸브 제어를 사용하면, 두 모터의 압력이 동일하게 변하지만 부하를 감당하기위해 공급압력의 1/2에서 위와 아래로 반대의 양이다. 이러한 제어에서 배관 압력의 합은 거의 공급압력과 같다. 그러므로

$$P_1 + P_2 = P_s \tag{4-17}$$

$P_L = P_1 - P_2$이기 때문에 이들 관계식들은 동시에 풀면

$$P_1 = \frac{P_s + P_L}{2} \tag{4-18}$$

$$P_2 = \frac{P_s - P_L}{2} \tag{4-19}$$

따라서 서보밸브 제어에서 각 압력은 P_L의 항으로 정의될 수 있고 압력 변수들은 2개에서 1개로 감소된다. 이들 두 개의 제어기법들은 단지 가능한 한 가지 방법이 아님을 알아야 한다. 어떤 경우에는 속도제어를 위해 모터의 복귀배관에 유량제어밸브를 설치하는 것이 바람직하다. 이 제어기법은 무시할 수 없는 일정한 리턴압력을 만들 것이다. 그러나 모터의 성능을 $P_2 = 0$으로 완전히 지정하는 것이 가능하고 이 조건은 해석의 단순성과 데이터 제공이 용이하기 때문에 일반적으로 이렇게 가정된다.

그러나 일단 모터 파라미터가 시험에 의해 결정되면, 배관 압력의 어떤 조합에서도 모터성능은 계산될 수 있다는 것을 알아야 한다. $P_2 = 0$이고, 식 (4-9)와 (4-10), (4-16)에서

---

* 이 경우는 P_2를 0으로 놓거나, 시행착오적으로 내부 모터마찰을 압력차에 비례하는 것으로 본다. 이렇게 하면 모터압력의 합보다는 압력차에 의해 완전히 특성지어 진다.

$$Q_1 - (C_{em} + C_{im})P_1 - D_m\dot{\theta}_m = 0 \tag{4-20}$$

$$D_m\dot{\theta}_m + C_{im}P_1 - Q_2 = 0 \tag{4-21}$$

$$T_L = D_mP_1 - C_dD_m\mu\dot{\theta}_m - C_fD_mP_1 - T_c \tag{4-22}$$

마찰항의 부호를 결정하는 $\dot{\theta}_m/|\dot{\theta}_m|$ 양은, 회전은 한 방향이기 때문에 +1값을 갖는다. $P_2 = 0$ 조건으로 누유와 효율에 대해 잘 정의된 어떤 표현식을 구하는 것이 가능하다. 식 (4-20)을 참조하면, 누설유량은 다음과 같이 정의될 수 있는데,

$$Q_s = (C_{em} + C_{im})P_1 \tag{4-23}$$

축회전으로 전환되지 않은 모터에 공급된 유량을 나타낸다. 어떤 저자들은 외부누유가 없다고 가정하고 누설유량을 내부누유로 정의한다. 그러나 여기서 주어진 정의는 논리적이고 $P_2 = 0$이므로 잘 정의된 것이다. 만약 $P_2 \neq 0$이면 누설은 $Q_{im} + Q_{em1}$으로 정의될 수 있지만, 이것은 P_1과 P_L 모두의 함수이며, 계산하고, 물리적으로 규명하기 어려울 것이다.

누설유량은 보통 층류이고, 그러므로, 점성에 반비례 한다. 시험결과들은 또한 누설유량이 모터 행정체적에 관계한다는 것을 나타낸다. 그러므로

$$Q_s = C_s\frac{D_m}{\mu}P \tag{4-24}$$

여기서 $C_s = \dfrac{\mu}{D_m}(C_{em} + C_{im})$ = 누설계수, 무차원

μ = 유체의 절대점도, lb-sec/in.^{2}

체적효율은 모터에 공급된 유량에 대해 모터속도를 만드는 유량(이론유량)의 비율로서 정의된다. 그러므로 정의에 의해

$$\eta_v \equiv \frac{D_m\dot{\theta}_m}{Q_1} \tag{4-25}$$

식 (4-20)으로부터 Q_1을 얻으면 체적효율은

$$\eta_v = \left(1 + \frac{C_sP_1}{\mu\dot{\theta}_m}\right)^{-1} \tag{4-26}$$

토크 또는 기계적인 효율은 모터에 공급된 이상적인 토크에 대한 실제의 비율로 정의된다.

$$\eta_t \equiv \frac{T_L}{D_mP_1} \tag{4-27}$$

식 (4-22)로부터 T_L을 얻고 T_c를 무시하면, 토크효율은

$$\eta_t = 1 - \frac{C_d\mu\dot{\theta}_m}{P_1} - C_f \tag{4-28}$$

전효율은 공급된 유압마력에 대한 실제 출력마력의 비율로 정의된다.

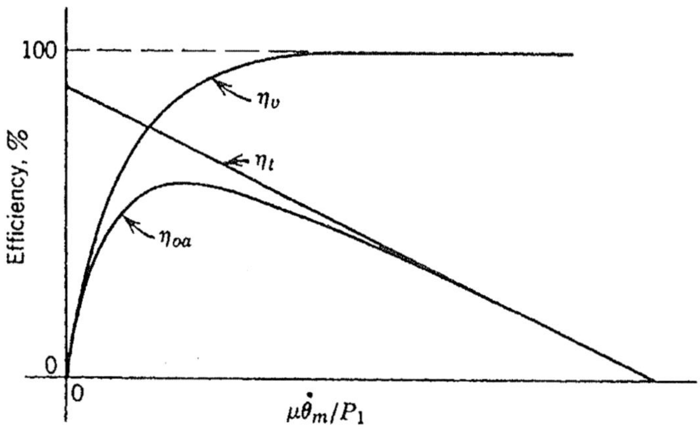

그림 4-15 모터의 전형적인 효율 곡선

$$\eta_{oa} \equiv \frac{hp|_{out}}{hp|_{in}} = \frac{T_L\dot{\theta}_m}{Q_1P_1} = \frac{T_L}{D_mP_1} \times \frac{D_m\dot{\theta}_m}{Q_1} = \eta_v\eta_t \tag{4-29}$$

따라서 전효율은 간단히 체적효율과 토크효율의 곱이다. 식 (4-26)과 (4-28)을 결합하면 전효율은 다음과 같이 된다.

$$\eta_{oa} = \eta_v\eta_t = \frac{1-(C_d\mu\dot{\theta}_m/P_1)-C_f}{1+(C_sP_1/\mu\dot{\theta}_m)} \tag{4-30}$$

그러므로 리턴압력이 0인 모터의 정적 성능은 C_s, C_d, C_f 변수들과 차원이 없는 $\mu\dot{\theta}_m/P_1$에 의해 정의될 수 있다. 그림 4-15는 모터에 대한 전형적인 효율 곡선을 보여준다.

모터에 대해 논의를 하였지만, 펌프에 대해서도 비슷한 논의를 할 수 있는 것은 분명하다. 오직 하나의 연속방정식(높은 압력 측에 대해)이 있고, 펌프를 구동하는 동력이 내부토크와 누유손실을 반드시 극복해야 한다. 입구측의 압력은 무시될 수 있어서 오직 하나의 압력 변수만이 포함된다. 결과적으로 전효율은

$$\eta_{oa} = \eta_v\eta_t = \frac{1-(C_sP_1/\mu N_p)}{1+(C_d\mu N_p/P_1)+C_f} \tag{4-31}$$

여기서 N_p = 펌프 회전속도, rad/sec
P_1 = 토출압력, psi

4-4 성능곡선과 변수

지금까지 우리는 모터와 펌프의 정상상태 거동을 분석하였고 C_{im}, C_{em}, C_{fs}, C_f와 같은 유용한 성능변수들을 정의하였다. 이제 문제는 이들 변수들을 찾기 위해 필요한 일련의 시험을 정의하는 것이다. 보통 효율이 높기 때문에, 모터에 외부적으로 부하를 준다면, 입력 또는 출력

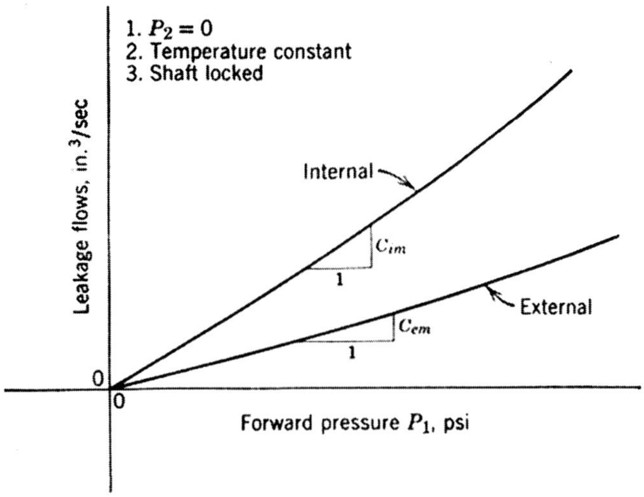

그림 4-16 축 잠금상태에서의 누유 흐름

마력측정에서의 작은 몇 %의 오차도 포함된 손실보다 크게 나타나기 때문에 정확한 측정장치가 필요하다. 따라서 손실을 측정하여 외부부하를 갖는 모터의 성능을 계산하는 것이 훨씬 좋다.

모터 누유특성은 모터축을 고정하고 복귀배관을 대기 중으로 노출(즉, $P_2 = 0$)시켜 쉽게 측정된다. 입구측 챔버에 압력 P_1을 가하고 복귀와 드레인 관로에서 유량을 측정한다. 이물질에 의한 막힘을 피하도록 주의한다. 이러한 조건 아래서 복귀배관 유량은 내부 누유흐름 Q_{im}이고 드레인 배관의 유량은 입구측 챔버의 외부 누유흐름 Q_{em1}이다. 출구측 챔버의 외부누유를 얻을 수는 있지만 보통 두 개의 챔버가 거의 동일하기 때문에 필요하지 않다. 그림 4-16은 전형적인 누유곡선을 보인다. 어떤 2개의 모터압력에서의 누유흐름은 양단을 가로지르는 누유를 구하기 위한 압력차로 P_1을 잡고 각각의 외부 누유흐름을 얻기 위한 특정 챔버의 압력으로 P_1을 취함으로써 이들 곡선으로부터 결정할 수 있다. 그림 4-16에서 곡선의 기울기가 누유계수 C_{im}과 C_{em}이다.

압력에 의한 마찰토크를 정의하는 마찰계수 C_{fs}와 C_f는, 다양한 리턴압력에 대하여 무부하 모터의 회전을 시작시키는 데 필요한 압력차 ΔP_s를 측정하여 결정할 수 있다. 한 번 회전이 되면, 회전마찰수준을 결정하기 위해 회전이 정지할 때(ΔP_c)까지 압력차는 점차로 감소된다. 따라서 그림 4-17에 보인 곡선들이 결과이다.

시험 조건에 대해 $\dot{\theta}_m = 0$, $T_L = 0$와 $\dot{\theta}_m / |\dot{\theta}_m| = 1$이기 때문에, (4-16)은

$$D_m \Delta P_c = C_f D_m (P_1 + P_2) + T_c \tag{4-32}$$

여기서 ΔP_c=회전마찰을 극복하기 위해 요구되는 압력차(즉, 내부 쿨롱마찰), psi

ΔP_s=시작마찰을 극복하기 위해 요구되는 압력차이(즉, 내부 정적마찰), psi

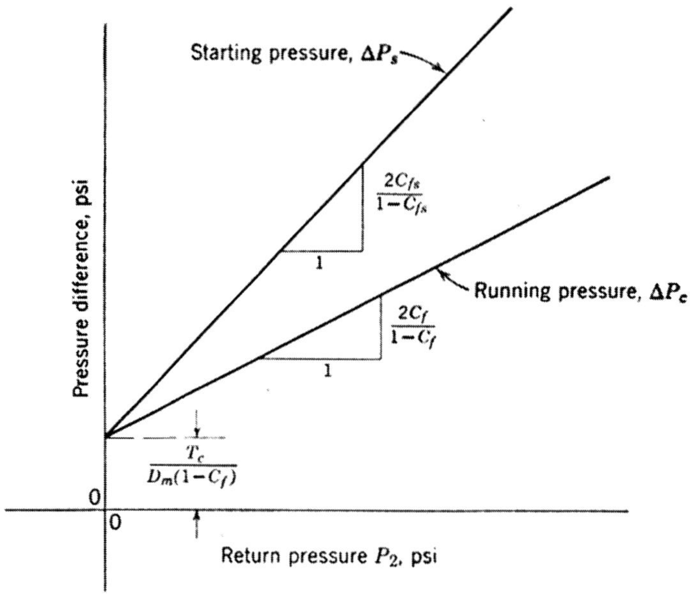

그림 4-17 다양한 리턴 압력에서 시작과 회전 중 마찰을 이기기 위해 요구되는 압력차

식 (4-32) 정의에 의해 $P_1 = \Delta P_c + P_2$ 이므로, 식 (4-32)는

$$\Delta P_c = \frac{2C_f}{1-C_f}P_2 + \frac{T_c}{D_m(1-C_f)} \tag{4-33}$$

이것은 그림 4-17의 운전 마찰곡선에 대한 식이다. 기울기 값은 C_f를 주고, 교차점은 T_c*값을 준다. C_f는 보통 작기 때문에 기울기는 거의 $2C_f$이다. 비슷한 이유를 사용하면 시작하는 압력차는 (T_c는 무시하면)

$$\Delta P_s = \frac{2C_{fs}}{1-C_{fs}}P_2 \tag{4-34}$$

그리고 C_{fs}는 그림 4-17의 시작 마찰곡선의 기울기로부터 결정된다. 속도에 따른 토크손실은 무시할 만한 리턴압력($P_2 \approx 0$)으로 여러 속도에서 무부하 모터를 회전시키기에 요구되는 P_1 압력을 측정하여 구할 수 있다. 그림 4-18에 전형적인 곡선을 보였다. 식 (4-22)를 적용하고 $T_L = 0$ 때문에, 회전에 요구되는 압력은

---

* 내부마찰을 측정하는 다른 한 가지 방법은 모터의 두 포트 사이를 배관으로 연결하고 시험압력 P_t를 인가하는 것이다. 이 방법에서 같은 압력이 모터 양쪽 포트에 인가되므로 (즉, $P_1 = P_2 = P_t$), 모터에서 압력강하는 없다. 그리고, 축이 천천히 회전하도록 부하 토크가 스프링 저울로 인가된다. $P_1 - P_2 = 0$ 그리고 $\dot{\theta} \approx 0$ 때문에, 식 (4-16)은 다음과 같이 줄어서

$$-T_L = 2C_f D_m P_t + T_c$$

$-T_L$와 P_t 변수의 식은 곡선을 준다. 여기에서 C_f와 T_c를 기울기와 교차점으로부터 구할 수 있다(만약 정적 시작 토크가 측정되면, C_{fs}을 구할 수 있다).

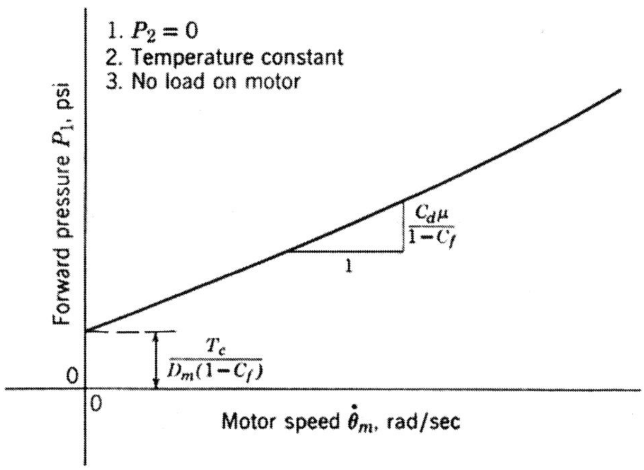

그림 4-18 무부하 시 모터 작동에 요구되는 압력차

$$P_1 = \frac{C_d\mu}{1-C_f}\dot{\theta}_m + \frac{T_c}{D_m(1-C_f)} \tag{4-35}$$

따라서 C_f와 μ를 알기 때문에, 변수 C_d를 그림 4-18의 곡선 기울기에서 구할 수 있다. 이 곡선은 어떤 모터들에서 위로 올라가는데, 이것은 압력이 $\dot{\theta}_m$의 고차 항에 의존하는 것을 나타낸다. 이러한 특성들은 내부 통로의 흐름저항 때문이다.

그림 4-16, 4-17, 4-18의 곡선들은 모터의 성능변수를 완전히 정의한다. 이들 파라미터들은 어떤 주어진 응용에 대하여 모든 효율들과 필요한 속도를 내기 위한 유량과 압력, 토크출력, 내부와 외부 누유흐름과 같은 정상상태 운전특성들을 계산하기 위해 식 (4-9), (4-10), (4-16)에 사용될 수 있다. 회전을 시작하는 압력은 자주 서보시스템의 정적 정밀도에 관여되고, 그림 4-17로부터 얻어진다.

참고문헌

[1] Blackburn, J. F., G. Reethof, and J. L. Shearer, *Fluid Power Control*. New York: Technology Press of M.I.T. and Wiley, 1960, Chapter 4.

[2] Ernst, W., *Oil Hydraulic Power And Its Industrial Applications*, 2nd ed. New York: McGraw-Hill, 1960.

[3] Norrie, D. H., *An Introduction to Incompressible Flow Machines*. New York: American Elsevier, 1963.

[4] Wilson, W. E., *Positive-Displacement Pumps and Fluid Motors*. New York: Pitman Publishing, 1950.

[5] Thoma, Jean U., *Hydrostatic Power Transmission*. Trade and Technical Press, Surrey, England, 1964.

[6] Hadekel, R., *Displacement Pumps and Motors*. London: Sir Isaac Pitman, 1951.

제5장 유압제어밸브

유압제어밸브는 유압동력을 제어하기 위하여 기계적 작동을 사용하는 장치이다. 그것의 기능에 따라 배치나 복잡성이 다양하다. 제어밸브는 유압시스템에서 기계와 유체 또는 전기와 유체의 인터페이스이기 때문에, 시스템에 문제가 발생한 경우에는 밸브의 성능을 면밀히 조사해야 한다. 그러므로 밸브 작동특성에 대한 지식이 필수적이다. 이 장의 목적은 유압제어밸브의 주된 타입에 대한 특성과 설계표준을 논의하는 것이다. 비록 주안점은 서보제어밸브에 두겠지만, 다루어지는 원리들은 솔레노이드밸브와 감압밸브, 그리고 유량제어밸브와 같은 다른 응용에서 동일하게 적용된다.

5-1 밸브의 유형

밸브는 세 종류로 분류된다: 슬라이딩형과 안착형, 유량나눔형. 이들의 예는 그림 5-1의 개략도에서 보여지는 대로 각각 스풀, 플래퍼, 제트관(jet pipe)밸브들이다. 가장 폭 넓게 사용되는 밸브는 스풀타입 구조의 슬라이딩 밸브이다. 대표적인 스풀밸브 형태를 그림 5-1의 (a), (b), (c)에 나타낸다.

스풀밸브는 (a)유체가 밸브에 들어가고 나가는 포트의 수, (b) 랜드의 수, (c) 밸브스풀이 중립상태일 때의 센터의 타입으로 분류된다. 모든 밸브는 공급과 복귀, 그리고 최소한 한 개의 부하를 가져야 하므로 3포트밸브나 4포트밸브*이다. 3포트밸브(그림 5-1d)로 부하피스톤을 제어할 경우에는 피스톤의 역운동을 위하여 피스톤의 한쪽 면에 가해지는 바이어스 압력을 필요로 한다. 보통 헤드측 면적은 로드측 면적의 두 배이고, 공급압력은 역방향 전환을 위한 바이어스 힘을 제공하기 위해 보다 작은 면적에 작용한다. 4포트밸브는 부하로 두 개의 관로를 가질 것이다. 스풀에 접촉하는 랜드의 수는 1개부터 일반적인 개수인 3개나 4개, 그리고 특수한 밸브는 6개의 랜드를 갖는 것까지 다양하다. 랜드의 폭이 밸브 슬리브에 있는 포트보다 좁은 밸브를 오픈센터 또는 언더랩 밸브라 말한다. 임계센터나 제로랩 밸브는 포트의 폭과 동일한 랜드폭을 가지며, 실제적인 기계가공이 가능해야 성취되는 조건이다. 클로즈드센터나 오버랩 밸브는 스풀이 중립일 때 랜드폭이 포트의 폭보다 넓다. 밸브의 어떤 특성은 밸브센터의 타입과 직접적으로 연관될 것이다. 이러한 특성 중에서 가장 중요한 것은 유량게인이다. 이는 세 가지 센터 타입에 대하여 그림 5-2에 나타낸 바와 같은 곡선을 가진다.

---

* 물론 2포트밸브도 있지만 2포트밸브는 유압의 역유동이 불가능하다.

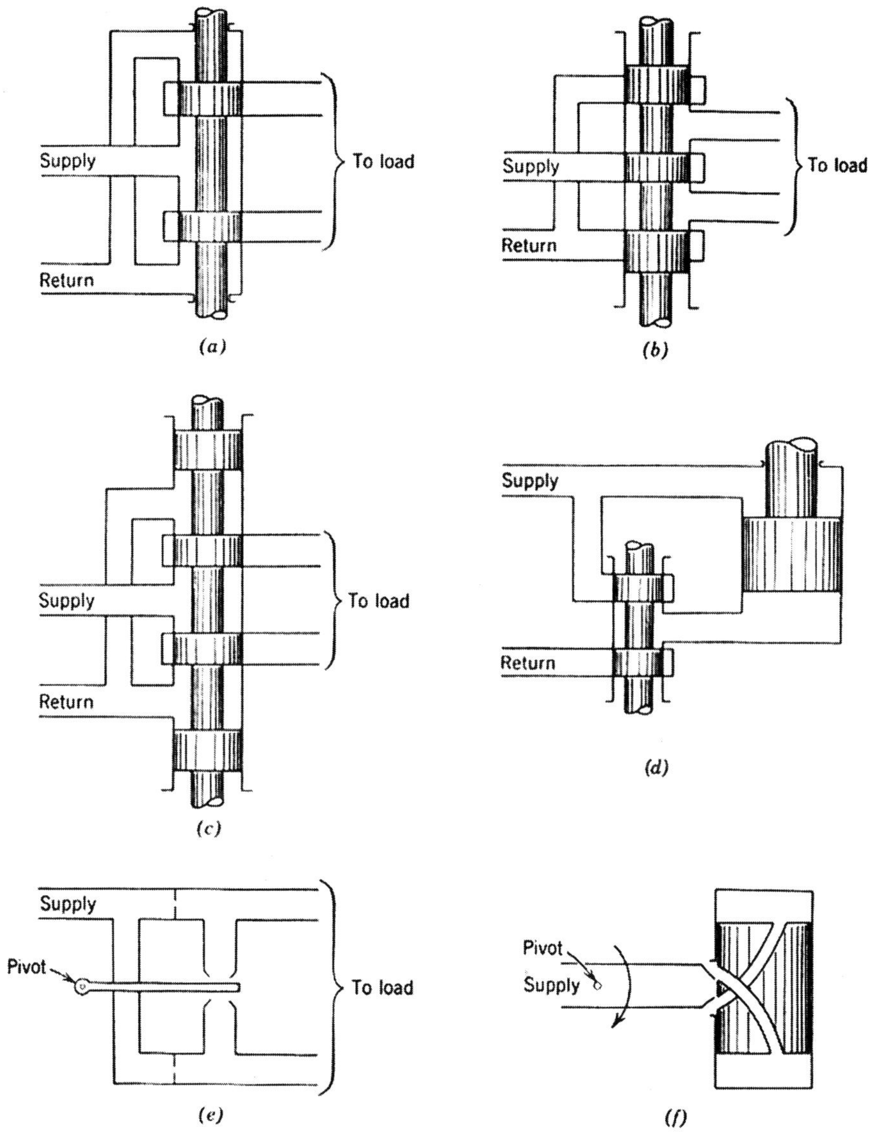

그림 5-1 전형적인 유압서보밸브: (a) 2-랜드-4-포트 스풀밸브; (b) 3-랜드-4-포트 스풀밸브; (c) 4-랜드-4-포트 스풀밸브; (d) 피스톤 부하를 갖는 2-랜드-3-포트 스풀밸브 (e) 2-제트 플래퍼 밸브; (f) 제트 파이프 밸브

사실상 밸브센터의 타입은 기하학적 형상보다는 영점 근방에서 나타나는 유량게인의 형태로 정의하는 것이 더 낫다. 임계센터 밸브는 중립 근방에서 선형유량게인을 얻도록 요구되는 기하학적 맞춤으로 정의되고, 보통 반경방향의 틈새에 대한 영향을 보상하기 위해 약간의 오버랩을 필요로 한다.

4포트밸브의 대부분은 선형유량게인의 중요성 때문에 제로랩으로 만들어진다. 클로즈드센터 밸브는 유량게인의 데드밴드(deadband) 특성 때문에 바람직하지 못하다. 데드밴드는 정상오차를 유발시키고, 경우에 따라서는 안정성 문제를 야기하는 백래시를 일으킬 수 있다. 오픈센터

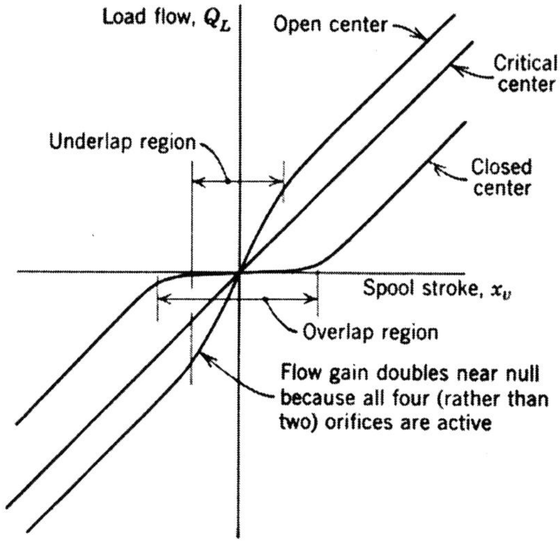

그림 5-2 센터 타입에 따른 유량게인

밸브는 적당한 유체 온도를 유지시키기 위해 연속적으로 유체를 흐르도록 하는 경우에 응용되며, 또한 일정유량시스템에 사용된다. 그러나 이 밸브는 영점에서의 과도한 동력손실, 언더랩 구간을 벗어나서 유량게인의 감소, 압력감도의 저하 때문에 특별한 응용에만 사용된다. 오픈센터 밸브를 이용한 시스템의 게인은 영점(null) 근방에서 유량게인이 증가하기 때문에 영점에 있는 밸브로 설정해야 한다. 그러므로 밸브가 영점으로부터 벗어났을 경우에는 유량게인의 감소로 인해 시스템 오차나 대역폭(bandwidth)에 영향을 준다. 오픈센터 밸브의 이런 점은 가장 바람직하지 않은 부분이다.

스풀밸브 제작에는 엄밀하고 서로 맞은 공차가 유지되도록 요구된다. 따라서 스풀밸브는 상대적으로 고가이고 오염에 민감하다. 플래퍼밸브에서 요구되는 공차는 (스풀밸브에 비해) 엄격하지 않아서 가격과 오염에 관하여 매력적이다. 그러나 다량의 누설유량 때문에 저동력 계통에서만 사용된다. 플래퍼밸브는 2단 전기유압식과 유압기계식 서보밸브에서 제1단으로 널리 사용되고 있다. 포펫형 밸브는 원칙적으로 2포트밸브이므로 역방향의 유동이 요구되지 않는 체크밸브나 릴리프밸브와 같은 응용으로 제한된다.

제트관(jet pipe) 밸브는 영점에서의 누설이 많고 성능을 쉽게 예측할 수 없고, 또 응답이 늦어서 플래퍼밸브만큼 폭넓게 사용되지는 않는다. 이 밸브의 주된 장점은 기름의 오염에 민감하지 않다는 것이다. 그러나 더 예측 가능한 플래퍼밸브가 이 밸브와 비슷한 특성을 가지고 있어서 제트관 밸브보다 선호된다.

5-2 밸브의 일반 해석

이 절에서는 모든 타입의 밸브에 적용할 수 있는 압력-유량곡선과 밸브계수와 같은 밸브의 일반적인 특성을 정의한다. 이 절에서는 주로 스풀밸브를 예로 들어 해석하지만 포함된 원리는 아주 일반적이다. 이 절에서 유도된 일반관계식들은 다른 절에서 다루게 될 특별한 형상의 밸브에도 적용된다.

일반 유량방정식

그림 5-3에 나타낸 4포트 스풀밸브에 대하여 4개의 오리피스는 휘스톤브리지의 4개의 팔과 유사하고, 이 유사성은 밸브 작동의 시각화에 도움을 준다. 포트에 표시된 화살표는 유량의 가정된 방향을 나타내고, 포트에 적힌 숫자는 포트에서의 유량과 면적에 대한 첨자를 나타낸다.

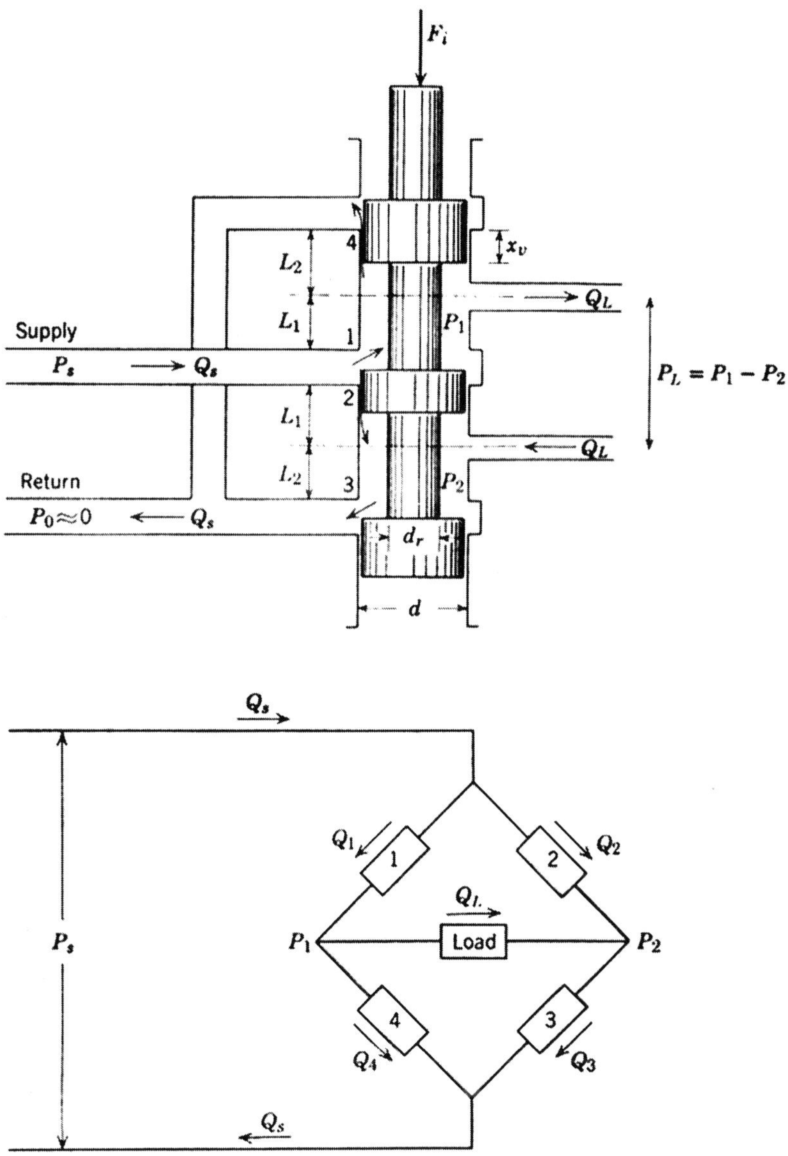

그림 5-3 3랜드 4포트 스풀밸브

슬리브에서 스풀의 대칭적인 위치로 선택된 위치($x_v = 0$)인 영점으로부터 스풀이 양 변위가 되었다고 하자. 그리고 정상상태 특성에만 관심이 있다면 압축성 유량은 0이고, 두 밸브실에 연속방정식을 적용하면

$$Q_L = Q_1 - Q_4 \tag{5-1}$$

$$Q_L = Q_3 - Q_2 \tag{5-2}$$

동특성 해석에는 밸브실 용적에 따른 압축 유량이 포함되어야 한다. 그러나 모터와 관로가 용적에 상당한 영향을 주기 때문에 밸브와 모터의 조합을 고려하면서 포함시키는 것이 좋다; 이것은 제6장의 주제이다. P_L은 다음과 같이 정의된다.

$$P_L = P_1 - P_2 \tag{5-3}$$

Q_L은 부하를 지나는 유량이고 P_L은 부하로 인한 압력강하이다. 밸브 오피리스를 통한 흐름은 오리피스식 (3-33)에 의하여 다음과 같이 쓸 수 있다.

$$Q_1 = C_d A_1 \sqrt{\frac{2}{\rho}(P_s - P_1)} \tag{5-4}$$

$$Q_2 = C_d A_2 \sqrt{\frac{2}{\rho}(P_s - P_2)} \tag{5-5}$$

$$Q_3 = C_d A_3 \sqrt{\frac{2}{\rho} P_2} \tag{5-6}$$

$$Q_4 = C_d A_4 \sqrt{\frac{2}{\rho} P_1} \tag{5-7}$$

리턴관로압력 P_0는 관련된 다른 압력보다 극히 작으므로 무시하였다. 오피리스 면적은 밸브의 기하학적 형상에 따라 결정되며 밸브변위의 함수로서 A_1, A_2, A_3, A_4의 면적을 정의하기 위하여 4개의 식이 요구된다. 따라서

$$A_1 = A_1(x_v) \quad A_2 = A_2(-x_v) \quad A_3 = A_3(x_v) \quad A_4 = A_4(-x_v) \tag{5-8}$$

이렇게 총 11개의 식이 일반적인 4포트밸브의 압력-유량특성을 정의하기 위해 요구된다. 이 식들을 연립해서 풀면 밸브변위와 부하압력의 함수로 부하유량을 얻을 수 있다.* 즉,

$$Q_L = Q_L(x_v, P_L) \tag{5-9}$$

식 (5-9)의 그래프를 압력-유량곡선이라 하고 정상상태 밸브성능에 대하여 완전히 설명할 수 있다. 밸브계수와 같은 밸브의 모든 성능변수는 이 곡선으로부터 얻어질 수 있다.

식 (5-9)는 이론상 쉽게 얻을 수 있지만 포함된 대수방정식이 비선형이므로 연립방정식을 풀어 일반식을 구하는 것은 매우 어렵다. 그러나 밸브는 4개의 오리피스 면적이 모두 다르게 기술되도록 그렇게 복잡하지 않기 때문에 문제가 되지 않는다. 대부분의 경우에는 밸브 오리피스는 짝되고(matched) 대칭을 이루도록(symmetrical) 되어 있다. 짝된 오리피스는

---

* 예를 들어, x_v의 어떤 값은 모든 오리피스 면적을 수치적으로 결정할 것이다. 그 다음에 Q_L값을 정하고, 그 Q_L값에 대하여 식 (5-1)과 (5-2)를 P_1과 P_2에 관해서 푼다. 이처럼 x_v와 Q_L, P_1, P_2, P_L을 표로 만드는 것이 가능하다.

$$A_1 = A_3 \tag{5-10}$$

$$A_2 = A_4 \tag{5-11}$$

그리고 오리피스가 대칭(symmetrical)이라고 하면

$$A_1(x_v) = A_2(-x_v) \tag{5-12}$$

$$A_3(x_v) = A_4(-x_v) \tag{5-13}$$

그러므로 스풀의 중립 위치에서 4개의 오리피스 면적이 모두 같다.

$$A_1(0) = A_2(0) \equiv A_0 \tag{5-14}$$

오리피스 면적은 이러한 조건에서 한 개의 오리피스 면적을 정의하면 나머지 오리피스 면적은 그것에 따라 정해지게 된다. 실제로, 대부분의 경우에서 오리피스 면적이 밸브변위에 따라 선형이면 한 개의 파라미터로 정의된다: 밸브슬리브의 슬롯폭 w. 스트로크에 따른 오리피스 면적의 변화율은 밸브의 열림 혹은 면적경사도라고 한다. 밸브가 선형이라면 각 오리피스(그래서 전체 밸브)의 면적경사도는 w in.^{2}/ in.이고, 이것은 이러한 밸브에 관하여 하나의 가장 중요한 파라미터이다.

생산공정에서 오리피스가 짝되고 대칭이 되도록 매우 세심한 주의가 요구된다. 그렇지 않으면 밸브는 중립근방에서 독특한 밸브계수를 가질 것이다. 어떤 응용은 특별한 밸브 조합을 요구하지만 이런 경우는 예외적이다. 오리피스가 짝되고 대칭적이라면 그림 5-3 브리지의 대각선 맞은편의 유량은 동일하다; 즉,

$$Q_1 = Q_3 \tag{5-15}$$

$$Q_2 = Q_4 \tag{5-16}$$

식 (5-4), (5-6), (5-10)을 식 (5-15)에 대입하면

$$P_s = P_1 + P_2 \tag{5-17}$$

식 (5-3)과 (5-17)을 연립하여 풀면 다음과 같은 결과를 얻는다.

$$P_1 = \frac{P_s + P_L}{2} \tag{5-18}$$

$$P_2 = \frac{P_s - P_L}{2} \tag{5-19}$$

따라서 짝되고 대칭인 밸브에 부하가 걸리지 않으면 (즉, $P_L = 0$) 각 모터 관로의 압력은 $\frac{1}{2}P_S$가 된다. 부하가 걸리면 한쪽 관로의 압력은 증가하고 다른 쪽은 같은 양만큼 압력이 감소한다. 그러므로 그림 5-3에서 오리피스 1과 3을 통과할 때 압력강하는 식 (5-15)에서 확인한 것처럼 면적이 같으므로 각각 같다. 식 (5-16)에서도 같은 논리가 적용된다.

한편, 그림 5-3을 참조하면 전체공급유량은 다음과 같이 쓸 수 있다.

$$Q_S = Q_1 + Q_2 \tag{5-20}$$

$$Q_S = Q_3 + Q_4 \tag{5-21}$$

요약하면, 짝되고 대칭적인 밸브에 대하여 식 (5-15), (5-16), (5-18), (5-19)가 성립하므로 식 (5-1)과 (5-2)는 다음과 같이 나타난다.

$$Q_L = C_d A_1 \sqrt{\frac{1}{\rho}(P_s - P_L)} - C_d A_2 \sqrt{\frac{1}{\rho}(P_s + P_L)} \tag{5-22}$$

식 (5-20)과 (5-21)은 같은 조건에서 다음과 같이 나타난다.

$$Q_S = C_d A_1 \sqrt{\frac{1}{\rho}(P_s - P_L)} + C_d A_2 \sqrt{\frac{1}{\rho}(P_s + P_L)} \tag{5-23}$$

밸브의 선형화 해석 – 밸브계수

동적해석을 하기 위해서는 압력-유량곡선을 나타내는 비선형 대수방정식은 반드시 선형화되어야 한다. (5-9)는 부하유량에 대한 일반식이고 이 함수를 특정한 작동점 $Q_L = Q_{L1}$에 대한 테일러 급수로 표현할 수 있다.

$$Q_L = Q_{L1} + \left.\frac{\partial Q_L}{\partial x_v}\right|_1 \Delta x_v + \left.\frac{\partial Q_L}{\partial P_L}\right|_1 \Delta P_L + \cdots$$

만일 작동점 근방으로 국한하여 2차 이상의 고차항이 무시할 만큼 매우 작다면 다음과 같이 쓸 수 있다.

$$Q_L - Q_{L1} \equiv \Delta Q_L = \left.\frac{\partial Q_L}{\partial x_v}\right|_1 \Delta x_v + \left.\frac{\partial Q_L}{\partial P_L}\right|_1 \Delta P_L \tag{5-24}$$

요구되는 편미분계수는 압력-유량곡선식의 미분이나 곡선의 그래프로부터 얻을 수 있다. 이 편미분계수는 밸브에 있어서 가장 중요한 두 개의 파라미터를 정의한다. 유량게인(flow gain)은

$$K_q \equiv \frac{\partial Q_L}{\partial x_v} \tag{5-25}$$

유량-압력계수(flow-pressure coefficient)는

$$K_c \equiv -\frac{\partial Q_L}{\partial P_L} \tag{5-26}$$

와 같이 정의된다.

유량-압력계수가 항상 양의 값을 갖는 어떤 밸브라도 $\partial Q_L / \partial P_L$의 값이 음이라는 것을 알 수 있다(p.80 참조). 또 다른 유용한 양인 압력감도(pressure-sensitivity)는

$$K_p = \frac{\partial P_L}{\partial x_v} \tag{5-27}$$

와 같이 정의된다. 그리고 미적분학으로부터 다른 양과의 관계식은 다음과 같다.

$$\frac{\partial P_L}{\partial x_v} = -\frac{\partial Q_L / \partial x_v}{\partial Q_L / \partial P_L} = \frac{K_q}{K_c} \text{ 또는 } K_p = \frac{K_q}{K_c} \tag{5-28}$$

이들 정의를 이용하여 압력-유량곡선의 선형방정식이 유도된다.

$$\Delta Q_L = K_q \Delta x_v - K_c \Delta P_L \tag{5-29}$$

이 관계는 스풀이나 플래퍼 등, 다른 모든 밸브에도 적용할 수 있다. 계수 K_q, K_c, K_p를 밸브 계수라 하고 이 계수들은 안정성과 주파수응답, 다른 동적특성을 정하는 데 매우 중요한 것들이다. 유량게인은 시스템에서 개루프 게인상수에 직접적으로 영향을 미치므로 시스템의 안정성에 직접 영향을 준다. 유량-압력계수는 밸브-모터 조합의 감쇠비에 직접 영향을 준다. 밸브의 압력 감도는 매우 큰 값이고, 작은 오차로 큰 마찰부하를 이겨내는 밸브-모터 조합능력을 나타낸다.

밸브계수의 값은 작동점에 따라 달라진다. 가장 중요한 작동점은 압력-유량곡선의 원점인데 ($Q_L = P_L = x_v = 0$), 시스템 운전은 일반적으로 이 점 근방에서 이루어지고, 유량게인은 최대가 되어 시스템에 큰 게인을 주며, 유량-압력계수는 최소가 되어 감쇠비를 낮게 해준다. 따라서 이 작동점은 안정성이라는 관점에서는 가장 결정적인 점이고, 이 점에서 시스템이 안정하면 일반적으로 모든 작동점에서 안정하다. 이 작동점에서 구한 밸브계수를 영점(null) 밸브계수라 부른다.

5-3 제로랩 스풀밸브 해석

이 절에서는 제로랩(zero lap) 스풀밸브에 대한 압력-유량곡선, 밸브계수, 누설유량 곡선 및 스트로크력에 관하여 유도하거나 정의하고자 한다.

제로랩 밸브를 이상적인 또는 실용적인 기하형상을 갖는 밸브로 분류하는 것은 유용하다. 이상적인 기하형상은 오리피스의 모서리가 둥근 부분이 없이 완전히 사각으로 되어 있고, 스풀과 슬리브 사이에 반지름 간극이 없는 것을 의미한다. 이런 기하학적 완벽함은 실제로는 불가능하지만 5-1절에서 설명한 것처럼 영점 근방에서 상대적인 선형 유량게인을 갖는 밸브를 만들 수 있다. 이러한 반지름 간극이 있는 실제적인 기하형상을 갖는 제로랩 밸브는 누설유량을 최소화할 수 있고, 유량게인은 선형이며 설계진행과정이 일반적으로 그러한 밸브를 기초로 하고 있기 때문에 많은 점에서 최적의 밸브이다. 대부분의 4포트 스풀밸브는 이 타입이므로 그 특성에 대한 자세한 논의가 필요하다.

압력-유량곡선

그림 5-3을 참조하여 짝되고 대칭적인 오리피스를 가진 이상적인 제로랩 밸브에 대한 압력-유량곡선을 얻기 위해 5-2절에서 전개했던 일반식들을 이용하자. 이러한 밸브의 누설유량 (x_v가 양일 경우 Q_2와 Q_4, x_v가 음일 경우 Q_1과 Q_3)은 기하형상을 이상적인 것으로 가정했으므로 0이다. 그러므로 식 (5-18)과 (5-4)를 식 (5-1)에 대입하면

$$Q_L = C_d A_1 \sqrt{\frac{2}{\rho}\left(\frac{P_s - P_L}{2}\right)}, \quad x_v > 0\text{에 대해} \tag{5-30}$$

식 (5-2)는 이 결과를 얻기 위해 비슷하게 다루어질 것이다. 밸브변위가 음인 경우 $Q_L = -Q_4$이므로 식 (5-18)과 (5-7)을 적용하면

$$Q_L = -C_d A_2 \sqrt{\frac{2}{\rho}\left(\frac{P_s + P_L}{2}\right)}, \quad x_v < 0\text{에 대해} \tag{5-31}$$

앞에서처럼 식 (5-2)도 같은 결과를 준다. 밸브가 대칭적이라 가정했기 때문에, 식 (5-12)를 적용할 수 있으며 식 (5-30)과 (5-31)을 하나의 관계식으로 결합할 수 있다.

$$Q_L = C_d |A_1| \frac{x_v}{|x_v|} \sqrt{\frac{1}{\rho}\left(P_s - \frac{x_v}{|x_v|} P_L\right)} \tag{5-32}$$

이것은 짝되고 대칭적인 오리피스를 가진 이상적인 제로랩 밸브의 압력-유량곡선에 대한 일반식이다. 만일 각 포트에 w의 면적경사도를 가진 직사각형 포트를 사용하면, 식 (5-33)을 유도할 수 있다.

$$Q_L = C_d w x_v \sqrt{\frac{1}{\rho}\left(P_s - \frac{x_v}{|x_v|} P_L\right)} \tag{5-33}$$

이 식을 무차원화하여 그림 5-4에 나타내었다. x_{vm}은 최대 밸브 스트로크이다. 압력-유량곡선의 2사분면과 4사분면은 과도기간 중에만 나타날 수 있다. 예를 들면 x_v의 갑작스런 변화는 관로에서 부하로의 압력을 역동시킬 수 있지만, 흐름과 부하의 관성 때문에 부하는 같은 방향에 남아 있을 수 있다.

석유계 유압유의 밀도는, $\rho \approx 0.78 \times 10^{-4}$ lb-sec^2/in.^{4} 그리고 $C_d \approx 0.61$(3-4절 참고)이므로 $C_d\sqrt{1/\rho} \approx 70$ in.^{2}/$\sqrt{\text{lb}}$-sec, 따라서 식 (5-33)의 일반식은 다음과 같다.

$$Q_L = 70 w x_v \sqrt{P_s - \frac{x_v}{|x_v|} P_L} \tag{5-34}$$

여기서는 영국식 단위가 사용되었다. 이 식은 유압 서보밸브를 포함하는 대부분의 설계과정에서 가장 기본이 되는 것이다.

예 제

5-1 SI 단위를 사용하여 식 (5-34)을 나타내어라.

【풀이】 식 (5-34)의 계수의 단위를 SI단위(N, m, sec)로 나타내면

$$C_d\sqrt{\frac{1}{\rho}} = 0.61\sqrt{\frac{1}{830}} = 0.021\ \left[\frac{m^2}{\sqrt{\text{N}}\cdot\text{sec}}\right]$$

$$\therefore Q_L = 0.021 w x_v \sqrt{P_s - \frac{x_v}{|x_v|} P_L}$$

물론 이 식에서 사용된 파라미터들은 SI단위(N, m, sec)를 사용해야 한다. 즉,

$Q_L[\frac{\text{m}^3}{\text{sec}}]$, $w[\frac{\text{m}^2}{\text{m}}]$, $x_v[\text{m}]$, $\text{P}_\text{s}[\frac{\text{N}}{\text{m}^2}]$

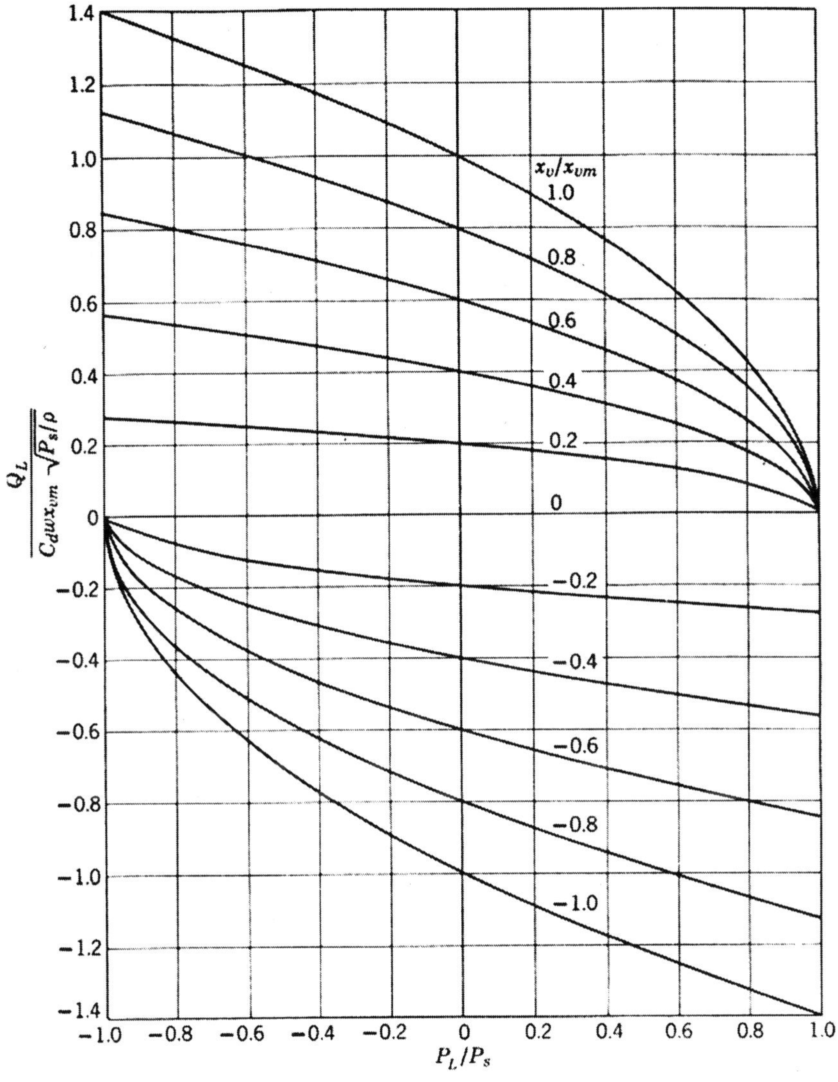

그림 5-4 임계센터 4포트 스풀밸브의 압력-유량곡선

밸브계수

이상적인 제로랩 밸브의 중요한 밸브계수들은 식 (5-33)의 미분을 통해 얻어질 수 있다. 유량 게인은

$$K_q = C_d w \sqrt{\frac{1}{\rho}(P_s - P_L)} \tag{5-35}$$

유량-압력 계수는

$$K_c = \frac{C_d w x_v \sqrt{(1/\rho)(P_s - P_L)}}{2(P_s - P_L)} \tag{5-36}$$

그리고 식 (5-33)에 의해 압력감도는

$$K_p = \frac{2(P_s - P_L)}{x_v} \tag{5-37}$$

5-2절에서 논의된 바와 같이 null 작동점이 아주 중요하다. 이 $Q_L = P_L = x_v = 0$ 점에서 이들 계수들 값 산출은 이상적인 제로랩 밸브에서의 영점계수를 준다.

$$K_{q0} = C_d w \sqrt{\frac{P_s}{\rho}} \tag{5-38}$$

$$K_{c0} = 0 \tag{5-39}$$

$$K_{p0} = \infty \tag{5-40}$$

ρ와 C_d의 영국식 단위의 통상적인 값에 대하여 유량게인은 다음과 같다.

$$K_{q0} = 70w\sqrt{P_s} \quad \text{in.}^3\text{/sec/in.} \tag{5-41}$$

예 제

5-2 SI 단위를 사용하여 식 (5-41)을 나타내어라.

【풀이】 식 (5-41)은 영점에서의 유량게인으로

$K_{q0} = C_d w \sqrt{\frac{1}{\rho} P_s}$ 에서 계수부분은

$$C_d \sqrt{\frac{1}{\rho}} = 0.61 \sqrt{\frac{1}{830}} = 0.021 [\frac{\text{m}^2}{\sqrt{N} \cdot \text{sec}}]$$

$$\therefore \; K_{q0} = 0.021 w \sqrt{P_s}$$

물론 이 식에서 사용된 파라미터들은 SI 단위를 사용해야 한다.

즉, $w[\frac{\text{m}^2}{\text{m}}]$, $P_s[\frac{\text{N}}{\text{m}^2}]$.

이것은 밸브 면적경사도와 시스템 공급압력이라는 쉽게 측정될 수 있는 두 개의 잘 알려진 양의 단순함수이다. 계산으로 구한 영점 유량게인은 실제 제로랩 밸브의 실험에 의해 타당성이 충분히 입증되었기 때문에 신뢰를 가지고 사용할 수 있다. 다행히도 시스템 안정성은 쉽게 계산될 수 있고 제어 가능한 이 양에 좌우된다. 이것이 유압서보밸브가 신뢰할만한 안정성을 갖는 가장 큰 이유 중의 하나이다. 그러나 K_{c0}과 K_{p0}에 대한 계산된 값은 실제 밸브의 실험으로 얻어진 값과 큰 차이가 있다. 이들 밸브에 대한 누설특성을 알고 있다면 이들 두 개의 영점 계수에 대한 보다 실제적인 값을 계산할 수 있다. 아래에서 누설특성에 대해 다룬 후에 이 문제로 다시 돌아올 것이다.

실제 제로랩 스풀밸브의 누설특성

누설특성은 실제밸브와 이상적인 제로랩 밸브의 실질적인 차이를 말한다. 이상적인 밸브는 완벽한 기하형상을 가지기 때문에 누설유량이 0이다. 실제밸브는 반경방향 틈새와 0.001 in. 미만의 약간의 언더랩 또는 오버랩을 갖는다. 이런 밸브의 누설특성은 밸브의 거동이나 이들의 미소 밸브열림($|x_v| < 0.001$ in.)에 대한 압력-유량곡선에 크게 영향을 준다. 이 영역 밖의 스풀의 위치($|x_v| > 0.001$ in.)에 대해서는 이론식 (5-33)이 매우 잘 맞는다.

오리피스가 짝되고 대칭적이라고 가정하고 그림 5-3의 밸브 브리지회로를 주목해 보자. 측정을 하기 위해 모터쪽으로 향하는 밸브의 포트들(A와 B포트)을 압력게이지로 막았다고 가정하면 부하유량 Q_L은 0이 된다. 이제 이 밸브에 대하여 3가지 특성곡선을 정의하고 측정할 수 있다. 밸브에 변위를 주고 주어진 공급압력에 대하여 부하압력 P_L과 전체 공급유량 Q_s(부하흐름을 0으로 하였기 때문에 사실은 누설유량이다)를 기록함으로써, 그림 5-5와 5-6에 나타낸 관로막음 압력감도와 누설유량곡선을 각각 얻을 수 있다. 아주 작은 스풀변위에 대하여 부하압력차 P_L은 공급압력으로 급상승한다. 영점 압력감도에 대한 실험값이 그림 5-5로부터 구해질 수 있기 때문에 이 곡선은 중요하다. 누설유량은 밸브 중립에서 최대이고 밸브 스트로크에 따라 스풀랜드가 리턴밸브 오리피스에 오버랩되므로 급격히 감소한다. 이 곡선은 유압 동력 손실 측정 시에만 이용되고 그 외에는 그리 중요하지 않다.

세 번째 특성은 스풀이 영점에 있을 때(모든 4개의 오리피스 면적이 동일하다고 가정) 공급압력을 변화시키면서 밸브를 통하여 흐르는 전체 유량을 측정하여 얻을 수 있다. 이 유량을 센터유량 Q_c라 하고, 결과의 곡선을 센터유량곡선이라 한다. 기호의 혼란을 피하기 위해서 센터유량 Q_c를 단순하게 스풀이 중립상태일 때의 특정한 공급유량 Q_s라 하자. 그림 5-6은 밸브의 센터유량곡선이다. 흐름은 새 밸브에서는 층류를 이루지만 장기간 사용하면 유압작동유 내의 마모물질이

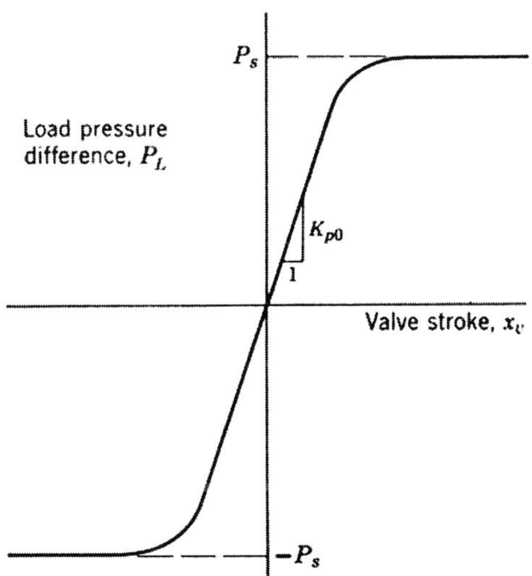

그림 5-5 관로 막음 상태의 압력감도곡선

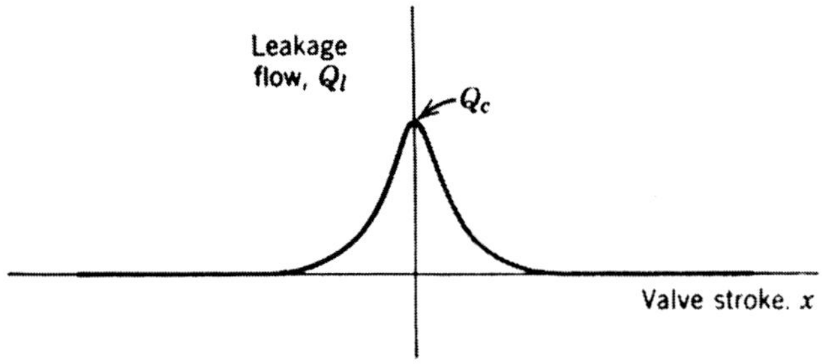

그림 5-6 전형적인 누유곡선

오리피스 가장자리를 마모시켜 오리피스 면적이 증가되면서 오리피스 흐름이 된다. 특정 공급압력에 대한 센터유량이 이 곡선으로부터 선택될 수 있고 이것은 같은 공급압력에 대한 그림 5-6에서의 최대 누설유량과 동일하다. 센터유량곡선은 곡선의 모양(선형이든 제곱근이든)이 밸브끼워맞춤의 질을 나타내고, 주어진 압력에서 센터유량에 대한 단일 값이 제조공차로 사용될 수 있으며, 밸브의 영점 유량-압력계수가 이 곡선으로부터 얻어질 수 있기 때문에 유용하다. 이것에 대하여 계속 설명한다.

밸브 오리피스가 짝되고 대칭적이라 가정하면 식 (5-22)와 (5-23)은 각각 밸브의 부하와 공급유량을 나타낸다. 식 (5-22)를 미분하면 다음 식이 유도된다.*

$$\frac{\partial Q_L}{\partial P_L} = -\frac{C_d A_1}{2\sqrt{\rho(P_s - P_L)}} - \frac{C_d A_2}{2\sqrt{\rho(P_s + P_L)}} \tag{5-42}$$

이제, 식 (5-23)을 P_s에 대해 미분하면 식 (5-42)의 음의 값을 가지게 된다. 그러므로 다음과 같은 식을 얻는다.

$$\frac{\partial Q_s}{\partial P_s} = -\frac{\partial Q_L}{\partial P_L} \equiv K_c \tag{5-43}$$

이 결과는 모든 매치되고 대칭적인 밸브에 대하여 그리고 유량이 층류이든 오리피스 타입이든 성립한다.

이제 영점 유량-압력계수를 구해 보자. 센터유량곡선은 $Q_L = P_L = x_v = 0$에서 만들어지므로 식 (5-43)은 영점 압력-유량계수처럼 특정한 작동압력에서 이 곡선의 기울기를 취하는 것을 정당화시킨다. 이것은 계산이 단순하고 $-\partial Q_L/\partial P_L$의 직접 측정의 어려움을 피할 수 있다. 새 밸브와 헌 밸브에 대하여 이 계수를 비교하면(그림 5-7) 특정 압력에서 센터유량은 급격히 증가하지만 기울기의 증가는 상당히 낮다는 것을 알 수 있다. 그러므로 영점 유량-압력계수와 영점 압력감도는 밸브 마모가 일어날 때 아주 크게 변하지는 않는다(아마도 2~3배).

* 면적은 항상 양의 값이므로 $\partial Q_L/\partial P_L$은 항상 음의 값을 갖는다. 이것은 그림 5-3에서 흐름에 대한 조사로부터도 알 수 있다. 주어진 오리피스 면적이 고정되어 있다고 하고, 만일 P_1이 증가하면 오리피스1을 통해 흐르는 유량은 감소하며 오리피스 4를 통해 흐르는 유량은 증가한다. 이런 조건하에서 나타낸 방향의 반대방향으로 부하유량이 있을 때에만 연속방정식이 만족된다. 따라서 부하유량 방향은 보다 높은 압력점을 향하고 $\partial Q_L/\partial P_L$은 가끔 누설계수라고 간주되기도 하지만 사실 누설계수는 아니다. 유량-압력계수의 명칭은 이러한 특성을 강조하기 위해 사용되었다. P_1이 증가하면 P_2가 감소함에 주목해야 한다. 그리고 상응하는 거동이 리턴 오피리스 지점에서 일어난다.

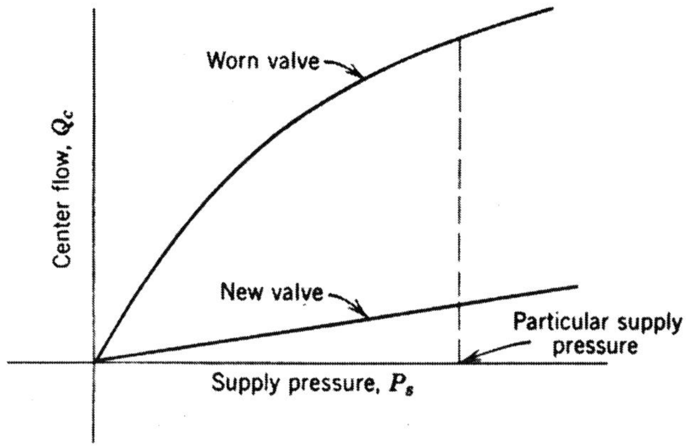

그림 5-7 전형적인 센터유량곡선

센터유량은 새로운 밸브에서 층류이기 때문에 밸브스풀이 중립일 때 반경방향의 간극으로 인한 날카로운 모서리 오리피스를 통한 흐름을 나타내는 식 (3-41)을 이용할 수 있다. 한 개의 오리피스와 연관된 압력강화와 유량은 각각 $P_s/2$와 $Q_c/2$이다. 그러므로 식 (3-41)은

$$Q_c = \frac{\pi w {r_c}^2}{32\mu} P_s \tag{5-44}$$

여기서 w = 밸브의 면적 경사도, in.^{2}/in.

r_c = 스풀과 슬리브 사이의 반지름 간극, in.

μ = 점성계수, lb-sec/in.^{2}

P_s = 밸브에 공급되는 압력, psi

Q_c = 센터유량(부하포트를 막고 스풀이 영점일 때 밸브를 통해 흐르는 유량) in.^{3}/sec

K_{c0} = 영점 유량-압력계수 in.^{3}/sec/psi

식 (5-43)과 (5-44)를 이용하여 다음 식을 구할 수 있다.

$$K_{c0} = \frac{\pi w {r_c}^2}{32\mu} \tag{5-45}$$

이 식은 실제적인 제로랩의 영점 유량-압력계수에 대한 근사값을 주지만 $K_{c0} = 0$의 이론값보다 상당히 정확하다. 대략적인 표준 반경방향의 간극은 $r_c = 0.0002$ in.이고, 이 값은 K_{c0}의 예비계산에 사용된다. K_{c0}가 밸브 면적경사도, 즉 밸브크기에 따라 직접적으로 변한다는 것에 주목해야 한다.

실제 제로랩 밸브의 null 압력감도에 대한 근사식은 식 (5-38)을 (5-45)로 나누면 얻을 수 있다. 그러므로

$$K_{p0} = \frac{32\mu\, C_d \sqrt{P_s/\rho}}{\pi {r_c}^2} \tag{5-46}$$

$\mu = 2\times10^{-6}$ lb$-$sec/in.^{2}와 $C_d\sqrt{1/\rho} = 70$ in.^{2}/$\sqrt{\text{lb}}-$sec 및 $r_c = 2\times10^{-4}$ in.의 일반적인 값을 이용하면

$$K_{p0} = 35{,}700\sqrt{P_s}\ \text{psi/in.} \tag{5-47}$$

따라서 $P_s = 1{,}000$ psi를 가지고 1.13×10^6 psi/in.의 영점 압력감도를 예측할 수 있다. 실제로 1,000 psi의 공급압력으로 10^6 psi/in.의 값을 쉽게 얻을 수 있음을 확인할 수 있고 이 값은 일반적으로 모든 제로랩 스풀밸브에 대하여 실제에 근거한 경험값으로 사용된다. 식 (5-46)이 나타내는 영점 압력감도는 밸브 면적경사도에 관계없고 따라서 밸브크기에 무관하다는 것을 알 수 있다. 식 (5-45)와 (5-46)은 서로 엄격한 관계는 아니고 연동관계이다. 그러나 결과적인 값은 저자의 경험에 따른 시험 데이터와 잘 일치한다.

예 제

5-3 SI 단위를 사용하여 식 (5-47)을 나타내어라.

【풀이】 식 (5-46)에서

$$K_{p0} = \frac{32\mu C_d\sqrt{P_s/\rho}}{\pi r_c^2}$$ 에서 단위를 확인해 보면

$$K_{p0}\left[\frac{\text{lb}}{\text{in.}^2\cdot\text{in.}}\right] = \frac{32\mu\left[\dfrac{\text{lb}\cdot\text{sec}}{\text{in.}^2}\right]C_d\sqrt{\dfrac{1}{\rho}}\left[\dfrac{\text{in.}^2}{\sqrt{\text{lb}}\cdot\text{sec}}\right]\sqrt{P_s\left[\dfrac{\text{lb}}{\text{in.}^2}\right]}}{\pi r_c^2[\text{in.}^2]}$$

계수 32는 무차원수임을 알 수 있다. 따라서 계수를 SI 단위로 환산할 필요는 없다. 이제 각각의 파라미터를 SI 단위로 환산하면

$$\mu = 2\times10^{-6}\left[\frac{\text{lb}\cdot\text{sec}}{\text{in.}^2}\right]\left[\frac{\text{in.}^2}{(0.0254\text{m})^2}\right]\left[\frac{4.45\text{N}}{\text{lb}}\right] = 0.0138\left[\frac{\text{N}\cdot\text{sec}}{\text{m}^2}\right]$$

$$C_d\sqrt{\frac{1}{\rho}} = 0.021\left[\frac{\text{m}^2}{\sqrt{\text{N}}\cdot\text{sec}}\right]$$

$$r_c = 2\times10^{-4}[\text{in.}]\left[\frac{0.0254\ \text{m}}{\text{in.}}\right]$$

$$\therefore\ K_{p0}\left[\frac{\text{N}}{\text{m}^2\cdot\text{m}}\right] = \frac{32\times0.0138\left[\dfrac{\text{N}\cdot\text{sec}}{\text{m}^2}\right]\times0.021\left[\dfrac{\text{m}^2}{\sqrt{\text{N}}\cdot\text{sec}}\right]\times\sqrt{P_s\left[\dfrac{\text{N}}{\text{m}^2}\right]}}{3.14\times(5.08\times10^{-6})^2[\text{m}^2]}$$

$$= 1.144\times10^8\sqrt{P_s}\left[\frac{\text{N}}{\text{m}^2\cdot\text{m}}\right]$$

스트로크력(Stroking Forces)

지금까지 제로랩 밸브의 압력-유량거동을 살펴보았다. 이제 이 밸브의 스풀에 작용하는 힘을 조사해 보자. 이 힘들 중에 가장 중요한 것은 5-6절에서 다루게 될 유동력(flow forces)이다.

그림 5-3을 참조하여, 단지 2개의 오리피스($+x_v$에 대해 1과 3, $-x_v$에 대해 2와 4)만이 이상적인 제로랩 밸브에서 매번 사용된다. 양(+)의 스풀변위를 가정하면 스풀변위에 대하여 반대로 작용하는 전체 유동력을 구하기 위해 식 (5-90)과 (5-93)이 오리피스 1과 3(양쪽 다 같은 면적을 갖음)에 적용될 수 있다. 따라서

$$F_R = 2C_dC_v(\cos\theta)wx_v(P_s - P_1) - L_1\rho\frac{dQ_1}{dt} + 2C_dC_v(\cos\theta)wx_vP_2 + L_2\rho\frac{dQ_3}{dt} \tag{5-48}$$

밸브가 대칭 상응이라고 가정하면, 식 (5-18)과 (5-19)가 사용될 수 있고, 식 (5-4)와 (5-6)의 미분을 식 (5-48)에 대입하면

$$F_R = 2C_dC_vw(\cos\theta)(P_s - P_L)x_v + (L_2 - L_1)C_dw\sqrt{\rho(P_s - P_L)}\frac{dx_v}{dt} \tag{5-49}$$

압력미분항 dP_L/dt는 무시된다. 왜냐하면 이것이 밸브 동특성에 작용하는 증거가 없기 때문이다. 그림 5-3의 밸브스풀의 운동방정식은

$$F_i = M_s\frac{d^2x_v}{dt^2} + B_f\frac{dx_v}{dt} + K_fx_v \tag{5-50}$$

여기서 M_s = 스풀질량, lb-sec^2/in.

$B_f = (L_2 - L_1)C_dw\sqrt{\rho(P_s - P_L)}$ = 천이 유동력에 따른 감쇠계수, lb-sec/in.

$K_f = 2C_dC_vw(\cos\theta)(P_s - P_L) \approx 0.43w(P_s - P_L)$ = 유동력 스프링률, lb/in.

이리하여 정상상태 유동력은 밸브에 센터링스프링과 같이 작용함을 알 수 있다. 그리고 과도 유동력은 점성마찰력과 같이 작용한다. 이들 값들은 P_L의 변화로 인하여 다소 비선형적이다. 만약 $L_2 < L_1$이라면, 과도 유동력은 음(−)이고 밸브에 불안정을 초래할 것이다. 따라서 이런 가능성을 없애기 위해 밸브는 $L_2 \geq L_1$으로 설계되어야 한다. 이것은 단지 2개 부하 관로의 위치잡기 문제이므로 쉽게 달성될 수 있다.

식 (5-50)의 감쇠비를 계산함으로써 과도 유동력 계수 B_f의 중요성에 대한 아이디어를 얻을 수 있다. 2차의 식으로 만들기 위해 감쇠비는

$$\delta_s = \frac{B_f}{2\sqrt{K_fM_s}} = \frac{(L_2 - L_1)C_d\sqrt{\rho}}{2\sqrt{0.43}}\sqrt{\frac{w}{M_s}} \tag{5-51}$$

이것은 압력 $P_s - P_L$에 무관하다. 그림 5-3에서 스풀에 대해 약간의 기하학적인 비율을 가정하면, δ_s에 대한 감쇠비를 계산할 수 있다. 스풀길이는 보통 지름의 6배이다. 따라서

$$L \approx 6d \tag{5-52}$$

전체 감쇠길이는 스풀길이의 약 1/3이다.

$$L_1 + L_2 \approx \frac{L}{3} = 2d \tag{5-53}$$

그리고 스풀 로드경은 보통

$$d_r \approx \frac{d}{2} \tag{5-54}$$

스풀 실린더 체적으로부터 두 개의 환상밸브챔버 체적을 빼면, 스풀체적은

$$\frac{\pi}{4}d^2L - 2\left(\frac{\pi}{4}d^2 - \frac{\pi}{4}{d_r}^2\right)(L_1 + L_2) = \left(\frac{1}{2}\right)\frac{\pi}{4}d^2L = \frac{3\pi}{4}d^3 \tag{5-55}$$

만약 스풀의 재질이 강이라면(0.3 lb/in.^{3}의 비중량), 스풀질량은

$$M_s = \frac{(0.3)(3\pi/4)d^3}{386} = 1.83\times10^{-3}d^3 \text{ lb-sec}^2/\text{in.} \tag{5-56}$$

$C_d = 0.61$과 $\rho = 0.78\times10^{-4}$ lb-sec^2/in.^{4}로 가정하면 식 (5-51)이 다음과 같이 나온다.

$$\delta_s = 0.34\left(\frac{L_2 - L_1}{L_2 + L_1}\right)\sqrt{\frac{w}{\pi d}} \tag{5-57}$$

w의 최댓값은

$$w = \pi d \tag{5-58}$$

이것은 포트가 스풀의 전 주변일 때이다. 이리하여 $\sqrt{w/\pi d}$의 최댓값은 1이다.

전 주변 포트와 한쪽의 감쇠길이가 다른 쪽보다 50% 크다면(즉, $L_2 = 1.5L_1$), 감쇠비는 $\delta_s = 0.068$이다; 만약 $L_1 = 1.5L_2$이라면, 감쇠비 δ_s는 같은 값의 음(−)이다. 식 (5-57)의 특성은 감쇠비가 $0.34\sqrt{w/\pi d}$ 보다는 커질 수 없다는 것이다. 그러나 L_1과 L_2에 관한 분명한 물리적인 제약조건으로 인해 감쇠비는 $0.1\sqrt{w/\pi d}$ 보다는 크지 않는 훨씬 작은 값으로 제한될 것이다. 실제로 밸브 설계는 $L_2 \approx L_1$로 한다. 따라서 매우 작은 값이 되기 때문에 과도 유동력을 감쇠의 원천으로 하는 시도는 거의 없다. 특별히 밸브 면적구배가 πd보다 훨씬 작을 경우에는 더욱 그렇다.

유동력에 기인하는 점성 감쇠계수와 스프링 상수는 $P_L = 0$일 때 최대이다. 이리하여 이들 값들에 대한 영점에서의 값은 정의될 수 있다. 영점에서의 유동력 스프링 상수는

$$K_{f0} = 0.43wP_s \tag{5-59}$$

따라서 공급압력 1,000 psi와 전 주변 포트를 갖는 0.5 in.(12.7 mm) 직경의 스풀은 $0.43\pi(1/2)1{,}000 = 675$ lb/in.의 스프링 상수를 가진다. 이것은 확실히 상당한 값이다. 이리하여 0.020 in.의 밸브 스트로크는 유동력을 이기기 위해서는 13 lb의 이론적 힘을 요구할 것이다. 게다가, 5-6절에서 설명한 바와 같이, 영점 근방에서 측정된 유동력 스프링률은 식 (5-59)에 의해 계산된 값의 가끔 거의 2배이다. 이 사실은 보다 큰 밸브 스트로크에서 유동력 스프링이 이론값에 접근한다고 하더라도 밸브가 영점에서 닫힐 때 유동력이 예상했던 것보다 다소 높아짐을 나타낸다. 실제로는 밸브를 스트로킹하는 힘은 오리피스에 끼일 수 있는 오염입자를 전단할 수 있도록 유동력을 훨씬 초과하는 힘의 역량을 가져야 한다. 유동력은 보통 아주 크고 밸브 스풀을 스트로크하는 데 요구되는 전체 힘의 주된 부분이다. 이런 유동력을 감소시키거나 제거하는 몇 가지의 보상기법이 5-6절에서 소개되었다. 그러나 생산단가와 불완전한 보상으로 이끄는 비

선형 유동력 때문에 일반적으로 만족할 만한 것은 아무것도 없다. 이 문제에 대한 실제적인 해는 유압 1단에서 노즐-플래퍼 밸브를 갖는 2단 서보밸브이다. 이는 2단의 스풀밸브를 움직이는데 아주 적당한 힘을 제공한다.

식 (5-50)에 관한 논의를 통하여 명심해야 할 것은 스풀 구동력(즉, 전기 토크모터)의 질량과 감쇠, 스프링 상수는 스풀 그 자체의 것에 더해져야 하고 계수 M_s, B_f, K_f는 이에 따라 해석되어져야 한다. 많은 경우에 구동력의 계수는 밸브의 것보다 클 것이다.

5-4 언더랩 스풀밸브 해석

5-2절에서는 일반적인 밸브에 대한 성능변수와 특성을 정의하였다. 이 결과를 5-3절에서는 상세하게 연구된 제로랩 스풀밸브의 특별한 경우에 적용하였다. 이 절에서는 비슷한 논의가 언더랩(underlap) 스풀밸브에 적용될 것이다. 이 타입의 밸브는 응용에 조금 더 제한적이지만 그것의 특성에 대한 지식은 밸브에 대한 이해를 확장해 줄 것이다. 또한, 제로랩 밸브는 작은 밸브 스트로크에서는 언더랩 밸브와 비슷한 특성을 가진다.

그림 5-8에 나타낸 4포트 스풀밸브에서 밸브가 중립일 때, 공급과 리턴포트의 언더랩은 U의 값으로 동일하다. 공급과 리턴 포트가 다른 언더랩을 가지는 경우에는 다른 문헌에서 다루고 있다.[1] 포트의 화살표는 유동방향을 가리키고 포트의 숫자는 포트에서의 유량과 면적에 대한 첨자를 언급하고 있다. 밸브가 짝되고 대칭적이라고 가정하면 작동은 언더랩 영역에서 행해진다; 즉, $|x_v| \le U$. 그러므로 오피리스 면적은

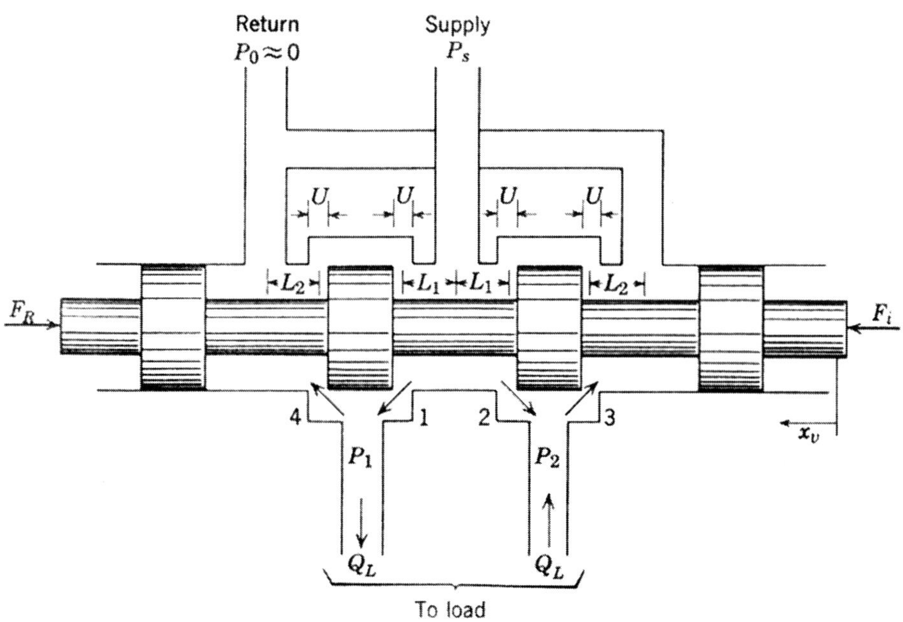

그림 5-8 4-랜드-4-포트 오픈센터 스풀밸브

$$A_1 = w(U + x_v) = A_3 \tag{5-60}$$

$$A_2 = w(U - x_v) = A_4 \tag{5-61}$$

여기서 w는 각 포트의 면적경사도이고 따라서 전체 밸브의 면적경사도이다. 식 (5-60)과 (5-61)을 일반방정식 (5-22)에 대입하면 다음과 같은 식을 얻을 수 있다.

$$\frac{Q_L}{C_d w U \sqrt{P_s/\rho}} = \left(1 + \frac{x_v}{U}\right)\left(1 - \frac{P_L}{P_s}\right)^{1/2} - \left(1 - \frac{x_v}{U}\right)\left(1 + \frac{P_L}{P_s}\right)^{1/2} \tag{5-62}$$

이것은 언더랩 영역에서 작동하는 언더랩 4포트 스풀밸브의 압력-유량 곡선이고, 그림 5-9는 무차원화된 방법으로 나타낸 것이다. 이 곡선은 제로랩 밸브에 비교하면 상당히 선형적이다. 언더랩 영역을 벗어나서 밸브는 오직 두 개의 오리피스만 동시에 작동하기 때문에 압력-유량 곡선은 그림 5-4와 같은 모양을 가지며 제로랩 밸브처럼 작동한다.

중립 밸브계수는 식 (5-62)를 미분하고 $Q_L = P_L = x_v = 0$에서의 미분계수를 계산하여 얻을 수 있다. 그러므로

$$K_{q0} = 2 C_d w \sqrt{\frac{P_s}{\rho}} \tag{5-63}$$

$$K_{c0} = \frac{C_d w U \sqrt{P_s/\rho}}{P_s} \tag{5-64}$$

$$K_{p0} = \frac{2P_s}{U} \tag{5-65}$$

5-2절에서 언급한 것처럼 영점(null) 작동점은 매우 중요하다. 영점 계수는 시스템의 동적해석과 밸브설계에 있어서 유용하다. 유량게인은 대단히 중요하고 제로랩 밸브에서의 2배가 된다는 것을 알아야 한다. K_{c0}는 w에 좌우되지만 K_{p0}는 밸브 면적 경사도 w에 무관하다. 이것은 누설곡선에 대한 연구의 제로랩 밸브에 대한 비슷한 결론을 강화한다.

제로랩 밸브에 대해 정의된 것과 비슷한 누설 유량 곡선이 언더랩 밸브에 대해 만들어질 수 있다. 밸브를 통해 흐르는 전체 센터유량은 영점(null) 작동점에서 동력손실을 일으키게 하므로 매우 유용하다. 이 점에서 $P_L = x_v = 0$, $A_1 = A_2 = wU$이므로 식 (5-23)으로부터 전체 센터유량이 유도된다.

$$Q_c = 2 C_d w U \sqrt{\frac{P_s}{\rho}} \tag{5-66}$$

끝으로 언더랩 밸브의 힘의 방정식인데, 이것을 위해서는 구동력 F_i에 맞서는 스풀에 작용하는 전체 유동력을 구해야 한다. 정상상태 유동력은 그림 5-8의 각 밸브 포트에 식 (5-90)을 적용하여 결과를 얻을 수 있다. 특정 포트에서 부호는 정상상태 유동력이 특정 포트가 닫히도록 하는 방향으로 밸브에 작용한다는 사실로부터 결정된다. 따라서 정상상태 유동력은

$$F_{Rss} = 2 C_d C_v (\cos\theta)\left[A_1(P_s - P_1) + A_3 P_2 - A_2(P_s - P_2) - A_4 P_1\right] \tag{5-67}$$

식 (5-60), (5-61), (5-3)을 조합하면 다음 식이 유도된다.

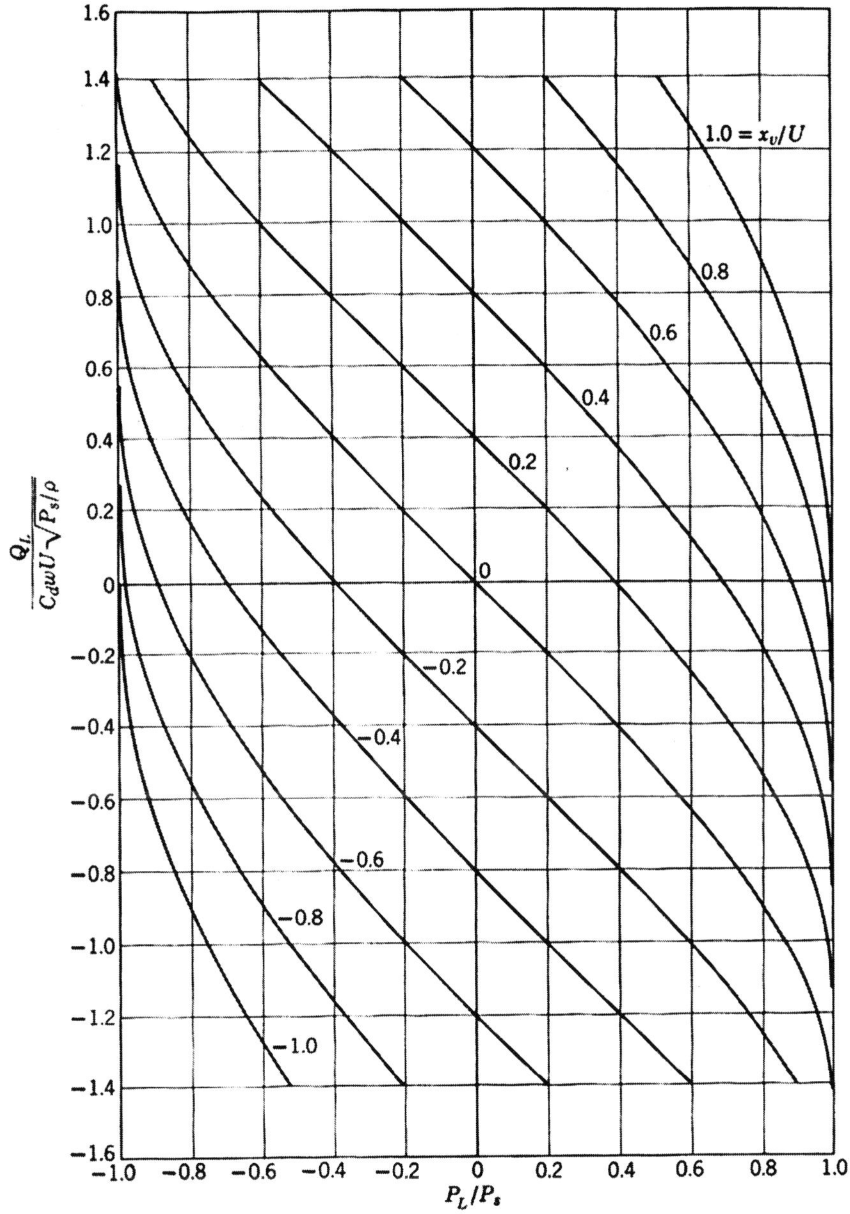

그림 5–9 오픈센터 4–포트 스풀밸브의 압력–유량곡선

$$F_{Rss} = 4C_d C_v(\cos\theta)(P_s - P_L)wx_v = 0.86w(P_s - P_L)x_v \tag{5-68}$$

식 (5-93)을 이용하고 항의 부호를 결정하기 위해 5-6절에 주어진 규칙을 따르면 과도 유동력을 다음과 같이 쓸 수 있다.

$$F_{R(trans)} = \rho L_1 \frac{dQ_1}{dt} - \rho L_1 \frac{dQ_2}{dt} - \rho L_2 \frac{dQ_3}{dt} + \rho L_2 \frac{dQ_4}{dt} \tag{5-69}$$

식 (5-15)와 (5-16)을 이용하고 식 (5-18)과 (5-19)를 조합하면 오리피스를 통해 흐르는 유량을 쓸 수 있다.

$$Q_1 = Q_3 = C_d A_1 \left[\frac{2}{\rho}(P_s - P_1) \right]^{1/2} = C_d w(U + x_v) \left[\frac{1}{\rho}(P_s - P_L) \right]^{1/2} \quad (5\text{-}70)$$

$$Q_2 = Q_4 = C_d A_2 \left[\frac{2}{\rho}(P_s - P_2) \right]^{1/2} = C_d w(U - x_v) \left[\frac{1}{\rho}(P_s + P_L) \right]^{1/2} \quad (5\text{-}71)$$

이제 과도 유동력을 다음과 같이 나타낼 수 있다.

$$F_{R(trans)} = \rho(L_1 - L_2) \frac{dQ_1}{dt} - \rho(L_1 - L_2) \frac{dQ_2}{dt} \quad (5\text{-}72)$$

요구된 유량 미분계수는 식 (5-70)과 (5-71)을 미분하여 얻어진다. 압력 도함수 (dP_L/dt)식을 무시하면 과도 유동력에 대한 최종식이 나온다.

$$F_{R(trans)} = (L_1 - L_2) C_d w \sqrt{\rho} \left[\sqrt{P_s + P_L} + \sqrt{P_s - P_L} \right] \frac{dx_v}{dt} \quad (5\text{-}73)$$

대부분의 동적해석에서는 $P_L \approx 0$ 에 대한 연구가 매우 많다. 이 값은 또한 가장 큰 유동력을 나타낸다. 그러므로 유동력을 스풀의 관성력과 결합하면 그림 5-8의 스풀에 대한 힘의 균형 방정식이 나온다.

$$F_i = M_s \frac{d^2 x_v}{dt^2} + B_f \frac{dx_v}{dt} + K_f x_v \quad (5\text{-}74)$$

여기서

$$K_f = 4 C_d C_v w (\cos\theta) P_s = 0.86 w P_s$$

$$B_f = 2(L_1 - L_2) C_d w \sqrt{\rho P_s}$$

기호의 정의는 식 (5-50)에서와 같다. 제로랩 밸브에서처럼 정상상태 유동력은 센터링 스프링처럼 작용하고, 과도 유동력은 점성감쇠처럼 작용한다. 그러나 스프링계수와 점성감쇠계수 둘 다 제로랩 밸브의 두 배라는 것을 주의해야 한다. 언더랩 밸브는 과도유동력에 의한 밸브 불안정성을 막기 위해 그림 5-8에서처럼 $L_1 \geq L_2$가 되도록 설계되어야 한다. 이 현상에 대한 논의는 5-3절에 만들어진 것과 비슷하다.

5-5 3포트 스풀밸브 해석

4포트 스풀밸브의 가장 일반적인 타입을 5-3절과 5-4절에서 분석했다. 이 절에서는 3포트 스풀밸브의 제로랩과 언더랩 두 가지 타입에 대해 간략하게 설명할 것이다. 마지막 두 절에서의 많은 설명이 그대로 적용될 수 있기 때문에 3포트 밸브의 주요 특징과 방정식에 대한 개요만 기술할 것이다. 3포트 밸브의 피스톤과 조합은 6-3절에서 다룰 것이다.

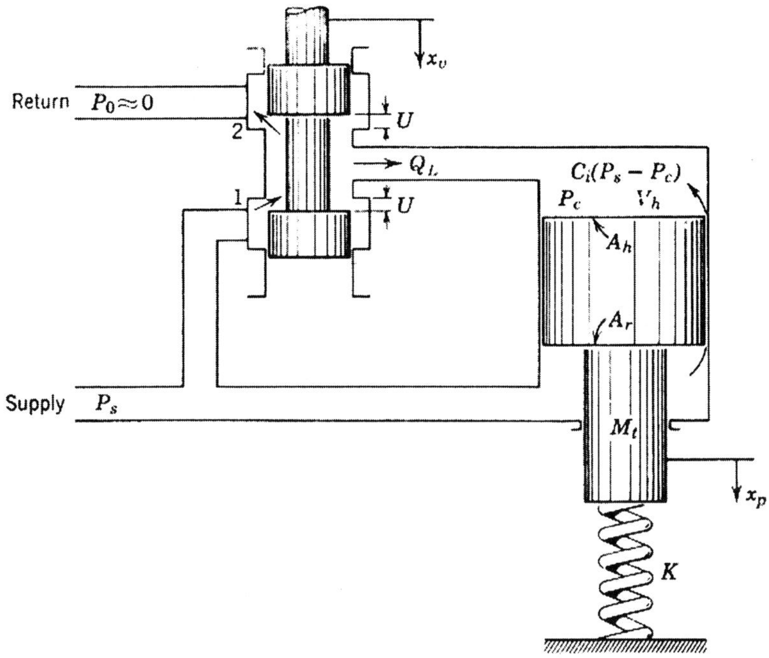

그림 5-10 피스톤 부하를 갖는 3-포트 스풀밸브

3포트 스풀밸브는 방향 전환을 위하여 면적이 다른 피스톤이 사용되어야 한다(그림 5-10). 회전형 모터에 대해서는 3포트 밸브를 사용할 수 없다. 피스톤의 로드측과 헤드측 면적은 대략 $P_s/2$의 정상상태 제어압력을 받는다: 즉,

$$P_{c0} = \frac{P_s}{2} \tag{5-75}$$

헤드측 면적에 작용한다. 이러한 설계는 동일한 가속능력과 감속능력을 갖도록 제어압력 P_c를 증가하거나 감소시킨다. 피스톤에 부하가 걸리지 않으면 식 (5-75)는 헤드측 면적을 로드측 면적의 2배로 하여 충족시킨다. 즉,

$$A_h = 2A_r \tag{5-76}$$

그리고 이 규칙은 부하를 받는 경우에 피스톤의 치수를 결정하는 데 일반적으로 사용된다. 그러나 한쪽 방향으로만 부하가 주어진다면 식 (5-75)를 충족하도록 크기가 결정되어야 한다.

6-3절에서 설명하겠지만 3포트 밸브는 유압-기계 위치제어서보에 널리 사용되고, 특히 제로랩 밸브와 함께 사용된다. 그림 6-10을 참조하여 오리피스 1이나 2가 (양쪽 모두가 아니라) 작동하는 제로랩의 경우를 고려해 보자. 제로랩에 도달하기 위해 $U = 0$이라 놓으면 압력-유량 곡선에 대한 방정식은 다음과 같이 쓸 수 있다.

$$\begin{aligned} Q_L &= C_d A_1 \left[\frac{2}{\rho}(P_s - P_c)\right]^{1/2} = C_d w x_v \left[\frac{2}{\rho}(P_s - P_c)\right]^{1/2} \quad x_v \geq 0 \\ Q_L &= -C_d A_2 \left[\frac{2}{\rho} P_c\right]^{1/2} = C_d w x_v \left[\frac{2}{\rho} P_c\right]^{1/2} \quad x_v \leq 0 \end{aligned} \tag{5-77}$$

이 방정식을 무차원화하여 좌표평면에 나타내면 가로축의 좌표가 $P_L/P_s = -1$에서 $P_c/P_s = 0$으로, $P_L/P_s = 1$에서 $P_c/P_s = 1$로 대체되는 것만 제외하고 그림 5-4와 동일하다.

3포트 밸브에서의 영점 작동점은 $Q_L = x_v = 0$과 $P_c = P_s/2$로 정의된다. 이 점에서 식 (5-77)의 미분계수를 계산하면 제로랩 3포트 밸브에 대한 영점 계수를 얻을 수 있다.

$$K_{q0} = \left.\frac{\partial Q_L}{\partial x_v}\right|_0 = C_d w \sqrt{\frac{P_s}{\rho}} \tag{5-78}$$

$$K_{c0} = -\left.\frac{\partial Q_L}{\partial P_c}\right|_0 = \left.\frac{2 C_d w x_v \sqrt{P_s/\rho}}{P_s}\right|_{x_v = 0} = 0 \tag{5-79}$$

$$K_{p0} = \left.\frac{\partial P_c}{\partial x_v}\right|_0 = \left.\frac{P_s}{x_v}\right|_{x_v = 0} = \infty \tag{5-80}$$

영점 계수를 비교하면 유량게인은 같지만 압력감도는 4포트 제로랩 밸브의 반이라는 것을 알 수 있다. 일정한 부하력과 마찰부하력은 3포트 밸브 시스템 하에서는 정적오차가 2배가 될 것이다. 6-3절에서 동적오차도 대략 2배가 되는 것을 나타내었다. 이것이 3포트 밸브를 사용하는 데 있어서의 최대 결함이며 제작이 쉽다는 장점을 상쇄시킨다. 그래서 3포트 밸브는 부하가 거의 없거나 적은 경우라든가 어느 정도의 오차가 허용되는 유압기계 서보에 가장 적합하다.

제로랩 밸브에서 누설 유량과 영점 계수의 실제적인 값은 5-3절과 비슷하게 다루어질 것이다. (언더랩 3포트 밸브)언더랩 영역 내의 작동에 대한 압력 유량 곡선은 다음과 같이 주어진다.

$$\frac{Q_L}{C_d w U \sqrt{2P_s/\rho}} = \left(1 + \frac{x_v}{U}\right)\left(1 - \frac{P_c}{P_s}\right)^{1/2} - \left(1 - \frac{x_v}{U}\right)\left(\frac{P_c}{P_s}\right)^{1/2} \tag{5-81}$$

그리고 영점 계수는

$$K_{q0} = \left.\frac{\partial Q_L}{\partial x_v}\right|_0 = 2 C_d w \left(\frac{P_s}{\rho}\right)^{1/2} \tag{5-82}$$

$$K_{c0} = -\left.\frac{\partial Q_L}{\partial P_c}\right|_0 = \frac{2 C_d w U \sqrt{P_s/\rho}}{P_s} \tag{5-83}$$

$$K_{p0} = \left.\frac{\partial P_c}{\partial x_v}\right|_0 = \frac{P_s}{U} \tag{5-84}$$

영점에서 누설유량 또는 중립유량은 다음과 같이 주어진다.

$$Q_c = C_d w U \left(\frac{P_s}{\rho}\right)^{1/2} \tag{5-85}$$

3포트 밸브는 일반적으로 유압기계 서보에 사용되므로 스풀의 위치를 조절하는 힘은 기계적이고 스풀에 의해 부과되는 부하에 비하면 매우 강한 힘이다. 이러한 이유로 스풀 운동에 대한 힘의 방정식은 그리 중요하지 않기 때문에 유동력도 고려하지 않아도 된다.

5-6 스풀밸브에 작용하는 유동력

이 힘을 유동력 또는 베르누이력 또는 유체반력이라고 부른다. 이들 명칭들은 밸브챔버 내에서와 밸브 오피리스를 통해 흐르는 유체의 결과로서 밸브에 작용하는 힘들에 따라 붙여졌다.

먼저 정상상태 유동력에 대해 연구해 보자. 오리피스의 유체 가속 특성은 그림 5-11의 유로 최소단면(vena contracta)에서 유체 평면에 수직으로 작용하는 제트력으로 귀착된다.

$$F_j = \overbrace{\rho V}^{mass} \overbrace{\frac{Q_2^{\,2}}{A_2 V}}^{acc} = \frac{\rho Q_2^{\,2}}{A_2} = \frac{\rho Q_2^{\,2}}{C_c A_0} \tag{5-86}$$

기호들은 다음과 같이 정의된다.

$Q_2 =$ 오리피스를 통과하는 흐름률, [in.^{3}/sec]
$V =$ 가속되어지는 유체의 체적, [in.^{3}]
$A_0 = w x_v =$ 오리피스 면적, [in.^{2}]
$C_c =$ 수축계수, [무차원]
$\rho =$ 유체의 밀도, [lb-sec^2/in.^{4}]
$w =$ 오리피스의 면적 경사도, [in.^{2}/in.]
$A_v =$ 밸브 랜드의 면적, [in.^{2}]
$\theta =$ 제트 각도, [degrees]

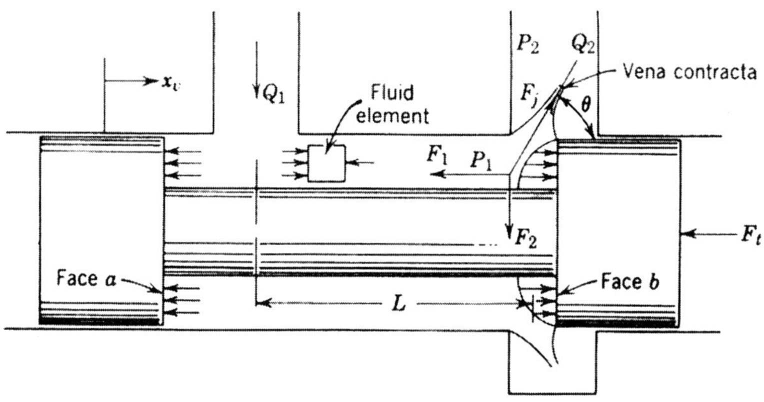

그림 5-11 밸브 챔버를 흘러나가는 유량으로 인해 밸브스풀에 가해지는 유동력

뉴턴의 제3법칙에 의해 이 제트력은 크기가 같고 반대방향의 반작용력을 갖는 두 개의 성분으로 나눌 수 있다:

$$F_1 = -F_j \cos\theta \quad \text{(축방향 성분)} \tag{5-87}$$

$$F_2 = -F_j \sin\theta \quad \text{(반경방향의 성분)} \tag{5-88}$$

반경방향의 성분은 슬리브 쪽으로 밸브 스풀을 밀어붙여 유체고착을 야기시키는 경향이 있다. 그러나 이것은 실제로는 밸브 포트를 스풀 주변에 대칭적으로 배치함으로써 보상된다. 축 방향

의 힘은 보상되지 않고 그림 5-11에서 밸브의 a와 b 면의 압력분포의 비교로 보여지는 것처럼 밸브 포트가 닫히는 방향으로 작용한다. 밸브 내의 작은 챔버에서의 압축성을 무시하면, 연속방정식에 의해 $Q_1 = Q_2$이고, 오리피스의 식 (3-33)이 유량을 설명하는 데 사용될 수 있다. 그러므로

$$Q_1 = Q_2 = C_d A_0 \left[\frac{2}{\rho}(P_1 - P_2) \right]^{1/2} = C_c C_v A_0 \left[\frac{2}{\rho}(P_1 - P_2) \right]^{1/2} \tag{5-89}$$

그림 5-11의 밸브 스풀에 작용하는 정상상태 축 방향의 유동력을 산출하기 위해 식 (5-86)과 결합하면,

$$F_1 = 2 C_d C_v A_0 (P_1 - P_2) \cos\theta \tag{5-90}$$

만일 오리피스 면적이 직사각형이고 둘레 폭이 축의 길이보다 훨씬 크다면 통과유량은 2차원으로 간주될 수 있다. 만약 흐름이 비회전, 비점성, 비압축성이라면 라플라스 방정식을 풀어 제트각 θ를 구할 수 있다. 이 해는 Von Mises가 구했는데, 만일 밸브스풀과 슬리브 사이에 반경방향의 틈새가 없다면 θ가 69°인 것으로 나타났다. $C_d = 0.61$, $C_v = 0.98$, $\cos 69^\circ = 0.358$, 를 이용하고 $\Delta P = P_1 - P_2$를 정의하면 식 (5-90)은 다음과 같이 된다.

$$F_1 = 0.43 w \Delta P x_v = K_f x_v \tag{5-91}$$

이것은 정상상태 유동력 방정식의 일반적인 식이다. 그래서 이 정상상태 유동력은 오리피스 면적 기울기와 압력강하, 스풀변위에 직접적으로 비례하고, 항상 오리피스가 닫히는 방향으로 작용한다. 이 힘은 밸브 위치에 따르기 때문에, 밸브에서 센터링 스프링과 완전히 유사하게 작용한다. 오리피스 개구면적이 작을 경우 반경틈새 C_r로 인하여 제트 각도는 21°가 되고 정상상태 유동력이 [2]에 의해 다음과 같이 주어진다. 그림 5-12로부터 얻은 $\cos\theta$로

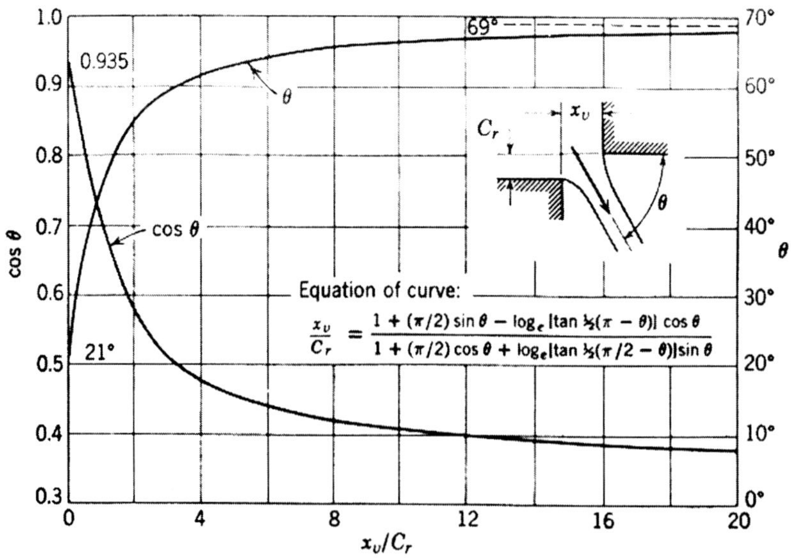

그림 5-12 반경방향 틈새에 따른 제트각의 변화

$$F_1 = 2C_d C_v w(\Delta P)\sqrt{x_v{}^2 + C_r{}^2}\cos\theta \tag{5-92}$$

짧은 밸브 스트로크에서 반경틈새로 인해 식 (5-91)과 큰 편차가 생기도록 요소 $\cos\theta$는 0.933/0.3558=2.6배로 바뀔 수 있음에 주목하라.

실험적으로 유동력은 식 (5-91)에서 계산된 것보다 다소 크다. 일반적으로 밸브변위에 대한 힘의 곡선은 영점에서 아마도 $1.6K_f$에서 $2K_f$까지의 가장 높은 경사도를 가진다. 그리고 이 곡선은 밸브가 수천 번 열었을 때 K_f(유동력 스프링 상수)에 접근하게 된다. 영점에서 경사도가 큰 것에는 두 가지 이유가 있다: (1) 밸브가 영점에 접근할 때 반경 방향의 틈새는 더 중요해지고 제트각은 줄어든다. 그러므로 cos21°=0.933이 0.3558 대신에 식 (5-90)에 사용되어야 한다. (2) 제로랩 4포트 스풀밸브는 일반적으로 약간 언더랩을 갖는다. 그런데, 언더랩 밸브의 유동력은 제로랩 밸브의 2배이기 때문에 — 식 (5-68)과 (5-49)에서의 첫 번째 식을 비교하면 — 높은 유동력 스프링률이 영점 근방에서 예상된다.

이제까지의 논의는 정상상태 유동력만 고려하였다. 만약 밸브챔버 내 유체가 가속된다면, 스풀밸브 랜드면에 반작용하는 힘이 만들어진다. 이 힘의 방향은 흐름의 방향으로 유체의 작은 요소의 가속을 고려함으로써 알 수 있다(그림 5-11 참조). 만약 유체요소가 가속되어지면, 요소의 왼쪽 압력이 오른쪽의 압력보다 커져야만 한다. 그러므로 표면 a에서의 압력이 표면 b에서의 압력보다 커져야 한다. 그래서 과도 유동력은 밸브의 환상챔버 내의 유체의 가속 때문에 생긴다. 그림 5-11의 경우에서 보면 이 힘의 방향은 밸브 포트를 닫히게 하는 경향이 있는 것을 알 수 있다. 그러나 이것이 일반적인 규칙은 아니다.

과도 유동력의 크기는 뉴턴의 제2법칙에 의해 다음과 같이 주어진다.

$$F_3 = Ma = \rho L A_v \frac{d(Q_1/A_v)}{dt} = \rho L \frac{dQ_1}{dt} \tag{5-93}$$

식 (5-89)로부터 dQ_1/dt를 구하면, 과도 유동력은

$$F_3 = LC_d w\sqrt{2\rho(P_1 - P_2)}\frac{dx_v}{dt} + \frac{LC_d w x_v}{\sqrt{(2/\rho)(P_1 - P_2)}}\frac{d(P_1 - P_2)}{dt} \tag{5-94}$$

그러므로 우리는 과도 유동력이 스풀속도와 압력변화에 비례한다는 것에 주목해야 한다. 속도항은 감쇠력을 나타내기 때문에 더 중요하다.

압력 변화율 항이 실제로 밸브 동역학에 영향을 주는지에 대한 직접적인 증거가 없어서 보통 무시된다. L은 유입과 유출되는 유량 사이의 축 방향 길이이고, 감쇠길이*라고 부른다. 감쇠길이는 환상 밸브 챔버 내에서 유체질량이 L에 비례하기 때문에 일어난다. 그림 5-11의 경우에 과도 유동력은 밸브 운동과 반대이기 때문에 안정화시키고 있다. 유체가 오리피스(그림 5-13)를 통해 밸브챔버로 들어가는 반대의 유량흐름 배치에 대하여 과도 유동력은 밸브를 불안정시키는 방향으로 작용한다.

---

* 모든 감쇠길이는 양(+)의 값을 갖는다고 알려져 있다. 그러나 연관된 유동력은 양(+) 또는 음(-)일 수 있다. 문헌에서 힘들의 부호가 보통 감쇠길이에 할당되기 때문에 양 또는 음의 감쇠길이가 가능하다. "음의 길이"라는 개념은 물리적으로 다소 혼란스러울 수 있기 때문에 이 책에서는 이에 따르지 않는다.

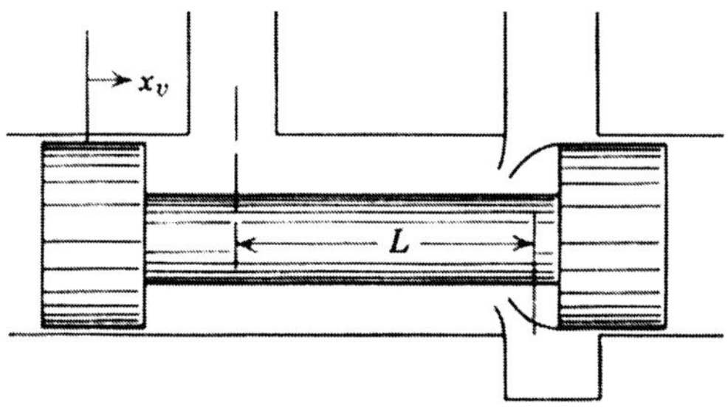

그림 5-13 밸브 챔버로 흘러 들어오는 흐름

일반적으로 밸브는 몇 개의 오리피스의 직렬-병렬 조합으로 구성되어 있고, 다양한 과도 유동력 항의 부호를 설정하는 것은 혼란스러울 수 있다. 권장할 만한 방법은 이 논의에서 사용된 것으로 밸브 랜드에서 반동력은 감쇠길이라고 불리우는 길이만큼의 밸브 환상챔버에서 가속되는 유체 때문이라는 해석이다. 만일 반동력이 밸브의 스트로킹력에 대항하도록 밸브 랜드에 작용한다면, 과도 유동력은 안정화된다. 예를 들면 그림 5-3의 3과 4와 그림 5-8의 1과 4의 오리피스는 안정화시키는 힘으로 연합되어 있는 반면에 나머지 오리피스에 의한 힘들은 불안정하게 만든다. 더 복잡한 밸브 스풀 구성에 대한 전체적인 정상상태와 과도 유동력은 5-3과 5-4절에서 논의된다.

정상상태 유동력 보상

식 (5-59)에서 논의된 바와 같이, 정상상태 유동력은 스풀밸브를 스트로크하는 데 요구되는 힘들 중에서 상당한 부분을 차지한다. 큰 밸브라면(4포트, 1 in. 스풀직경, 0.02 in. 스트로크, P_s= 1,000 psi), 이 힘은 20 lb를 초과할 것이다. 이런 힘들이 리니어모터로부터 주어질 수 있다면 아무런 문제가 없다. 이것은 보통 유압-기계방식의 서보밸브에서 가능하다. 왜냐하면 이 밸브는 충분한 힘을 갖는 기계적 힘의 원천으로부터 스트로크되기 때문이다. 그러나 한계 힘이 분명한(보통 10~20 lb) 토크모터나 솔레노이드와 같은 전자기적 장치에 의해 밸브가 스트로크될 때는 문제가 발생된다. 이와 같은 힘 제한이 7-3절에서 논의된 바와 같이 1단 전기유압 서보밸브의 최대 크기를 제한한다. 보다 큰 밸브를 만들기 위해서는 2단 구조를 선택하든지 아니면 정상상태 유동력을 보상하거나 낮추는 기법을 사용해야 한다. 이 문제에 대해 2단 구조를 선택하는 것은 추가적인 복잡성과 가격상승의 요인이 있지만 거의 일반적으로 사용되고 있다.

정상상태 유동력을 보상하는 방법은 생산단가가 올라가고 그다지 효과적이지 않다. 또는 스트로크에 대한 바람직하지 않은 비선형 유동력의 특성을 초래한다. 널리 인정되는 보상방법이 없지만 4개의 연구된 기법의 간단한 서술은 타당하다[2, 3].

정상상태 유동력 식 (5-90)에 따르면 제트각이 90°이면 이 힘이 0이 된다. 이런 조건은 오리피스 면적을 만들기 위해 슬리브 주변에 대칭적으로 배치된 많은 작은 구멍들을 사용함으로써 근사될 수 있다. 각각의 홀에 대하여 작은 열림이라면 제트각은 69°이다. 그리고 홀을 완전히 열었을 때는 90°에 도달한다. 많은 반경방향의 구멍 오리피스들의 결합된 결과는 동그란 구멍 때문에 작은 열림에서 밸브의 선형성을 떨어뜨리지만 실질적으로 감소된 유동력을 준다. 보상의 2번째 방법은 스풀 끝부분에서 스풀의 자루 직경을 증가시키는 것이다(그림 5-14). 환상의 통로가 감소되었기 때문에, 큰 흐름에 대해서는 압력강하가 발생된다. 이것은 정상상태 유동력의 센터링 동작에 반대하도록 밸브 랜드에 반작용한다. 압력강하 보상은 아주 간단하지만, 이것은 단지 대용량의 흐름에서만 효과적이다. 이것은 유체 제트가 오리피스를 지난 후에는 펼쳐지는 경향이 있고 이것은 흐름을 규제하기 어렵게 하기 때문에 부분적인 주변 포트에서는 효과적이지 않다.

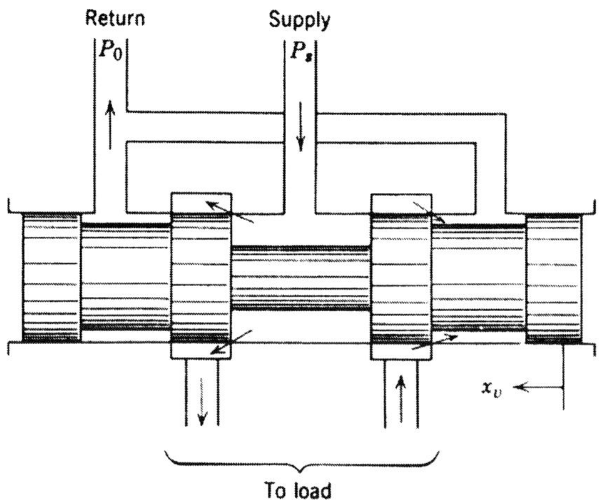

그림 5-14 압력강하 유동력 보상을 사용한 4-포트 스풀밸브

밸브 챔버를 떠나는 유체가 스풀로 되돌아온다면 정상상태 유동력을 보상하는 열림력이 존재할 것이다. 이것이 그림 5-15의 재순환 랜드의 원리이다. 이 보상방법은 대용량 흐름에서 상당한 유량이 재순환하기 때문에 보다 효과적이다. 그러나 스트로크에 대한 합성력은 상당히 비선형적이 된다.

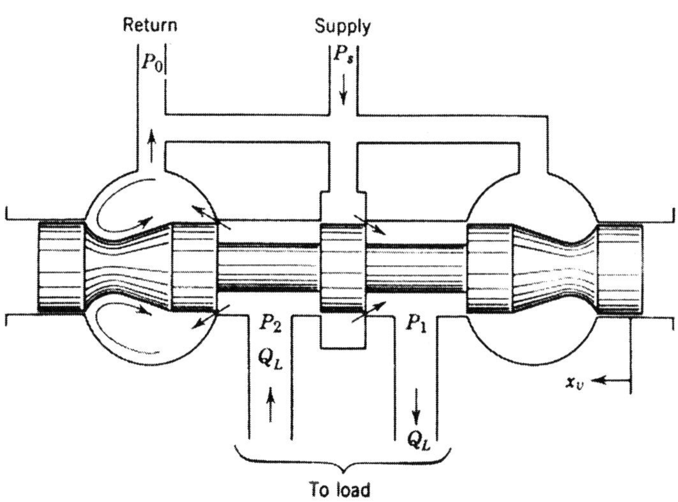

그림 5-15 유동력 보상을 위한 재순환 랜드를 사용한 4-포트 스풀밸브

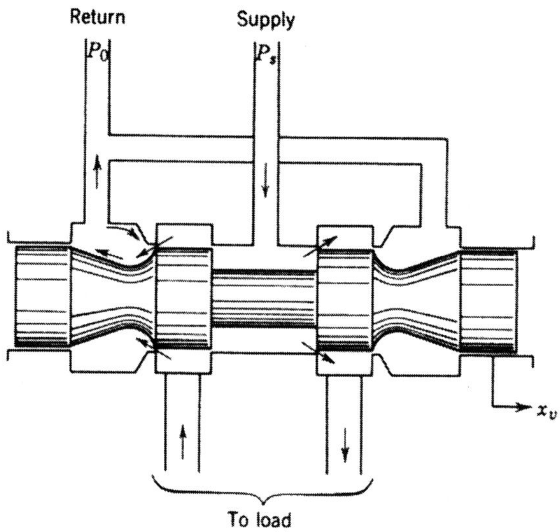

그림 5-16 보상을 위한 음(-)력 포트를 사용한 4-포트 스풀밸브

재순환 랜드에서와 유사한 보상기법은 음(−)력 포트에 기인한 것이다(그림 5-16). 모터관로의 리턴유량이 열림력을 만들면서 밸브스풀에 직접적으로 영향을 준다. 음(−)력 포트의 사용은 생산단가가 올라가는 대신에 거의 완벽한 보상을 제공한다.

특별한 보상기법의 설계는 초기 연구자에 의해 주어진 제안을 따라 경험적으로 수행되어야 한다. 예상된 결과를 그림 5-17에 나타내었다. 대부분의 기법이 큰 흐름에서 효과가 떨어지기 때문에 보상곡선은 보통 포화특성을 나타낸다. 이것은 보상된 곡선을 비선형적이 되게 하고 결과적으로 많은 시스템에서, 특히 1단 서보밸브에서는 바람직하지 않다. 어느 기법이라도 곡선의 기울기가 음(−)이 되도록 과보상하는 것이 가능하다. 이것은 어떤 시스템에서는 안정도에 역효과를 초래하기 때문에 바람직하지 않다. 재순환 랜드나 음(−)력 포트로 곡선이 실제로 x축을 가로지르는 점까지 과보상할 수 있다(그림 5-17). 그리고 이 힘은 닫힘력보다는 열림력이 된다. 이 특징은 또한 안정도 문제를 야기시키기 때문에 바람직하지 않다.

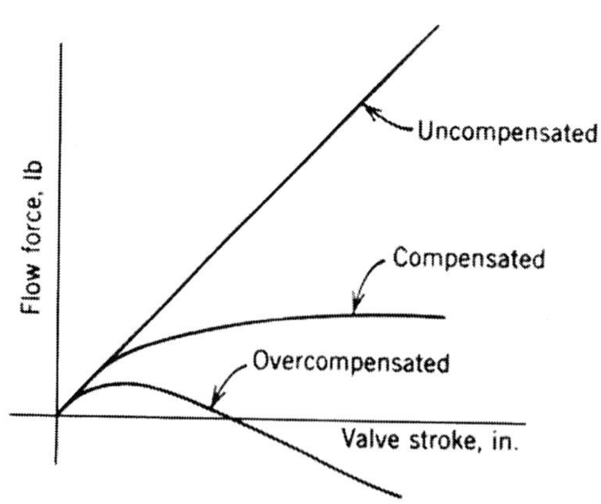

그림 5-17 전형적인 유동력 곡선

5-7 스풀밸브의 측면에 작용하는 힘

앞 절에서 스풀밸브의 정상상태 유동력에 대한 연구를 했다. 이 힘은 축방향과 측면성분으로 분해할 수 있었다. 정상상태 유동력의 측면 성분은 포트를 스풀 주변에 대칭적으로 배치하여 보상하였다. 그러나 밸브 랜드를 가로지르는 (일반적으로 박막) 누설 유량이 또 다른 횡력원이 된다. 이 힘은 과도한 마찰을 야기하고 스풀과 슬리브 사이의 고착(유압 고착: hydraulic lock) 원인이 된다. 이 힘이 이 절의 주제이다.

완전한 실린더에 완전한 실린더 피스톤(피스톤과 보어의 축이 완전히 일치할 필요는 없다.)에서는 피스톤을 지나는 누설유량으로 인한 횡력은 작용하지 않는다. 그러나 실제로는 그렇게 정밀할 수는 없다. 일반적으로 피스톤과 실린더 사이에는 약간의 간극이 있고 그림 5-18에 묘사된 것처럼 피스톤이나 실린더에 약간의 경사가 있게 된다. 간극은 누설이 피스톤을 통과하게 하고 경사는 피스톤에 작용하는 횡력의 원인이 된다.

그림 5-18의 검토는 횡력 발생에 관한 통찰을 제공한다. 피스톤이 위쪽으로 움직이면 상부 유로 면적이 감소되어 유동 저항이 증가한다. 큰 초기 음압 구배를 만들어 내면서 면적은 모퉁이(lip)에서 최소이다. 유동 저항이 일정하게 감소하기 때문에 압력 경사도는 피스톤 길이 전체에 걸쳐 균일하게 유지된다. 초기 음의 압력 경사도는 입구 면적이 커서 하부에서 더 작다. 하부에서는 압력이 높으므로 피스톤에 작용하는 순횡력은 피스톤을 위로 밀어 올리는 경향이 있다. 이 횡력에 대한 식은 [4]에서 볼 수 있을 것이다.

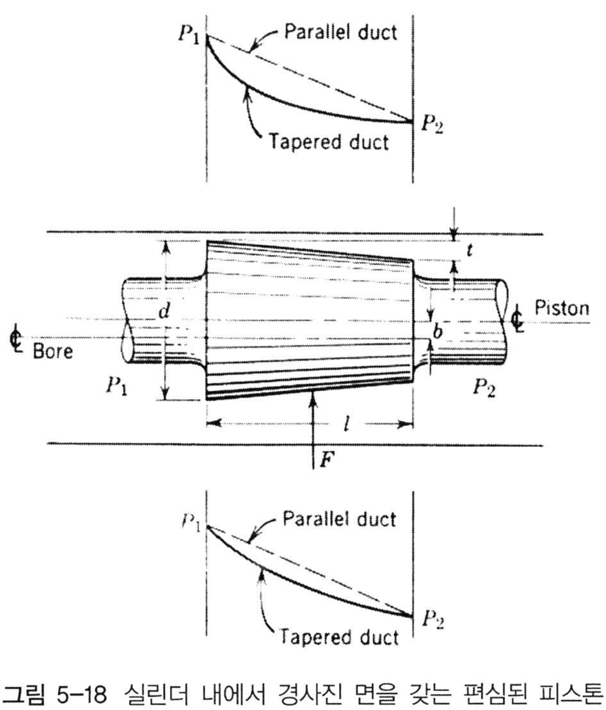

그림 5-18 실린더 내에서 경사진 면을 갖는 편심된 피스톤

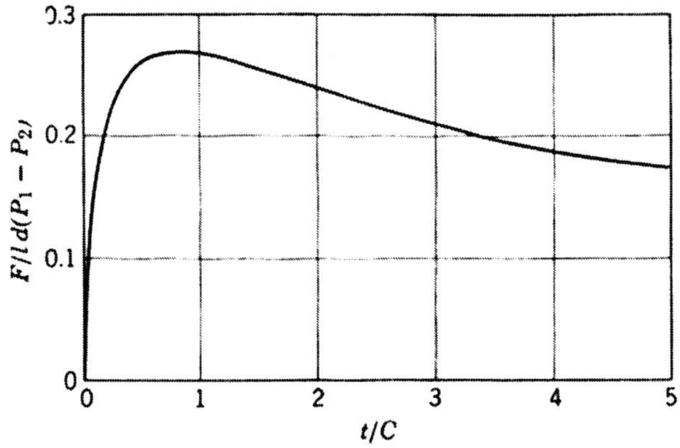

그림 5-19 정상화된 측력

$$F = \frac{\pi l d t (P_1 - P_2)}{4b}\left[\frac{2C + t}{\sqrt{(2C+t)^2 - 4b^2}} - 1\right] \tag{5-95}$$

여기서 C는 피스톤이 중심에 위치할 때의 큰 단에서의 반경방향의 간극이다. 이 힘은 피스톤을 편심되게 작용하여 한쪽 벽으로 밀어 붙인다. 식 (5-95)에 $b = c$를 대입하고 단순화하면 피스톤을 슬리브에 밀착시키는 힘은 다음과 같고 그림 5-19로 나타낼 수 있다.

$$\frac{F}{ld(P_1 - P_2)} = \frac{\pi}{4}\left[\frac{t}{C}\right]\left[\frac{2 + (t/C)}{\sqrt{4(t/C) + (t/C)^2}} - 1\right] \tag{5-96}$$

이 곡선으로부터 식 (5-96)의 우변은 $t/C = 0.9$일 때 최댓값을 갖는다는 것을 알 수 있다. 그러므로 유압 고착력은 다음과 같다.

$$F \le 0.27 ld(P_1 - P_2) \tag{5-97}$$

이것은 적절한 변수값에 비해 상당히 큰 값이다. (만약 $\Delta P = 1{,}000$ psi이고 $l = d = 1$ in.이면 $F \le 270$ lb) 그러므로 큰 횡력을 감소시키기 위해서는 $t/C \ll 1$이어야 한다. 이것은 얻기가 어려우므로 경사의 치수 컨트롤을 통해 횡력을 감소시키고 통제하는 것은 비현실적인 방법이라는 것을 알 수 있다.

예 제

5-4 식 (5-97)을 SI 단위를 사용할 때의 식으로 나타내고, 식 (5-97) 아래에 나타낸 경우에 대하여 유압 고착력 F[N]를 구하라.

【풀이】 식 (5-97)의 단위를 확인해 보면

$[\text{lb}] = [\text{in.}][\text{in.}]\left[\frac{\text{lb}}{\text{in.}^2}\right]$, 따라서 계수 0.27은 무차원수이다. 따라서 SI 단위를 사용해도 동일식이다.

$$F[\text{N}] \le 0.27 \times 1[\text{in.}]\left[\frac{0.0254\,\text{m}}{\text{in.}}\right] \times 1[\text{in.}]\left[\frac{0.0254\,\text{m}}{\text{in.}}\right] \times 1{,}000[\text{psi}]\left[\frac{6.9 \times 10^3\,\text{Pa}}{\text{psi}}\right]$$
$$\le 1{,}202\,[\text{N}]$$

만약 피스톤의 작은 단에서 고압이면 (그림 5-18) 횡력은 피스톤의 중심으로 작용한다. 높은 압력이 가해지는 피스톤의 측면을 구분할 수 있으면 그 측면에 의도적인 경사를 주면 유압 고착을 막기 위한 중심으로 향하는 힘을 얻도록 해 줄 수 있다. 그러나 경사 방향은 다양한 밸브 랜드에 따라 달라지므로, 특히 스풀밸브에서는 실제적인 것이 아니고, 이러한 조건을 만족하도록 만드는 것은 매우 어렵다.

이 횡력은 일반적으로 밸브 스풀의 랜드와 피스톤에 주변부의 홈을 파서 보상한다. 이 홈은 유량이 스풀 주변을 따라 고압에서 저압 영역으로 흐르도록 한다. 따라서 압력(그림 5-20)을 균일하게 해 주고 피스톤이 중심에 맞춰지도록 한다. 이러한 의미에서 이 홈을 밸런싱 홈, 균일 홈, 센터링 홈이라 부르고, 국부적으로 형성된 압력을 효과적으로 짧게 순환시킨다.

Sweeney [5, 6]의 연구에 의하면 피스톤의 중앙에 한 개의 홈을 가공할 때 횡력은 홈이 없는 피스톤에 생기는 횡력의 40%로 감소되고, 같은 간격으로 세 개의 홈을 팔 때, 6%로, 7개의 홈을 팔 때 2.7%로 감소된다고 한다. 홈의 깊이와 폭은 적어도 간극이 10배가 되어야 하고, 홈의 측면은 먼지 등이 끼지 않게 하기 위해 벽면에 수직이 되게 해야 한다. 홈은 랜드나 피스톤의 고압측면에 위치시켜야 하고 적어도 세 개의 홈은 사용되어야 한다. 만일 고압측면이 구분되지 않는다면 홈은 밸브 랜드나 피스톤에 같은 간격으로 파야 한다.

필요에 따라 랜드나 피스톤에 적당한 방향의 경사를 붙이는 경우를 제외하고는 이 홈은 꼭 끼워 맞는 피스톤이나 밸브에 항상 사용되어야 한다. 왜냐하면 제작과정에서 비용이 적게 들고, 횡력을 줄여 줄 뿐 아니라, 밸브나 피스톤과 슬리브나 실린더 사이의 고착이나 마찰의 원인이 되는 작은 입자들을 저장해주는 역할도 하기 때문이다. 이 횡력은 유체의 윤활유 비율과 무관하기 때문에 센터링 홈은 공기, 연료, 기름과 같은 어떤 유체에 사용해도 좋다.

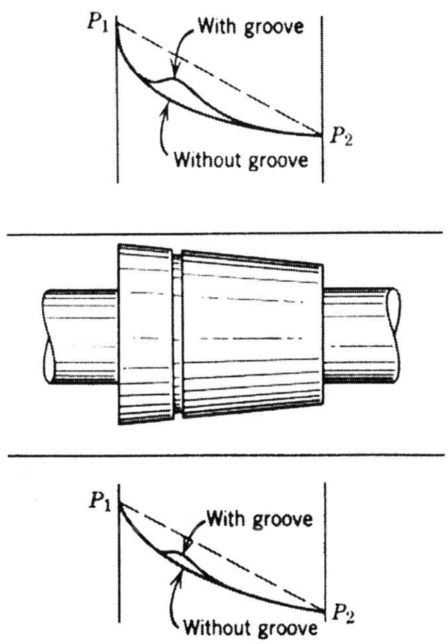

그림 5-20 압력 균일홈의 효과

3-3절에서 논의된 것처럼 실린더 벽에 맞 닿아 있는 피스톤을 통과한 층류 누설유량은 중심이 맞춰진 피스톤의 2.5배이다. 균일 홈이 피스톤을 중심에 맞추는 경향이 있기 때문에 누설유량은 또한 줄어들게 된다. 그리고 이것이 이런 홈을 사용하는 또 다른 이유이다.

5-8 스풀밸브 설계

그림 5-1a를 참조하면 스풀밸브 제조 과정에서 반드시 유지되어야 할 몇 가지 중요한 치수가 있다. 스풀 랜드의 폭은 슬리브의 대응하는 폭과 일치해야 하고, 랜드 사이의 거리는 슬리브에서의 대응하는 치수와 일치되어야 한다. 또한, 스풀과 슬리브 사이의 반경방향 치수나 랜드 모서리의 사각정도는 정밀한 공차가 유지되도록 해야 한다. 이들 다섯 가지의 치수는 ±0.0001 in. (0.0025 mm)의 공차가 유지되거나 고성능 밸브에서는 더 정밀한 공차가 요구되지만 경우에 따라서는 0.0003 in.(0.0075 mm)의 공차도 허용된다. 이들 공차는 영점 근방에서 밸브의 유량게인과 압력감도에 뚜렷한 영향을 주므로 중요하다.

제조 과정에서 가장 우선시 되는 것은 3포트 밸브나 4포트 밸브 중 어떤 것이 요구되느냐는 것이다. 3포트 밸브는 중요한 치수가 세 개뿐이며 한 개의 조작포트(부하포트) 만을 가진다는 이점이 있지만 이러한 밸브는 5-5절에서 논의된 것처럼 피스톤을 반드시 사용해야 하거나 4포트 조합에 비해 압력감도나 모터-부하 공진주파수가 반 정도라는 단점이 있다. 그러므로 3포트 밸브는 특별한 용도에서 선정되어질 뿐 대부분의 경우에는 4포트 밸브가 사용된다.

고려해야 할 또 다른 사항은 스풀에 배열되는 랜드의 수와 관련되는 것이다. 그림 5-1 *a*, *b*, *c*를 참조하면 중요한 치수의 수가 각각의 경우에 같다. 2랜드 밸브는 길이가 짧으며 부가적인 랜드가 없기 때문에 제조과정이 다소 단순하다는 이점이 있지만 두 가지의 단점이 있다. 첫 번째, 이 밸브는 정지 상태에서 불균형을 이룬다. 두 개의 리턴관로를 흐르는 저항이 동일하지 않음을 모의하기 위해 오리피스가 상부 리턴관로에 삽입되었다고 가정하면, 이런 밸브가 영점에서 변위하게 되면 유체의 유동에 의해 두 개의 랜드 바깥쪽에 작용하는 압력은 다르게 되고, 합성력은 밸브를 보다 더 개방되게 할 것이다. 그러므로 이러한 밸브에서 중립 위치는 불안정한 상태를 나타낸다. 두 번째 단점은 만일 포트가 스풀 주변의 대부분에 걸쳐 뚫려있다면 밸브 랜드가 슬리브 입구에 끼워들게 된다는 것이다. 2랜드형 구조는 결점에 대한 대안이 없는 한 피해야만 한다. 이 두 가지 단점은 그림 5-1c 처럼 스풀에 실링이나 센터링 기능을 제공하기 위해 두 개의 부가적인 랜드를 배열하여 보상이 가능하다. 그러나 이러한 랜드는 스풀을 길어지게 한다. 그림 5-1b의 3-랜드 밸브는 랜드의 수가 중간 정도이기 때문에 정지 상태에서 평형을 이루며 가장 널리 사용되고 있다.

포트의 형태는 시스템이 요구하는 특성에 따라 결정된다. 특별한 경우에는 포트가 특별한 유량게인을 얻기 위해 그림 5-21같은 형태를 취하는 경우도 있다. 원형 포트는 제작 과정은 비록 단순하지만 그림 5-22에서 보이는 특성을 가지며 매우 비선형적이다. 이러한 포트들의 유량게인은 영점 부근에서 매우 낮고 영점으로부터 멀어지면 증가한다. 비선형 유량게인 특성은 많은

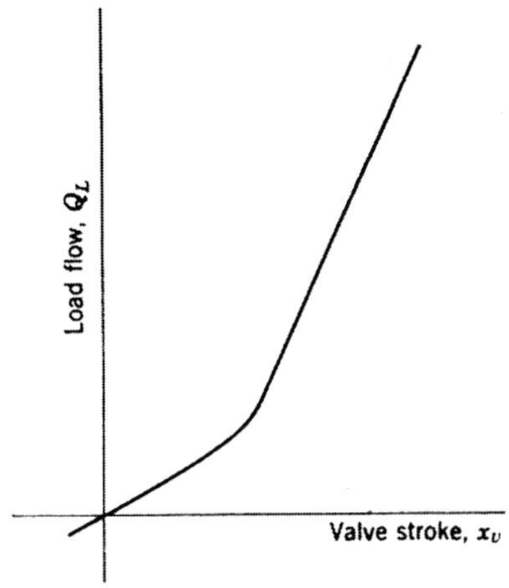

그림 5-21 비선형 유량게인 특성

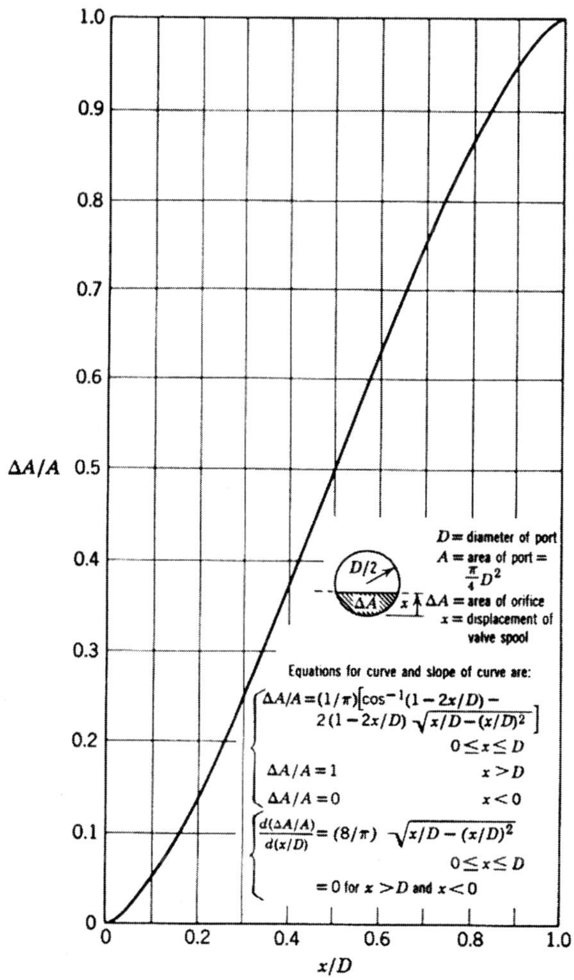

그림 5-22 평판과 만나는 원형포트에서 밸브변위에 대한 오리피스 면적

결점에 비해 득이 별로 없으므로 피해야 한다. 시스템이 모든 운전모드에서 안정적이기 위해서는 밸브 유량게인이 최대인 영역에서도 안정적이 되도록 초기에 설계되고 설정되어야 한다는 것을 명심해야 한다. 모든 서보 성능변수(오차, 대역폭, 강성 등) 게인이 낮을수록 나빠지기 때문에 유량게인이 최댓값보다 낮은 영역에서 서보 성능이 떨어지는 것은 당연하다.

만일 유량게인이 상당히 선형적이라면 이런 성능저하는 일어나지 않는다. 대부분의 고성능시스템에서는 성능저하가 일어나지 않도록 선형 유량게인을 얻기 위해서는 사각형 포트를 필수적으로 사용해야 한다. 그러므로 선형 포트는 넓은 운전 영역에 걸쳐 좋은 서보 성능을 유지한다는 관점에서 최적이다. 비선형 유량게인 곡선을 사용하고 영점 근방의 낮은 게인 영역에서 안정이 되도록 조정된 시스템은 밸브가 큰 유량을 얻기 위해 변위할 때 불안정해진다. 큰 유량(예를 들면, 고속 피스톤이나 고속 모터)에서 불안정한 시스템은 원형포트를 사용하는 전형적인 시스템이다. 시스템 성능에서 비선형 포트의 영향은 시스템이 사용되기 전에 충분히 이해가 되어야 한다.

일반적인 경우처럼 만일 시스템 요구조건이 선형포트라면 밸브센터의 타입(그림 5-2)이 명시되어야 한다. 선형 유량게인이 바람직하므로 제로랩 밸브가 일반적인 선택이다. 하지만 5-1절에서 논의된 것처럼 언더랩 밸브는 장시간동안 중립을 유지해서 상당한 유온을 유지하도록 연속적인 유량이 요구되는 응용에 유용하다. 언더랩 밸브는 일정한 유량(일정한 압력에 대응하여) 시스템에 요구된다. 언더랩 밸브의 주된 단점은 영점 근방에서 유량게인이 증가하는 것이다. 그러한 밸브를 사용하는 시스템은 영점에서 안정적으로 조정되어야 하므로 영점으로부터 멀어지면 낮아진 유량게인 때문에 서보 성능은 줄어든다. 또, 다른 단점은 센터유량에 의한 영점에서의 동력손실이다.

오버랩 밸브는 영점에서의 데드밴드 특성으로 인해 드물게 사용된다. 이러한 매우 낮은 게인의 영역은 제어 결핍을 야기하고 출력장치가 위치를 벗어나는 경향이 있다. 만일 출력이 데드밴드 영역을 벗어나면 루프는 게인을 얻기 시작하고 보정 작용을 시작한다. 어떤 경우에 이런 거동은 매우 낮은 주파수의 진동으로 나타나고 불안정한 상태로 분류된다. 그러나 이 현상을 시스템이 게인의 (결핍보다는) 과도함 때문에 보통 불안정해지는 Nyquist's나 Routh's 안정판별법 같은 안정성의 일반적인 정의와 혼동해서는 안 된다[제10장]. 선형 유량게인의 필요성을 재차 강조한다.

사각형 포트를 가진 제로랩 4포트 스풀밸브는 가장 보편화된 서보밸브이다. 이 밸브는 면적기울기 w와 최대 스트로크 x_{vm}으로 특성이 규정된다. 이 밸브는 규정 밸브 압력강하(일반적으로 1,000 psi)에 대하여 최대 스트로크에서 얻을 수 있는 부하유량에 의해 정격화된다. 정격부하유량은 식 (5-33)으로부터 계산할 수 있다.

$$Q_L|_{rated} = C_d w x_{vm} \sqrt{\frac{1}{\rho} P_v|_{rated}} \tag{5-98}$$

석유계 유압작동유에 대하여 $\rho = 0.78 \times 10^{-4}$ lb-sec²/in.의 값을 이용하여 $C_d \approx 0.61$, 1,000 psi의 표준 밸브 강하를 가정하면 gpm으로 정격화되는 밸브 유량이 나온다.

$$Q_L|_{rated} = 574\, w x_{vm} \text{ gal/min} \tag{5-99}$$

여기서 w = 밸브 면적기울기 in.^{2}/in.

x_{vm} = 최대 밸브 스트로크 in.

그림 5-4의 압력-유량 곡선이 보여주는 것 같이 부하유량과 압력강하 $(P_s - P_L)$에 대한 다양한 값이 가능하다는 것을 이해해야만 한다. 정격부하유량은 하나의 숫자로 밸브용량을 나타내도록 하는 시도이다. 모든 중요한 성능변수가 면적기울기와 최대 스트로크의 값에 의해 결정되기 때문에 그러한 밸브를 정격화하기 위한 더 나은 방법은 이들 두 개의 값을 명시하는 것이다. 최대 밸브면적 wx_{vm}도 역시 일반적인 방법으로서의 "정격화된" 밸브 압력강하의 선택을 요구하는 것이 아니기 때문에 더 의미있는 밸브 등급을 만들 것이다. 밸브를 선택할 때 최대 스트로크에 대한 압력-유량 곡선, 즉 그림 5-4의 $x_v/x_{vm} = 1$은 모든 부하유량과 작동 시 압력을 포함해야 한다. 최대 부하유량은 스트로크가 최대이고 전(全) 공급압력이 밸브를 통과하면서 강하될 때 $(P_L = 0)$ 발생한다.

밸브 사이즈는 최대 오리피스 면적 wx_{vm}과 관련있다. wx_{vm}은 각 오리피스의 최대면적이고 이것은 전체적으로 밸브의 속성을 나타낸다. 면적기울기와 최대 스트로크의 많은 조합은 주어진 최대 면적을 나타낼 수 있다. 당연히 문제는 어떤 w와 x_{vm}의 특별한 값이 최적의 조합을 만드느냐로 나타난다. 그러므로 어떤 값이 바람직하며 이들 양에 대한 물리적인 제한은 무엇인지에 대해 논의해 보자.

밸브 면적기울기는 영점 유량게인[식 (5-41)]의 주요변수이고, 따라서 시스템 안정에 직접적인 영향을 미친다. 영점 유량게인은 상당히 정확하게 계산할 수 있고, 그 범위는 일반적으로 10에서 5,000(혹은 이상) in.^{3}/sec/in.이다. 근본적으로 요구된 루프 게인을 얻기 위해서 유량게인은 시스템 내의 다른 부분들의 게인과 맞아야 된다. 영점 유량게인은 이런 관점에서 결정되어야 한다. 요구된 면적기울기는 식 (5-41)로부터 얻어진다. 만약 유량게인을 설정하는 것이 시스템의 루프게인을 변경하는 가장 편리한 방법이라면, 유량게인을 설정하는 것이 가장 중요하다. 유압기계서보에서는 때때로 이것이 루프에서의 게인을 제어하는 유일한 방법이다. 그러한 시스템에서 루프 게인 레벨의 변경은 다른 기울기를 가진 새로운 밸브를 요구하고 조정하는 데 시행착오를 거친다면 시스템 안정을 얻는 데에 비용이 많이 드는 방법이 될 수 있다. 공급압력은 유량게인의 변화가 작도록 조정될 수 있다. 그러나 루프게인 조정 목적으로 공급압력을 변화시키는 것은 바람직하지 않다. 왜냐하면 공급압력이 부하에 상응하여 선택되기 때문이다. 전기유압서보에서 전자증폭기 게인의 변경으로 쉽게 루프게인 레벨을 변경할 수 있으므로 밸브게인은 별로 강조되지 않는다. 전자증폭기는 일반적으로 루프게인 요구조건을 만족시키도록 선택된 서보밸브와 다른 요소에 적합한 게인 범위를 가지도록 설계된다.

일단 면적기울기 w가 선택되면 포트는 스풀의 전체 주변에 만들어지므로 스풀 지름의 최솟값이 결정된다. 스풀 슬리브 주변에 2개 혹은 4개의 사각 포트를 대칭적으로 배열하는 방법은 아주 낮은 면적기울기를 얻기 위한 가장 일반적인 방법이다. 그러므로 면적기울기는 특정 오리피스에서 모든 홈의 폭을 합한 값이다. 노치나 베벨된 스풀은 낮은 기울기를 얻는 데 그렇게 많이 쓰이는 방법이 아니다.

최대 밸브 스트로크 또한 밸브 사이즈를 변경하는 데 사용될 수 있다. 전기유압 서보밸브는 10 gpm(0.63 l/min)까지의 작은 밸브에 대해서는 0.005부터 0.010 in., 50 gpm 밸브에 대해서는

0.015에서 0.030 in.그리고 100에서 200 gpm의 3단 대형 밸브에 대해서는 0.10에서 0.15 in.의 스크로크를 가진다. 유압기계서보밸브는 스트로킹 소스의 긴 스트로크 능력과 시스템 안정을 얻기 위한 낮은 면적기울기에 대한 요구조건으로 인해서 동일한 유량 용량에 대하여 훨씬 긴 스트로크를 갖는다. 일반적으로 스트로크는 길면 더 좋다. 스트로크가 길면 영점 근방에서 더 나은 정밀도(resolution)를 주고 밸브가 열려있는 시간비율이 길어서 오염된 유압작동유에 대한 성능도 개선된다. 중립 위치에서 벗어나서 오랜 시간의 운전으로 인해 오리피스로부터 오염입자가 씻기고 침니(silting)의 문제가 줄어든다. 침니란 유압작동유 속에 섞여있는 오염입자가 오리피스에 쌓여 특히 미소 열림에서 결국은 그것을 막아버리는 현상을 말한다. 그러면 서보는 게인의 결핍으로 인해 제어가 불가능하고 출력은 위치로부터 벗어나게 된다. 오차의 증가는 먼지 막을 뚫기에 충분한 밸브의 스트로크를 일으킬 것이다. 그러면 서보 루프는 제어를 회복하지만 밸브 침니가 다시 생기면 이러한 진행과정이 반복된다. 밸브가 막히는 데 걸리는 시간은 오리피스 열림과에 관련하여 오염입자의 크기와 양에 따라 다르고 밸브가 영점에 위치한다면 아주 짧은 시간에서부터 한 시간이나 그 이상으로 변할 것이다.

유량 포화와 밸브 강도를 고려함에 의해 w와 x_{vm} 사이의 설계 관계를 얻을 수 있다. 그림 5-23을 참조하여 스풀 로드 지름은 스풀의 적절한 강도를 위하여 적어도 $\frac{d}{2}$는 되어야 한다. 스풀 통로면적은 유량 포화를 막고 오리피스의 교축제어를 보장하도록 최대 오리피스 면적의 적어도 4배는 되어야 한다. 즉,

$$\frac{\pi}{4}\left(d^2 - {d_r}^2\right) > 4w\,x_{vm}$$

$d_r = \frac{d}{2}$를 대입하고 간단히 하면 최대 스트로크에 대한 표준이 나온다.

$$x_{vm} < 0.147\,\frac{d^2}{w} \tag{5-100}$$

이 상태는 전체 주변 포트가 사용될 때 충족시키기가 가장 어렵다. 이러한 포트에 대한 면적기울기는 $w = \pi d$이고 유량포화를 막기 위한 최대 밸브 스트로크는 $0.047\,d$ 또는 스풀 지름의 약 5%가 된다.

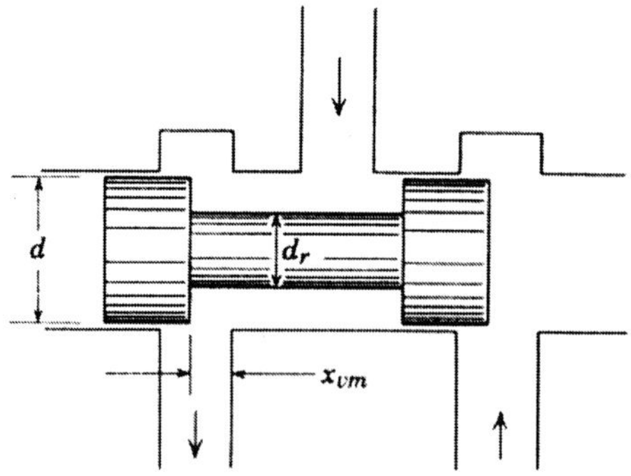

그림 5-23 스풀밸브 내의 전형적인 통로

요약하면 최대 밸브 면적 wx_{vm}은 부하에 소요되는 최대 유량과 동력을 주기에 충분할 만큼 커야 한다. x_{vm}에 대한 압력 유량 곡선은 시스템 듀티사이클의 모든 Q_L과 P_L값을 포함해야 된다. 만일 면적기울기가 너무 크다면 (넓은 포트), 밸브 스트로크는 짧아지고 막힘과 고착, 오염된 유량과 관련된 기타 다른 문제들을 야기시킬 것이다. 반면 긴 스트로크는 유동력이 커지고 이 힘과 구동장치의 이송능력에 제한이 주어진다. 이것은 특히 0.020 in. 보다 작은 값으로 토크 모터 변위 성능이 제한되는 스트로크를 가진 전자 유압 서보밸브에서 그렇다. 시스템게인을 조절하는 데 밸브게인이 사용되는 시스템에 있어서 밸브 사이즈를 결정하려면 스트로크보다는 면적기울기에 더 주의를 기울어야 한다.

5-9 플래퍼밸브 해석과 설계

비용의 축소에 상응하여 비교적 여유 있는 공차를 가지고 있고 오염에도 덜 민감한 플래퍼밸브는 누설로 인한 동력손실이 문제가 되지 않는 저동력 계통에 많이 사용된다. 거의 모든 2단 밸브는 플래퍼밸브를 1단으로 가지고 있다. 플래퍼밸브의 압력-유량 곡선은 비교적 선형이며 이 장치들의 성능은 완전한 예측이 가능하고 신뢰할 수 있다. 이 절의 목적은 압력-유량 곡선과 영점 계수, 한쪽이나 양분사 형태들의 유동력을 결정하고 설계에 유용한 여러 관계를 연구하는 것이다.

한쪽 분사 플래퍼밸브

먼저 그림 5-24의 한쪽 분사 혹은 3포트 플래퍼밸브를 고찰해 보자. 상류에 설치된 오리피스 A_0는 움직이는 플래퍼에 의해 조절될 수 있는 제어압력 P_c를 일으키는 데 이용된다. 이 목적으로 모세관에서도 사용될 수 있지만 그 밸브는 점성변화에 의한 온도 변화에 민감해진다. 오리피스는

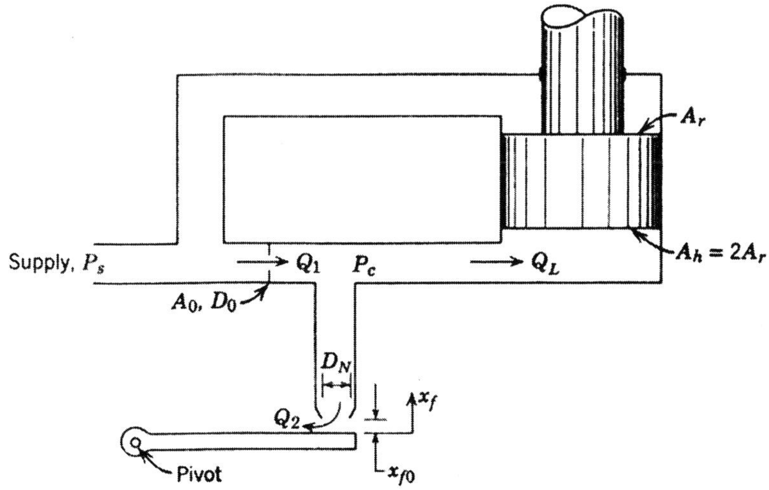

그림 5-24 피스톤 부하를 갖는 한쪽 분사 플래퍼밸브

일반적으로 이 목적으로 사용된다. 노즐의 면적보다는 커튼의 면적이 플래퍼에서 제어교축 면적이다. 고정부하특성을 얻어서 제어압력의 범위를 먼저 정해두는 것이 편리하다. 유량의 연속방정식에 의하여

$$Q_1 = Q_2 + Q_L \tag{5-101}$$

여기서 유량은 오리피스 방정식에 의해 주어진다.

$$Q_1 = A_0 C_{d0} \left[\frac{2}{\rho} (P_s - P_c) \right]^{1/2} = \frac{\pi}{4} D_0^{\,2} C_{d0} \left[\frac{2}{\rho} (P_s - P_c) \right]^{1/2} \tag{5-102}$$

$$Q_2 = A_f C_{df} \left[\frac{2}{\rho} P_c \right]^{1/2} = \pi D_N (x_{f0} - x_f) C_{df} \left(\frac{2}{\rho} P_c \right)^{1/2} \tag{5-103}$$

x_{f0}는 플래퍼가 x_f 변위된 근방의 평형 플래퍼 위치이다. 만일 고정된 부하로 인해 부하쪽으로 유량이 없다면, $Q_1 = Q_2$이므로 오리피스 유량은 같아질 수 있고 그 결과를 간단하게 나타내면

$$\frac{P_c}{P_s} = \left[1 + \left(\frac{C_{df} A_f}{C_{d0} A_0} \right)^2 \right]^{-1} \tag{5-104}$$

부하고정특성에 대한 이 방정식을 그림 5-25에 나타내었다.

제어압력의 적절한 조정을 위해서는 대략 0.5에서 $0.6P_s$의 평형상태가 필요하다는 것을 곡선으로부터 명백하게 알 수 있다. 게다가 이것은 최대 압력 감도가 $P_c = 0.5P_s$에서 얻어진다는 것을 보여준다. 그러므로 $0.5P_s$의 평형상태 제어압력이 설계기준으로 고려된다. 이 설계기준은 영점에서 다음과 같은 오리피스 비를 요구한다.

$$\frac{C_{df} A_f}{C_{d0} A_0} = 1 = \frac{C_{df} \pi D_N x_{f0}}{C_{d0} A_0} \tag{5-105}$$

그리고 이것은 3포트와 4포트 플래퍼밸브 모두에서 좋은 설계의 목표가 된다. 이 기준은 또한 3포트 밸브와 함께 사용된 피스톤이 2:1의 면적비를 갖기를 요구한다.

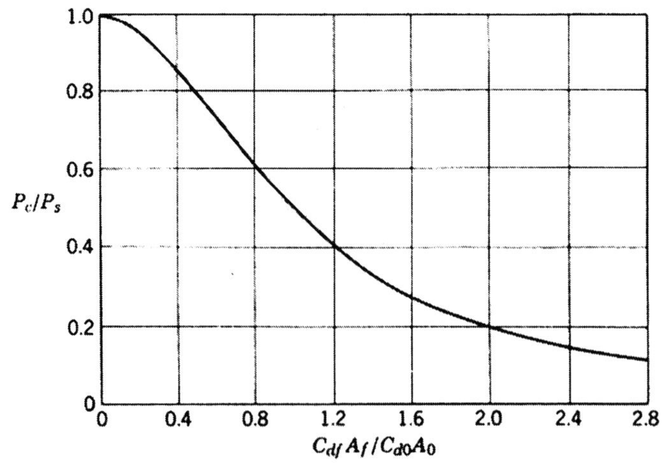

그림 5-25 한쪽 분사 플래퍼밸브의 부하고정 특성

압력-유량곡선에 대한 방정식은 식 (5-101)에 식 (5-102)와 (5-103)을 대입하여 얻어진다. 대수방정식을 단순화하면 그 결과는 다음과 같다.

$$\frac{Q_L}{C_{d0}A_0\sqrt{(2/\rho)P_s}} = \left(1 - \frac{P_c}{P_s}\right)^{1/2} - \frac{C_{df}\pi D_N x_{f0}}{C_{d0}A_0}\left(1 - \frac{x_f}{x_{f0}}\right)\left(\frac{P_c}{P_s}\right)^{1/2} \tag{5-106}$$

만일 식 (5-105)의 설계표준을 따르면 식은 다음과 같이 나타난다.

$$\frac{Q_L}{C_{d0}A_0\sqrt{(2/\rho)P_s}} = \left(1 - \frac{P_c}{P_s}\right)^{1/2} - \left(1 - \frac{x_f}{x_{f0}}\right)\left(\frac{P_c}{P_s}\right)^{1/2} \tag{5-107}$$

이것은 한쪽 분사 플래퍼밸브의 압력-유량 곡선에 대한 최종식이고 그림 5-26에 무차원으로 나타내었다.

영점계수를 얻기 위해, 식 (5-107)을 미분하여 $x_f = Q_L = 0$과 $P_c = 1/2P_s$의 값으로 계산하면 다음과 같다.

$$K_{q0} = \left.\frac{\partial Q_L}{\partial x_f}\right|_0 = C_{df}\pi D_N\left(\frac{P_s}{\rho}\right)^{1/2} \tag{5-108}$$

$$K_{p0} = \left.\frac{\partial P_c}{\partial x_f}\right|_0 = \frac{P_s}{2x_{f0}} \tag{5-109}$$

$$K_{c0} = -\left.\frac{\partial Q_L}{\partial P_c}\right|_0 = \frac{2C_{df}\pi D_N x_{f0}}{\sqrt{\rho P_s}} \tag{5-110}$$

영점에서 누설이나 센터 유량은 다음과 같이 주어진다.

$$Q_c = C_{df}\pi D_N x_{f0}\left(\frac{P_s}{\rho}\right)^{1/2} \tag{5-111}$$

그리고 이것은 동력손실을 만들어낸다.

플래퍼를 치는 유체의 흐름은 플래퍼에 불평형력을 가하게 된다. 이 힘에 대한 식은 P_1을 P_c로 바꾸어 식 (5-130)으로 주어진다.

$$F_1 = P_c A_N\left[1 + \frac{16{C_{df}}^2}{{D_N}^2}(x_{f0} - x_f)^2\right] \tag{5-112}$$

여기서 $A_N = (\pi/4){D_N}^2$은 노즐 면적이다. $(x_{f0} - x_f)$항은 단순히 플래퍼 면과 노즐 사이의 간격을 나타낸다. 작은 간극에 대하여 유체충돌로 인해 플래퍼에 작용하는 힘은 투영된 노즐면적에 작용하는 정적압력 P_c와 거의 같다. 플래퍼 간극이 증가하면 속도압력은 증가하게 된다. 플래퍼에 가해지는 힘은 플래퍼가 노즐로부터 크게 멀어질 때 막힌상태 노즐의 두 배, 즉 $2P_cA_N$에 근접한다는 것을 [2]에서 볼 수 있다. 그러나 이런 큰 간극은 플래퍼밸브에서 생기지 않는다. 좋은 설계는 $x_{f0}/D_N < 1/16$을 요구하고 이 기준은 식 (5-112)의 괄호에서 두 번째 항을 1보다 훨씬 작게 한다.

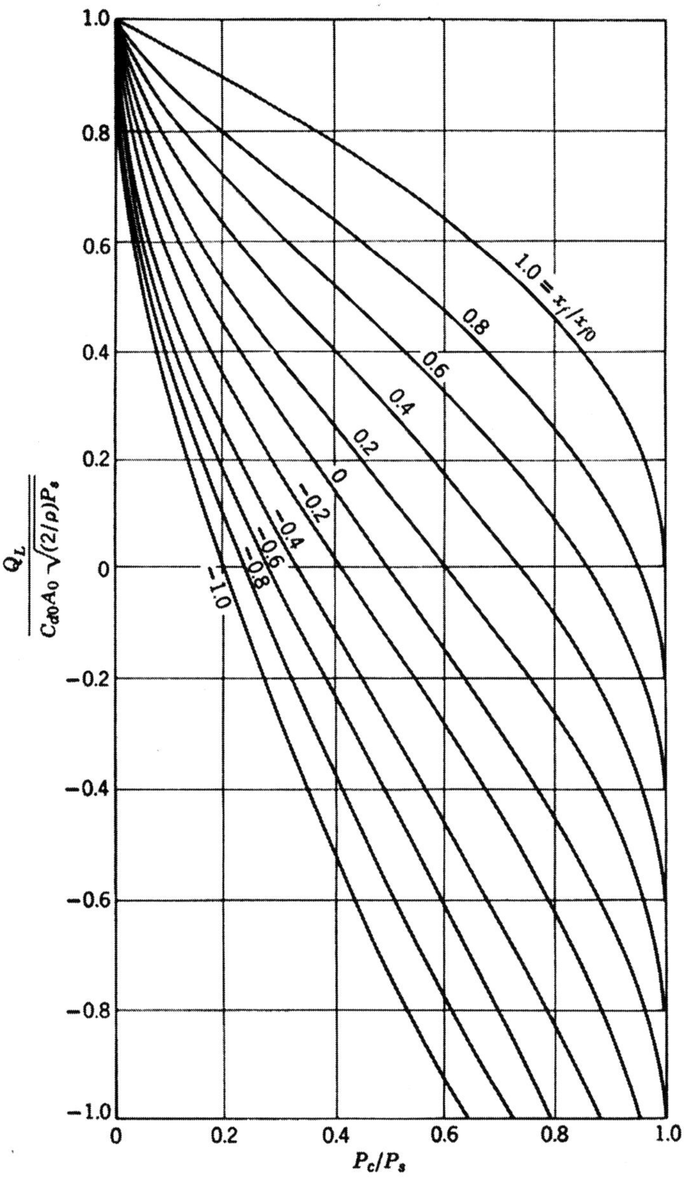

그림 5-26 한쪽 분사 플래퍼밸브의 압력-유량곡선

식 (5-112)를 미분하여 영점값 $x_f = 0$과 $P_c = 1/2P_s$을 대입하면 다음을 얻을 수 있다.

$$\left.\frac{dF_1}{dx_f}\right|_0 = -4\pi {C_{df}}^2 P_s x_{f0} \tag{5-113}$$

이것은 유동력에 대한 스프링 상수이다. 따라서 플래퍼 상의 유체 충돌은 음(−)의 스프링과 같이 작용한다는 것을 알 수 있다. 이것은 불안정적인 효과를 가지므로 플래퍼의 구동원은 이것을 보상하기 위해 큰 양(+)의 기울기를 가져야 한다. 음(−)의 기울기는 상당히 작고 3포트 플래퍼밸브는 보통 조작력이 매우 큰 유압기계 서보에서 사용되므로 큰 문제가 되지 않는다.

유동력은 플래퍼가 정적으로 불평형이 되도록 작용하므로 밸런싱력을 주기 위해서는 작은 정상상태 시스템 오차가 요구된다. 이 오차를 막기 위해 스프링힘이나 P_c의 압력으로 피스톤 면적에 작용하는 플래퍼의 반대편에 작은 피스톤 힘으로 균형을 맞추는 것이 보통의 실행방법이다.

양쪽 분사 플래퍼밸브

양쪽 분사 혹은 4포트 플래퍼밸브를 그림 5-27과 5-30에 나타내었다.

유량방정식은

$$Q_L = Q_1 - Q_2 = C_{d0} A_0 \left[\frac{2}{\rho}(P_s - P_1)\right]^{1/2} - C_{df} \pi D_N (x_{f0} - x_f)\left(\frac{2}{\rho} P_1\right)^{1/2} \quad (5\text{-}114)$$

$$Q_L = Q_4 - Q_3 = C_{df} \pi D_N (x_{f0} + x_f)\left(\frac{2}{\rho} P_2\right)^{1/2} - C_{d0} A_0 \left[\frac{2}{\rho}(P_s - P_2)\right]^{1/2} \quad (5\text{-}115)$$

식 (5-105)를 이용하면 이들 방정식은 다음과 같이 간단하게 된다.

$$\frac{Q_L}{C_{d0} A_0 \sqrt{P_s/\rho}} = \left[2\left(1 - \frac{P_1}{P_s}\right)\right]^{1/2} - \left(1 - \frac{x_f}{x_{f0}}\right)\left(\frac{2P_1}{P_s}\right)^{1/2} \quad (5\text{-}116)$$

$$\frac{Q_L}{C_{d0} A_0 \sqrt{P_s/\rho}} = \left(1 + \frac{x_f}{x_{f0}}\right)\left(\frac{2P_2}{P_s}\right)^{1/2} - \left[2\left(1 - \frac{P_2}{P_s}\right)\right]^{1/2} \quad (5\text{-}117)$$

이들 두 개의 방정식은 다음의 관계로 조합하면

$$P_L \equiv P_1 - P_2 \quad (5\text{-}118)$$

양쪽 분사 플래퍼밸브에 대한 압력-유량 곡선이 완전하게 정의된다. 불행히도 이들 방정식은 단순한 방법으로는 하나의 관계식으로 결합될 수 없고 페이지 72의 각주에서 지시한 방법대로 해야 해결된다. 그림 5-28에 도시된 결과를 통해 곡선이 상당히 선형적이라는 것을 알 수 있다. 고정부하특성은 P_c를 P_1이나 P_2로 두고 P_L을 얻기 위해 빼면($P_L = P_1 - P_2$) 밸브의 양 면에 대하여 식 (5-104)와 같이 주어진다. 이 결과 곡선은 그림 5-29에 나타난다. 앞서와 같이 식 (5-105)에 의해 주어진 설계 표준이 만족되어야 하고 P_1과 P_2에 대한 평형상태의 값은 $0.5P_s$이어야 한다.

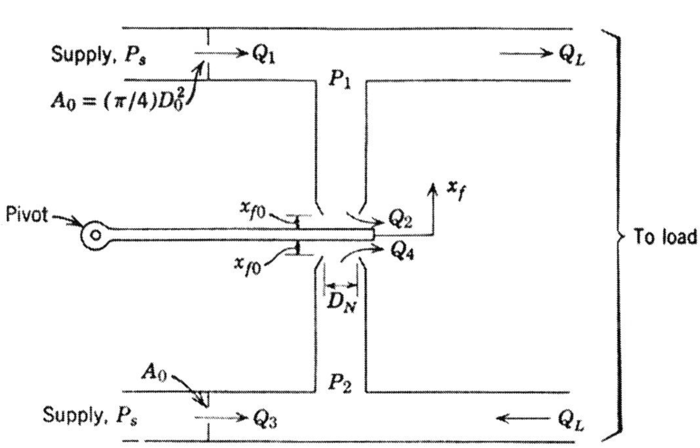

그림 5-27 양쪽 분사 플래퍼밸브

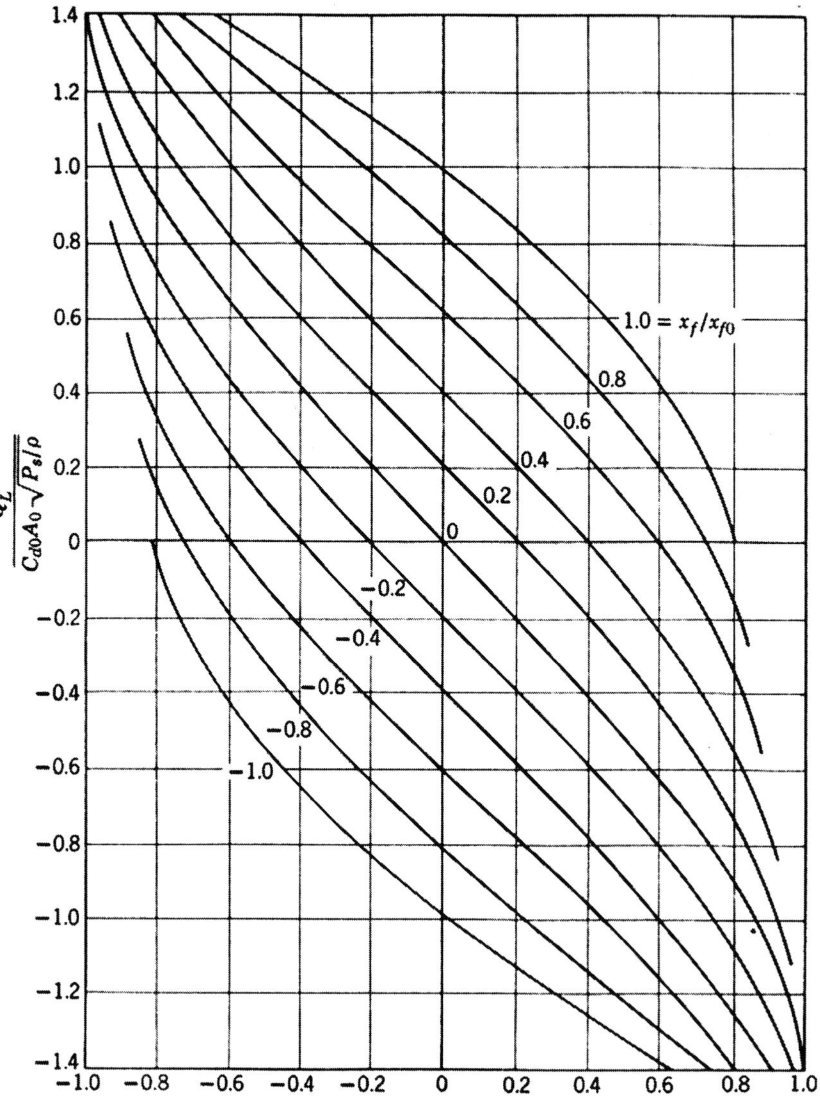

그림 5-28 양쪽 분사 플래퍼밸브의 압력-유량곡선

영점에서 누설 또는 센터 유량은 다음과 같이 주어진다.

$$Q_c = 2C_{df}\pi D_N x_{f0}\left(\frac{P_s}{\rho}\right)^{1/2} \tag{5-119}$$

이것은 한쪽 분사 플래퍼밸브의 두 배이다.

이제 영점에서의 밸브계수(즉, $x_f = Q_L = P_L = 0$과 $P_1 = P_2 = P_s/2$)를 결정하자. 식 (5-116)의 선형화된 형태는

$$\Delta Q_L = \frac{\partial Q_L}{\partial x_f}\Delta x_f + \frac{\partial Q_L}{\partial P_1}\Delta P_1 \tag{5-120}$$

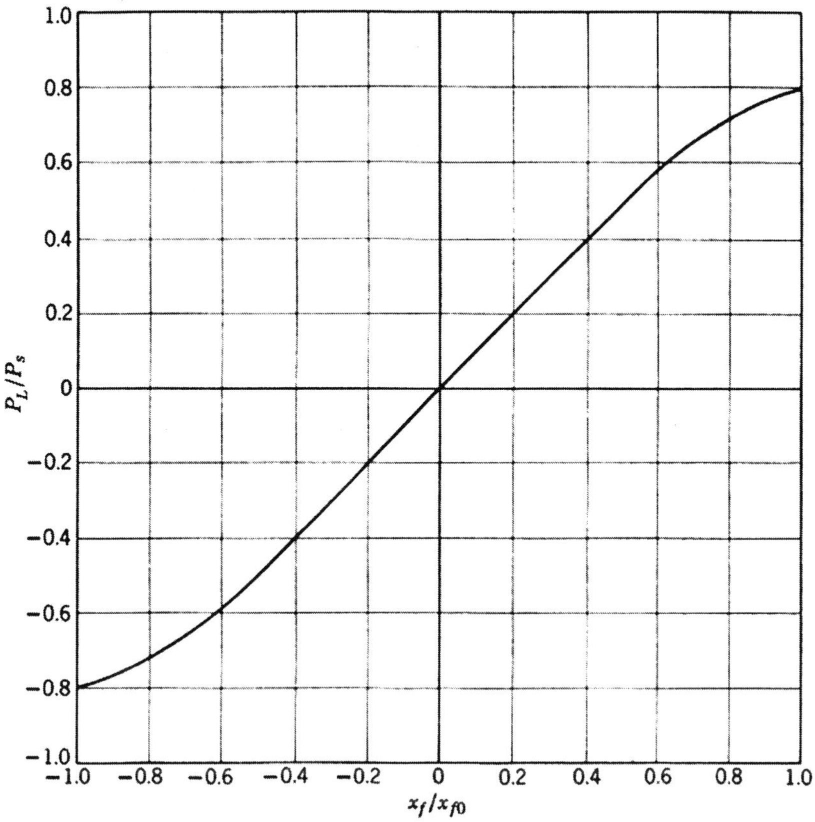

그림 5-29 양쪽 분사 플래퍼밸브의 고정부하 특성

영점에서 식 (5-116)의 미분계수를 구하고, 식 (5-105)를 이용하면 요구된 편미분은

$$\left.\frac{\partial Q_L}{\partial x_f}\right|_0 = C_{df}\pi D_N\left(\frac{P_s}{\rho}\right)^{1/2} \tag{5-121}$$

$$\left.\frac{\partial Q_L}{\partial P_1}\right|_0 = -\frac{2C_{df}\pi D_N x_{f0}}{\sqrt{\rho P_s}} \tag{5-122}$$

비슷한 방식으로 식 (5-117)은 영점 근방에서 선형화되어 다음을 얻는다.

$$\Delta Q_L = C_{df}\pi D_N\left(\frac{P_s}{\rho}\right)^{1/2}\Delta x_f + \frac{2C_{df}\pi D_N x_{f0}}{\sqrt{\rho P_s}}\Delta P_2 \tag{5-123}$$

식 (5-120)과 (5-123)의 합과 $\Delta P_L = \Delta P_1 - \Delta P_2$을 조합하면 다음을 얻을 수 있다.

$$\Delta Q_L = C_{df}\pi D_N\left(\frac{P_s}{\rho}\right)^{1/2}\Delta x_f - \frac{C_{df}\pi D_N x_{f0}}{\sqrt{\rho P_s}}\Delta P_L \tag{5-124}$$

이것은 영점에서 작동중인 양쪽 분사 플래퍼밸브의 압력-유량 방정식의 선형화된 형태이다. 영점 계수는 이 방정식으로부터 바로 얻어진다.

$$K_{q0} \equiv \left.\frac{\Delta Q_L}{\Delta x_f}\right|_{\Delta P_L=0} = C_{df}\pi D_N\left(\frac{P_s}{\rho}\right)^{1/2} \quad (5\text{-}125)$$

$$K_{p0} \equiv \left.\frac{\Delta P_L}{\Delta x_f}\right|_{\Delta Q_L=0} = \frac{P_s}{x_{f0}} \quad (5\text{-}126)$$

$$K_{c0} \equiv -\left.\frac{\Delta Q_L}{\Delta P_L}\right|_{\Delta x_f=0} = \frac{C_{df}\pi D_N x_{f0}}{\sqrt{\rho P_s}} \quad (5\text{-}127)$$

이들 관계식을 한쪽 분사 플래퍼밸브의 것과 비교하면 유량게인은 동일하지만 압력 감도는 두 배라는 것을 알 수 있다. 증가된 압력감도는 영점 누설의 증가로부터 얻어진다는 것을 알 수 있다. 양쪽 분사 플래퍼밸브의 물리적인 대칭성 때문에 온도와 공급압력의 변동으로 인한 영점 변동은 감소되었다. 한쪽 분사에 비하여 또 다른 장점은 플래퍼에 작용하는 압력에 의한 힘이 영점에서 평형을 이룬다는 것이다. 양쪽 분사 플래퍼밸브에 대한 이 힘은 (속도압력이 무시되면) 대략 $P_L A_N$이다. 이 힘은 부하압력에 대한 내재적인 피드백으로 작용하지만 특별한 주의를 기울이지 않아도 될 정도로 작고 일반적으로 무시된다.

플래퍼밸브에 작용하는 유동력

지금까지 플래퍼에 작용하는 주요 힘은 주로 플래퍼에 사영되는 노즐 면적에 작용하는 정적 압력에 의한 것이라고 언급했다. 속도나 동적 압력 또한 플래퍼에 작용하고 이 영향을 포함시키는 것은 중요하다. 플래퍼에 관한 그림 5-30에 나타낸 플래퍼-노즐형상을 고려한다. K_a in.-lb/rad의 비틀림 기울기를 가진 비틀림 로드(비틀림 스프링) 끝에 플래퍼가 놓여있다. 이것은 토크모터 회전자가 플래퍼의 역할을 하는 토크모터에 의해 플래퍼가 구동되는 경우이다. 만일 플래퍼가 다른 소스에 의해 구동된다면, K_a는 플래퍼의 상응하는 비틀림 스프링 상수로 간주되고 구동 소스로 간주될 수 있다. 베르누이 방정식을 이용하여 힘 F_1을 계산하면

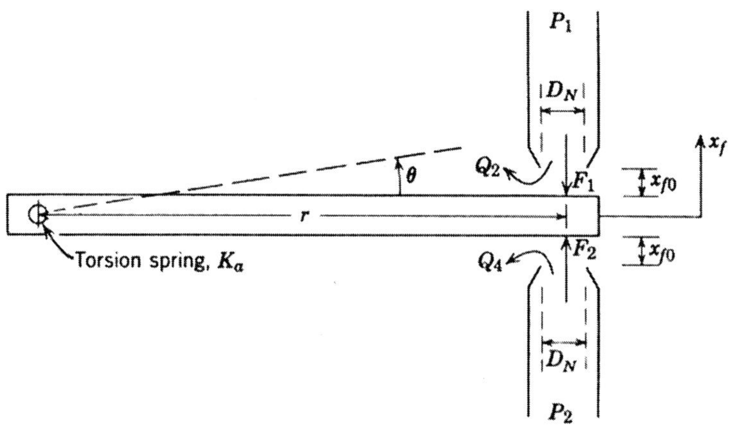

그림 5-30 확대된 노즐부

$$F_1 = \left(P_1 + \frac{1}{2}\rho {u_1}^2\right) A_N \tag{5-128}$$

여기서 u_1은 노즐 지름의 평면에서의 유체 속도이고 다음과 같이 주어진다.

$$u_1 = \frac{Q_2}{A_N} = \frac{C_{df}\pi D_N (x_{f0} - x_f)\sqrt{(2/\rho)p_1}}{\pi {D_N}^2/4} = \frac{4C_{df}(x_{f0} - x_f)\sqrt{(2/\rho)P_1}}{D_N} \tag{5-129}$$

이들 두 개의 방정식을 조합하여 다음을 얻는다.

$$F_1 = P_1\left[1 + \frac{16{C_{df}}^2(x_{f0} - x_f)^2}{{D_N}^2}\right]A_N \tag{5-130}$$

비슷한 방법으로 힘 F_2에 대한 방정식을 유도한다.

$$F_2 = P_2\left[1 + \frac{16{C_{df}}^2(x_{f0} + x_f)^2}{{D_N}^2}\right]A_N \tag{5-131}$$

플래퍼에 작용하는 전체 힘은 이들 힘의 차이이다.

$$F_1 - F_2 = (P_1 - P_2)A_N + 4\pi {C_{df}}^2\left[(x_{f0} - x_f)^2 P_1 - (x_{f0} + x_f)^2 P_2\right] \tag{5-132}$$

식 (5-118)을 이용하고 근사적으로 $P_1 \approx P_2 \approx P_s/2$을 적용하면 정상상태의 값에 대한 관계식을 얻는다.

$$F_1 - F_2 = P_L A_N + 4\pi {C_{df}}^2 {x_{f0}}^2 P_L + 4\pi {C_{df}}^2 {x_f}^2 P_L - 8\pi {C_{df}}^2 x_{f0} P_s x_f \tag{5-133}$$

좋은 플래퍼밸브 설계는 $x_{f0}/D_N < 1/16$을 요구하고, 두 번째 항은 첫 번째 항에 비하여 무시된다. 대부분의 작동이 영점 근방($P_L \approx x_f \approx 0$)에서 발생하므로 세 번째 항 또한 무시된다. 따라서 식 (5-133)은 다음 식에 가까워진다.

$$F_1 - F_2 = P_L A_N - \left(8\pi {C_{df}}^2 P_s x_{f0}\right) x_f \tag{5-134}$$

이제 그림 5-30의 플래퍼 운동방정식을 나타낼 수 있다.

$$T_d = J_a \frac{d^2\theta}{dt^2} + K_a\theta + (F_1 - F_2)r \tag{5-135}$$

여기서 T_d는 토크모터로부터 얻어지는 것으로 플래퍼에 작용하는 구동토크이다. 작은 각에 대해

$$\tan\theta = \frac{x_f}{r} \approx \theta \tag{5-136}$$

앞의 세 방정식을 조합하면 다음 식이 나온다.

$$T_d = \frac{J_a}{r}\frac{d^2 x_f}{dt^2} + rP_L A_N + \left[\frac{K_a}{r^2} - \left(8\pi\, {C_{df}}^2 P_s x_{f0}\right)\right] r x_f \tag{5-137}$$

그러므로 유체 충돌로 인한 유동력은 플래퍼에 작용하는 음의 스프링으로 작용한다. 값에 대한 감각을 얻기 위해 공급압력이 1,000 psi이고 영점 플래퍼 간극이 0.003 in.*라면 이 음의 스프링률은 약 30 lb/in.이다.

플래퍼 구동원의 강성 K_a/r^2은 플래퍼 불안정의 가능성을 막기 위해 음(−)의 스프링률보다 커야 한다. 그러나 이것만이 플래퍼의 안정성에 대한 기준은 아니다. P_L에 대한 식은 또한 식 (5-137)에 포함되어야 하고 Routh의 안정성 기준 [7]이 적용되어야 한다. 그러나 P_L은 플래퍼밸브에 작용하는 부하에 영향을 받으므로 전체 안정성은 밸브가 위치한 시스템의 분석을 통해 결정되어야 한다.

플래퍼밸브 설계

플래퍼밸브의 설계는 간단하다. 유량게인은 5-8절에서 논의된 것처럼 시스템 요구로부터 결정된다. 일단 영점 유량게인이 결정되면 노즐 지름은 식 (5-125)로부터 구할 수 있다. 그러므로

$$D_N = \frac{K_{q0}}{\pi C_{df}\sqrt{P_s/\rho}} \tag{5-138}$$

영점 플래퍼 간극 x_{f0}는 최대 압력 감도와 최소 영점 누설을 얻기 위해 가능한 한 작아야 한다. 그러나 유압작동유 내의 예상되는 오염입자가 통과할 만큼 충분히 커야 한다. 0.001에서 0.005 in. 범위의 값이 사용된다. 영점 간극의 최댓값은 커튼면적이 노즐 면적의 1/4보다 적어야 한다는 요구에 의해 결정된다. 이 기준은 커튼면적이 제어오리피스라는 것을 확실하게 한다. 그러므로

$$\pi D_N x_{f0} < \left(\frac{1}{4}\right)\frac{\pi {D_N}^2}{4}$$

을 간단히 하여 다음을 얻을 수 있다.

$$x_{f0} \le \frac{D_N}{16} \tag{5-139}$$

따라서 최대 영점 간극은 $D_N/16$이다. 일단 D_N과 x_{f0}가 결정되면 D_0에 대한 값은 유량계수를 안다고 가정하면 식 (5-105)로부터 해결될 수 있다. 그러므로**

$$D_0 = 2\left(\frac{C_{df}}{C_{d0}}D_N x_{f0}\right)^{1/2} \tag{5-140}$$

---

* 참고문헌 [8]은 실험적인 음의 스프링률이 이론적인 값의 세 배라고 보고한다. 노즐의 내부 모서리의 라운딩 또는 노즐 면의 랜드 위에 반경방향 제트의 재부착 또는 플래퍼 간극에 비하여 큰 랜드(그림 5-31 참조)는 수축 계수를 증가시킬 수 있고 따라서 방출계수 일반적인 $C_{df} = 0.61$ 대신에 $C_{df} = 0.85 \sim 1$ 로 줄 수 있다. 이것은 ${C_{df}}^2$에 비례하기 때문에 실질적으로 음(-)의 스프링률을 증가시킬 수 있다. 플래퍼 유동력과 특히 음(-)의 스프링률에 대한 명확한 연구가 필요하다.

** 이 D_0의 값은 (페이지 106) P_c (또는 양쪽 분사에 대해서는 P_1과 P_2가 $P_{c0} = 0.5P_s$가 되는 선택된 평형상태의 값을 기본으로 한다. 이 값은 최대 압력 감도를 주고 이 절에서 얻어진 대부분의 관계식에 사용된다. 실제로 만족할 만한 성능은 $1.62(C_{df}D_N x_{f0}/C_{d0})^{1/2}$에서 $2.48(C_{df}D_N x_{f0}/C_{d0})^{1/2}$ 범위의 D_0 값에 상응하는 $0.3P_s$에서 $0.7P_s$ 범위의 평형상태 값에 대하여 얻어질 수 있다. $0.7P_s$에 상응하는 D_0의 큰 값은 종종 더 많은 오염된 유체를 통과하게 하지만 또한 큰 센터유량과 큰 플래퍼 유동력을 야기시킨다.

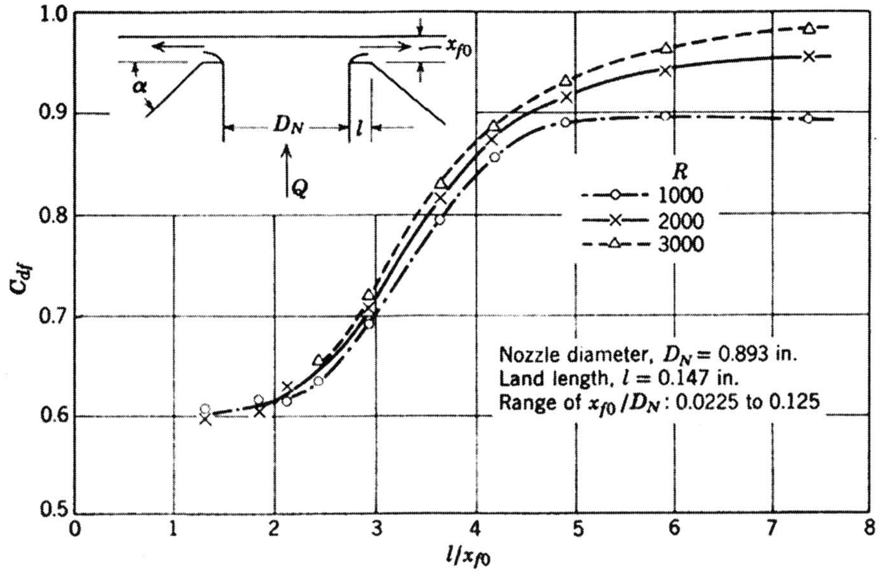

그림 5-31 랜드/틈새비에 따른 C_{df}의 변화[9]. 레이놀즈 수는 $R = Q/\pi D_N \nu$로 정의된다

상류 오리피스는 지름에 대한 길이의 비가 2~4로 일반적인 "짧은 튜브"타입이다. 따라서 방출계수 C_{d0}는 날카로운 모서리 오리피스보다 크고 범위는 0.8에서 0.9이다. 노즐과 플래퍼 사이의 환상 커튼면적의 유량계수 C_{df}는 기하학적으로 복잡해서 결정하는 것이 더 어렵다. Lichtarowicz와 Markland [9]의 실험결과(그림 5-31)는 이 오리피스가 약 0.6의 방출계수를 가진 날카로운 모서리로 간주되도록 간극에 대한 랜드길이의 비가 2보다 작은, 즉 $l < 2x_{f0}$이어야 함을 나타낸다. 그러나 Feng [7]은 기하학적 형상이 이것과 맞지 않는 노즐($D_N = 0.0208$ in., $l = 0.0251$ in., $x_{f0} < 0.0032$ in.)에 대해서도 이와 비슷한 유량계수값을 갖는다고 발표하였다. 날카로운 모서리의 오리피스를 사용하라는 경고에도 불구하고 0.010 in.까지의 랜드길이가 보통 사용된다. 날카로운 모서리 오리피스는 온도의 영향을 덜 받고 거동이 예측 가능하며 긴 랜드 길이에 재부착하는 유량에 의해 야기되는 불안정적인 유량에 덜 민감하기 때문에 플래퍼에서 선호된다. 베벨 각 α는 유량계수에 물리적으로 영향을 주지 않으므로 30°보다 크다면 그렇게 중요하지 않다. 저자의 경험에 따르면 대략 0.8의 방출계수 비 C_{df}/C_{d0}가 예측된다. 이 값은 기본설계값으로 추천된다. 방출계수가 측정될 때 오리피스 지름에 대한 약간의 조절이 필요할 것이다.

몇 가지 양의 적당한 값들을 표로 작성하는 것은 흥미롭다. 만일 오염물질 통과 성능이 선호된다면 최대 영점 간극은

$$x_{f0} = \frac{D_N}{16} \tag{5-141}$$

이 추천된다. 이 값을 식 (5-140)에 대입하고 $C_{df}/C_{d0} = 0.8$로 가정하면

$$D_0 = 0.44\, D_N \tag{5-142}$$

를 얻을 수 있다.

세 개의 영점 간극 값을 선택하면 그 결과를 표 5-1로 나타낼 수 있다. 센터 유량은 $P_s =$ 1,000 psi로 식 (5-119)로부터 계산되고 표에서 센터 간극의 증가에 따라 이 유량의 큰 증가를 알 수 있다. 표 5-1은 식 (5-141)의 사용을 바탕으로 한 추천된 설계값을 포함한다는 것을 강조하는 바이다. 일반적인 설계기준은 식 (5-139)와 (5-140)이다.

표 5-1 x_{f0}, D_N, D_0의 타당한 값

영점 간극 x_{f0} (in.)	노즐 지름 D_N (in.)	상류오리피스 지름 D_0 (in.)	센터 유량 Q_c (gpm)
0.001	0.016	0.007	0.06
0.002	0.032	0.014	0.23
0.003	0.048	0.021	0.52

참고문헌

[1] Feng, Tsun-Yinf, "Characteristics of Underlapped Four-Way Hydraulic Servo Valves," *ASME paper* No. 56-A-140, November 1956.

[2] Blackburn, J. E., G. Reethof, and J. L. Shearer, *Fluid Power Control*. New York: Technology Press of M.I.T. and Wiley, 1960.

[3] Clark, R. N., "Compensation of Steady State Flow Forces in Spool Type Hydraulic Valves," *ASME Trans*., November 1957, 1784-1788.

[4] Blackburn, J. F., "Contributions to Hydraulic Control 5 (Lateral Forces on Hydraulic Pistons)," *ASME Trans*. **75**, 1953, 1175-1180.

[5] Sweeney, D. C., "Preliminary Investigation of Hydraulic Lock," *Engineering*, **172**, 1951, 513-516, 580-582.

[6] Manham, J., and D. C. Sweeney, "An Investigation of Hydraulic Lock," Institution of Mechanical Engineers, London, May 13, 1955.

[7] Feng, Tsun-Ying, "Static and Dynamic Control Characteristics of Flapper-Nozzle Valves," ASME Trans., *J. Basic Eng*., September 1959, 275-284.

[8] Williams, L. J., "High Performance Single-stage Servovalve," Technical Bulletin 106, Moog Servocontrols, Inc., East Aurora, New York.

[9] Lichtarowicz, A., and E. Markland, "Calculation of Potential Flow with Separation in a Right-Angled Elbow with Unequal Branches," *J. Fluid Mech*., Cambridge University Press, **17**, Pt. 4, December 1963, 596-606.

제6장 유압으로 제어되는 모터와 실린더

유압작동기기는 직선 또는 회전운동을 하며, 일반적으로는 피스톤 혹은 모터라고 한다. 이 두 가지의 작동기기는 펌프나 밸브에 의해 제어된다. 단순하게는 앞서 마지막 두 장에서 다루었던 장치의 조합이기도 한 이런 유압 요소는 모든 유압시스템에서 주요한 동력장치이다.

펌프제어시스템은 유압작동유를 액추에이터에 공급하는 가변용량펌프로 구성되어 있다. 출력단의 속도를 가변시키기 위해 그리고 부하에 맞는 압력을 발생시키기 위해 유체의 흐름이 펌프의 스트로크에 의해 제어된다. 펌프를 액추에이터에 가까이 연결하는 것은 통상적으로 어려우며, 이는 큰 양의 정체체적과 느린 응답을 유발한다. 밸브제어시스템은 유압동력장치에서 액추에이터로 가는 유량을 제어하는 서보밸브로 구성된다. 유압동력장치는 보통 (고정유량이 아니라) 정압형이며, 두 가지의 기본 구성이 있다. 하나는 (압력을 일정하게 유지하는) 릴리브밸브를 갖춘 고정용량펌프로 구성되어 있지만, 다른 하나는 압력을 조정하기 위해 스트로크를 제어하는 가변용량펌프를 사용하기 때문에 보다 효율이 높다.

이 두 가지 타입의 상대적인 이점이 118페이지에 요약되어 있다.

각 시스템의 특징은 상호 보완적인 경향이 있으므로, 응용의 요구조건에 따라 시스템 선택이 결정될 것이다. 일반적으로 이 두 가지 사이에 비용상의 이점은 없다(우위가 없다). 왜냐하면 펌프제어시스템에서의 보충장치와 스트로킹 서보의 필요는 밸브제어시스템에서의 비싼 서보밸브와 열교환기에 비기기 때문이다. 하지만, 밸브와 부하의 입력에 대한 밸브제어시스템의 고속응답성은 67%라는 이론상 낮은 최대작동효율에도 불구하고 대다수의 응용분야에서 밸브제어시스템을 선호하게 한다. 소출력기기에서 비효율성은 비교적 중요하지 않아 밸브제어시스템의 사용은 거의 보편적이다. 제어 목적으로 큰 마력(출력)을 필요로 하는 응용기기에는 고속응답성이 필요하지 않으며 최대 100%의 이론작동효율을 갖는 펌프제어시스템이 선호된다.

이 장의 목적은 파라미터를 정의하고, 여러 부하조건을 갖는 몇 개의 기본 유압동력 장치의 전달함수를 정하는 것이다. 이 해석은 동적 성능에 대해 기술하고, 유압제어시스템의 합리적인 설계에 꼭 필요한 지식을 제공한다.

펌프로 제어되는 시스템	밸브로 제어되는 시스템
1. 정체체적이 크고, 압력이 형성되어야 하므로 응답이 느리다. 그리고 스트로크는 비교적 느리게 응답한다.	1. 공급압력이 일정하고 정체체적이 작으므로 밸브와 부하입력에 대해 빠르게 응답함.
2. 압력과 유량이 모두 부하 요구사항에 근접하게 매칭되므로, 훨씬 효율적임.	2. 공급압력이 부하에 상관없이 일정하고 누설유량이 크므로, 효율이 비교적 낮음.
3. 대출력 기기는 큰 사이즈로 인해 펌프를 액추에이터에 가깝게 연결하기 어렵다.	3. 작고 가벼운 출력 기기가 가능하나, 커다란 유압동력공급이 필요하다.
4. 유량보충과 냉각용으로 오일을 공급하기 위해 보조의 펌프와 밸브가 필요하다.	4. 열교환기를 필요로 하는 비효율성으로 인해 오일 온도가 상승한다.
5. 펌프를 스트로킹 제어하는 데 전기유압서보가 일반적으로 사용되고, 이는 시스템비용과 복잡성을 증가시킴.	5. 여러 밸브제어되는 시스템이 하나의 유압공급장치에 의해 유압을 공급받을 수 있다.

6-1 밸브로 제어되는 모터

서보밸브로 제어되는 회전형 모터로 구성된 유압동력 장치가 아마도 가장 폭넓게 사용되는 조합일 것이다. 동적 성능을 얻기 위한 이런 조합의 철저한 분석은 설계나 다른 출력요소 조합에 대해서도 기본적인 결과를 줄 것이다. 대다수의 방정식(특히, 밸브의 압력-유량 곡선을 기술하는)이 비선형이기 때문에 선형화 해석이 사용되어야 한다. 기계적인 계산(컴퓨터 연산 등)이 비선형 방정식의 해를 구하는 데 사용될 수 있지만, 계수에 대해 수치값이 주어져야 하기 때문에 결과는 오로지 주어진 시스템에만 적용될 것이다. 비선형적인 해는 얻기 쉬울지라도, 설계과정과 동작사양, 실험데이터의 해석은 선형이론에 기초하기 때문에 비선형적 해가 반드시 좋은 것은 아니다. 따라서 선형화 해석이 필수적이다. 그러나 모든 작동점에 대하여 조사하도록 주의가 요구된다. 만약 다른 작동점으로 인해 추정할 수 있는 값의 범위에 대하여 약간의 여유가 있다면, 선형화 해석은 지나치게 제한적이지 않다.

그림 6-1에 간략하게 나타낸 밸브-모터 조합에 대하여 서보밸브방정식을 결정해 보자. 서보밸브 오리피스가 짝되고 대칭인 형태라고 가정하면 밸브의 2개의 오리피스를 통한 압력강하가 동일하기 때문에 관로에서의 압력은 동일한 값으로 $P_s/2$의 위와 아래로 변동할 것이다. 따라서 공급 및 복귀 유량에 대한 밸브계수는 동일하다. 그러므로 일정 공급압력이라면 선형화된 서보밸브 유량방정식은

$$Q_1 = K_q x_c - 2K_c P_1 \tag{6-1}$$

$$Q_2 = K_q x_v - 2K_c P_2 \tag{6-2}$$

여기서 Q_1, Q_2 = 공급 및 복귀 유량, in.^{3}/sec

P_1, P_2 = 공급 및 리턴압력, psi

x_v = 중립으로부터 밸브 스풀변위, in.

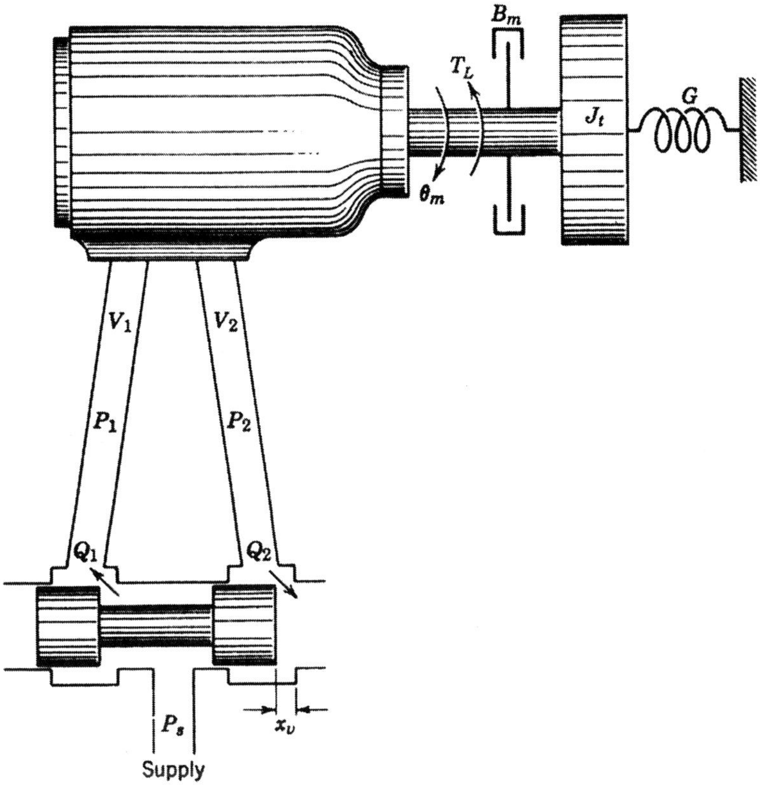

그림 6–1 밸브–모터 조합

K_q = 밸브 유량게인, in.^{3}/sec/in.)

K_c = 밸브 유량-압력계수, in.^{3}/sec/psi

밸브계수는 제5장에서 다양한 밸브 형태에 대해 논의되었다. 그림 6–1에서 각각의 포트에 대한 유량압력계수는 밸브 전체 계수의 두 배이다. 왜냐하면 K_c는 P_L에 관하여 정의되었고, P_L의 변화는 포트를 통과하여 발생하는 것의 두 배이기 때문이다. 서보밸브 유량방정식들을 더하면 다음과 같다.

$$Q_L = K_q x_v - K_c P_L \tag{6–3}$$

여기서 $Q_L = \dfrac{Q_1 + Q_2}{2}$ = 부하유량, in.^{3}/sec (6–4)

$P_L = P_1 - P_2$ = 부하압력, psi

이것은 서보밸브의 선형화된 유량방정식의 일반형이다. 부하유량은 관로에서의 평균유량을 나타내며, 외부 누설이 0이라고 하면 각 관로에서의 유량과 동일한 것으로 판단할 수 있다. 4–3절에서 논의된 것처럼, 부하유량은 요구되는 유량변수의 수를 줄이기 때문에, 부하유량의 개념은 유용하다.

모터챔버로 눈을 돌려, 각 챔버에서의 압력은 어디에서나 동일하고, 포화되거나 캐비테이션이 발생하지 않는다고 가정한다. 챔버에서의 유체의 속도는 작기 때문에 형상에 따른 손실은 무시할만하며, 관로 현상은 없고, 온도와 밀도는 일정하다고 가정한다. 각각의 모터챔버에 연속방정식을 적용하면 다음의 식을 얻는다.

$$Q_1 - C_{im}(P_1 - P_2) - C_{em}P_1 = \frac{dV_1}{dt} + \frac{V_1}{\beta_e}\frac{dP_1}{dt} \tag{6-5}$$

$$C_{im}(P_1 - P_2) - C_{em}P_2 - Q_2 = \frac{dV_2}{dt} + \frac{V_2}{\beta_e}\frac{dP_2}{dt} \tag{6-6}$$

여기서 C_{im}=모터의 내부누유계수(즉, 모터관로의 한쪽에서 다른쪽으로), in.^{3}/sec/psi

C_{em}=모터의 외부누유계수(즉, 모터관로 한쪽에서 케이스 드레인으로), in.^{3}/sec/psi

β_e=시스템의 유효체적탄성계수(작동유와 갇힌 공기방울, 챔버의 기계적 탄성을 포함), psi

V_1=상류챔버의 체적(서보밸브와 연결관로, 매뉴폴더, 모터통로, 피스톤과 베인에 의해 배제되는 체적), in.^{3}

V_2=하류챔버의 체적(서보밸브와 연결관로, 매뉴폴더, 모터통로, 피스톤과 베인에 의해 배제되는 체적), in.^{3}

t=시간, sec

각각의 모터챔버 체적은 일정하지 않고, 그림 6-2와 같이 회전축의 회전에 따라 불연속의 톱니형과 같이 변한다. 이것은 모든 유압모터의 특성으로 챔버를 조사함으로써 추론할 수 있다. 피스톤형 모터의 고압챔버를 예로 들어보자. 챔버의 체적은 작동유가 들어오거나 나가는 순간에 변한다.

$$V_1 = V_0 + f_v(\theta_m) \tag{6-7}$$

$$V_2 = V_0 - f_v(\theta_m) \tag{6-8}$$

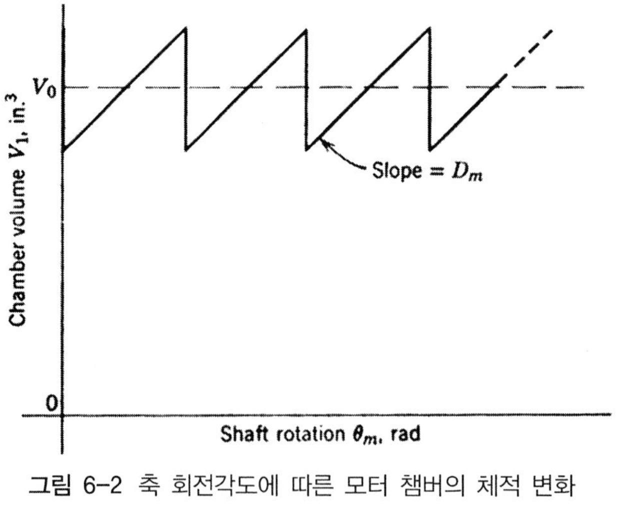

그림 6-2 축 회전각도에 따른 모터 챔버의 체적 변화

여기서 V_0=각 모터챔버의 평균체적(서보밸브와 연결관로, 매니폴더, 모터통로 포함), in.^{3}

$f_v(\theta_m)$=모터챔버 체적의 톱니형상 변화, in.^{3}

θ_m=모터축의 각변위, rad

D_m=모터의 행정체적, in.^{3}/rad

챔버의 체적은 축의 회전에 달려있음이 명백해졌다. 챔버들 간에 직접적인 연결이 없기 때문에, 축의 각변위에 따라 한 챔버의 체적이 줄어들 때 다른 챔버의 체적이 점차 증가하는 경우에 한해서만 모터를 통과하는 연속적인 흐름을 얻을 수 있다. 피스톤 실린더에 유체가 채워지고, 그래서 갇힌 유체는 방출할 다른 챔버로 이동하기 때문에 이것은 물리적으로 가능하다. 이러한 피스톤의 연이음은 연속적인 유량을 만들어내는 일종의 버킷 집단을 형성한다. 축 각변위에 따른 체적의 증감률은 그러므로 모터의 행정체적이 된다. 그러므로 식 (6-7)과 (6-8)을 시간으로 미분하면 다음과 같다.

$$\frac{dV_1}{dt} = \frac{df_v(\theta_m)}{dt} = D_m\frac{d\theta_m}{dt} = -\frac{dV_2}{dt} \tag{6-9}$$

그리고 이는 각각 모터로의 그리고 모터로부터의 이론유량을 나타낸다. 식 (6-9)는 그림 6-2에서의 불연속성을 무시하고 일정 용량형 모터로 가정한다. 많은 모터의 경우에 일정 용량형은 아니지만 용량의 변화는 매우 작아서 무시할만하다.

식 (6-7)과 (6-8)을 더해서 다음의 식을 얻는다.

$$V_t = V_1 + V_2 = 2V_0 \tag{6-10}$$

여기서 V_t=양쪽 챔버의 전체체적, in.^{3}.

V_t는 압력 P_1과 P_2를 받는 오일의 총 체적이므로 총 압축체적이라 한다. 총 정체체적이라고도 하며 이는 축을 회전시키는 데 사용되는 체적 $f_v(\theta_m)$에 대하여 모터 안에 정체체적의 의미임을 강조한다. V_t는 (a)모터와 스풀 중립 상태의 서보밸브까지의 관로, (b)서보밸브와 모터 사이의 매니폴더 내의 연결하는 관로, (c)양쪽 모터챔버 및 연결된 통로에서의 체적의 총합을 말한다.

연속방정식을 더 유용한 형태로 변경하는 것이 가능하고 바람직하다. 식 (6-7)에서 (6-9)를 식(6-5)와 (6-6)에 대입하여 정리하면 식 (6-11)을 얻는다.

$$Q_L = D_m\frac{d\theta_m}{dt} + \left(C_{im} + \frac{C_{em}}{2}\right)(P_1 - P_2) + \frac{V_0}{2\beta_e}\frac{d(P_1 - P_2)}{dt} + \frac{f_v(\theta_m)}{2\beta_e}\left(\frac{dP_1}{dt} + \frac{dP_2}{dt}\right) \tag{6-11}$$

식 (6-11)의 우변의 마지막 항을 보자. 이 항은 선형해석에서 0이 되어야 한다. 변동체적은 평균체적보다 훨씬 작다($|f_v\theta_m| \ll V_0$)고, 식 (5-18)과 (5-19)를 미분하면 $dP_1/dt + dP_2/dt = 0$이기 때문에 이 항은 무시될 수 있다. 그러므로 식 (6-11)은 라플라스변환되어 다음의 식을 얻을 수 있다.

$$Q_L = D_m s\,\theta_m + C_{tm} P_L + \frac{V_t}{4\beta_e} s P_L \tag{6-12}$$

여기서 $C_{tm} = C_{im} + \frac{C_{em}}{2}$ = 모터 총 누유계수, in.^{3}/sec/psi

s = 라플라스 연산자, sec^{-1}

식 (6-12)는 모든 유압 액추에이터에서 연속방정식의 기본형이다. 사실, 각 챔버에서의 유동에 대한 상세한 고려 없이 이 식을 식 (6-3)과 같이 바로 쓰는 것은 관습적이다. 압력 변동률에 비례하는 흐름을 압축성 흐름이라 한다. 따라서 부하유량 Q_L은 누설유량으로 그리고 액추에이터를 작동시키는 유량으로, 압축성에 의해 저장되는 유량으로서 소비된다.

모터에 관한 마지막 기본식은 토크평형방정식이며 라플라스 변환에 의해,*

$$T_g = (P_1 - P_2) D_m = J_t s^2 \theta_m + B_m s \theta_m + G\theta_m + T_L \tag{6-13}$$

여기서 T_g=모터에 의해 생성된 토크, in.-lb

J_t=모터와 부하의 전체 관성모멘트, in.-lb-sec^2

B_m=부하의 점성감쇠계수(모터 내부감쇠 포함), in.-lb-sec

G=부하의 비틀림 스프링 상수, in.-lb/rad

T_L=모터에 가해지는 외부부하, in.-lb

정적부하와 쿨롱마찰부하도 어느 정도 존재할 수 있지만 선형해석에서는 무시한다[1].

식 (6-3)과 (6-12), (6-13)은 밸브-모터 조합을 정의한다. 물리적으로 해석할만한 결과와 전체 전달함수를 얻기 위해 모두 결합해 보자. 결합하여 간략화하면,

$$\theta_m = \frac{\frac{K_q}{D_m} x_v - \frac{K_{ce}}{D_m^2}\left(1 + \frac{V_t}{4\beta_e K_{ce}} s\right) T_L}{\frac{V_t J_t}{4\beta_e D_m^2} s^3 + \left(\frac{K_{ce} J_t}{D_m^2} + \frac{B_m V_t}{4\beta_e D_m^2}\right) s^2 + \left(1 + \frac{B_m K_{ce}}{D_m^2} + \frac{G V_t}{4\beta_e D_m^2}\right) s + \frac{K_{ce} G}{D_m^2}} \tag{6-14}$$

여기서 $K_{ce} = K_c + C_{tm} = K_c + C_{im} + C_{em}/2$ = 전체 유량압력계수, in.^{3}/sec/psi

식 (6-14)는 밸브위치와 부하토크입력에 대한 모터응답을 나타낸다. 시스템 특성방정식은 3차 방정식이다. J_t, B_m, G는 각각 모터에서의 집중계수로 총 가속도와 속도, 위치에 따른 토크를 나타내기 때문에 식 (6-14)는 매우 일반적이다. 보통의 부하는 꽤 간단하기 때문에 식 (6-14)의 특별한 경우에 관심있다. D_m^2/K_{ce}은 주로 밸브로 인한 감쇠계수이고 보통 B_m보다 훨씬 크다. 따라서 $B_m K_{ce}/D_m^2$ 항은 식 (6-14)의 1과 비교해서 무시될 수 있다. 더욱이 스프링부하가 없다고 하면, 즉, $G=0$, 식 (6-14)는 다음과 같이 감소된다.

---

* 많은 회전형 모터에서 관로압력의 총합에 비례하고 속도에 따라 방향성이 부여되는 내부마찰토크가 존재한다. 비록 서보밸브에서 마찰토크가 상수가 되도록 $P_1 + P_2 = P_s$인 것처럼 압력 합이 거의 일정하다 할지라도, 속도에 비선형적 관계이기 때문에 그것은 선형해석으로부터 빠져야 한다. 질적으로 이런 마찰토크는 작은 입력에서도 모터 감쇠를 증가하도록 작용할 것이다. 이것에 대한 논의를 끝맺기 위해서는 비선형해석이 필요하다.[1]

$$\theta_m = \frac{\frac{K_q}{D_m}x_v - \frac{K_{ce}}{D_m^2}(1+\frac{V_t}{4\beta_e K_{ce}}s)\,T_L}{s(\frac{s^2}{\omega_h^2}+\frac{2\delta_h}{\omega_h}s+1)} \tag{6-15}$$

여기서 $$\omega_h = \sqrt{\frac{2\beta_e D_m^2}{V_0 J_t}} = \sqrt{\frac{4\beta_e D_m^2}{V_t J_t}} \tag{6-16}$$

$$\delta_h = \frac{K_{ce}}{D_m}\sqrt{\frac{\beta_e J_t}{V_t}} + \frac{B_m}{4D_m}\sqrt{\frac{J_t}{\beta_e V_t}} \tag{6-17}$$

ω_h=유압 고유진동수, rad/sec

δ_h=유압감쇠비, 무차원

식 (6-15)는 우세한 관성부하를 갖는 모터의 동적 응답을 나타낸다. 분자의 첫 번째 항은 무부하 속도와 같고, 두 번째 항은 부하에 의한 속도 저하를 나타낸다. 두 개의 입력에 의한 각각의 전달함수는 다음과 같다.

$$\frac{\Delta\theta_m}{\Delta x_v} = \frac{\frac{K_q}{D_m}}{s\left(\frac{s^2}{\omega_h^2}+\frac{2\delta_h}{\omega_h}s+1\right)} \tag{6-18}$$

밸브위치를 입력으로 하는 전달함수이며,

$$\frac{\Delta\theta_m}{\Delta T_L} = \frac{-\frac{K_{ce}}{D_m^2}\left(1+\frac{V_t}{4\beta_e K_{ce}}s\right)}{s\left(\frac{s^2}{\omega_h^2}+\frac{2\delta_h}{\omega_h}s+1\right)} \tag{6-19}$$

토크를 입력으로 하는 전달함수이다.

식 (6-18)은 밸브-모터 조합의 일반적 전달함수이다. 유압서보의 해석 및 설계에 일반적으로 사용되기 때문에 각 파라미터에 대한 상세한 지식이 필수적이다. 서서히 변화하는 밸브위치 입력에 대해 모터속도는 비례적임을 나타내는 적분항이 전달함수에 포함되어 있다. 또한, 우리는 게인상수 K_q/D_m이 모터용량으로 나뉘어지는 밸브유량게인임을 주목해야 한다. 게인상수의 변화는 거의 유일하게 유량게인의 변화 때문에 일어난다. 가장 큰 유량게인은 영점에서 일어나며, 이는 부하가 가해지면 감소한다. 최대부하조건으로 $P_L = \frac{2}{3}P_s$의 일반적인 설계법칙을 적용하면, 유량게인은 $\sqrt{P_s - P_L}/\sqrt{P_s}$ = $\sqrt{1/3}$ 또는 무부하 유량게인의 57.7% 수준으로 작아질 것이다. 만약 밸브 구조가 언더랩이거나 스풀이 중립상태가 아니라면, 추가로 50%의 게인 감소가 있을 것이다. 게인의 감소가 보통의 서보에서 안정도에 불리한 영향을 주지 않기 때문에, 설계 목적으로 식 (6-18)에 영점 유량게인을 이용하는 것은 관례적이다. 그러나 50%나 그 이상의 게인 감소도 일어날 수 있음을 강조한다. 서보 루프가 조건부 안정 시스템의 거동을 보인다면, 게인의 감소는 안정성이나 느린 반응 등의 문제를 야기할 수 있다.

ω_h는 갇힌 오일 스프링과 관성의 상호작용으로 인한 고유진동수이며, 이는 밸브–모터 조합의 응답의 전체 속도를 결정하기 때문에 매우 중요하다. 모터 각각의 챔버에서 오일의 정체체적은 $\beta_e D_m^2 / V_0$의 탄성률을 갖는 비틀림 스프링으로 작용한다. 이들 두 스프링이 더해져, 총 유압스프링 탄성률은 다음과 같다.*

$$K_h = \frac{2\beta_e D_m^2}{V_0} = \frac{4\beta_e D_m^2}{V_t} \tag{6-20}$$

이것이 총 관성과 결합하여 ω_h를 야기시키는 유압스프링이다. 다음 장에서 ω_h가 유압서보 및 시스템의 응답속도의 상한을 설정함을 볼 수 있다. 만약 고속응답이 필요하다면, ω_h의 값은 커져야 한다.

전형적으로, 계산된 ω_h 값은 측정된 값의 40% 또는 훨씬 큰 값이다. 당장은 충분히 해결되지 않은 이런 불일치에 대해 설명으로 약간은 V_0를 V_t의 평균으로 잘못 사용되어 왔다. 정당하지 않음에도 불구하고 올바른 체적의 두 배로 인해 진동수가 $1/\sqrt{2}$ 배로 감소된 채 인정되어 왔다. 식 (6–16)의 D_m과 V_0 또는 V_t, 그리고 J_t의 값들은 잘 정의되고 값이 변하지 않는다. 그러나 2–5절에서 논의되었듯이 유효체적탄성계수를 결정하는 것은 어렵고, 이것이 불일치의 원인이라고 보는 것은 타당하다. 저자는 β_e가 100,000 psi일 때 좋은 결과를 보임을 발견했지만, 테스트 결과가 물론 우선이다.

식 (6–18)에 남은 인자는 감쇠비 δ_h이다. 일반적으로 부하감쇠계수 B_m은 거의 기여하지 않아, 식 (6–17)은 다음처럼 간략화된다.

$$\delta_h = \frac{K_{ce}}{D_m}\left(\frac{\beta_e J_t}{V_t}\right)^{1/2} \tag{6-21}$$

더욱이, 모터 누설계수는 K_c보다 훨씬 적어서, 여러 경우에 $K_{ce} \approx K_c$라고 여기는 것이 좋다. 의도적으로 포트를 가로지르는 관로(모터관로를 가로질러 삽입되는 니들 밸브나 코일 형태로 감긴 모세관 튜브같은)는 감쇠비를 키우거나 감쇠비를 일정하게 하는 데 종종 사용된다. 이런 관로에 대한 누설계수는 K_{ce} 값에 직접 더해진다. 이런 관로의 단점은 증가된 동력손실과 일정한 마찰부하가 유압서보에 가해질 때 큰 오차로 귀착되는 압력감도의 저하이다.

δ_h를 결정하는 모든 양들은 K_c를 제외하고는 온전히 상수이다. 이 값은 밸브 스트로크에 따라 폭넓게 변하며, 제로랩밸브에 대해서는 식 (5–45)와 (5–36)에서의 검토와 같이 추론할 수 있다. 유량–압력계수는 영점에서 최소이며 최소의 감쇠비를 준다. 밸브 스크로크가 증가함에 따라, 모터 속도가 증가하며, 밸브에 대한 감쇠비는 1을 넘어 급격히 증가한다(즉, 과감쇠 상태가 된

---

* 유압스프링률 K_h는 정적 부하토크가 가해졌을 때 축의 정적변형을 일으키는 보통의 의미에서의 스프링은 아니다. 이런 해석은 챔버의 체적의 기밀이 완벽히 유지되는 조건에서는 옳을 것이다. 그렇지만, 누유가 전혀 없는 모터와 완벽한 (예를 들어 K_c가 제로인) 밸브를 갖춰야 하므로 사실상 불가능하다. K_h는 단순하게 유압시스템의 고유진동수를 계산하거나, 동적응답을 이해하기에 유용한 개념이다(예를 들면 11-2). 그림 6-4의 논의에서 설명되었듯이 가해진 부하에 대한 모터응답이 K_h의 탄성률을 갖는 스프링으로 작용하는 주파수 영역이 있다. 따라서 어떤 의미에서는 K_h를 동적 스프링으로 간주될 수 있다.

다). 2차항의 근은 실수가 되며, ω_h 값으로부터 하나는 증가하며 다른 하나는 감소하게 된다. 이런 거동은 그림 6-3에서 볼 수 있다. 이는 다른 진폭으로 영점 부근에서 진동하는 밸브를 갖는 밸브-모터 조합의 진폭 응답을 연속적인 곡선으로 나타낸다. 사인파 입력 테스트에서 압력포화를 피하기 위해 작은 입력신호가 사용되어야 한다. 6-4절에서 기술한 것처럼 이런 현상은 예상되는 선형응답 아래에 완화된 진폭 곡선을 야기시킬 것이다.

감쇠비가 최소일 때 시스템 안정도는 가장 불안정에 가깝기 때문에, K_c의 중립상태 값이 식 (6-18)에서 보통 사용되어진다. 스풀 중립상태에서 측정된 감쇠비는 언제나 계산상의 값보다 큰데, 유압모터 내부의 마찰이 주요한 원인이다. 속도 0 부근에서 모터속도의 역전(정역)은 마찰토크의 역전을 야기시키므로, 이런 (내부)마찰은 중립상태에서 상당한 감쇠를 부가한다. 그렇지만, 보다 높은 속도에서는, (토크)역전현상이 일어나지 않으므로 이런 효과(감쇠력 증가)는 감소한다. 영점 작동에 대한 측정된 감쇠비는 최소 0.1이나 0.2 정도이며 종종 더 큰 경우도 있다.

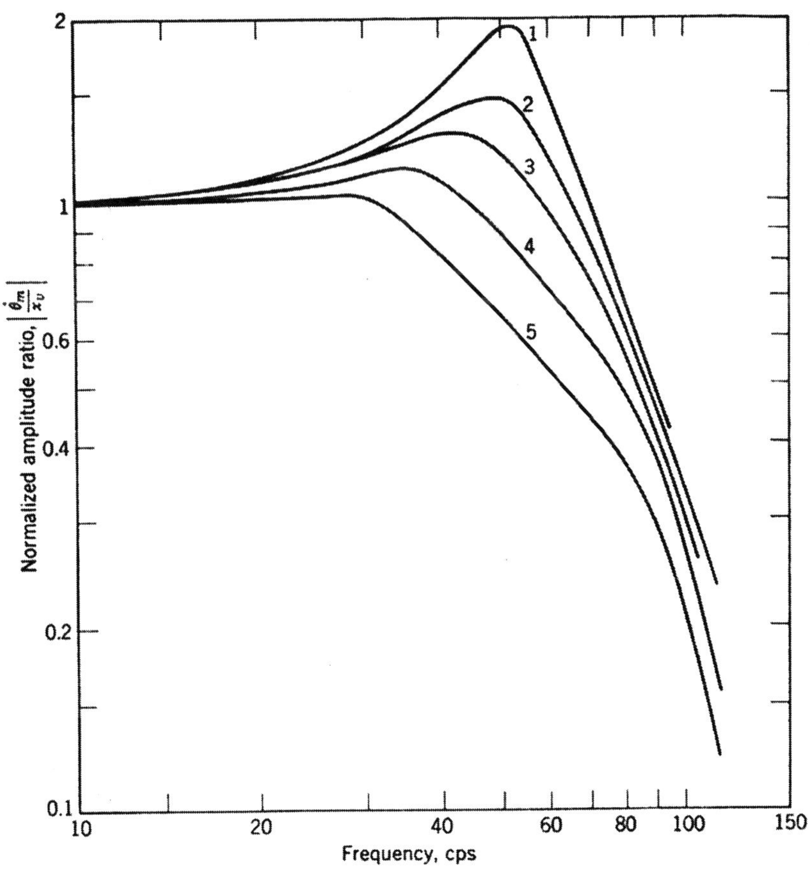

그림 6-3 밸브-모터 조합의 측정된 주파수 응답. 시스템 상수들은 $V_t = 17\ \text{in.}^3$과 $J_t = 0.043\ \text{in.lb-sec}^2$, $D_m = 0.486\ \text{in.}^3/\text{rad}$, $K_{ce} \approx 0.004\ \text{in.}^3/\text{sec/psi}$. $\beta_e = 100{,}000\ \text{psi}$라고 가정하면 계산된 고유진동수와 감쇠비는 57.3 cps와 0.131이다. 측정된 값은 53 cps와 0.25이다. 곡선 1에서 5의 밸브 입력 진폭(0에서 최고점)은 각각 0.001 in.와 0.0015 in., 0.002 in., 0.003 in., 0.005 in.이다

게인상수와 고유진동수가 작게 변동(2나 3에서 1로의)할 때 밸브-모터 동역학에서의 감쇠비는 상당히 크게 변동(20, 30에서 1로)할 수도 있다. 높은 모터 속도나 큰 부하에서 큰 감쇠비가 얻어진다. 즉, 작동점이 변할 때 밸브-모터 전달함수에서의 이런 인자들의 변동은 주파수응답이 변하는 원인이 된다. 이런 변동은 설계와 분석 그리고 테스트 결과 해석에서 항상 고려되어야 한다.

다른 전달함수인 식 (6-19)는 부하토크에 대한 모터의 동적 응답을 나타낸다. 부하로 인한 천이응답을 계산하는 것은 일반적으로 시스템 설계에서 생략된다. 그 이유로는 보통 심각하게 영향을 주지 않기 때문에 그리고 설계로 분명히 바꿀 수 없기 때문에, 시스템 안정도에 영향을 미치지 않기 때문에, 그리고 일일이 명시하기 어렵기 때문이다. 그러나 밸브-모터 조합의 동적 컴플라이언스 $\Delta T_L/\Delta\theta_m$(혹은 동적 강성 $\Delta\theta_m/\Delta T_L$)가 계산되기를 필요로 하는 경우도 있을 것이다. 부하토크는 모터 속도를 떨어뜨리기 때문에, 이 두 개의 양은 음수이다. 또한, δ_h와 ω_h의 정의로부터, 식 (6-19)의 분자의 절점주파수는 다음 식 (6-22)와 같이 쓸 수 있음에 주목하라.

$$\frac{4\beta_e K_{ce}}{V_t} = 2\delta_h\omega_h \tag{6-22}$$

그리고 절점주파수는 δ_h의 변동 때문에 폭넓게 변동할 것이다. 중립상태에서 δ_h가 작기 때문에, 이 절점주파수는 일반적으로 ω_h보다 낮다.

사인파 부하토크에 대한 밸브-모터 동적 강성(식 (6-19)의 역)의 진폭에 대한 스케치가 그림 6-4에 나타나 있다. 부하에 의한 압력차로부터 생기는 유량이 작은 누유통로에 의해 지연되기 때문에 저주파수에서 밸브-모터 조합은 점성계수 D_m^2/K_{ce}를 갖는 점성댐퍼처럼 작용한다. $2\delta_h\omega_h$와 ω_h 사이의 주파수 영역에서 누설 유량이 생길만한 충분한 시간이 없기 때문에 강성(stiffness)은 정체 오일 스프링 K_h가 된다. ω_h이상의 주파수에서 관성부하는 회전운동을 방해하며, 강성은 주파수의 제곱으로 증가한다. 이전에 논의한 것처럼, K_{ce}, δ_h, ω_h에서의 변동은 그림 6-4의 그래프를 상당량 변위시킬 것이다. 따라서 그래프의 대략적인 해석만이 가능하다.

밸브-모터의 정적 강성은 때때로 흥미롭다. 정적 부하토크가 누설 유량과 지속적인 축 회전을 야기시키기 때문에, 정적 위치 강성(식 (6-19)에서 ω=0인)은 제로(0)가 된다는 것은 분명하다. 하지만, 정적속도 컴플라이언스가 공급된 부하토크에 대한 속도저하의 비로 정의될 수 있으며, 이는 유용한 양이다. 이 값은 밸브-모터 조합에 대해 K_{ce}/D_m^2이며, 높은 강성을 갖기 위해서는 가능한 한 작은 값을 가져야 한다. 실제로 K_{ce}/D_m^2가 작다는 사실은 유압제어가 폭넓게 사용되는 이유 중의 하나이다.

그럼 모터가 스프링 형태의 부하를 구동하는 경우를 고려해 보자. 모터는 무한한 회전능력과 그런 (무한한 회전)부하 때문에 선택되기 때문에, 토션 스프링 부하는 모터 회전각에 따라 부하가 증가하여, 결국엔 모터를 정지시킬 수도 있기 때문에 모터에 있어서 상당히 특이한 경우이다. 스프링 부하는, 제한된 변위를 갖는 피스톤 타입의 액추에이터(실린더)에서 잘 사용된다. 그러나 스프링 기울기 G가 매우 작거나 모터 회전이 제한되어 있다면 이런 부하도 존재할 수 있다고 생각해 볼 수 있다.

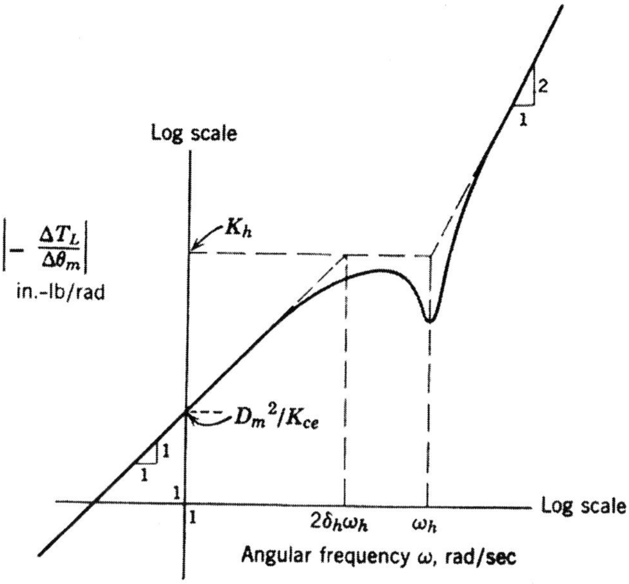

그림 6-4 주파수에 따른 밸브-모터의 동적 강성(stiffness)

식 (6-14)로 돌아가서, 만약 계수가 수치적으로 명시되었다면, 3차항은 인수분해된다. 그렇지만, 이 3차항의 문자적 요소를 제공하는 어떤 근사화가 이루어지면 스프링부하를 보다 쉽게 이해할 수 있다. 부하점성감쇠계수 B_m은 일반적으로 작아서 무시할 수 있으므로, 식 (6-14)는 다음처럼 쓸 수 있다.

$$\theta_m = \frac{\dfrac{K_q}{D_m}x_v - \dfrac{K_{ce}}{D_m^2}(1+\dfrac{s}{2\delta_h\omega_h})T_L}{\dfrac{s^3}{\omega_h^2} + \dfrac{2\delta_h}{\omega_h}s^2 + (1+\dfrac{G}{K_h})s + \dfrac{K_{ce}G}{D_m^2}} \tag{6-23}$$

이 3차 특성방정식은 다음 식을 얻기 위해 근사적으로 인수분해될 것이다.

$$\theta_m = \frac{\dfrac{K_q}{D_m}x_v - \dfrac{K_{ce}}{D_m^2}(1+\dfrac{s}{2\delta_h\omega_h})T_L}{(s+\dfrac{K_{ce}G}{D_m^2})(\dfrac{s^2}{\omega_h^2} + \dfrac{2\delta_h}{\omega_h}s+1)} \tag{6-24}$$

이를 위해서는 근사화된 인수를 전개하여 주어진 3차식의 계수들과 동일하다고 둠으로써 얻어진 다음의 조건이 필요하다.

$$\frac{G}{K_h} \ll 1 \tag{6-25}$$

$$\left(\frac{K_{ce}\sqrt{GJ_t}}{D_m^2}\right)^2 \ll 1 \tag{6-26}$$

위 두 조건은 유압 스프링계수가 부하 스프링계수보다 훨씬 크고, 밸브-모터의 감쇠계수 D_m^2 / K_{ce}가 부하스프링과 관성 조합의 임계감쇠값보다 훨씬 크다는 것을 전제로 한다. 이런 조건들은 거의 항상 만족되지만, 각각의 경우마다 체크되어야 한다.

식 (6-15)와 (6-24)를 비교하면, 스프링부하의 주된 동적 효과가, $K_{ce}G/D_m^2$ 에서 모터적분을 낮은 주파수 지연으로 대체하는 것임에 주목해야 한다. 만약 스프링 상수가 감소하면, 이 절점주파수는 낮아지고 지연 인자는 적분의 보다 나은 근사가 될 것이다. 완전 적분 성능은 $G=0$일 때 얻어진다. 서보루프에서의 적분은 낮은 정상상태오차와 나은 안정도 제어를 가져오기 때문에 바람직하다.

식 (6-3)과 (6-12), (6-13)을 블록다이어그램으로 표현하는 것은 바람직하다. 만약 비선형식으로 나타내고자 한다면 식 (6-3)은 서보밸브의 압력-유량 곡선에 대한 적절한 방정식으로 대체할 수 있을 것이다. 모터위치(회전각)가 어떤 입력(유량, 토크)에 따르냐에 따라, 두 개의 블록 다이어그램을 그릴 수 있다(그림 6-5). 각각의 다이어그램은 유효(정당)하고, 사용하려는 조건에 가장 적합한 것이다. 부하유량에 근거한 그림 6-5a는 일반적으로 선호되며, J_t를 제로로 만들 수 있기 때문에(그러나 아날로그 시뮬레이션에는 미분기가 필요하다) 동적 거동이 크게 영향을 주지 않는 경우에 적합하다. 부하토크에 근거한 그림 6-5b는 관성 J_t와 누설계수 K_{ce}가 비교적 큰, 동적 거동이 지배적인 경우에 적합하다.

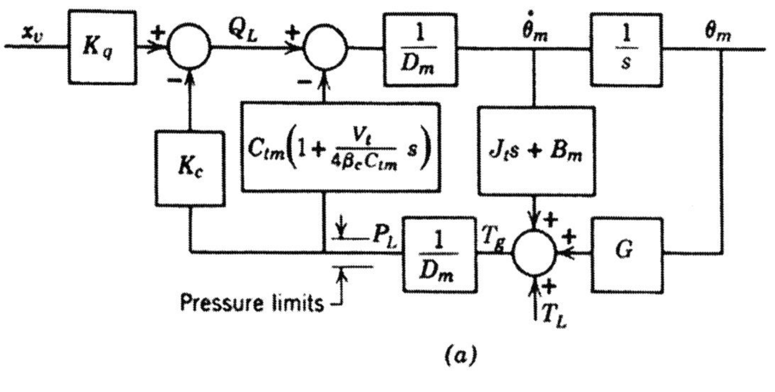

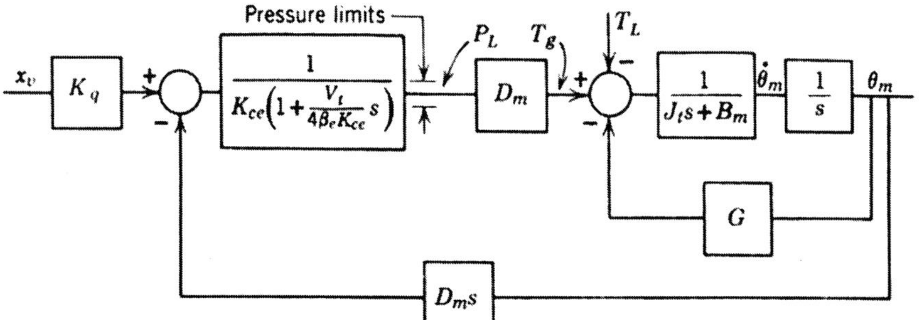

그림 6-5 밸브로 제어되는 모터의 블록선도: (a) 유량으로부터 얻어진 모터 회전각도에 근거한 선도, (b) 토크로부터 얻어진 모터 회전각도에 근거한 선도

6-2 밸브로 제어되는 피스톤

서보밸브와 피스톤의 조합 역시 일반적인 유압동력 장치이다. 이 조합의 분석은 6-1절에 주어진 것과 꽤 유사하기 때문에, 우리는 주요한 관계에 대해 윤곽만 잡을 것이다. 그러므로 이 절(6-2)를 논의하기 앞서 6-1절을 선행 학습하기를 권한다.

밸브-피스톤 조합이 그림 6-6에 개략적으로 그려져 있다. 서보밸브의 오리피스는 짝되고 대칭인 형상이라고 가정되기 때문에 밸브유량은 식 (6-3), (6-4)로 기술할 수 있다. 연속방정식을 피스톤의 각 챔버에 적용하면 다음의 식을 얻는다.

$$Q_1 - C_{ip}(P_1 - P_2) - C_{ep}P_1 = \frac{dV_1}{dt} + \frac{V_1}{\beta_e}\frac{dP_1}{dt} \tag{6-27}$$

$$C_{ip}(P_1 - P_2) - C_{ep}P_2 - Q_2 = \frac{dV_2}{dt} + \frac{V_2}{\beta_e}\frac{dP_2}{dt} \tag{6-28}$$

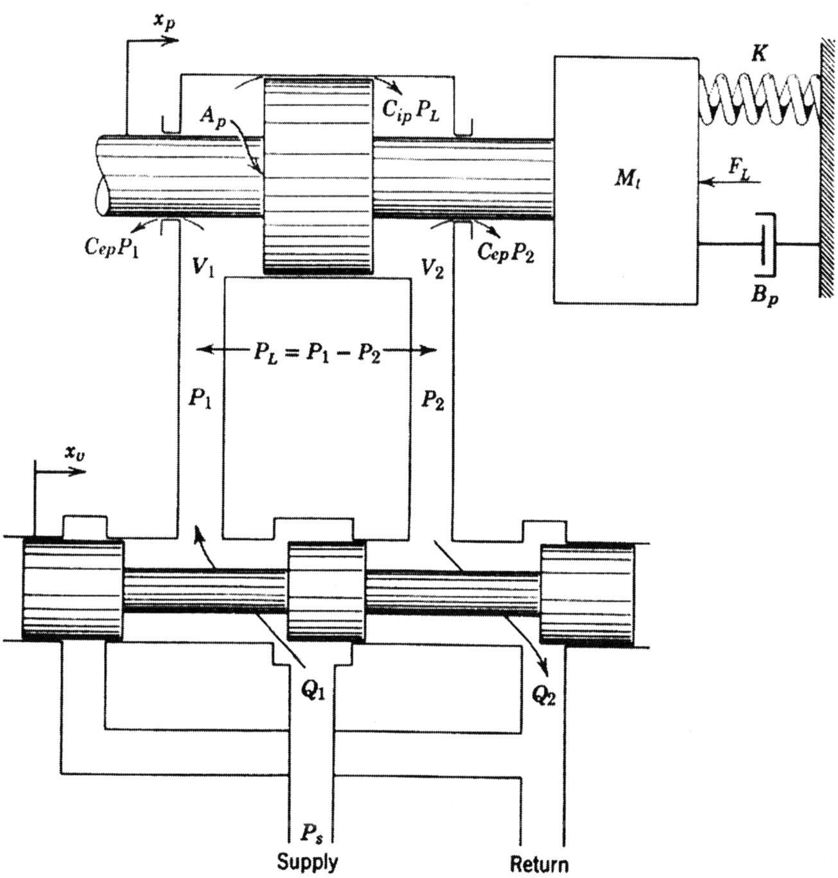

그림 6-6 밸브-피스톤 조합

여기서 V_1 = 상류챔버 체적(밸브와 연결관로, 피스톤 내 체적 포함), in.^{3}

V_2 = 하류챔버 체적(밸브와 연결관로, 피스톤 내 체적 포함), in.^{3}

C_{ip} = 피스톤 내부 또는 포트를 가로지르는 누유계수, in.^{3}/sec/psi

C_{ep} = 피스톤 외부누유계수, in.^{3}/sec/psi

다른 기호는 6-1절에서 정의된 바와 같다.

피스톤 챔버의 체적은 다음과 같이 쓸 수 있다.

$$V_1 = V_{01} + A_p x_p \tag{6-29}$$

$$V_2 = V_{02} - A_p x_p \tag{6-30}$$

여기서 A_p = 피스톤 면적, in.^{2}

x_p = 피스톤 변위, in.

V_{01} = 상류챔버의 초기 체적, in.^{3}

V_{02} = 하류챔버의 초기 체적, in.^{3}

회전모터와 반대로, 초기의 피스톤 챔버 체적들은 반드시 동일할 필요는 없다. 하지만, 피스톤이 실린더 중앙에 위치하여 각 챔버의 체적이 같다고 하면, 다음과 같다.

$$V_{01} = V_{02} = V_0 \tag{6-31}$$

만약 이 가정(초기 체적이 동일함)이 성립하지 않으면, 분석이 복잡해지고 결과를 해석하기에 매우 난해하게 된다. 경험에 의하면, 안정도 문제는 피스톤이 중앙에 있을 때 보다 민감하며, 그래서 동일한 챔버의 체적을 가정하는 것이 신중하다고 할 수 있다. 그림 6-6에서, 각 챔버 체적의 합은 일정하며 피스톤 위치와는 상관없음을 알 수 있다. 그러므로

$$V_t = V_1 + V_2 = V_{01} + V_{02} = 2V_0 \tag{6-32}$$

여기서 V_t =양쪽 챔버에서 압축을 받는 유체의 전체 체적, in.^{3}

식 (6-12)를 유도한 것과 마찬가지로, 체적과 연속방정식이 결합되어 다음의 식이 된다.

$$Q_L = A_p s x_p + C_{tp} P_L + \frac{V_t}{4\beta_e} s P_L \tag{6-33}$$

여기서 $C_{tp} = C_{ip} + (C_{ep}/2)$ =피스톤의 전체 누유상수, in.^{3}/sec/psi,

이것은 연속방정식의 일반적인 형태이다.

최종 방정식은 뉴턴 제2법칙(가속도의 법칙)을 피스톤에 가해지는 힘에 적용하여 얻어진다. 결과의 식을 라플라스 변환하면,

$$F_g = A_p P_L = M_t s^2 x_p + B_p s x_p + K x_p + F_L \tag{6-34}$$

여기서 F_g = 피스톤에 의한 출력, lb

M_t = 피스톤과 피스톤에 가해지는 부하의 전체 질량, lb-sec^2/in.

B_p = 피스톤과 부하의 점성감쇠계수, in.-lb-sec

K = 부하 스프링 상수, lb/in.

F_L = 피스톤에 가해지는 외력, lb

식 (6-3), (6-33)과 (6-34)는 세 개의 기본 방정식(오리피스 식, 연속방정식, 운동방정식)이며, 결합하여 풀면 다음 식을 얻는다.

$$x_p = \frac{\dfrac{K_q}{A_p}x_v - \dfrac{K_{ce}}{A_p^2}\left(1+\dfrac{V_t}{4\beta_e K_{ce}}s\right)F_L}{\dfrac{V_t M_t}{4\beta_e A_p^2}s^3 + \left(\dfrac{K_{ce}M_t}{A_p^2}+\dfrac{B_p V_t}{4\beta_e A_p^2}\right)s^2 + \left(1+\dfrac{B_p K_{ce}}{A_p^2}+\dfrac{K V_t}{4\beta_e A_p^2}\right)s + \dfrac{K_{ce}K}{A_p^2}} \tag{6-35}$$

여기서 $K_{ce} = K_c + C_{ip} + C_{ep}/2$는 전체 유량압력계수, in.^{3}/sec/psi

식 (6-35)는 각각의 밸브 위치와 힘에 대한 피스톤 응답을 제공하며, 밸브-모터 조합에 대한 식 (6-14)와 매우 유사하다. 이 식은 상당히 일반적이어서 어떤 4포트 밸브와 피스톤 조합에 대해서도 출력기기 혹은 2단 서보밸브에라도 적용할 수 있다. 플래퍼밸브가 스풀밸브를 구동하는 2단 서보밸브에서, 스풀밸브는 플래퍼밸브에 의해 제어되는 피스톤 실린더로서 기능을 한다.

만약 밸브-피스톤 조합이 출력용 기기라면, 대부분의 경우 스프링 부하는 없다. 또, $B_p K_{ce}/A_p^2$는 일반적으로 1보다 작다. 이런 조건에서 식 (6-35)는 축소되어 다음과 같아진다.

$$x_p = \frac{\dfrac{K_q}{A_p}x_v - \dfrac{K_{ce}}{A_p^2}\left(1+\dfrac{V_t}{4\beta_e K_{ce}}s\right)F_L}{s\left(\dfrac{s^2}{\omega_h^2}+\dfrac{2\delta_h}{\omega_h}s+1\right)} \tag{6-36}$$

여기서 $\omega_h = \sqrt{\dfrac{4\beta_e A_p^2}{V_t M_t}}$ = 유압 고유진동수, rad/sec (6-37)

$\delta_h = \dfrac{K_{ce}}{A_p}\sqrt{\dfrac{\beta_e M_t}{V_t}} + \dfrac{B_p}{4A_p}\sqrt{\dfrac{V_t}{\beta_e M_t}}$ = 감쇠비, 무차원 (6-38)

두 개의 정체 오일 스프링은 각각 $\beta_e A_p^2/V_0$의 스프링 경사도를 가지며, 질량 M과 상호작용하여 유압 고유진동수를 만든다. 비록 수학적으로 보여주기는 힘들지만, 초기 챔버 체적이 상이한 경우에도 실험상 이런 스프링을 추가할 수 있다. 이런 경우 유압 고유진동수는 다음과 같다.

$$\omega_h = \left[\frac{\beta_e A_p^2}{M_t}\left(\frac{1}{V_{01}}+\frac{1}{V_{02}}\right)\right]^{1/2} \tag{6-39}$$

이 식이 나타내는 바는, 가장 낮은 고유진동수가 $V_{01} = V_{02}$인 조건에서 나타나며, 이는 피스톤이 중립에 위치할 때이다.

보통, 힘의 부하는 시스템 설계에서 제외되며, 이는 오로지 입력(스풀의 변위)에 대한 전달함수에만 관심이 있기 때문이다. 이 전달함수는 다음과 같다.

$$\frac{x_p}{x_v} = \frac{\dfrac{K_q}{A_p}}{s\left(\dfrac{s^2}{\omega_h^2} + \dfrac{2\delta_h}{\omega_h}s + 1\right)} \tag{6-40}$$

6-1절에서 논의했듯이 게인상수 K_q/A_p와 유압 고유진동수 ω_h, 특별히 감쇠비 δ_h에서 변동이 일어나고 이는 주파수응답에서 상당한 시프트를 야기시킨다. 이 점은 반드시 설계 과정이나 테스트 데이터를 볼 때 언제나 주의해야 한다.

만약 $B_p K_{ce}/A_p^2 \ll 1$이고 K가 충분히 작다면, 이는 식 (6-25), (6-26)과 유사한 조건이 만족되며, 3차 방정식은 근사항을 갖게 되고 식 (6-35)는 다음과 같이 된다.

$$x_p = \frac{\dfrac{K_q}{A_p}x_v - \dfrac{K_{ce}}{A_p^2}\left(1 + \dfrac{V_t}{4\beta_e K_{ce}}s\right)F_L}{\left(s + \dfrac{K_{ce}K}{A_p^2}\right)\left(\dfrac{s^2}{\omega_h^2} + \dfrac{2\delta_h}{\omega_h}s + 1\right)} \tag{6-41}$$

이 식은 종종 피스톤에 대해 스프링 부하들이 존재할 때 유용하며, 이는 스프링 부하가 $K_{ce}K/A_p^2$에서 저주파 지연을 일으키고 $K=0$일 때 순수적분이 됨을 나타낸다.

부하 입력에 의한 응답에 대해 6-1절에서 논의된 바는 밸브-피스톤 조합에도 잘 적용된다.

6-3 3-포트 밸브로 제어되는 피스톤

3포트 밸브-피스톤 조합은 항공기 제어나 머신 툴 추적제어 같이 유압기계 위치제어서보의 동력장치에 적용된다. 이런 조합은 센싱 및 계산기능을 수행하는 항공기 서보에도 종종 사용된다.

이 절에서 우리는 그림 5-10에 개략적으로 나타낸 요소에 대한 전달함수를 유도할 것이다. 일정 공급압력의 가정 하에서 밸브 유량방정식은 5-5절에서 다음과 같이 유도되었다.

$$Q_L = K_q x_v - K_c P_c \tag{6-42}$$

여기서 P_c = 피스톤 헤드에 작용하는 제어압력, psi.

그림 5-10에서 제한체적(control volume)에 연속방정식을 적용하면,

$$Q_L + C_i(P_s - P_c) = \frac{dV_h}{dt} + \frac{V_h}{\beta_e}\frac{dP_c}{dt} \tag{6-43}$$

여기서 C_i = 크로스 포트 누유계수, in.^{3}/sec/psi

V_h = 헤드챔버 체적, in.^{3}

다른 기호는 앞 절에서 정의되었다. 헤드챔버 체적은

$$V_h = V_0 + A_h x_p \tag{6-44}$$

여기서 V_0 = 초기 헤드챔버 체적, in.^3

A_h = 헤드측 면적, in.^2

A_r = 로드측 면적, in.^2

$|A_h x_p| \ll V_0$와 같이 피스톤의 작은 동작을 가정하면 식 (6-43)과 (6-44)를 결합하여 라플라스 변환을 하면 다음의 식을 얻을 수 있다.

$$Q_L + C_i P_s = A_h s x_p + C_i P_c + \frac{V_0}{\beta_e} s P_c \tag{6-45}$$

관성과 스프링 부하를 가정하면, 라플라스 변환된 피스톤에 대한 힘(운동) 방정식은 다음과 같다.

$$P_c A_h - P_s A_r = M_t s^2 x_p + K x_p \tag{6-46}$$

여기서 M_t = 피스톤과 부하의 전체 질량, $\text{lb-sec}^2/\text{in.}$

K = 부하 스프링 상수, lb/in.

식 (6-42)와 (6-45), (6-46)은 전체 시스템을 나타낸다. 만약 변수들의 작은 변동에 대해서 식 (6-45)와 (6-46)을 선형화하면, P_s는 일정하기 때문에 이 식에서는 제로가 될 수 있다. 그러므로 이 세 개의 방정식(오리피스 식, 연속방정식, 운동방정식)을 결합하면 다음의 식을 얻는다.

$$\frac{\Delta x_p}{\Delta x_v} = \frac{\dfrac{K_q}{A_h}}{\dfrac{s^3}{\omega_h^2} + \dfrac{2\delta_h}{\omega_h} s^2 + (1 + \dfrac{K}{K_h}) s + \dfrac{(K_c + C_i)K}{A_h^2}} \tag{6-47}$$

여기서 $\omega_h = \sqrt{\dfrac{K_h}{M_t}} = \sqrt{\dfrac{\beta_e A_h^2}{V_0 M_t}}$ = 유압 비감쇠 고유진동수, rad/sec

$\delta_h = \dfrac{(K_c + C_{i)}}{2A_h} \sqrt{\dfrac{\beta_e M_t}{V_0}}$ = 감쇠비, 무차원

$K_h = \dfrac{\beta_e A_h^2}{V_0}$ = 유압 스프링 상수, lb/in.

만약 부하 스프링 계수가 충분히 작아서 식 (6-25), (6-26)에서와 유사한 조건이 된다면, 식 (6-47)을 인수분해하여 다음의 식을 얻을 수 있다.

$$\frac{\Delta x_p}{\Delta x_v} = \frac{\dfrac{K_q}{A_h}}{\left[s + \dfrac{(K_c + C_i)K}{A_h^2}\right]\left(\dfrac{s^2}{\omega_h^2} + \dfrac{2\delta_h}{\omega_h} s + 1\right)} \tag{6-48}$$

따라서 부하 스프링은 6-1절에서 논의된 것처럼 $(K_c + C_i)K/A_h^2$에서 지연을 야기한다. 만약 부하 스프링 상수가 제로라면, 식 (6-48)은 다음과 같이 축소될 수 있다.

$$\frac{\Delta x_p}{\Delta x_v} = \frac{\dfrac{K_q}{A_h}}{s\left(\dfrac{s^2}{\omega_h^2} + \dfrac{2\delta_h}{\omega_h}s + 1\right)} \tag{6-49}$$

이 결과를 4포트 밸브제어되는 피스톤에 대해 얻은 식 (6-40)과 비교하면, 비감쇠 고유진동수와 감쇠비 모두 원래의 $1/\sqrt{2}$ 비율로 낮아졌음에 주목해야 한다. 이것은, 오직 한 관로만이 제어되므로, 오직 하나의 체적만이 오일 스프링으로서 기여한다는 점 때문이다. 만약 4포트 밸브에서처럼 두 관로들이 제어된다면, 두 개의 정체 오일 스프링이 얻어질 것이다. 그러므로 그 외 모든 값이 동일하다면, 4포트 밸브제어 피스톤의 동적 응답이 더 우월하다.

6-4 펌프로 제어되는 모터

펌프제어되는 모터는 실험적으로 90%에 이르는 높은 최대효율로 인해 상당히 큰 출력을 제어하는 분야의 동력장치로 사용된다. 그렇지만, 이들 요소들의 상대적으로 낮은 응답(20 Hz 내외)으로 인해 고성능 시스템에서의 사용에는 제약이 있다.

종종 유체정역학 또는 유압트랜스미션이라 불리는 기본적인 펌프제어되는 모터를 그림 6-7에 나타내었다. 일정 속도의 동력원으로 구동되며 유동의 방향을 정역할 수 있는 가변용량펌프가 고정용량유압모터와 직접 연결되어 있다. 따라서 모터의 회전속도와 방향은 펌프 행정을 가변함으로써 제어된다.

각 관로에서의 누설 유량을 채우고 각 관로에서의 최소압력을 설정하기 위하여 보충공급장치가 필요하게 된다. 이 보조 공급장치는, 단지 누설유량만큼만 공급하기 때문에 소용량의 정압(펌프) 형태를 갖는다. 보충공급압력 P_r은 동력손실을 최소화하고 부하가 모터에 가해졌을 때에 관로

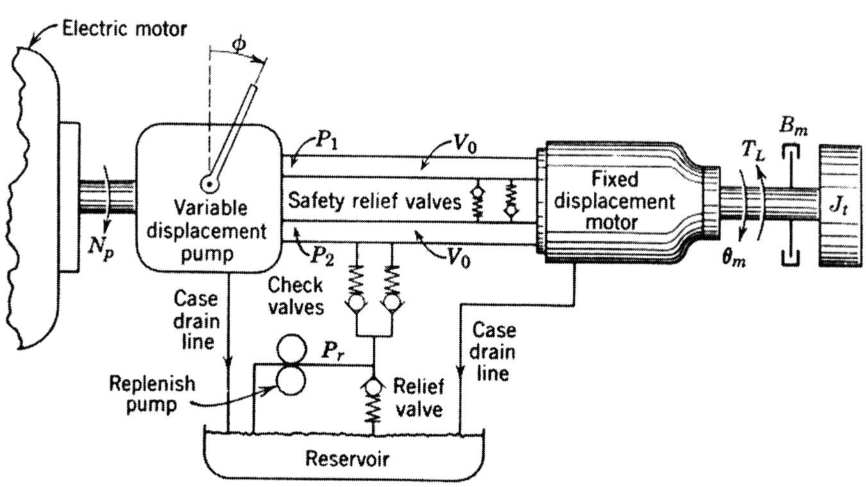

그림 6-7 펌프로 제어되는 모터의 개략도

압력을 낮게 유지하기 위해서 낮게 설정되어 있다. 보충공급장치는 각 관로를 가압함으로써 캐비테이션과 공기혼입을 방지함하고 누유를 보충하기 위해 보다 냉유를 공급함으로써 열 방출을 돕는다.

안전 릴리프밸브는 압력상승에 의한 시스템의 손상을 방지하기 위해 사용된다. 이런 밸브는 관로 압력의 상한을 설정하며, 일반 작동압력 이상에서 릴리프압이 작동하도록 한다. 이런 밸브는, 극한의 과부하 상태에서 대량의 펌프토출유량을 통과시켜야 하기 때문에, 신속히 응답해야 하고 큰 용량을 갖는다. 이런 밸브는 관로들을 가로질러 연결해야 하고, 이렇게 함으로써 오버로드 유량이 다른 관로로 유입되어 캐비테이션 현상을 방지하도록 한다.

펌프에서의 행정제어는 선형 또는 회전형의 형태를 가지며, 대개 회전형은 소형 전기유압서보밸브와 동작을 위한 피스톤(실린더), 적당한 전기적 피드백 장치, 전자적 오차증폭기를 필요로 한다. 보충공급장치의 용량은 행정제어서보에도 공급하기 위해서 더 커지기도 한다.

일반 작동 중에 한 관로의 압력은 보충공급압력일 것이며, 다른 관로의 압력은 부하에 걸맞게 변할 것이다. 만약 부하에 의해 압력이 반대로 걸리면, 두 관로의 기능은 전환될 것이다. 만약 천이가 빠르고 부하 역전이 발생하면, 양쪽 관로 압력이 동시적으로 변화하는 것도 가능하다. 그러나 여기서는 보다 일반적인 경우로 한 번에 하나의 관로압력만 변한다고 가정한다.*

그림 6-7에서 P_1을 고압이라고 하고, 방정식을 기술하기 위한 기호의 약속으로서 $P_1 > P_r$이고 $P_2 = P_r$이라고 하자. 이하의 해석에서 압력 P_2는 발생하지 않을 것이므로 부하의 역전은 수학적인 관점에서 음$(-)$의 P_1값을 필요로 할 것이다. 이런 조건은 관로들이 각각의 기능을 역전함으로써 물리적으로 이루어짐이 분명하다. 모든 압력이 균일하고, 관로에서의 손실이나 동적거동이 없으며, 형상에 따른 손실은 무시하며, 압력 포화가 없고, 일정한 유체 밀도와 온도이며, 펌프와 모터의 일정한 챔버체적이며, 일정한 보충공급압력이고, 일정한 펌프속도이며, 드레인 압력이 제로이며, 누설 흐름이 층류라고 가정해 보자. 비록 가정한 항목이 많지만 이중 어떤 것도 부당하게 제한적이지는 않다. 이런 조건 하에서, 전진단의 챔버에 대한 연속방정식은 다음과 같이 쓸 수 있다.

$$D_pN_p - C_{ip}(P_1 - P_r) - C_{ep}P_1 - C_{im}(P_1 - P_r) - C_{em}P_1 - D_m\frac{d\theta_m}{dt} = \frac{V_0}{\beta_e}\frac{dP_1}{dt} \quad (6\text{-}50)$$

여기서 D_p= 펌프의 행정체적, in.^{3}/rad

D_m= 모터의 행정체적, in.^{3}/rad

N_p= 펌프속도(일정하다고 가정), rad/sec

θ_m= 모터축의 각 위치, rad

V_0= 상류챔버의 평균체적(펌프와 모터의 한쪽, 연결관로, 체크밸브와 릴리프밸브에 연관된 부수적인 체적), in.^{3}

P_1= 상류챔버 압력, psi

---

* 만약 양쪽 관로 압력이 변화하면, 유사한 분석에 의해 두 개의 정체오일스프링이 존재하므로 유압 고유진동수가 $\sqrt{2}$배로 커질 것이다[2].

P_2= 리턴챔버 압력, psi

P_r= 보충압력, psi

β_e= 시스템의 유효체적탄성계수(챔버의 오일과 갖힌 공기, 기계적 탄성을 포함), psi

C_{ip} = 펌프의 내부 또는 포트 간 누유계수, in.^{3}/sec/psi

C_{im} = 모터의 내부 또는 포트 간 누유계수, in.^{3}/sec/psi

C_{ep} = 펌프 외부누유계수(관로에서 케이스 드레인으로), in.^{3}/sec/psi

C_{em} = 모터 외부누유계수(관로에서 케이스 드레인으로), in.^{3}/sec/psi

펌프의 행정체적은 다음과 같다.

$$D_p = k_p \phi \tag{6-51}$$

여기서 ϕ = 펌프 스트로크각, 각도

k_p = 펌프제어의 행정체적 기울기, in.^{3}/rad/deg

위 두 식 (6-50), (6-51)을 결합하여 라플라스 변환을 하면 다음과 같다.

$$k_p N_p \phi + C_{it} P_r = D_m s\theta_m + C_t P_1 + \frac{V_0}{\beta_e} s P_1 \tag{6-52}$$

여기서 $C_{it} = C_{ip} + C_{im}$

$C_{et} = C_{ep} + C_{em}$

$C_t = C_{it} + C_{et}$

s = 라플라스 연산자, sec^{-1}

부하를 집중된 상수로 가정하고, 토크평형방정식을 얻기 위해 뉴턴 제2법칙을 사용하였다. 그러면,

$$T_g = (P_1 - P_r) D_m = J_t \frac{d^2\theta_m}{dt^2} + B_m \frac{d\theta_m}{dt} + \frac{\dot{\theta}_m}{|\dot{\theta}_m|}(P_1 + P_r) C_f D_m + T_L \tag{6-53}$$

여기서 T_g=모터에 의해 생성된 토크, in.-lb

J_t=모터와 부하의 총 관성모멘트(모터축에 대한), in.-lb-sec^2

B_m=총 점성마찰계수(모터 내부감쇠 포함), in.-lb-sec

C_f=모터 내부마찰계수, 무차원

T_L=모터에 가해지는 임의의 부하토크, in.-lb

이 방정식은(4-3절 참조) 상대적인 운동을 하는 모터 요소들 간의 마찰에 의한 그리고 두 관로 압력의 합계에 비례하는 내부마찰토크를 포함하고 있다. 하지만, 이 값은 비선형적이기 때문에 선형적인 분석을 위해서는 제로가 되어야 한다(10-8절과 참고문헌 1을 참고). 이 가정은 수학적인 편의를 제외하고는 C_f가 보통 0.1 이하로 작다고 할지라도 타당하다고 하기 어렵다. 본질적으로 마찰항은 고압에서 그리고/또는 작은 진폭의 입력에서 모터의 감쇠력을 증가시키도록 작용할 것이다. $C_f = 0$이라고 두고 라플라스 변환을 하면 다음의 식을 얻는다.

$$P_1 D_m = J_t s^2 \theta_m + B_m s\theta_m + P_r D_m + T_L \tag{6-54}$$

식 (6-52)와 (6-54)는 전체 시스템을 나타낸다. P_r은 상수라고 가정되었기 때문에 선형화를 위해 이 양을 포함하는 항들은 두 식에서 제거될 것이다. 그러므로 이들 방정식을 서로 결합하여 다음의 식이 된다.

$$\Delta\theta_m = \frac{\dfrac{k_p N_p}{D_m}\Delta\phi - \dfrac{C_t}{D_m^2}\left(1+\dfrac{V_0}{\beta_e C_t}s\right)\Delta T_L}{\dfrac{V_0 J_t}{\beta_e D_m^2}s^3 + \left(\dfrac{C_t J_t}{D_m^2}+\dfrac{B_m V_0}{\beta_e D_m^2}\right)s^2 + \left(1+\dfrac{B_m C_t}{D_m^2}\right)s} \tag{6-55}$$

여기서 접두사 Δ는 변수의 미소 변화를 의미한다. 보통의 경우, $B_m C_t / D_m^2 \ll 1$이고 식 (6-55)는 간략하게 되어 다음과 같아진다.

$$\Delta\theta_m = \frac{\dfrac{k_p N_p}{D_m}\Delta\phi - \dfrac{C_t}{D_m^2}\left(1+\dfrac{V_0}{\beta_e C_t}s\right)\Delta T_L}{s\left(\dfrac{s^2}{\omega_h^2}+\dfrac{2\delta_h}{\omega_h}s+1\right)} \tag{6-56}$$

여기서 $\omega_h = \sqrt{\dfrac{\beta_e D_m^2}{V_0 J_t}}$ = 유압 비감쇠 고유진동수, rad/sec (6-57)

$\delta_h = \dfrac{C_t}{2D_m}\sqrt{\dfrac{\beta_e J_t}{V_0}} + \dfrac{B_m}{2D_m}\sqrt{\dfrac{V_0}{\beta_e J_t}}$ = 감쇠비, 무차원 (6-58)

밸브제어되는 모터대 펌프제어되는 모터의 동적성능을 비교하기 위해서 식 (6-15)와 (6-56)을 조사해봐야 한다. 이 두 식은 형태상 동일하기 때문에, 이 2가지 조합의 응답상의 기본적인 차이점은 없다. 그렇지만, 상응하는 파라미터의 변동과 값에서 상당한 차이가 있다. 펌프제어되는 모터의 비감쇠 고유진동수는 두 가지 이유로 낮다. 먼저, 단지 한 개의 관로만 제어되어, 정체오일 스프링 상수는 밸브제어되는 모터에서의 값의 1/2이고, 고유진동수가 $1/\sqrt{2}$ 수준으로 줄어든다. 또한, 일반적으로 펌프와 모터를 가깝게 연결하는 것이 어렵고 펌프의 체적이 밸브에 비해 크기 때문에, 펌프제어되는 모터의 챔버 체적 V_0가 보다 크다. 누설계수가 밸브의 유량-압력계수와 비교하여 상당히 일정하기 때문에 펌프제어모터에서의 감쇠비는 꽤 일정하다. 감쇠비 역시 낮기 때문에 펌프제어되는 시스템은 거의 부족감쇠의 형태를 보인다. 동력의 손실이 있어도 의도적인 크로스 포트 누설 경로와 의도적인 압력 피드백 루프들은 만족할만한 감쇠비를 얻기 위해 종종 사용된다. 게인 상수 $k_p N_p / D_m$, C_t / D_m^2 역시 밸브제어모터에서의 상응하는 값보다 훨씬 일정하다. 요약하면, 펌프제어모터의 동적 응답은 밸브제어모터와 비교하여 예측이 더 용이하고 작동점 변동에 따른 파라미터 값 변동이 적다. 그러나 낮은 고유진동수와 행정제어서보의 느린 응답 때문에 전체적인 응답은 느리다.

두 기본 전달함수는 식 (6-56)으로부터 얻을 수 있다. 스트로크 입력에 대한 전달함수는 다음과 같고,

$$\frac{\Delta\theta_m}{\Delta\phi}=\frac{\dfrac{k_pN_p}{D_m}}{s\left(\dfrac{s^2}{\omega_h^2}+\dfrac{2\delta_h}{\omega_h}s+1\right)} \tag{6-59}$$

시스템의 동적 컴플라이언스는 다음에 의해 주어진다.

$$\frac{\Delta\theta_m}{\Delta T_L}=\frac{-\dfrac{C_t}{D_m^2}\left(1+\dfrac{V_0}{\beta_e C_t}s\right)}{s\left(\dfrac{s^2}{\omega_h^2}+\dfrac{2\delta}{\omega_h}s+1\right)} \tag{6-60}$$

식 (6-59)는 시스템 설계에 공통적으로 이용되는 전달함수이다. 여기서 파라미터의 변동이 결과에 주는 영향은 흥미롭다. 게인상수와 감쇠비는 상당히 일정하다. 밸브제어되는 모터에서와 유사하게 고유진동수의 변동이 예상될 수 있다. 이것은 상당히 선형적인 요소이므로 계산된 값은 측정된 성능과 펌프제어되는 모터에 대해 꽤 잘 맞아야 한다. 테스트를 할 때 압력포화가 일어나지 않도록 충분히 작은 입력값을 사용하는 주의가 필요하다. 사인파 입력에 대해 가속에 요구되는 압력은 주파수 제곱의 비율로 증가하여 안전릴리프밸브 설정압까지 도달할 것이다. 압력포화는 주파수응답의 진폭 부분이 예상되는 선형 응답 이하로 크게 완화되도록 한다. 이와 같은 그래프는 부가적인 동특성이 존재함을 나타낸다. 그러나 이것은 압력포화에 의한 효과이고, 예상되는 응답은 보다 작은 입력 진폭에서 얻어질 것이다.

식 (6-60)에 의해 주어진 부하 응답에 대한 논의가 6-1절에서 다룬 것과 유사하게 이루어 질 수 있다. 펌프제어되는 모터는, 낮은 고유진동수와 감쇠비, 커다란 챔버체적으로 인하여 밸브제어되는 모터시스템만큼 동적 강성이 높지 않다.

이 절에서 다루었던 해석은 펌프제어되는 피스톤에도 적용 가능하다. 이런 경우, θ_m과 D_m은 각각 피스톤의 변위 x_p와 면적 A_p로 대체할 수 있다.

6-5 밸브로 제어되는 다자유도의 부하를 받는 모터

지금까지 우리는 출력요소에 가해지는 부하를 하나의 집중 파라미터로 나타낼 수 있다고 가정하였다. 그러나 여러 경우에서 구동시스템은 다자유도를 갖고 있으며 그렇게 단순하게 기술되지 않는다. 많은 구동시스템은 유압 고유진동수보다 낮은 구조적 공진을 갖는다. 이런 구조적 공진은 밸브-모터 조합의 주파수응답보다 우세하다. 서보 대역폭이 회로의 최저 고유진동수에 의해 제한되기 때문에 이 사실이 시스템 설계에 고려되어야 한다. 큰 안테나와 짐벨, 진동 테이블, 머신툴과 연관된 구동시스템은 높은 시스템 대역폭이 요구되는 그리고 구조적 공진이 가끔 우세해서 전체 시스템 성능을 제한하는 전형적인 예이다.

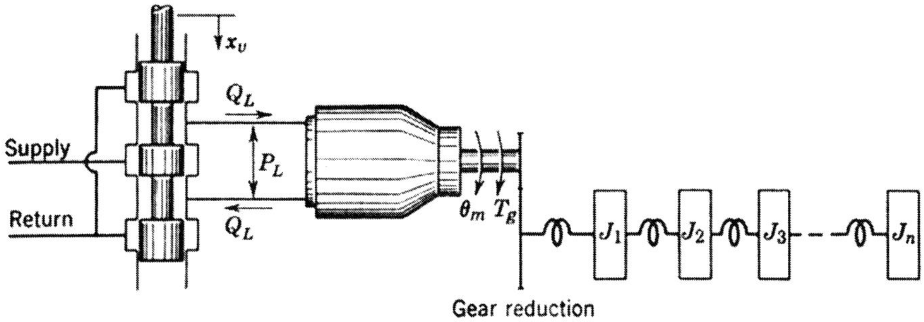

그림 6-8 n 자유도를 갖는 부하에 연결된 밸브로 제어되는 모터

이 절에서 우리는 그림 6-8에 나타낸 경우에 대해 윤곽을 잡을 것이며, 이 그림에서 밸브-모터 출력요소는 구동시스템과 다자유도를 가지고 있는 부하에 연결되어 있다. 이 출력요소의 전달함수가 구해질 것이고, 약간의 예가 구동 동역학의 중요성을 나타내기 위해 주어질 것이다.

서보밸브의 선형화된 압력-유량곡선이 식 (6-3)과 같이 유도되었다. 모터 챔버 유량의 연속성은 식 (6-12)와 같다. 위 두 개의 방정식은 여기에 적용가능하고, 결합하여 다음의 식을 얻을 수 있다.

$$K_q x_v = D_m s\theta_m + K_{ce}P_L + \frac{V_t}{4\beta_e}sP_L \tag{6-61}$$

모든 기호는 6-1절에서 정의되었다. 모터에 의해 발생하는 토크는 다음과 같다.

$$T_g = D_m P_L \tag{6-62}$$

마지막 식은 모터에서 발생된 토크에 의한 부하 동역학을 나타낸다. 모터가 비틀림 여진기로서 작동하고 정현파 형태의 토크를 부하에 공급한다고 생각해 보자. 그리고 회전축의 각도를 측정한다고 생각하자. 가해지는 토크에 대한 축 회전각의 비는 부하 동역학을 기술하는 전달함수가 된다. 일반적으로, 이런 전달함수는 다음의 형태를 가질 것이다.

$$\frac{\theta_m}{T_g} = \frac{\left(\frac{s^2}{\omega_a^2} + \frac{2\delta_a}{\omega_a}s + 1\right)\left(\frac{s^2}{\omega_b^2} + \frac{2\delta_b}{\omega_b}s + 1\right)\cdots}{J_t s^2\left(\frac{s^2}{\omega_1^2} + \frac{2\delta_1}{\omega_1}s + 1\right)\left(\frac{s^2}{\omega_2^2} + \frac{2\delta_2}{\omega_2}s + 1\right)\left(\frac{s^2}{\omega_3^2} + \frac{2\delta_3}{\omega_3}s + 1\right)\cdots} \tag{6-63}$$

여기서 θ_m = 모터 축의 각 위치, rad

T_g = 모터에 의해 생성되는 토크, in.-lb

J_t = 모터와 부하의 총 관성(모터 기준), in.-lb-sec^2

$\omega_a, \omega_b, \cdots$ = 분자 2차식의 비감쇠 고유진동수, rad/sec

$\omega_1, \omega_2, \cdots$ = 분모 2차식의 비감쇠 고유진동수, rad/sec

$\delta_a, \delta_b, \cdots$ = 분자 2차식의 감쇠비, 무차원

$\delta_1, \delta_2, \cdots$ = 분모 2차식의 감쇠비, 무차원

이 방정식은 모터 내 구조적인 요소의 동적 컴플라이언스가 무시할 만하고, 모터 하우징은 견고하게 단단한 곳에 고정되어 있다고 가정하므로, 모터의 동적 컴플라이언스는 무시할 수 있다.

기계적 구조가 연속 시스템이므로 시스템은 상당히 복잡한 미분 방정식으로 기술될 수 있다. 그리고 식 (6-63)에 포함된 양들을 모두 예상한다는 것은 현재로서는 불가능하다.* 따라서 동특성은 측정에 의해 결정해야 하고 이 사실은 해석의 유용함을 떨어뜨린다. 그러나 구조적인 특성은 종종 응용의 주어진 형태에 대하여 유사하며, 따라서 구동 역학은 각각의 특별한 적용에 대해 측정될 필요가 없다.

식 (6-63)에 대한 여러 가지 관찰은 내포된 동특성을 이해하는 데 도움을 줄 것이다.

1. ω_1, ω_2, $\cdots$는 진동 모드의 비감쇠 고유진동수이다; ω_1은 기본(1차) 모드에서의 진동수이다; ω_2는 2차 모드에서의 진동수이다. 동일한 방식으로..; ω_a, ω_b $\cdots$는 진동 노드(마디)에 대한 비감쇠 고유진동수이다. 분모와 분자의 고유진동수와 일치하는 가진주파수에서의 진동은 최대 및 최소 운동점이 될 것이다.

2. 분모의 s^2 항은 모든 2차항의 요소들이 거의 1이 되는 저주파에서 가해진 토크가 시스템의 전체관성 J_t를 가속하는 데 소모되는 것을 나타낸다.

3. 구조가 수동 시스템이므로 안정하다. 그러므로 구동 동역학의 모든 극점은 복소평면의 좌측영역에 위치한다; 이것은 모든 근이 음의 실수해를 갖는 것을 의미한다.

4. 2차 요소의 수는 자유도 수와 같다. 물리적 현실가능성을 위해서는 분자의 차수는 분모의 차수보다 작아야 한다. ω_a는 모든 주파수의 최저 주파수이다.

5. 만약 가해진 토크에 따라 동일 지점에서 동일한 방향에서 변위가 계측되었다면, 주파수는 산재되어 다음의 결과를 얻는다.

$$\omega_a < \omega_1 < \omega_b < \omega_2 < \omega_c < \omega_3 \cdots$$

여기서 2차항에 의한 위상지연은 180도를 결코 초과할 수 없다. 이 경우의 전달함수는 구동점 전달함수라고 한다.

6. 만약 토크가 가해진 지점이 아닌 다른 지점에서 변위가 측정되었다면, 전달함수는 비최소 위상일 수 있다. 따라서 비구동점 전달함수로부터 위상지연이 일어날 수 있다.

식 (6-62)와 (6-63)을 결합하기는 쉽다. 따라서

$$\theta_m = \frac{G_L(s)}{s^2} \frac{D_m}{J_t} P_L \tag{6-64}$$

$G_L(s)$는 식 (6-63)에서 2차항 요소의 비이다.

식 (6-61)과 (6-64)는 시스템을 기술하며, P_L을 제거하여 결합함으로써 다음의 식을 얻을 수 있다.

---

* 최근에, 복잡한 구조에 대한 모드형상과 고유진동수를 계산할 수 있는 더 정교한 디지털 컴퓨터 프로그램이 개발되었다[3, 4]. 이런 방향으로의 계속적인 연구는 결국 완전한 동적 성능을 예측할 수 있는 단계로 이끌 것이다.

$$\frac{\theta_m}{x_v} = \frac{\frac{K_q}{D_m} G_L(s)}{s\left[\frac{s^2}{\omega_h^2} + \frac{2\delta_h}{\omega_h}s + G_L(s)\right]} \tag{6-65}$$

ω_h, δ_h는 식 (6-16)와 (6-21)에 의해 정의되었고, 집중 파라미터 부하를 갖는 유압동력요소에 대해서 각각 유압 고유진동수와 감쇠비로 정의할 수 있다.

식 (6-65)의 검토로부터

1. 만약 모드와 노드 주파수가 매우 높거나 없다면 $G_L(s) = 1$이 되고 식 (6-65)는 다음과 같이 간략화된다.

$$\frac{s\theta_m}{x_v} = \frac{\frac{K_q}{D_m}}{\frac{s^2}{\omega_h^2} + \frac{2\delta_h}{\omega_h}s + 1}$$

이것은 하나의 간단한 집중관성부하로 가정한 경우의 결과와 같다.

2. 구조적 공진주파수가 ω_h보다 크다면, $\omega = \omega_h$일 때 $G_L(s) \approx 1$이 되고, 따라서 유압공진 주파수는 최소주파수가 되어 즉, 지배 고유진동수가 된다. 식 (6-65)는 다음과 같이 근사화할 수 있다.

$$\frac{s\theta_m}{x_v} \approx \frac{\frac{K_q}{D_m} G_L(s)}{\frac{s^2}{\omega_h^2} + \frac{2\delta_h}{\omega_h}s + 1}$$

여기에서 $s\theta_m/x_v$의 요소로서 2차항 요소 $G_L(s)$가 나타난다.

3. 유압 고유진동수가 구조 공진진동수보다 훨씬 크다면, $G_L(s)$는 식 (6-65)의 분모에서 지배적이고, 이 식은 다음 식처럼 근사화된다.

$$\frac{s\theta_m}{x_v} \approx \frac{K_q}{D_m}$$

그러므로 구조적 공진은 ω_h의 큰 값에 의해 제한된다. 즉, 공진은 일어나지 않는다.

4. 만약 ω_h가 구조 공진진동수 사이에 있다면 ω_h보다 낮은 주파수의 구조적 모드는 전체 응답 $s\theta_m/x_v$에 있어서 억제되거나 제거되고, 최소화되는 경향이 있다. 따라서 보다 높은 ω_h는 낮은 구조적 주파수들을 억제할 수 있다.

5. $G_L(s)$의 영점은 또한 $s\theta_m/x_v$의 영점이다.

그러므로 유압적 공진주파수가 구조적 공진주파수보다 낮은지 아닌지에 상관없이 적어도 모터축 위치로의 전달에 관한 한 유압적 공진이 대략적으로 지배적인 공진이라 할 수 있다. 이런 결론은 구동시스템에서 운동이 약간 다른 위치에서 검출된다면 유효하지 않다.

수치해석 예로서 $G_L(s)$가 분자로 주파수 $f_a = 30$ cps 와 $f_b = 90$ cps 에서 2개의 2차 요소와 분모로 주파수 $f_1 = 50$ cps 와 $f_2 = 150$ cps 에서 2개의 2차 요소로 구성되어 있다고 가정하자. 이들 이차항들에 대한 감쇠비는 0.1이라 한다. 이 수치 값을 갖는 구동 시스템의 동적 컴플라이언스는 그림 6-9와 같이 나타난다. 이제 유압 고유주파수를 20과 50, 120 cps라고 하자. 이는 50 cps에서 최저 구조적 모드와 일치하게 된다. $\delta_h = 0.2$라고 하면 식 (6-65)를 계산할 수 있고, 그림 6-10에 나타낸 3개의 결과적인 주파수응답 곡선들을 그릴 수 있다. 이들 3개의 곡선들로부터 ω_h가 증가할 때 구조적 공진은 덜 중요해짐이 분명하다. ω_h가 최저일 때 이것은 응답을 지배하나 전체 응답에서 여전히 낮은 주파수(그림 6-10에서 약 15 cps)에서 나타난다.

만약 축회전이 아닌 다른 지점에서 변위가 측정되었다면, 이런 결론을 유도해 낼 수 없음을 다시 반복한다. 이런 경우 θ_m / T_g보다는 측정점에 대한 가해진 토크로부터의 구조적 응답이 얻어지고 사용되어져야 한다. 복잡한 부하 동역학의 영역은 지금까지 보다는 더 많은 주의와 연구할 가치가 있다.

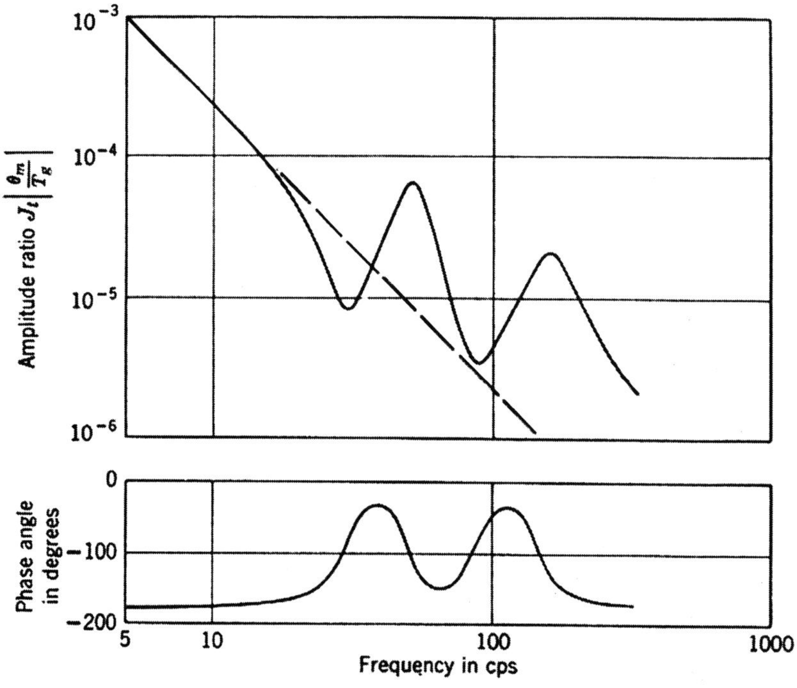

그림 6-9 다자유도를 갖는 구동시스템의 주파수 응답

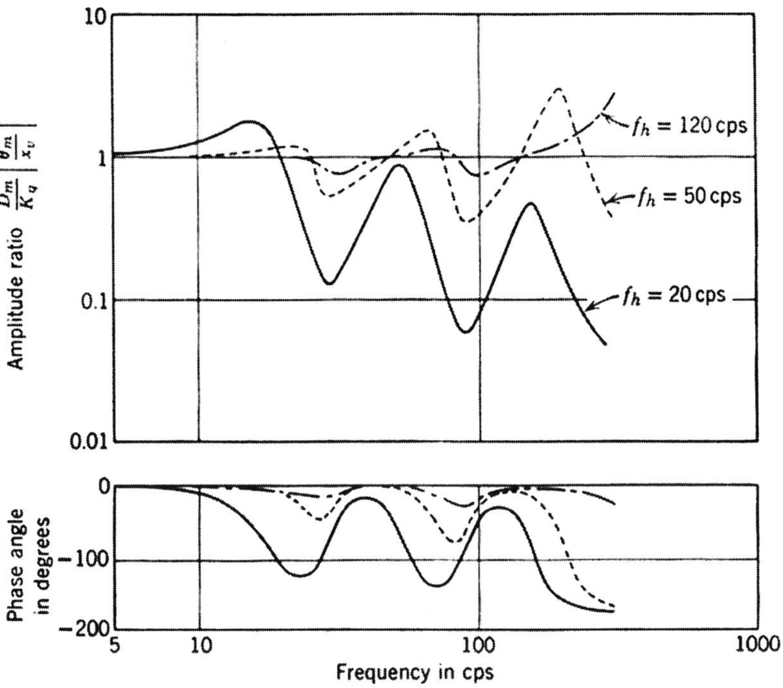

그림 6-10 다자유도를 갖는 구동시스템에 연동된 밸브-모터 조합의 주파수 응답

6-6 유압동력장치에서의 과도압력

보통 압력서지와 유사하게 지칭되는 과도압력은 유압시스템에서 빈번히 발생한다. 이런 압력 상승은 본질적으로 정상상태에서의 값보다 크며 소음을 유발하고 또는 압력안전레벨을 넘어선 경우에는 시스템기기를 손상시킬 수도 있다. 그러므로 서지압을 유발하는 물리적 상황의 규명과 이런 서지압력의 크기 계산, 서지압력을 제한하는 방법 등은 성공적인 시스템 설계를 위해 필수적으로 고려해야 한다.

보통 단순한 회로에서도 압력피크는 예측하기 어렵다. 그러나 두 개의 완전히 공통적인 물리적 상황은 예측 가능한 결과를 제공하며, 보다 복잡한 회로를 다룸에 있어서도 이런 환경에 익숙해짐이 기본적으로 고려해야 한다. 첫 번째 환경은 '워터해머'라고도 불리우며 3-7절에서 다룬 적이 있는데, 밸브가 갑자기 닫힘으로써 관로를 흐르는 유체기둥(흐름)이 정지할 때 발생한다. 생성되는 압력피크는 유체속도를 낮게 유지함으로써 제어된다.

이 절의 주제이기도 한 두 번째 환경은 유압 액추에이터가 갑자기 정지할 때 발생한다. 물론 이 두 가지 상황은 복잡한 과도현상을 만들어내면서 동시적으로 발생할 수 있다. 하지만, 이런 경우는 단순한 방식으로는 다루기 어렵다.

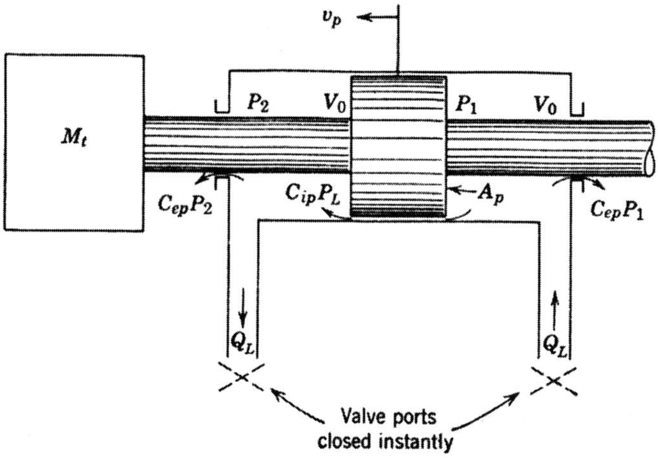

그림 6-11 갑작스런 밸브 닫힘으로 인해 감속되는 피스톤

피스톤이나 모터가 갑자기 정지하는 것에 대한 물리학적인 이해를 분명히 하기 위해 그림 6-11을 살펴보자. 피스톤이 어떤 속도로 이동하고 있는데, 양쪽 관로가 순간적으로 닫히며, 따라서 각 챔버에 유체가 갇히는 상황을 고려해 보자. 피스톤의 관성은 계속 이동하려고 하며 복귀챔버의 유체를 압축시킨다. 그리고 이로 인해 압력은 정상상태 레벨을 넘어 급격히 상승한다(그림 6-12). 동시적으로 공급챔버의 압력은 정상상태수준 이하로 떨어지며 캐비테이션이 발생할 수도 있다. 즉, 절대압력 제로에 접근하는 것이다. 운동하는 질량의 운동에너지가 두 개의 유체스프링에 위치에너지 형태로 저장될 때 피스톤은 정지하게 되고 반대 방향으로 움직이려 할 것이다.

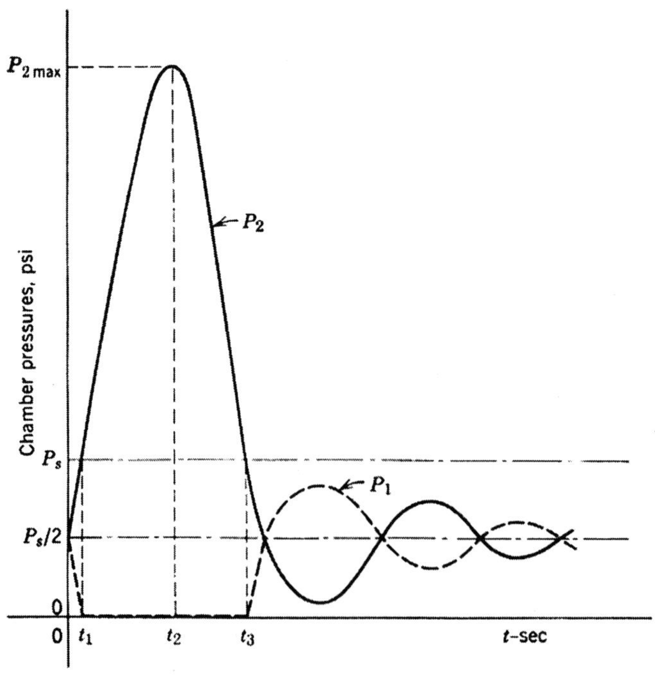

그림 6-12 큰 과도압력의 변화

이런 요동 현상은 누설 손실이 에너지를 소비할 때까지 지속될 것이다. 전진단의 압력이 과도상태에서 제로가 되므로 운동에너지는 주로 복귀 체적의 유체스프링에 위치에너지로서 저장될 것이다. 그리고 이런 압력피크에 대한 대략적인 표현은 에너지 보존의 형태로 표현할 수 있다. 따라서

$$\frac{1}{2}M_t v_{p0}^2 = \frac{1}{2}K_h x_{p0}^2 \tag{6-66}$$

여기서 $K_h = \beta_e A_p^2 / V_0$ = 복귀챔버의 유압작동유 스프링 상수, lb-in.

x_{p0} = 피스톤의 과도거리, in.

v_{p0} = 피스톤의 초기속도, in./sec

M_t = 피스톤과 부하의 총 질량, lb-sec²/in.

V_0 = 복귀챔버의 체적(주로 시스템 총 체적의 절반), in.³

β_e = 시스템의 유효체적탄성계수, lb/in.²

A_p = 피스톤 면적, in.²

$P_{2\max}$ = 복귀압의 피크값, psi

유체 스프링의 변위는 다음과 같이 주어진다.

$$x_{p0} = \frac{P_{2\max} A_p}{K_h} \tag{6-67}$$

결합하여 $P_{2\max}$에 대해 풀면, 다음과 같아진다.

$$P_{2\max} = v_{p0}\left(\frac{\beta_2 M_t}{V_0}\right)^{1/2} \tag{6-68}$$

제로 감쇠로 가정하였으므로 대략적인 값이다.

관성부하만 존재한다고 가정하여 $P_{2\max}$에 대해 보다 정확한 식을 유도해 보자.

$$(P_1 - P_2)A_p = P_L A_p = M_t \frac{dv_p}{dt} \tag{6-69}$$

여기서 v_p = 순간적인 피스톤 속도, in./sec

밸브제어되는 액추에이터에서의 전형적인 과도압력을 그림 6-12에 나타내었다. 시간 간격 $0 \le t \le t_1$에서 각각의 관로압력은 $P_s/2$로부터 동일한 비율로 서로 반대되는 양으로 변하여 전진단의 압력은 제로가 되고 복귀단의 압력은 P_s가 된다. 시간 간격 $t_2 \le t \le t_3$에서는 전진단의 압력은 제로이다. 시스템은 이 두 시간 간격에서 부분적으로 선형이며 따라서 풀 수 있다. 첫 번째 시간 간격에 대한 해석은 두 번째 시간 간격에 대한 초기조건을 설정하는 데 필요하다.

첫 번째 시간 간격 동안 제로 누설유량과 동일한 챔버체적을 가정하면 식 (6-33)과 (6-69)를 연립하여 $t=0$에서 $v_{p0}A_p$의 유량에서 제로로 계단형상의 변화에 대해 $t=t_1$에서 $P_2 = P_s$, $P_1 = 0$을 초기조건으로 하여 풀 수 있다.

$$P_2(t) = P_s\left(\frac{1}{2} + \frac{P_R}{\sqrt{2}}\sin\omega_h t\right) \tag{6-70}$$

여기서 $P_R = \dfrac{v_{p0}}{P_s}\sqrt{\dfrac{\beta_e M_t}{V_0}}$ = 공급압력에 대한 피크압력의 비, 무차원 (6-71)

$\omega_h = \sqrt{\dfrac{2\beta_e A_p^2}{V_0 M_t}}$ = 유압 고유진동수, rad/sec (6-72)

식 (6-70)에 $P_2 = P_s$을 대입하면 시간 t_1을 다음과 같이 얻는다.

$$\omega_h t_1 = \sin^{-1}(\sqrt{2}\,P_R)^{-1} \tag{6-73}$$

식 (6-70)과 연립하면, 시간 t_1에서 끝 조건을 설정할 수 있다.

$$P_2(t_1) = P_s \tag{6-74}$$

$$P_2(t_1) = \frac{1}{\sqrt{2}}\omega_h P_s\sqrt{P_R^2 - \frac{1}{2}} \tag{6-75}$$

이제, 두 번째 시간 간격으로 넘어가보자. $P_1 = 0$, $Q_L = 0$이므로 복귀단에 대한 연속방정식은 다음과 같다.

$$A_p v_p - (C_{ip} + C_{ep} + K_c)P_2 = \frac{V_0}{\beta_e}\frac{dP_2}{dt} \tag{6-76}$$

여기서 C_{ip} = 내부(포트 간) 누유계수, in.^{3}/sec/psi

C_{ep} = 외부 누유계수, in.^{3}/sec/psi

K_c = 서보밸브의 유량-압력계수, in.^{3}/sec/psi

식 (6-69)와 (6-76)을 연립하면,

$$\frac{1}{\omega_2^2}\frac{d^2P_2}{dt^2} + \frac{2\delta_2}{\omega_2}\frac{dP_2}{dt} + P_2 = 0 \tag{6-77}$$

여기서 $\omega_2 = \dfrac{\omega_h}{\sqrt{2}}$ = 한쪽 유체스프링을 갖는 고유진동수, rad/sec (6-78)

$\delta_2 = \dfrac{(C_{ip} + C_{ep} + K_c)}{2A_p}\sqrt{\dfrac{\beta_e M_t}{V_0}}$ = 감쇠비, 무차원 (6-79)

δ_2가 6-2절에서 정의한 종래의 밸브와 다소 다르다 할지라도 종래의 감쇠비가 큰 오차 없이 사용될 수 있다.

$\delta_2 < 1$ and $\delta_2 > 1$에 대하여 식 (6-74)와 (6-75)에서 주어진 초기조건을 사용하여 식 (6-77)을 풀어야 한다. $\delta_2 < 1$에 대하여 시간 응답은 다음과 같다.

$$\frac{P_2(t)}{P_s} = \frac{e^{-\delta_2\omega_2(t-t_1)}}{\sqrt{1-\delta_2^2}}[(\sqrt{P_R^2 - 1/2} + \delta_2)\sin\sqrt{1-\delta_2^2}\,\omega_2(t-t_1) + \sqrt{1-\delta_2^2}\cos\sqrt{1-\delta_2^2}\,\omega_2(t-t_1)] \tag{6-80}$$

미분하여 제로로 두면 피크에 이르는 시간 t_2를 다음과 같이 얻는다.

$$\omega_2(t_2 - t_1) = \frac{1}{\sqrt{1-\delta_2^2}}\tan^{-1}[\frac{\sqrt{1-\delta_2^2}\sqrt{P_R^2 - 1/2}}{1 + \delta_2\sqrt{P_R^2 - 1/2}}] \tag{6-81}$$

식 (6-80)에 대입하면 $\delta_2 < 1$에 대해 $P_{2\max}$는 다음과 같다.

$$\frac{P_{2\max}}{P_s} = e^{-\delta_2\omega_2(t_2 - t_1)}\sqrt{1/2 + P_R^2 + 2\delta_2\sqrt{P_R^2 - 1/2}} \tag{6-82}$$

$\delta_2 > 1$에 대해 유사한 방법을 사용하면 최대 리턴압력에 대해

$$\frac{P_{2\max}}{P_s} = \left[\frac{1 + (\delta_2 - \sqrt{\delta_2^2 - 1}\sqrt{P_R^2 - 1/2})}{1 + (\delta_2 + \sqrt{\delta_2^2 - 1}\sqrt{P_R^2 - 1/2})}\right]^{\frac{\delta_2 - \sqrt{\delta_2^2 - 1}}{2\sqrt{\delta_2^2 - 1}}} \times \left(1 + \frac{\sqrt{P_R^2 - 1/2}}{\delta_2 + \sqrt{\delta_2^2 - 1}}\right) \tag{6-83}$$

식 (6-82)와 (6-83)이 그림 6-13에 나타나 있다. 따라서 그림 6-13을 참조하면 압력피크는 P_R과 δ_2를 계산하여 정해진다. 큰 압력피크는 큰 P_R의 값과 관련된다. 큰 P_R과 작은 δ_2에 대해 (보통의 경우) 식 (6-81)은 근사화되어

$$\omega_2(t_2 - t_1) \approx \frac{\pi}{2} \tag{6-84}$$

식 (6-73)으로부터 $t_1 \approx 0$를 얻는다. 따라서 피크압력은 대략 밸브가 닫힌 지 $\pi/2\omega_2$의 시간이 지나서 대략적으로 발생한다. 큰 P_R과 작은 δ_2에 대해서 식 (6-82)는 다음과 같이 근사될 수 있다.

$$P_{2\max} \approx v_{p0}\left(\frac{\beta_e M_t}{V_0}\right)^{1/2} e^{-(\pi/2)\delta_2} \tag{6-85}$$

이것은 $\delta_2 = 0$라면 에너지들을 같다고 둠으로써 얻어진 식 (6-68)의 결과와 일치한다.

이제 피크압력 $P_{2\max}$를 감소시키는 방법을 연구해 보자. 물론 가장 명확한 해법은 모터의 감속을 조절하여 큰 피크가 발생하지 않도록 하는 것이다. 그렇지만, 이는 상당히 정교하고 많은 비용이 드는 제어를 필요로 할 것이다. $P_{2\max}$가 P_R과 δ_2에만 의존하므로 피크압력을 제한하기 위해서 이들의 양을 제어할 수 있다. 식 (6-71)을 보면 P_R을 만드는 양은 다른 조건에 의해 고정되어 있음에 주목해야 한다. V_0는 작고 β_e는 커야 유압 고유진동수를 높게 유지할 수 있다. 축압기는 충전압력이 초과될 때 β_e/V_0의 값을 변경하기 위해 사용될 수 있다. 그러나 축압기는 크기가 크고 동적에너지는 저장되기보다 소모되기 쉽다. 그러므로 P_R의 어떤 요소도 효과적으로 제어할 수 없음을 결론지을 수 있다. 그러나 δ_2는 릴리프밸브를 관로에 교차로 배치함으로써

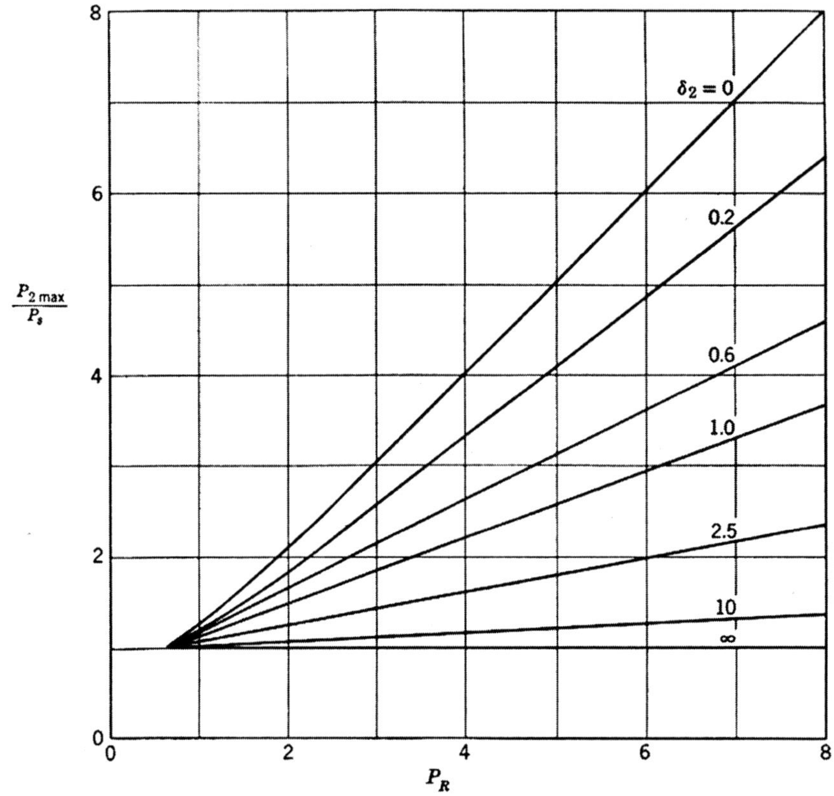

그림 6-13 정상화된 최고 리턴 압력

크게 할 수 있다(그림 6-14 참조). 이런 안전릴리프밸브는 운동에너지를 소모시키고, 전진단에 유체를 공급함으로써 캐비테이션의 방지를 돕는다.

안전릴리프밸브로 피크압력을 설정하기 위해서는 부분적 선형해석이 필요하다. 그렇지만, 릴리프밸브가 압력 P_s에서 열린다고 가정하면(즉, $P_r = P_s$) 릴리프밸브는 시간 t_1에서 열릴 것이고 이전의 해석을 그대로 적용할 수 있다. 이 조건하에서 식 (6-79)와 같이 주어진 δ_2는

$$\delta_2 = \frac{(K_r + K_c + C_{ip} + C_{ep})}{2A_p}\left(\frac{\beta_e M_t}{V_0}\right)^{1/2} \tag{6-86}$$

여기서 K_r = 릴리프밸브 특성의 기울기, in.^{3}/sec/psi

P_r = 릴리프밸브 압력 설정, psi

K_r이 아주 크기 때문에 릴리프밸브가 열렸을 때 감쇠비는 상당히 증가한다. 주어진 P_R에 대해서 그림 6-13으로부터 우리는 만족할만한 압력피크를 주는 δ_2값을 택할 수 있다. 그러면 필요한 K_r값은 식 (6-86)으로부터 계산할 수 있다.

안전릴리프밸브의 요구되는 흐름용량과 응답속도를 결정해 보자. 그림 6-14로부터 다음과 같이 쓸 수 있다.

$$Q_{r\max} = K_r(P_{2\max} - P_r) \tag{6-87}$$

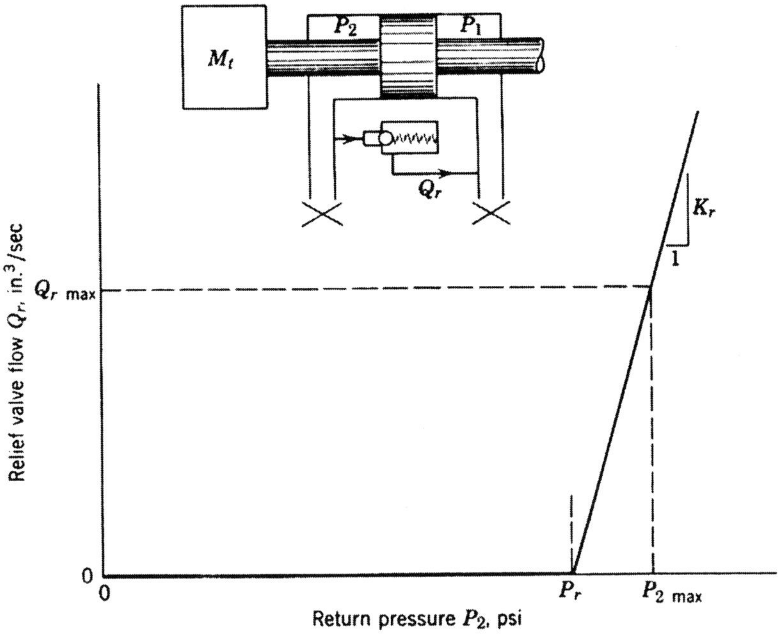

그림 6-14 안전릴리프밸브의 정적 특성

$K_r \gg K_c + C_{ip} + C_{ep}$이고 $P_s = P_r$이기 때문에, 식 (6-71)과 (6-86), (6-87)을 연립하면

$$\frac{Q_{r\max}}{v_{p0}A_p} = \frac{2\delta_2}{P_R}\left(\frac{P_{2\max}}{P_s} - 1\right) \tag{6-88}$$

큰 P_R에 대하여 (압력피크가 가장 심한) 그리고 큰 δ_2(릴리프밸브가 사용되기 때문에)에 대하여 식 (6-83)은 다음과 같이 근사될 수 있다.

$$\frac{P_{2\max}}{P_s} \approx 1 + \frac{P_R}{2\delta_2} \tag{6-89}$$

식 (6-88)과 (6-89)를 결합하면 다음과 같다.

$$\frac{Q_{r\max}}{v_{p0}A_p} \approx 1 \tag{6-90}$$

그러므로 릴리프밸브 용량은 최대 모터유량 $v_{p0}A_p$을 수용할 만큼 충분히 커야 한다. 이는 과도압력의 초기구간에서 피스톤이 $v_{p0}A_p$의 토출량을 갖는 펌프로서 작용하기 때문이다. 어떤 일정한 레벨에서 P_2를 유지시키기 위해 릴리프밸브는 반드시 발생한 유량을 바이패스시켜야 한다. $Q_{r\max} \approx v_{p0}A_p$이기 때문에 사실 릴리프밸브 특성으로부터 $P_{2\max}$를 결정할 수 있다. 만약 P_R이 낮다면 피스톤이 시간 t_1에 의해 상당히 느려졌기 때문에 릴리프 용량이 작아질 수 있다.

그림 6-12로부터 릴리프밸브가 시간 t_1에 열릴 만큼 충분히 빨라야 한다는 것은 분명하다. 따라서 릴리프밸브 대역폭은 ω_h보다 수배(아마 10배 정도) 크다. 만약 P_R이 작다면(거의 1) t_1이 크므로 릴리프밸브 대역폭은 덜 중요할 것이다.

여기까지 기술된 것은 회전형 모터에도 같이 적용할 수 있다. 파라미터 x_{p0}, v_{p0}, A_p, M_t들은 각각 θ_{m0}, θ_{m0}', D_m, J_t로 대체된다.

여기서 θ_{m0} =밸브 닫힘 후 모터의 과도 각도, rad

θ_{m0}' = 모터의 초기속도, rad/sec

D_m = 모터의 행정체적, in.^{3}/rad

J_t = 모터와 부하의 총 관성모멘트, in.-lb-sec^2

6-4절에서 논의한 펌프제어되는 모터의 경우에서 한 번에 오직 하나의 관로압력만이 변한다. 그리고 갑작스런 밸브 닫힘에 의해 발생한 피크 압력을 얻기 위해 과도해석을 하면,

$$P_{2\max} = \dot{\theta}_{m0}\left(\frac{\beta_e J_t}{V_0}\right)^{1/2} e^{-(\pi/2)\delta_h} \tag{6-91}$$

δ_h는 식 (6-58)에 의해 주어졌다. 그림 6-7에 나타낸 포트를 가로지르는 안전 릴리프밸브가 압력피크를 제한하기 위해 권장된다.

지금까지 밸브 닫힘이 순간적으로 발생한다고 가정하였다. 만약 밸브가 천천히 닫힌다면 당연히 압력피크는 감소한다. 이런 경우에는 모터 감속이 일정하도록 밸브가 닫힌다는 것을 가정할 수 있다. 최대 압력은 그러면 다음과 같다.

$$P_{2\max} = \frac{J_t\,\dot{\theta}_{m0}}{D_m t_c} \tag{6-92}$$

여기서 t_c=밸브 닫힘시간, sec

그러나 갑작스런 밸브 닫힘에 의해 최대 압력피크는 항상 발생한다. 그러므로 만약 시스템 설계가 갑작스런 밸브 닫힘에 대해 만족스럽다면, 이것은 다른 닫힘에 대해서도 만족할 수 있다.

6-7 밸브로 제어되는 액추에이터의 비선형 해석

지금까지 밸브-액추에이터 조합의 해석에 있어서 우리는 밸브계수 K_q와 K_c가 구해지는 특별한 동작점 근방에서 시스템변수의 작은 변동을 가정하였다. 이는 미분방정식이 상당히 비선형적이고 간단하지가 않고, 유용한 결과를 못 얻을 수도 있기 때문에 수학적 편의를 위해 사용되어 왔다. 그렇지만, 이런 선형해석에 대한 가정이 실질적으로 물리적 사실과 일치해야 되는 것은 명백하다. 그렇지 않으면 이런 해석의 가치는 상당히 의심스럽고 설계를 위한 견실한 기초를 형성하지 못할 것이다.

선형화 해석들은 대개 중립 동작점($x_v = 0$, $P_L = 0$, $Q_L = 0$) 근방에서 이루어지며, 이는 중립점에서 감쇠비가 가장 낮고 안정성은 가장 나쁘게 영향을 받기 때문이다. 변수 x_v, P_L, Q_L의 변동은 최댓값의 5% 이내로 작게 유지된다. 그러므로 이들 변수의 큰 변동을 허용하는 해석 기술이 바람직하다. 이것은 선형화 해석과 비교하여 보다 정확한 해를 제공할 것이고, 만약 상관관

계가 양호하다면, 선형화 해석의 신뢰성을 높일 것이다. 그렇지만, 서보밸브 압력-유량 곡선의 상당히 비선형적인 특성은 손으로 풀 수 없게 한다. 물론 디지털과 아날로그 컴퓨터시뮬레이션을 사용함으로써 이런 변수의 전체 영역에 대한 정확한 풀이는 가능하다. 그렇지만 다음의 방법은 기계적인 도움 없이도 선형화 해석에 신뢰성을 개선할 것이다.

동력요소가 그림 6-6의 밸브-피스톤 조합이라고 가정한다. 밸브-모터 조합에 대해서도 유사하게 처리할 수 있다. 식 (5-33)에서 주어진 압력-유량 곡선을 갖는 제로랩 서보밸브라고 가정하자. 그러면 다음의 식이 성립한다.

$$Q_L = C_d\left(\frac{P_s}{\rho}\right)^{1/2} w x_v \left(1 - \frac{x_v}{|x_v|}\frac{P_L}{P_s}\right)^{1/2} \tag{6-93}$$

피스톤이 중립에 위치하여 $V_1 = V_2 = V_t/2$이 된다고 가정하면, 연속방정식이 식 (6-33)에 의해 주어지며, 다음과 같이 나타낼 수 있다.

$$Q_L = A_p v_p + C_{tp} P_L + \frac{V_t}{4\beta_e}\frac{dP_L}{dt} \tag{6-94}$$

여기서 $v_p = dx_p/dt =$ 피스톤 속도, in./sec

단순한 집중질량부하이고 전형적인 시스템이라 가정하면 피스톤 운동방정식은 다음과 같다.

$$P_L A_p = M_t \frac{dv_p}{dt} \tag{6-95}$$

식 (6-93)과 (6-94)를 같다고 두고, 식 (6-95)로부터 P_L에 대입하면,

$$\frac{C_d}{A_p}\left(\frac{P_s}{\rho}\right)^{1/2} w x_v \left(1 - \frac{x_v}{|x_v|}\frac{M_t}{P_s A_p}\frac{dv_p}{dt}\right)^{1/2} = \frac{V_t M_t}{4\beta_e A_p^2}\frac{d^2 v_p}{dt^2} + \frac{C_{tp} M_t}{A_p^2}\frac{dv_p}{dt} + v_p \tag{6-96}$$

이 비선형 미분방정식은 밸브-피스톤 조합을 나타낸다. 해를 구하기 위해선 컴퓨터를 사용한 계산이 필요하다. 하지만 다음과 같이 간략화 되도록 $P_L/P_s \ll 1$이라고 가정하면 이것의 특성에 대한 작은 통찰을 할 수 있다.

$$\left(1 - \frac{x_p}{|x_p|}\frac{P_L}{P_s}\right)^{1/2} \approx 1 - \frac{1}{2}\frac{x_v}{|x_v|}\frac{P_L}{P_s} \tag{6-97}$$

이런 간략화는 0.6만큼 높은 P_L/P_s의 값에 대하여 10% 범위 이내이다. 많은 시스템이 밸브 유량게인의 감소와 이로 인한 서보 성능저하를 방지하기 위해 $P_L/P_s < \frac{2}{3}$이 되도록 설계되기 때문에 이런 가정은 현실적이다. 식 (6-96)은 이런 간략화를 통해 다음과 같이 감소될 수 있다.

$$\frac{C_d w}{A_p}\left(\frac{P_s}{\rho}\right)^{1/2} x_v = \frac{V_t M_t}{4\beta_e A_p^2}\frac{d^2 v_p}{dt^2} + \left[\frac{C_d w |x_v|}{2P_s}\left(\frac{P_s}{\rho}\right)^{1/2} + C_{tp}\right]\frac{M_t}{A_p^2}\frac{dv_p}{dt} + v_p \tag{6-98}$$

다음의 형태로도 쓸 수 있다.

$$\frac{C_d w}{A_p}\left(\frac{P_s}{\rho}\right)^{1/2} x_v = \frac{1}{\omega_h^2}\frac{d^2 v_p}{dt^2} + \frac{2\delta_h}{\omega_h}\frac{dv_p}{dt} + v_p \tag{6-99}$$

여기서 $\omega_h = \sqrt{\dfrac{4\beta_e A_p^2}{V_t M_t}}$ = 유압 고유진동수, rad/sec

$$\delta_h = \left[\frac{C_d w|x_v|}{2P_s}\sqrt{\frac{P_s}{\rho}} + C_{tp}\right]\frac{M_t \omega_h}{2A_p^2} = \text{유압감쇠비, 무차원}$$

우리가 x_v와 Q_L의 범위에 대해 어떤 제약도 하지 않은 것을 주목하는 것은 중요하다. 우리는 단지 P_L/P_s만 제약을 했지만 오히려 큰 변동폭(말하자면 0.6) 역시 만들 수 있다. 따라서 작동영역을 그림 6-15에 나타내었다. 이는 제약적이라고 하기 어렵다. 그러나 식 (6-99)에서 유압 고유진동수 ω_h는 일정하고 작동점에서 변하지 않는다. 이리하여 유압 고유진동수는 매우 넓은 작동영역에서 유용한 개념이다. 그렇지만 감쇠비는 $|x_v|$에 따라 변하며, 이는 작동점에 강하게 의존한다. 만약 중립점에 대한 입력밸브운동이 정현곡선이라면 그것은 $x_v = X_v \sin\omega t$이 되고, $|x_v|$의 평균값으로서 $0.636X_v$, 또는 실효치로서 $0.707X_v$가 사용될 수 있다.

이런 해석으로부터 우리는 유압동력요소의 2차 표현(즉, 2차식)이 상당히 넓은 영역에서 유효함을 결론지을 수 있다. 유압 고유진동수는 일정하지만, 감쇠비는 밸브 위치에 따라 변한다고 생각해야 한다. 이 해석은 선형화 해석의 유용성에 대한 걱정을 경감시키고 이런 해석에 근거한 설계에 대한 신뢰성을 높여줄 것이다.

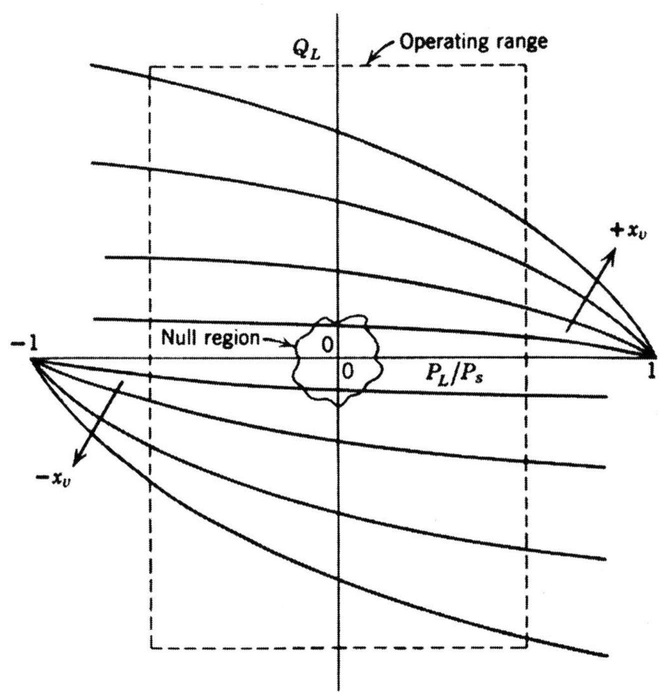

그림 6-15 변수들의 작동 영역

참고문헌

[1] Merritt, H. E., and J. T. Gavin, "Friction Load on Hydraulic Servos," *Proc. Natl. Conf. Indl. Hydraulics*, **16**, 1962, 174.

[2] Blackburn, J. F., G. Reethof, and J. L. Shearer, *Fluid Power Control*. New York: Technology Press of M.I.T and Wiley, 1960, Chapter 15.

[3] Sevcik, J. K., "System Vibration and Static Analysis," *ASME Paper No.* 63-*AHGT*-57.

[4] Long, G. W., and J. R. Lemon, "Structural Dynamics in Machine-Tool Chatter," *ASME Paper No*. 64-*WA/PRO D*-12.

[5] Royle, J. K., "Inherent Non-Linear Effects on Hydraulic Control Systems with Inertia Loading," *Proc. Inst. Mech. Eng*. (London), **173**, No. 9, 1959.

[6] Butler, R., "A Theoretical Analysis of the Response of a Loaded Hydraulic Relay," *Proc. Inst. Mech. Eng*. (London), **173**, No. 16, 1959.

[7] McCloy, D., and H. R. Martin, "Some Effects of Cavitation and Flow Forces in the Electro-Hydraulic Servomechanism," *Proc. Inst. Mech. Eng*. (London), **178**, Pt. 1, No. 21, 1963-1964.

[8] Rausch, R. G., "The Analysis of Value-Controlled Hydraulic Servomechanisms," *Bell System Tech. J*., **38**, No. 6, 1959, 1513-1549.

제7장 전기유압 서보밸브

전기적 장치들은 융통성이 뛰어나기 때문에 피드백을 위한 신호 측정이나 신호의 증폭 및 조작에 이상적이다. 한편, 유압 액추에이터는 소형으로 큰 출력을 내므로 동력장치로서 이상적이다. 전기와 유압 장치의 조합에는 그 사이를 연결시켜주는 요소가 꼭 필요하다. 제어시스템에서 이 인터페이스 연결은 전기유압 서보밸브로 달성된다. 이와 같이 서보밸브는 저동력 전기적 신호를 유압 액추에이터의 압력 및 유량을 제어하는 밸브의 동작으로 변환시킨다.

아마 가장 늦게 태어난 표준 유압 부품인 전기유압 서보밸브는 빠른 응답의 서보제어시스템을 위한 항공우주산업의 요구를 만족시키기 위하여 1940년대 말에 출현했다. 그때의 전기유압 서보시스템은 전기신호를 유체의 흐름으로 급속히 바꾸어 줄 수 있는 요소가 없었기 때문에 전기서보시스템에 비해 크게 빠르지는 않았다. 이들 초기의 서보밸브는 작은 전기 서보모터로 구동되었고, 이에 따라 큰 시정수가 발생하여 서보밸브는 종종 제어루프에서 가장 느린 요소였고, 시스템 성능을 제한하였다. 1950년대 초에 빠른 응답을 갖는 영구자석 토크모터는 밸브에 변위를 주는 방법으로서 선호되었고, 전기유압 서보밸브는 지금의 형태를 갖게 되었다.

전기유압 서보밸브는 전기와 유압기계적인 부분을 연결하기 때문에 시스템에 트러블이 발생할 때 종종 논란의 초점이 된다. 또한, 서보밸브를 이해하기 위하여 기계와 유압만이 아니라 전기와 자기의 일부 지식도 요구된다. 전기와 유압성능 사양은 이 밸브들에 의해 충족되어야 한다. 따라서 시스템 분석자와 설계자는 필수적으로 전기유압 서보밸브의 다양한 타입과 성능특성에 대하여 잘 알아야 한다.

7-1 전기유압 서보밸브의 종류

서보밸브들은 보통 1단(Single-Stage)과 2단(Two-Stage)으로 넓게 분류된다. 1단 서보밸브는 스풀밸브가 직접 부착된 토크모터로 구성된다. 토크모터는 파워 용량에 한계를 가지기 때문에 이는 1단 밸브의 흐름용량을 제한하고 일부 응용사례에서는 안정도 문제를 일으킬 수 있다.

2단 서보밸브는 상당한 유동력과 정지마찰력, 가속과 진동에 의한 힘을 극복하기 위한 충분한 수준으로 토크모터의 출력을 증폭하는 유압 전치 증폭기(1단)를 갖는다. 2단 서보밸브는 1단 서보밸브의 단점들을 개선하였을 뿐만 아니라 이것이 이들 밸브의 존재 이유이다. 플래퍼와 제트관, 스풀밸브가 1단 밸브로 사용되는 반면에 2단 밸브는 거의 대부분 스풀 타입이다.

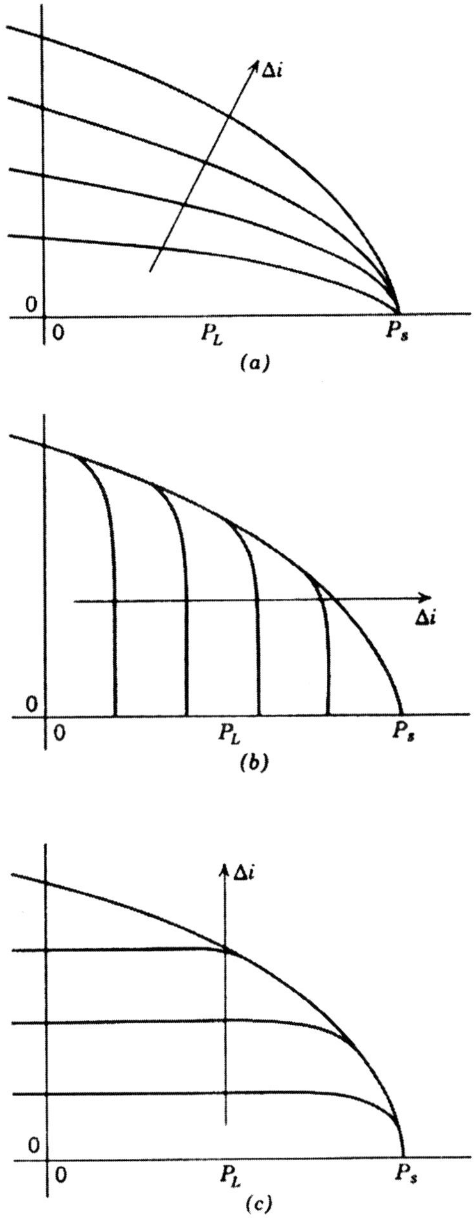

그림 7-1 각종 피드백을 사용하는 2단 서보밸브의 압력-유량곡선:
(a) 위치 피드백; (b) 부하압력 피드백; (c) 부하유량 피드백

2단 스풀밸브는 스풀 위치와 부하압력, 부하유량과 같이 사용되는 피드백의 상태량에 따라 분류된다. 각각의 피드백 타입은 그림 7-1과 같이 서로 다른 정상상태 압력-유량 곡선을 갖는다. 위치피드백되는 2단 밸브가 가장 일반적이고, 스풀위치가 어떻게 감지되는가에 따라, 직접 피드백과 힘 피드백, 스프링으로 중립된 스풀과 같이 제작의 3가지 기본형으로 구분된다. 직접 위치 피드백에서 주 스풀은 1대 1 관계로 1단 밸브를 따른다. 이러한 타입의 구조는 때때로 유압 추종기

(Hydraulic Follower)라고 불리운다. 힘 피드백 서보밸브에서 주 스풀 위치는 피드백 스프링에 의해 힘으로 변환된다. 그리고 이 힘은 입력 전류가 가해질 때 토크모터 아마추어의 토크에 대항하여 균형을 이룬다. 이 둘의 구조가 모두 널리 사용되고 7-4절과 7-5절에서 논의될 것이다. 세 번째 기본형은 파일럿단의 차압에 대하여 스풀을 중립에 두기 위해 스풀 끝단에 단단한 스프링을 사용한다. 이 타입의 구조는 보다 덜 사용된다.

부하압력 피드백을 갖는 2단 서보밸브는 부하압력차를 제어한다. 내부 통로는 부하압력을 1단으로 피드백한다. 여기서 입력전류에 의해 발생되는 결과의 힘과 균형을 이룬다. 이러한 서보밸브의 특별한 형태를 동적 압력피드백 서보밸브라 하고, 저주파에서는 위치피드백 서보밸브의 특성을 갖고, 고주파에서는 압력피드백 서보밸브의 특성을 갖는다. 이러한 서보밸브는 밸브-액추에이터 조합에서 감쇠를 키워야하는 일부 응용에 유용하다. 유량 피드백을 이용한 2단 서보밸브는 유량을 감지하여 이것을 힘으로 변환시키는 어떤 장치를 갖는다. 이 힘은 토크모터 아마추어에서 전류에 의한 힘과 균형을 이룬다. 유량과 압력 피드백의 조합은 극단의 압력 또는 유량 피드백의 사이의 특성을 갖는 압력-유량 서보밸브라 하는 밸브를 만드는 데 사용되어 질 수 있다. 이러한 서보밸브의 압력-유량 곡선은 보통 제곱근형의 곡선에 비해 꽤 선형적이다. 이러한 압력과 유량 피드백 서보밸브와 그 조합은 오직 이 밸브들의 특별한 압력-유량 곡선을 요구하는 특별한 응용에만 사용된다. 응용의 대부분은 종래의 직접 그리고 힘 피드백 서보밸브를 더 많이 사용한다.

다소 이용되는 또 다른 타입의 2단 서보밸브는 가속도 스위칭 서보밸브이다. 조금 더 서술적인 이름은 펄스폭 변조(Pulse Length Modulated : PLM) 서보밸브이다. 이 서보밸브는 토크모터의 입력신호로 전기구동 증폭기에서 생성되는 고주파 펄스폭으로 변조된 파동을 이용한다. 구동증폭기에 신호가 없을 때에는 서보밸브의 출력파형은 결과의 스풀 운동이 없도록 대칭적인 사각파형이다. 신호가 증가되는 만큼 음의 펄스길이보다 양의 펄스길이가 더 길어진 파형의 시간 불균형이 생긴다. 그러므로 스풀은 다른 방향보다 한쪽 방향으로 더 머물게 되어 부하에 대하여 차(net) 유량을 만든다. 하지만, 부하유량은 스위칭 주파수에서 변동이 작으므로 부드러운 출력 동작을 달성하기 위하여 전원 요소에서 필터링되어야 한다. PLM 서보밸브의 구조는 피드백이 없는 것을 제외하고는 전통적인 서보밸브와 동일하다. 따라서 적어도 이론적으로는 PLM 서보밸브가 순수적분 장치가 되도록 출력 흐름률은 입력신호에 대하여 비례적이다. 그러나 2단 스풀에 가해지는 유동력은 순수적분이라기 보다는 큰 지연(lag)을 야기시킨다. 결국 적분으로 거동하는 이 큰 지연은 안정도를 달성하기 위해 서보루프를 앞섬(lead)으로 보상해야 한다.

여유 있는 공차와 가혹한 조건에서 높은 신뢰도, 오염과 진동에 둔감함, 낮은 가격은 PLM 서보밸브를 찾게 하는 장점이다. 그러나 스위칭 주파수의 필터링과 더욱 복잡한 전기구동 증폭기, 스위칭 주파수에 의해 야기되는 바람직하지 않은 소음과 기계적 진동, 높은 중립점 누설은 예상 잠재력에 비해서 PLM 밸브의 사용을 제한하여 왔다.

7-2 영구자석 토크모터

전기 서보모터와 자기변형(magnetostrictive) 장치, 압전소자 크리스털, 비례 솔레노이드[1], a-c 토크모터, 이동코일 장치(스피커 모터와 유사)는 전기적 신호로부터 서보밸브를 작동시키기 위해 사용되었거나 사용되고 있다. 하지만, 그림 7-2에 나타낸 영구자석 토크모터가 이러한 목적의 전기-기계적인 장치에 가장 널리 사용되고 있다. 이 장치들은 회전운동(토크모터) 또는 직선운동(포스모터)을 만들어 내고, 이 생성된 토크와 힘은 입력 전류에 비례한다. 토크(예, 회전) 모터는 더욱 일반적이고 그림 7-2에 나타낸 특별한 브리지 형태의 자기회로는 가장 일반적으로 받아 들여져 왔다.

토크(또는 포스)모터는 작동유 속에 잠겨 있는가에 따라 습식 또는 건식 타입으로 광범위하게 분류된다. 건식 유닛은 유압작동유가 아마추어와 코일, 영구자석으로 들어가지 못하도록 출력 요소를 밀봉한다. 습식 유닛은 유체 중의 철을 함유하는 오염물질이 영구자석에 이끌리어 공극에 축적되고 궁극적으로 가동을 방해할 수 있어서 불리하다; 하지만, 이들 유닛은 유체에 의해 냉각된다.

토크모터는(그림 7-2) 비틀림 핀 피벗에 설치되어 자기장의 공극에 달려 있는 아마추어로 구성된다. 하나는 영구적으로 N극을 그리고 또 다른 하나는 S극을 띠는 영구자석 극의 두 부분이 아마추어 주변에 구조물 형태를 이루고 자속을 위한 통로를 제공한다. 아마추어 코일을 통하여 전류가 흐르면 아마추어의 각각의 끝은 극성을 띠게 되고, 한쪽은 영구자석의 한쪽 부분에 의해 잡아당겨지고 반대쪽은 밀쳐진다. 이리하여 토크는 아마추어에 생성되고 아마추어가 탑재된 비틀림 스프링의 저항 토크가 없다면 아마추어는 회전을 계속할 것이다. 따라서 비틀림 스프링은 전류에 비례하는 출력 동작을 야기시킨다. 변위되어야 할 서보밸브는 아마추어 끝에 기계적으로 부착되어 있을 것이다. 토크모터의 정적 및 동적 특성은 서보밸브의 디자인과 성능에 중요한 역할을 하기 때문에 이들 특성에 관한 연구는 필수적이다.

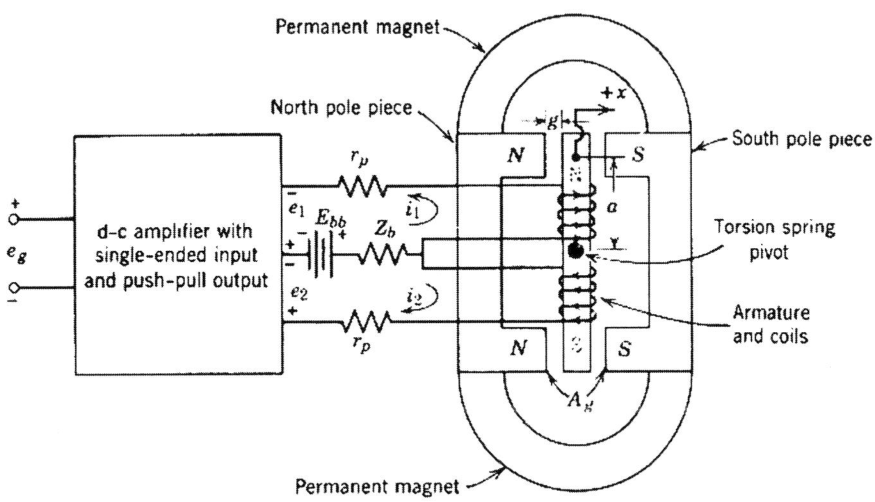

그림 7-2 증폭기로부터 구동되는 영구자석 토크모터의 개략도

토크모터 해석

그림 7-2를 보면, 토크모터에 있는 두 개의 코일은 일반적으로 푸시풀 전원(Push-pull source)*에서 공급된다. 토크모터를 구동시키는 증폭기에 있는 전압 E_{bb}는 각 코일의 정지전류 I_0를 형성시키나 이들 전류가 서로 반대이기 때문에 아마추어에 차(net) 토크는 없다. 증폭기 입력의 증가는 한쪽 코일에 흐르는 전류를 증가시킬 때 다른 코일의 전류를 동시에 같은 양만큼 감소시킨다. 따라서 두 코일의 전류를 쓰면

$$i_1 = I_0 + i \tag{7-1}$$

$$i_2 = I_0 - i \tag{7-2}$$

여기서 i_1, i_2 = 각각의 코일에 흐르는 전류, amp
I_0 = 각 코일의 일정 대기전류, amp
i = 각 코일의 신호전류, amp
Δi = 두 개 코일의 차전류, amp

아마추어의 자속과 그 결과 생성된 토크는 두 코일 사이 전류의 차이에 비례한다. 방정식을 정리하면

$$i_1 - i_2 = 2i \equiv \Delta i \tag{7-3}$$

대부분의 처리는 입력으로서 신호전류를 사용하지만 여기서는 성능곡선 및 측정에 사용되는 차동전류를 파라미터로 사용할 것이다. 신호전류와 차동전류 사이의 명확한 구별에 주의해야 한다. 이들은 단지 식 (7-3)으로 관련되어 있다. 정지전류 I_0는 보통 최대 차동전류의 약 절반이다. 증폭기의 최대 신호입력을 위해, 하나의 토크모터 코일의 전류는 거의 영이고 다른 한쪽에서는 최대 차동전류가 발생할 것이다. 증폭기 특성 때문에 요구되는 이러한 대기전류 수준에서 효율은 50%이다. 하지만 유압 손실과 비교하여 전력소비는 미미하기 때문에 이것은 중요하지 않다. 토크모터 코일은 싱글 엔드 소스로부터 직렬 또는 병렬로 작동될 수 있다. 병렬 작업은 하나의 코일이 망가질 경우에 안정성 확보의 장점이 있다.

---

* 트랜지스터를 사용한 전력증폭기에 사용되는 회로로 효율성이 뛰어나 많이 사용된다. 2개의 트랜지스터에 각각 입력신호를 반대 방향으로 가하고, 한쪽은 양(+), 다른 쪽은 음(−)의 증폭을 담당하게 하여 출력변성기로 합성하는 구조로 구성되어 있다.

다른 일반적인 연결은 싱글 엔드 증폭기에서 병렬로 코일을 구동시키는 것이다. 이는 만일 하나의 코일이 개방되어도 조작이 여전히 가능하므로 높은 신뢰도를 제공한다. 해석은 전압방정식을 제외하고는 Push-pull의 경우와 비슷하다. 만일 i가 전체 전류이고($i/2$는 각각 코일에서의 전류), E_0는 오픈회로 출력전압, R_0는 증폭기 출력저항이라면, 각각의 코일에 공급되는 전압은 $E_0 - iR_0$이다. 각 코일의 전압방정식을 쓰면,

$$E_0 - iR_0 = R_c\left(\frac{i}{2}\right) + K_b\frac{d\theta}{dt} + L_e\frac{d(i/2)}{dt} + M\frac{d(i/2)}{dt}$$

두 개의 코일이 가까이 결합되기 때문에, 자기(self) 및 상호 인덕턴스는 거의 비슷하다($M \approx L_e$). 따라서 이를 라플라스 변환하면

$$E_0 = \left(R_0 + \frac{R_e}{2}\right)i + K_b s\theta + L_e si$$

식 (7-21)과 비교해서, 우리는 만일 E_0는 μe_g로, i는 Δi로, R_0는 $r_p/2$로 해석한다면 Push-Pull 해석을 사용할 수 있다.

푸시풀 작동의 신호 전압은

$$e_1 = e_2 = \mu e_g \tag{7-4}$$

여기서 e_1, e_2= 증폭기로부터의 한쪽 전압

μ= 각 측의 증폭기 게인, 무차원

e_g= 증폭기로의 신호 전압압력

각 코일 회로의 전압방정식은

$$E_{bb} + e_1 = i_1(Z_b + R_c + r_p) + i_2 Z_b + \frac{N_c}{10^8}\frac{d\phi_a}{dt} \tag{7-5}$$

$$E_{bb} - e_2 = i_2(Z_b + R_c + r_p) + i_1 Z_b - \frac{N_c}{10^8}\frac{d\phi_a}{dt} \tag{7-6}$$

여기서 R_c= 각 코일의 저항, ohms

N_c= 각 코일의 권수

ϕ_a= 아마추어를 통과하는 총 자속, lines (maxwells)

r_p= 각 코일회로에서 증폭기의 내부저항, ohms

E_{bb}= 대기전류를 위한 일정 전압, volts

Z_b= 코일 공통선의 임피던스, ohms

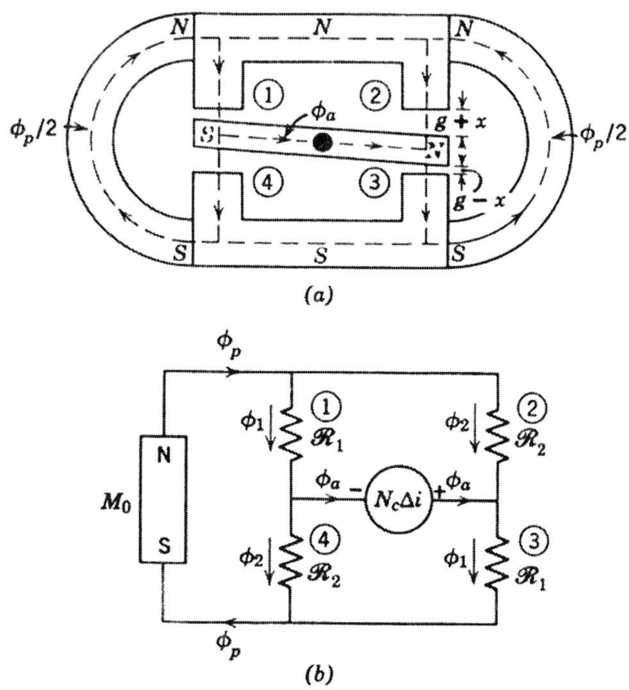

그림 7-3 토크모터 내의 자속 통로의 개략도

식 (7-5)에서 식 (7-6)을 빼고, 식 (7-3), (7-4)와 합하면

$$2\mu e_g = (R_e + r_p)\Delta i + \frac{2N_e}{10^8}\frac{d\phi_a}{dt} \tag{7-7}$$

이는 토크모터의 기초 전압 방정식이다.

이제 우리는 공극과 아마추어의 자속을 결정하는 자속회로를 분석해 보자.* 그림 7-3a에 나타낸 바와 같이 자속 경로는 꽤 복잡하다. 네 개의 공극이 회로에서 지배적인 자기저항을 형성한다. 즉, 자성재료의 자기저항(reluctance)은 비교적 무시할 수 있다고 가정하면, 대략적이지만 적당한 해석을 할 수 있다.

대칭적이므로, 우리는 대각선으로 마주보는 공극의 릴럭턴스가 같다고 추정할 수 있고 다음을 얻는다.

$$\Re_1 = \frac{g - x}{\mu_0 A_g} \tag{7-8}$$

$$\Re_2 = \frac{g + x}{\mu_0 A_g} \tag{7-9}$$

여기서 $\Re_1$= 공극 1과 3의 자기저항, amp-turn/line
$\Re_2$= 공극 2와 4의 자기저항, amp-turn/line
g= 중립위치에서 각 공극의 길이, in.
x= 중립위치로부터 자극면 중심의 아마추어 접촉부까지의 변위, in.
A_g= 공극에서 자극면의 면적, in.^{2}
μ_0 = 3.19= 영국공학단위로 나타낸 진공(공기)의 투자율

---

* 단위에 관한 혼란을 피하기 위해 기초 자기회로 방정식을 검토하는 것은 도움이 될 것이다. 자기회로의 기초적인 관계는 전기회로의 Ohm의 법칙과 유사하다. 즉, 기자력(M)=자속(ϕ)×자기저항(reluctance)

여기서, $M = Ni$= 기자력(mmf), amp-turns
ϕ = 자속, lines (maxwells)
$\Re = l/\mu A$= 자속통로의 자기저항, amp-turns/line
l = 자속통로의 길이, in.
A = 자속에 수직인 통로단면적, in.^{2}
$\mu = \mu_r \mu_0$= 투자율
μ_r = 비투자율(즉, 진공의 투자율과 비교하여); 공기에 대하여 $\mu_r = 1$
$\mu_0 = 0.4\pi(2.54) = 3.19$ = 진공의 투자율(사용된 단위계와 기자력의 정의에 따라 값은 바뀐다; 주어진 값은 영국공학단위에 의한 것이다.)

전기회로를 위한 키르히호프 제1법칙, 제2법칙†과 유사한 원리로부터 자기회로에 대한 회로 방정식을 쓸 수 있다. 어떤 노드에서나 자속의 합은 0이다. 어떤 루프에서든 기자력(Magnetomotive)‡의 합은 0이어야 한다.

† 제1법칙: 접합점법칙 또는 전류법칙이라고 한다. 회로 내의 어느 점을 취해도 그곳에 흘러들어오거나(+) 흘러나가는(-) 전류를 음양의 부호를 붙여 구별하면, 들어오고 나가는 전류의 총계는 0이 된다.
제2법칙: 폐회로 법칙, 고리법칙 또는 전압법칙이라고 한다. 임의의 닫힌회로(폐회로)에서 회로 내의 모든 전위차의 합은 0이다. 즉, 임의의 폐회로를 따라 한 바퀴 돌 때 그 회로의 기전력의 총합은 각 저항에 의한 전압 강하의 총합과 같다. 에너지 보존법칙에 근거를 둔다. (http://100.naver.com/100.nhn?docid=153560)

‡ 전자기학에서 자기장이 생기도록 하는 힘이다. 하나의 자속선 상에 있는 두 점의 자기포텐셜의 차이와 같다. 전기장에서의 기전력과 대응되는 힘이다. (http://100.naver.com/100.nhn?docid=29453)

이러한 가정으로 자기회로는 그림 7-3b로 나타낼 수 있다. 이 회로는 대칭적인 브리지이므로, 반대편 팔(마주보고 있는 대각 공극)을 통하는 자속이 같은 것이 분명하다. 왜냐하면 각각의 루프에서 기자력은 0이어야 하므로, 반대편 브리지에 있는 팔과 두 기자력의 소스를 포함하도록 루프를 선택한다. 이러한 두 개의 루프가 존재하고 우리는 직접적으로 이렇게 쓸 수 있다.

$$\phi_1 = \frac{M_0 + N_c \Delta i}{2\Re_1} = \frac{M_0 + N_c \Delta i}{2\Re_g (1 - x/g)} \tag{7-10}$$

$$\phi_2 = \frac{M_0 - N_c \Delta i}{2\Re_2} = \frac{M_0 - N_c \Delta i}{2\Re_g (1 + x/g)} \tag{7-11}$$

여기서 ϕ_1= 공극 1과 3을 통과하는 자속, lines (maxwells)

ϕ_2= 공극 2와 4를 통과하는 자속, lines (maxwells)

ϕ_v= 영구자석을 통한 총 자속, lines (maxwells)

M_0= 연구자석의 총 기자력, amp-turns

$\Re_g = g/\mu_0 A_g$= 중립위치에서 각 공극의 자기저항, amp-turns/line

$N_c(i_1 - i_2) = N_c \Delta i$ = 제어전류에 의한 순기자력, amp-turns

아마추어가 중립일 때 공극 자속을 M_0로 표현하는 것은 매우 편리하다. 영점($\Delta i = x = 0$)에서 두 개의 방정식을 간략화하면

$$\phi_{10} = \frac{M_0}{2\Re_g} = \phi_{20} \equiv \phi_g \tag{7-12}$$

여기서 ϕ_g는 아마추어가 중립일 때 네 개 공극 각각에서의 자속이다. 그러므로 공극 자속의 관계는

$$\phi_1 = \frac{\phi_g + \phi_c}{1 - x/g} \tag{7-13}$$

$$\phi_2 = \frac{\phi_g - \phi_c}{1 + x/g} \tag{7-14}$$

여기서 ϕ_c는 제어 전류로 인한 자속으로 다음과 같이 정의된다.

$$\phi_c \equiv \frac{N_c \Delta i}{2\Re_g} \tag{7-15}$$

이렇게 두 공극을 통해 영구자석과 신호자속을 더한 것이 통과하는 동안 나머지 두 공극은 자속의 차(net)가 통과한다.

영구자석과 아마추어에서의 자속을 구하면 다음과 같다.

$$\phi_p = \phi_1 + \phi_2 \tag{7-16}$$

$$\phi_a = \phi_1 - \phi_2 \tag{7-17}$$

특별히 관심이 가는 아마추어 자속은 식 (7-13)과 (7-14)를 결합하여 얻을 수 있다.

$$\phi_a = \frac{2\phi_g(x/g) + 2\phi_c}{1 - x^2/g^2} \tag{7-18}$$

토크모터는 $x/g < 1$(보통 $x^2/g^2 < 0.1$일 수 있도록 1/3 이하)로 디자인되므로 식 (7-18)은 단순화시킬 수 있다.

$$\phi_a = 2\phi_g \frac{x}{g} + \frac{N_c}{\Re_g}\Delta i \tag{7-19}$$

기하학적으로 고려하면 분명히

$$\tan\theta = \frac{x}{a} \approx \theta \tag{7-20}$$

여기서 θ= 아마추어 각 변위, rad

a= 피벗에서 자극면 중심까지의 아마추어 반경, in.

이러한 근사법은 경사가 작으므로 대체로 유효하다. 그리고 식 (7-19)의 결과를 식 (7-7)에 대입하여 라플라스 변환하면

$$2\mu e_g = (R_c + r_p)\Delta i + 2K_b s\theta + 2L_c s\Delta i \tag{7-21}$$

여기서 $K_b = (2 \cdot 10^{-8})\left(\frac{a}{g}\right)N_c\phi_g$= 각 코일에 대한 역기전력 상수, volts/rad/sec (7-22)

$$L_c = (10^{-8})\frac{N_c^2}{\Re_g} = \text{각 코일의 자체 인덕턴스, henrys} \tag{7-23}$$

이는 토크모터의 기초 전압방정식의 최종 형태이다.*

이제 공극에서 영구자석과 제어자속의 상호작용에 의해 아마추어에 작용하는 토크를 결정한다. 기본적인 힘 방정식은(일반 전자공학 교재를 참고 바람)

$$F = 1.38 \cdot 10^{-8} B^2 A = 4.42 \cdot 10^{-8} \frac{\phi^2}{\mu_o A} \tag{7-24}$$

여기서 F= 공극에 의해 분리된 자화된 두 평행 평면 사이의 흡인력, lb

$\phi = BA$ = 공극에서 자속, lines (maxwells)

A= 자속 통로에 수직인 단면적, in.^{2}

B= 공극의 자속밀도, lines/in.^{2}

---

* 식 (7-21)의 각 항을 조사하면서 다음을 주목한다. 저항의 항에 의해 소모되는 동력은 열로써 손실된다. 유도성 항의 동력은 전자기적으로 저장된다. 토크모터의 동력출력에 기여하는 단 하나의 전압항은 역기전력(counter emf, electromotive force)이다. 이리하여, 유용한 전기적 동력입력(양쪽 코일에 대하여)은

$$\text{hp}|_{\text{in}} = \frac{1}{746}\left(iK_b\frac{d\theta}{dt} + iK_b\frac{d\theta}{dt}\right)$$

이제, 기계적인 출력동력은

$$\text{hp}|_{\text{out}} = \frac{T_d(d\theta/dt)}{12\times 550} = \frac{K_i\Delta i(d\theta/dt)}{12\times 550}$$

이들 동력을 같다고 두면, $\Delta i = 2i$이므로, $K_t = 8.847K_b$를 얻는다. 이리하여 토크와 역기전력 상수는 직접적으로 연관된다. 이 관계는 또한 K_t와 K_b의 기초적인 정의로부터 얻어질 수 있다. 실험에 의하면 이 비례적인 요소는 8.847보다 다소 높아질 수 있음을 보인다.

아마추어의 각 끝에 2개의 공극에서 발생하는 토크는 반대이므로, 차(net) 토크는 자속의 제곱의 차에 비례할 것이다. 이러한 관계를 이용하여, 우리는 아마추어에서 발생하는 전체 토크를 얻는다.

$$T_d = 2a(\phi_1^2 - \phi_2^2)\frac{4.42 \cdot 10^{-8}}{\mu_0 A_g} \tag{7-25}$$

여기서 2를 곱한 것은 아마추어의 다른 끝점에서 공극의 짝에 의해 동일한 토크가 발생하기 때문이다. 식 (7-13)과 (7-14)에 대입 후, 대수적으로 처리하면,

$$T_d = \frac{(1 + x^2/g^2)K_t \Delta i + (1 + \phi_c^2/\phi_g^2)K_m \theta}{(1 - x^2/g^2)^2} \tag{7-26}$$

여기서 T_d= 입력전류에 의해 아마추어에서 발생되는 총 토크, in.-lb

$K_t = (4.42 \cdot 10^{-8})4\left(\frac{a}{g}\right)N_c\phi_g$ = 각각의 코일에 대한 토크모터의 토크 상수, in.-lb/amp (7-27)

$K_m = (4.42 \cdot 10^{-8})8\left(\frac{a}{g}\right)^2 \Re_g \phi_g^2$ = 토크모터의 자기(magnetic) 스프링 상수, in.-lb/rad (7-28)

선형성과 정적 안정도를 개선하고 영구자석의 손상을 방지하도록 토크모터는 $(x/g)^2 \ll 1$ 그리고 $(\phi_c/\phi_g)^2 \ll 1$로 설계되었다. 이들 항들을 무시하고 중립점 부근에서 동작한다면 식 (7-26)은

$$T_d = K_t \Delta i + K_m \theta \tag{7-29}$$

아마추어에 뉴턴의 제2법칙을 적용하여 쓰면

$$T_d = J_a \frac{d^2\theta}{dt^2} + B_a \frac{d\theta}{dt} + K_a \theta + T_L \tag{7-30}$$

여기서 J_a = 아마추어와 부착된 부하의 관성, in.-lb-sec^2

B_a = 아마추어 마운팅(보통 무시할 만함)과 부하의 점성감쇠계수, in.-lb-sec

K_a = 아마추어 피벗의 비틀림 스프링 상수, in.-lb/rad

T_L = 아마추어에 작용하는 임의의 부하 토크, in.-lb

식 (7-29)와 결합하고 라플라스 변환하면

$$K_t \Delta i = J_a s^2 \theta + B_a s \theta + (K_a - K_m)\theta + T_L \tag{7-31}$$

따라서 자석의 스프링 상수는 음의 값을 가지며, 안정도를 위해 기계적 스프링률보다 훨씬 작아야 함은 분명하다.

정적 특성

식 (7-26)에서 얻은 생성 토크를 대수적으로 조금 조작하면 다음의 방식으로 쓰여질 수 있다:

$$\frac{T_d}{(g/a)K_m} = \frac{(\alpha+\beta)(1+\alpha\beta)}{(1-\beta^2)^2} \tag{7-32}$$

여기서 $\alpha \equiv \dfrac{\phi_c}{\phi_g} = \dfrac{N_c}{2\phi_g \Re_g}\Delta i$ (7-33)

$$\beta \equiv \frac{x}{g} = \frac{a}{g}\theta \tag{7-34}$$

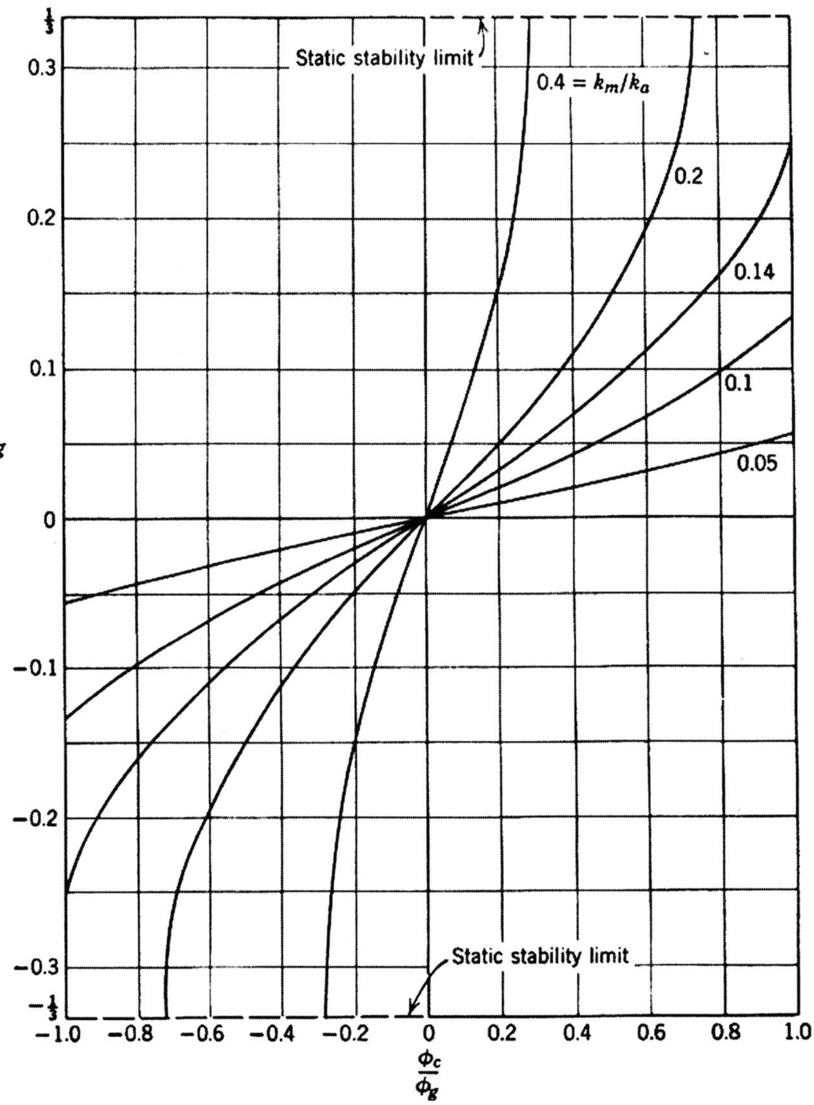

그림 7-4 토크모터의 입력전류에 대한 무부하 변위의 정상화 곡선

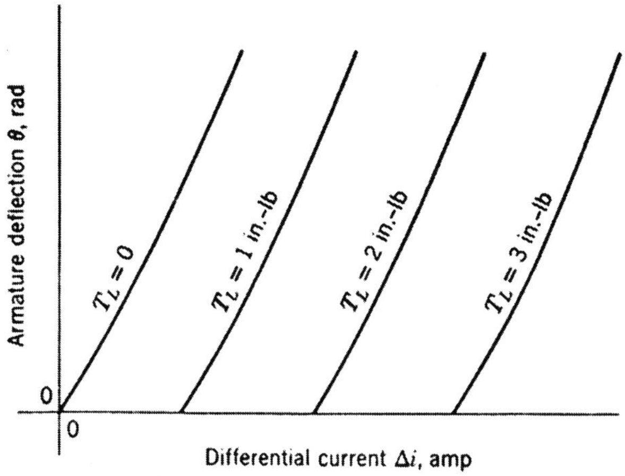

그림 7-5 토크모터의 전형적인 정적 특성곡선

이 식은 무차원으로 그려질 수 있고 압력피드백 서보밸브를 위한 토크모터의 설계에 유용하다. 정적인 작동인 $T_d = K_a\theta + T_L$은 식 (7-32)와 결합하여

$$\frac{K_m}{K_a}(\alpha+\beta)(1+\alpha\beta) = (1-\beta^2)^2\beta + \frac{(1-\beta^2)^2}{(g/a)K_a}T_L \tag{7-35}$$

이 방정식은 부하가 있는 토크모터의 정적 특성곡선을 나타낸다. 부하가 없는 곡선은 매우 유용하다. 따라서 $T_L = 0$로 두고, 이 곡선을 α에 대하여 풀면, 다양한 K_m/K_a의 비에 대하여 그림 7-4에 나타내었다.

$$\alpha = \frac{1+\beta^2}{2\beta}\left(\left\{1+\frac{K_a}{K_m}\left[\frac{2\beta(1-\beta^2)}{1+\beta^2}\right]^2 - \left(\frac{2\beta}{1+\beta^2}\right)^2\right\}^{1/2} - 1\right) \tag{7-36}$$

아마추어는 K_m/K_a의 값과 관계없이 $|x/g| > \frac{1}{3}$일 때, 정적 안정을 위해 중지됨에 유의한다. 이 한계는 자성재료의 릴럭턴스가 크다면 증가된다[2]. 이 한계가 스프링률에 독립적이라고 하더라도, 정적 불안정 유발에 요구되는 전류는 K_m/K_a와 함께 증가한다. 이 곡선의 기울기 또는 게인은 K_m/K_a의 비와 함께 증가하는 것이 또한 명백하다. 하지만, 선형성은 ϕ_c/ϕ_g와 K_m/K_a의 범위에 제약을 준다. ϕ_c/ϕ_g는 영구자석의 손상(knokdown)을 피하기 위해 1이하로 잘 유지되기 때문에 선형성은 주로 K_m/K_a의 비에 의해서 제어된다. 부하가 있는 정적 성능곡선 또한 흥미로우며 일반적인 형상을 그림 7-5에 나타내었다.

동적 특성

식 (7-22), (7-23), (7-27), 그리고 (7-28)로 정의되는 토크모터 파라미터는 식 (7-21), (7-31)과 함께 토크모터의 동적 특성을 완벽하게 묘사한다. 파라미터는 설계상수인 R_g, N_c, g, a, ϕ_g로부터 계산된다. ϕ_g의 양은 종종 공극에서 자속밀도 B_g[lines/in.^{2}]의 형태로 표현된다($\phi_g = B_g A_g$). 파라미터의 정의로부터 다음과 같이 연관되는 것이 명확하다.

$$K_t = 8.84 K_b \tag{7-37}$$

$$K_m L_c = K_b K_t \tag{7-38}$$

기계적 감쇠인 B_a를 제거하면, 식 (7-21)과 (7-31)을 결합할 수 있다.

$$\theta = \frac{K_0 e_g - \left[\dfrac{1}{K_a\left(1-\dfrac{K_m}{K_a}\right)}\right]\left(1+\dfrac{s}{\omega_a}\right)T_L}{\dfrac{s^3}{\omega_a \omega_m^2\left(1-\dfrac{K_m}{K_a}\right)}+\dfrac{s^2}{\omega_m^2\left(1-\dfrac{K_m}{K_a}\right)}+\dfrac{s}{\omega_a\left(1-\dfrac{K_m}{K_a}\right)}+1} \tag{7-39}$$

여기서 $K_0 = \dfrac{2K_t \mu}{(R_c + r_p)K_a(1-K_m/K_a)}$ = 정적 게인 상수, rad/volt

$\omega_a = \dfrac{R_c + r_p}{2L_c}$ = 각 코일의 아마추어 회로 절점 주파수*, rad/sec

$\omega_m = \sqrt{\dfrac{K_a}{J_a}}$ = 아마추어의 고유진동수, rad/sec

3차 특성방정식의 계수가 숫자라면 쉽게 인수분해할 수 있다. 그러나 설계 목적으로는 문자의 형태가 바람직하다. 이 점에서 다행히 계수들이 서로 관련되어 있어서 3차식을 일반적인 방법으로 인수분해할 수 있고, 근을 그래프로 나타낼 수 있다. 그러므로 전압과 부하토크 입력에 대한 토크모터의 동적응답 최종식은

$$\theta = \frac{K_0 e_g - \dfrac{1}{K_a\left(1-\dfrac{K_m}{K_a}\right)}\left(1+\dfrac{s}{\omega_a}\right)T_L}{\left(\dfrac{s}{\omega_r}+1\right)\left(\dfrac{s^2}{\omega_0^2}+\dfrac{2\delta_0}{\omega_0}s+1\right)} \tag{7-40}$$

여기서 ω_r, ω_0, δ_0는 각각 그림 7-6, 7-7, 7-8에서 얻는다. 이 그림에서 우리는 3차식이 항상 하나의 선형항과 부족감쇠인 2차항을 갖는 것에 주목한다. 이들 인자는 각각 아마추어 회로의 전기적 시정수$(1/\omega_a)$와 아마추어의 기계적 공진에 기인한다. 하지만 3차식의 절점 주파수는 보다 낮기 때문에, 즉, $\omega_r < \omega_a$, $\omega_0 < \omega_m$이다. 그리고 실제 토크모터에서는 $K_m/K_a < 1/2$이기 때문에, 다음과 같은 근사는 예비 설계 계산에서 유용하다.

$$\omega_r \approx \omega_a \quad \omega_0 \approx \omega_m \quad \delta_0 \approx \frac{1}{2}\left(\frac{K_m}{K_a}\right) \tag{7-41}$$

---

* 각각의 코일회로에서 총 인덕턴스는 자신의 인덕턴스 L_c와 함께 다른 코일의 상호 인덕턴스를 포함해야 한다. 이 두 개 코일은 신호전류에 대하여 직렬이고 가까이 연결되어 있기 때문에 상호 인덕턴스는 자신의 인덕턴스와 같다. 이리하여 각 코일회로의 총 인덕턴스는 $L_c + M = 2L_c$이다. 이것이 ω_a의 분모를 설명한다.

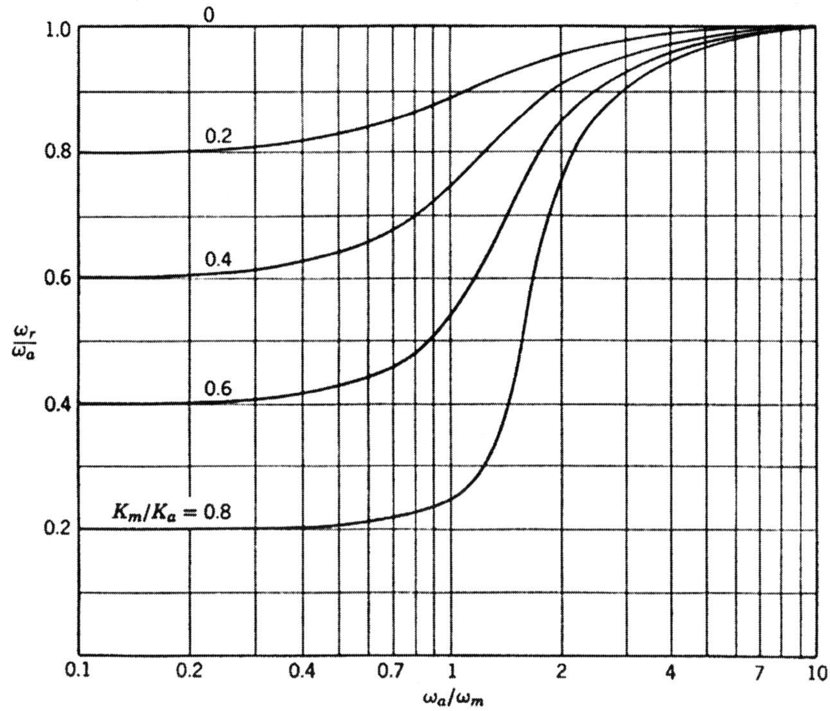

그림 7-6 토크모터 3차 특성방정식 실근의 정상화 곡선

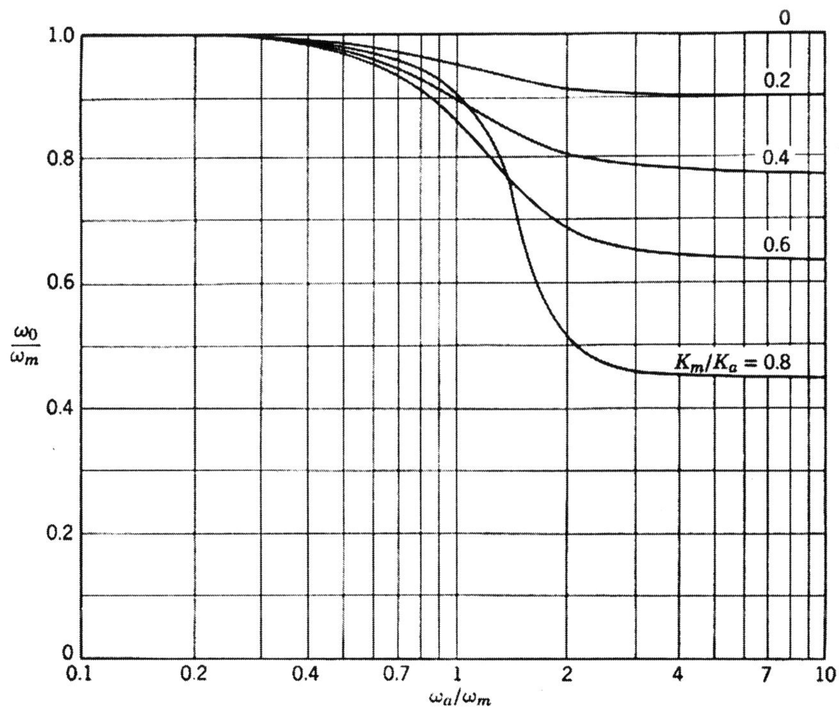

그림 7-7 토크모터 3차 특성방정식 중 2차항의 고유진동수 정상화 곡선

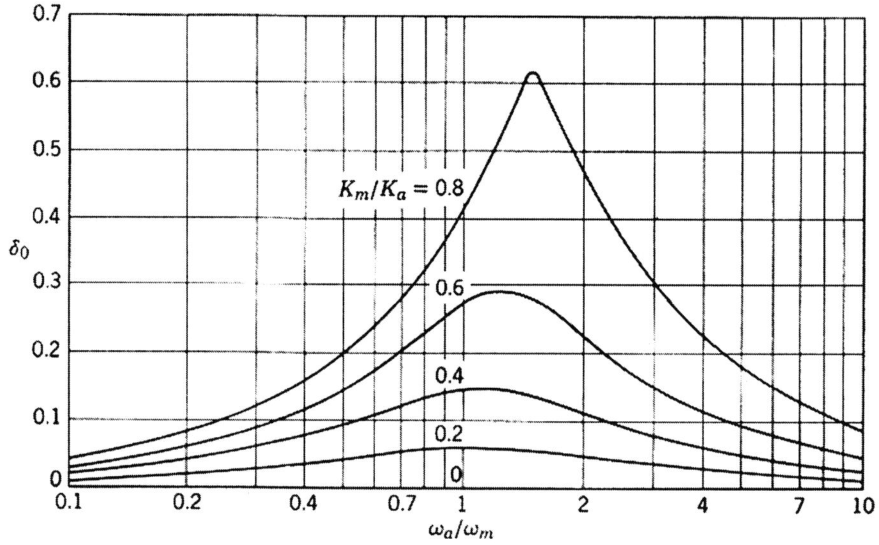

그림 7-8 토크모터 3차 특성방정식 중 2차항의 감쇠비 곡선

도표로부터의 정확한 값과 비교하면 이 근사법은 작은 K_m/K_a에 대하여 만족된다.

식 (7-40)과 3차 해 도표로부터 몇 가지 결론을 내릴 수 있다:

1. 각 코일 $R_c/2L_c$의 기본 절점주파수는 일반적으로 낮기 때문에 큰 ω_a를 얻기 위해서는 큰 r_p를 주는 고 임피던스 드라이버(5극 진공관 또는 트랜지스터의 컬렉터 회로와 같은) 또는 전류 피드백 앰프를 사용해야 한다. 그러면 ω_a의 값은 전체 응답에서 ω_r에 따라 감소한다. 따라서 앰프의 설계는 아마추어 회로의 낮은 전기적 절점 주파수 $R_c/2L_c$를 보상하는 것이어야 한다.

2. 2차항의 고유진동수 ω_0는 낮은 ω_a/ω_m에서 자기 스프링 상수에 실질적으로 독립적이고, 높은 ω_a/ω_m에서만 약간 영향을 받는다.

3. ω_a/ω_m이 거의 1일 때, 감쇠비 δ_0는 최대를 갖는다. 이는 앰프에서 ω_a를 증가시키는 또 다른 이유이다. 감쇠비는 K_m/K_a에 따라 직접적으로 증가한다. 하지만 정적 선형성과 히스테리시스는 K_m/K_a의 값에 제한을 가한다. 이리하여 K_m/K_a의 값은 선형성을 위한 필요조건과 감쇠 사이에서 타협해야 한다. 적당한 감쇠는 만족스러운 K_m/K_a 값과 보상된 앰프를 모두 요구함에 유의하는 것은 중요하다.

4. 공극 자속밀도 B_g의 상승은 감쇠비 δ_0의 직접적인 증가와 절점주파수 ω_r, ω_0를 약간 낮추게 한다. 주파수 응답의 가장 두드러진 영향은 δ_0의 증가이다. B_g의 증가는, 또한 전기적인 히스테리시스를 증가시킨다.

부하토크 입력을 생략하고, 전압 입력에 대한 토크모터의 전달함수를 구하면

$$\frac{\theta}{e_g} = \frac{K_0}{\left(\dfrac{s}{\omega_r}+1\right)\left(\dfrac{s^2}{\omega_0^2}+\dfrac{2\delta_0}{\omega_0}s+1\right)} \tag{7-42}$$

토크모터와 서보밸브는 주로 차동 전류를 입력으로 사용한다. 전류에 대한 전달함수는 식 (7-31)로부터 얻을 수 있다.

$$\frac{\theta}{\Delta i}=\frac{\dfrac{K_t}{K_a\left(1-\dfrac{K_m}{K_a}\right)}}{\dfrac{s^2}{\omega_m^2\left(1-\dfrac{K_m}{K_a}\right)}+\dfrac{B_a}{K_a\left(1-\dfrac{K_m}{K_a}\right)}s+1} \tag{7-43}$$

그러므로 응답은 ω_m 보다 조금 작은 고유진동수를 가지는 2차 방정식이다. 감쇠비는 토션 스프링의 구조적 감쇠와 토크모터에 부착된 부하로부터 얻어지기 때문에 꽤 모호하고 보통 매우 낮다. 전류는 서보밸브 제조사가 앰프 특성을 명세하는 것을 피하기 위해 입력으로 사용된다. 하지만 전압이 종종 입력으로 사용되지만 그 결과는 Δi의 항으로 그려지므로, 주파수 응답 데이터를 해석할 때 항상 주의해야 한다. 이는 전압과 전류가 동역학 없이 직접 연관된다는 잘못된 가정을 하게 한다. 식 (7-42)를 식 (7-43)으로 나누면 우리는 전압과 전류 사이의 관계를 얻는다.

$$\frac{\Delta i}{e_g}=\frac{\dfrac{2\mu}{R_e+r_p}\left[\dfrac{s^2}{\omega_m^2\left(1-\dfrac{K_m}{K_a}\right)}+\dfrac{B_a}{K_a\left(1-\dfrac{K_m}{K_a}\right)}s+1\right]}{\left(\dfrac{s}{\omega_r}+1\right)\left(\dfrac{s^2}{\omega_0^2}+\dfrac{2\delta_0}{\omega_0}s+1\right)} \tag{7-44}$$

분자의 고유진동수는 항상 ω_0보다 다소 작다. 토크모터를 위한 전형적인 주파수 응답 특성을 그림 7-9와 7-10에 나타낸다.

적절하게 설계된 앰프가 공급될 때, 토크모터는 밸브 스트로크의 빠르고 효과적인 방법을 제공한다. 하지만 이는 몇 가지 단점이 있다. 많은 전기적 장치를 사용하기 때문에 자기적인 히스테리시스를 피할 수 없고 지연 보상기를 사용하는 1형 서보에서 리밋사이클 진동을 야기시킬 수 있다. 토크모터는 또한 부하에 꽤 민감하다. 이것으로 인하여 부하의 유형에 매우 의존적인 특성을 갖는다. 식 (7-40)으로부터 부하에 대한 토크모터의 정상상태 강성을 알 수 있다.

$$\left.\frac{\Delta T_L}{\Delta\theta}\right|_{\omega=0}=K_a\left(1-\frac{K_m}{K_a}\right)=K_a-K_m \tag{7-45}$$

이는 기계적인 강성 K_a보다 작다. 다음 섹션에서 보게 될 1단 서보밸브 토크모터의 부하특성은 특히 심하다.

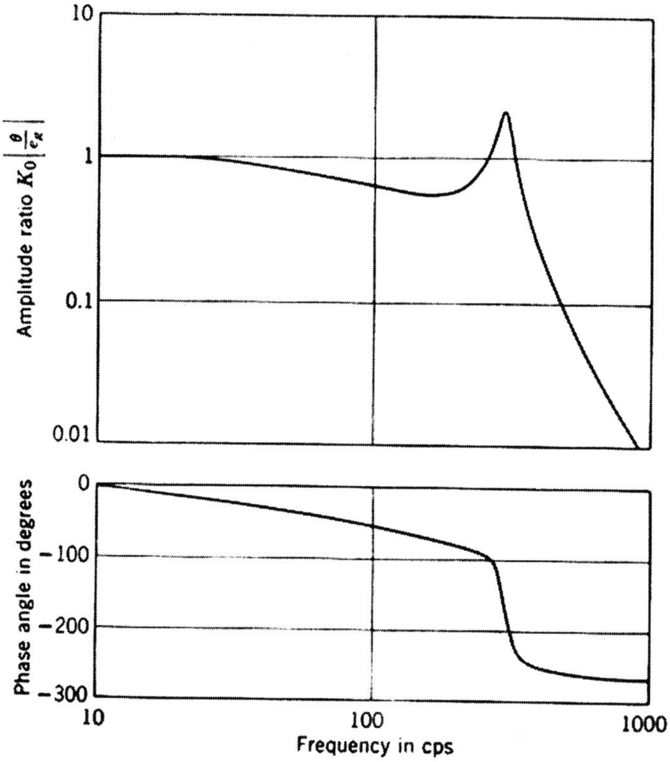

그림 7-9 전압입력으로부터 아마추어 회전에 대한 토크모터의 주파수 응답

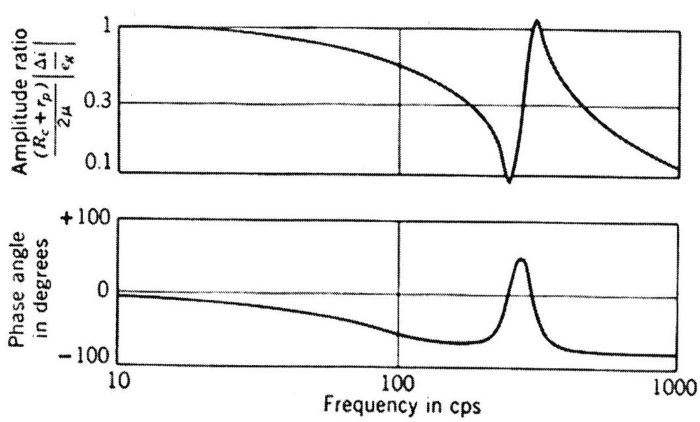

그림 7-10 전압입력으로부터 차동전류에 대한 토크모터의 주파수 응답

7-3 1단 전기유압 서보밸브

1단 전기유압 서보밸브는 4-Way 스풀밸브에 직접 부착된 토크모터로 구성되어 있다. 스풀밸브는 그림 7-11에서와 같이 토크모터 옆에 위치하고 포트들은 유압 액추에이터로 연결된다. 플래퍼와 제트관 밸브도 또한 1단 서보밸브를 형성하기 위해 사용될 수 있지만, 누설 특성 때문에 부하의 직접제어로는 적당하지 않다.

1단 서보밸브는 비교적 간단하고 저렴하지만 두 가지 큰 단점을 가지고 있다. 스풀에 작용하는 정상상태 유동력은 토크모터를 멈추게 하고 밸브의 스트로크에 제한을 주기 때문에 흐름 용량이 제한적이다. 또, 다른 단점은 안정도가 부하 동역학에 크게 의존적이라는 사실이다. 이러한 단점들은 서보밸브를 적절히 설계하면 줄어들지만 안정도를 보장하기 위해서는 각각 경우에 대하여 조사되어야 한다.

정적 성능을 먼저 조사하고 그리고 동적 성능을 조사하는 것이 쉽지만, 동적 성능에 관한 연구는 안정도 문제의 특성을 보이고 이것을 최소화시키는 설계기준을 제시하기 때문에 여기서는 이 순서가 바뀐다. 서보밸브 내의 모든 요소의 동역학은 이미 논의되었기 때문에, 우리는 단지 적절한 관계를 요약하고 결합하기만 하면 된다.

스풀밸브가 4포트의 제로랩 타입이라고 가정하면, 5-3절로부터 다음의 내용을 적용할 수 있다.

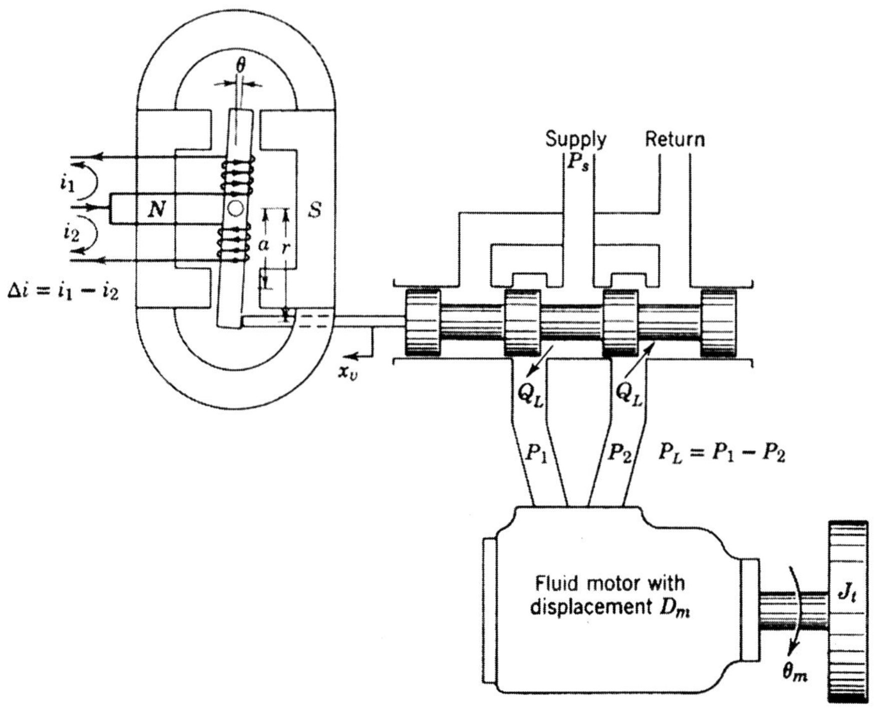

그림 7-11 관성부하를 갖는 모터에 연결된 1단 전기유압 서보밸브의 개략도

$$Q_l = C_d w x_v \left[\frac{1}{\rho}(P_s - P_L) \right]^{1/2} \tag{7-46}$$

$$K_p = \frac{K_q}{K_c} = \frac{2(P_s - P_{L0})}{x_{v0}} \tag{7-47}$$

x_{v0}, P_{L0}는 작동점에서의 값이다. 스풀에 순수(net) 감쇠길이가 없다고 가정하고, 유동력은 보상되지 않는다면, 스트로크력은 스풀의 질량과 정상상태 유동력으로만 구성된다. 그러므로 식 (5-91)에서

$$F_i = M_v \frac{d^2 x_v}{dt^2} + 0.43w(P_s - P_L)x_v \tag{7-48}$$

P_L, x_v는 둘 다 변수이므로, 최종항은 선형화되어야 한다. 그리고 라플라스 변환하면 다음 방정식을 얻을 수 있다.

$$\Delta F_i = M_v s^2 \Delta x_v + 0.43w(P_s - P_{L0})\Delta x_v - 0.43 w x_{p0} \Delta P_L \tag{7-49}$$

그림 7-11의 기구 구조로부터, 경사가 작은 것에 유의하면

$$x_v \approx r\theta \tag{7-50}$$

여기서 r은 토크모터의 반지름 팔길이(in.)이다. 이제 우리는 토크모터의 동역학을 고려해 본다. 식 (7-49)의 질량과 하나의 유동력항은 토크모터 아마추어의 질량과 스프링 상수에 더해질 수 있음이 분명하다. 다른 유동력항은 토크모터의 부하로 다루어질 수 있다. 즉,

$$\Delta T_L = -0.43 r w x_{v0} \Delta P_L \tag{7-51}$$

그러므로 식 (7-40)을 이용하여, 토크모터 동역학식을 얻으면

$$\theta = \frac{K_0 e_g - \dfrac{1}{K_{at}\left(1 - \dfrac{K_m}{K_{at}}\right)}\left(1 + \dfrac{s}{\omega_a}\right)T_L}{\left(\dfrac{s}{\omega_r} + 1\right)\left(\dfrac{s^2}{\omega_0^2} + \dfrac{2\delta_0}{\omega_0}s + 1\right)} \tag{7-52}$$

여기서 $K_{at} = K_a + 0.43r^2 w(P_s - P_{L0})$ = 총 스프링 상수, in.-lb/rad

$K_0 = \dfrac{2K_t\mu}{(R_c + r_p)K_{at}(1 - K_m/K_{at})}$ = 게인 상수, rad/volt

$\omega_m = \sqrt{\dfrac{K_{at}}{(J_a + r^2 M_v)}}$ = 토크모터 고유진동수, rad/sec

M_v = 스풀 질량, lb-sec²/in.

다른 기호는 7-2절에서 정의되었다. ω_r, ω_0, δ_0의 값은 K_m/K_a를 K_m/K_{at}로 해석한 그림 7-6, 7-7, 7-8로부터 얻어진다.

안정도가 부하 동역학에 의존하기 때문에, 가정해야 할 특별한 부하조건은 무엇이냐에 대한 질문이 남아 있다. 가장 공통된 부하는 관성이므로, 즉, 식 (6-54)에서

$$P_L D_m = J_t s^2 \theta_m \tag{7-53}$$

이 경우의 밸브-모터 전달함수는 식 (6-65)에서

$$\frac{\Delta\theta_m}{\Delta x_v} = \frac{\dfrac{K_q}{D_m}}{s\left(\dfrac{s^2}{\omega_h^2} + \dfrac{2\delta_h}{\omega_h}s + 1\right)} \tag{7-54}$$

여기서 $\dfrac{2\delta_h}{\omega_h} = \dfrac{K_c J_t}{D_m^2}$ (7-55)

이 관계는 기호가 정의된 6-1절에서 유도되었다. 이 부하는 상대적으로 간단하지만, 대부분의 경우와 면밀히 닮아있고, 설계기준을 산출하기에 충분히 단순한 모델로 귀착된다.

주어진 방정식들은 서보밸브와 부하시스템을 정의하고 그림 7-12의 블록선도를 구성하는 데 사용되어 질 수 있다. 이 그림으로부터 우리는 정상상태 유동력의 일부분이, 즉, 식 (7-49)의 우측 세 번째 항, 부하를 갖는 모터와 서보밸브의 조합에 내재하는 양(+)의 피드백 루프로 귀착됨을 알 수 있다. 양(+)의 피드백 루프는 종종 안정도 문제를 일으킨다는 것은 잘 알려져 있다. 루프 게인함수는

$$GH = \frac{-K_1 s\left(1 + \dfrac{s}{\omega_a}\right)}{\left(\dfrac{s^2}{\omega_h^2} + \dfrac{2\delta_h}{\omega_h}s + 1\right)\left(\dfrac{s^2}{\omega_0^2} + \dfrac{2\delta_0}{\omega_0}s + 1\right)\left(\dfrac{s}{\omega_r} + 1\right)} \tag{7-56}$$

K_1은 개루프 게인 상수이고 초(sec) 단위를 가진다. 식 (7-47), (7-55)와 K_1, K_{at}의 정의를 이용하여 다음과 같이 쓰여질 수 있다.

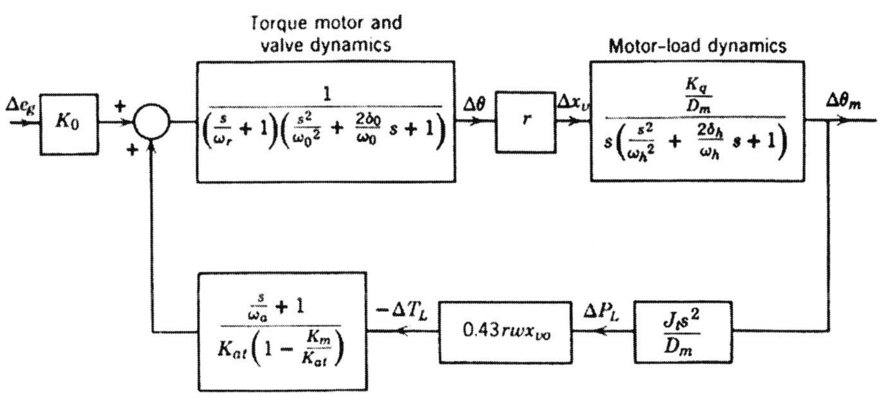

그림 7-12 관성부하를 갖는 모터에 연결된 1단 전기유압 서보밸브의 블록선도

$$K_1 = \frac{0.43r^2 w K_q x_{v0} J_t}{(K_{at} - K_m) D_m^2} = \frac{2K_R(1 - P_{L0}/P_s)}{1 + K_r(1 - P_{L0}/P_s)} \left(\frac{2\delta_h}{\omega_h} \right) \tag{7-57}$$

$$K_R = \frac{0.43 r^2 w P_s}{(K_a - K_m)} = \text{순수 토크모터 스프링률에 대한 무부하 유동력 스프링률의 비, 무차원} \tag{7-58}$$

우리는 질문의 루프를 위한 안정도 요구조건을 지금 결정해야 한다*.

수치적인 값이 알려져 있는 경우, 안정도를 결정하기 위해 루스 판별법(Routh's criterion)을 적용하거나 나이퀴스트 선도(Nyquist plot)를 작성할 수 있을 것이다. 하지만 설계 목적을 위해서는 문자를 이용한 관계가 바람직하다. 불행하게도 그런 관계는 이 루프에 대하여 근사화 없이 간단한 방법으로 공식화 되어질 수 없다. 대부분의 경우 ω_h는 가장 낮은 절점 주파수이다. ω_h가 지배적이라고 가정하면, 식 (7-56)은 다음과 같이 근사된다.

$$GH \approx \frac{-K_1 s}{\dfrac{s^2}{\omega_h^2} + \dfrac{2\delta_h}{\omega_h} s + 1} \tag{7-59}$$

특성방정식 $1 + GH = 0$에 루스 판별법을 적용하면 안정을 위한 다음의 조건을 얻을 수 있다.

$$K_1 < \frac{2\delta_h}{\omega_h} \tag{7-60}$$

이제 식 (7-57)과 결합한 안정도를 위한 최종 결과를 얻으면

$$K_R \left(1 - \frac{P_{L0}}{P_s} \right) = \frac{0.43 r^2 w (P_s - P_{L0})}{K_a - K_m} = \frac{r^2 K_f}{K_a - K_m} < 1 \tag{7-61}$$

따라서 토크모터의 순수(net) 스프링 비에 대한 유동력 스프링의 비는 1단 서보밸브와 모터조합이 안정되기 위해서는 1보다 작아야 한다. 이 잠재적인 안정도 문제는 스풀에 되먹이는 그래서 양(+)의 피드백 루프를 형성하는 유동력의 압력효과에 의해 야기되었다.

모터의 점성 마찰 부하는 시스템의 안정을 돕는다. 따라서 이 효과를 해석에 포함시키는 것은 흥미있다. 이는 식 (7-53)의 오른쪽에 항 $B_m s \theta_m$을 추가하는 것을 필요로 한다. 또한, 6-1절에 나타낸 바와 같이 B_m의 추가는 게인 상수와 유압 고유진동수를 약간 감소시키고 모터-부하 전달함수의 감쇠비를 증가시킬 것이다. B_m의 주된 효과는 감쇠비의 상승이라고 하자. 따라서 우리는 식 (7-54), (7-56), (7-57) (기호 정의에 대해서는 6-1절을 보라)에서 $2\delta_h/\omega_h$를 $2\delta_h/\omega_h + V_0 B_m / 2\beta_e D_m^2$로 간단하게 바꿀 수 있다. 따라서 안정도 판별식은 다음과 같다.

$$K_1 < \frac{2\delta_h}{\omega_h} + \frac{V_0 B_m}{2\beta_e D_m^2} = \frac{2\delta_h}{\omega_h} \left(1 + \frac{B_m}{2\delta_h \omega_h J_t} \right) \tag{7-62}$$

---

* 서보밸브와 모터가 궁극적으로 놓여질 전기유압 서보루프의 안정도가 아니라 서보밸브와 모터 조합의 안정도를 논의하고 있음을 분명히 해야 한다. 이런 루프를 형성하는 요소들이 그 자체로 안정해야 함은 물론이다.

식 (7-57)과 결합하여 도출하면

$$K_R\left(1-\frac{P_{L0}}{P_s}\right)<\frac{1+B_m/2\delta_h\omega_h J_t}{1-B_m/2\delta_h\omega_h J_t} \qquad (7\text{-}63)$$

$B_m/2\delta_h\omega_h J_t$가 보통 작지만(1보다 더 작은), 식 (7-63)의 우변은 1보다 훨씬 더 크다. 그러므로 안정도는 부하 마찰이 있음으로 개선된다. 몇 가지 결론이 이 해석으로부터 유도될 수 있다:

1. 많은 정상상태 부하조건에서 $P_{L0}\approx 0$이기 때문에, 식 (7-61)과 (7-63)에 따르면 1단 서보밸브는 K_R이 항상 1보다 작도록 설계되어야 한다. 다른 한편으로는, 토크모터 크기의 소형화를 위하여 K_R이 커지는 것이 바람직하다. 왜냐하면 부하 점성마찰과 누유는 감쇠에 기여하므로, $K_R>1$이더라도 결과적으로 안정이 가능하다. 이 모든 요인들을 저울질 하면 $K_R\approx 1$의 값은 아마도 만족스러운 타협 및 추천되는 설계 목표이다. 독자는 이 복합적인 문제의 추가적인 논의를 보고 싶다면 문헌[3, 4, 5, 6]을 참고하기 바란다*.

2. 식 (7-56)을 참조하면, $\delta_0 \gg 1$이라면 밸브 자체의 동역학이 지배적이게 되고 안정을 제어함을 알 수 있다. 상용 1단 서보밸브는 요구되는 감쇠를 제공하기 위해 스풀에 부착된 대시포트(물체의 속도에 비례하여 물체에 작용하는 힘에 저항하는 감쇠장치)를 종종 갖는다.

3. 언더랩인 스풀밸브는 중립점 부근에서 두 배의 유동력 스프링률을 가지기 때문에 K_R은 안정을 위해 1/2보다 작아야 한다.

4. 유동력 보상의 방법들은 밸브의 작은 열림에서 효과적이지 않으므로, K_R에 대해 주어진 기준은 또한 보상 스풀이라도 그대로 적용되어야 한다.

5. 비록 간단한 부하조건이라고 하더라도, 유용한 결과에 다다르기 위하여 근사를 많이 해야 했다. 훨씬 복잡한 부하 동역학에 대해서 안정을 예측하는 것은 매우 어려울 것이다. 그러므로 각각의 부하조건에 대한 테스트는 안정을 설정하기 위하여 꼭 필요할 것이다. 이러한 이유로 1단 서보밸브는 부하 동역학이 변화하는 시스템에서는 사용되어서는 안 된다. 이들 서보밸브의 저가와 간단하다는 이점은 다량으로 생산되는 서보장치에서 잘 이용된다. 소수의 응용이라면, 더 신뢰할 수 있는 안정도를 갖는 2단 서보밸브가 사용되어야 한다.

실험적으로, 1단 밸브와 모터 조합의 불안정은 유압 고유진동수에서 발생한다. 안정 성능의 압력 범위를 결정하는 간단한 테스트는 서보밸브를 특정의 관성을 갖는 모터에 연결하고 특정 속도에서 불안정이 발생할 때까지 공급압력 P_s를 올리도록 구성되어 있다. 불안정은 B_m이 최소인 모터 속도 범위의 중간에서 먼저 발생할 것이다. (B_m은 쿨롱 마찰 때문에 저속에서 크고, 점성 마찰 때문에 고속에서 크다; 따라서 양 끝 속도 사이에서 최솟값을 갖는다.) 식 (7-58)과 (7-63)을 참고하면, 불안정이 생길 때까지 P_s를 상승시키면 K_R이 증가하는 것을 볼 수 있다; K_R은 오일 압력을 켜거나 끈 상태에서 입력 전류 i에 대한 밸브 스트로크 x_v의 곡선을 그려서

* McCloy와 Martin [6]은 토크모터의 동역학을 무시하고 점성마찰 부하를 갖는 1단 서보밸브의 비선형해석을 하였다. 이 점성마찰이 0이라면, 안정을 위하여 그들은(논문 중 그림 8 참조) 작은 밸브 스트로크에서는 $K_R<1$과 큰 스트로크에서는 $K_R<0.4$을 요구함을 보인다. 작은 신호입력에 대해서만 유효한 선형해석에서는 안정을 위하여 단지 $K_R<1$을 요구한다.

실험적으로 손쉽게 얻을 수 있다. 이 곡선 기울기를 다음 식에 대입하면 오일이 있을 때 특정한 공급압력에 대한 K_R의 값을 산출한다[4].

$$K_R = \frac{\Delta x_v / \Delta i|_{\text{oil off}}}{\Delta x_v / \Delta i|_{\text{oil on}}} - 1$$

식 (7-59)의 GH의 최댓값은 $s = j\omega_h$에서 발생하는 것을 보일 수 있고, 식 (7-60)의 판별식을 만족한다면 1보다 작다. $|GH| < 1$이기 때문에, 그림 7-12의 루프의 피드백 부분은 동적응답에서 무시할만한 영향을 줄 뿐이다. 따라서 서보밸브와 부하를 갖는 모터의 전반적인 전달함수는 다음과 같다.

$$\frac{\Delta\theta_m}{\Delta e_g} = \frac{rK_0 \dfrac{K_q}{D_m}}{s\left(\dfrac{s^2}{\omega_h^2} + \dfrac{2\delta_h}{\omega_h}s + 1\right)\left(\dfrac{s^2}{\omega_0^2} + \dfrac{2\delta_0}{\omega_0}s + 1\right)\left(\dfrac{s}{\omega_r} + 1\right)} \tag{7-64}$$

서보밸브 만의 전달함수는 다음과 같이 정의된다.

$$\frac{\Delta x_v}{\Delta e_v} = \frac{rK_0}{(s/\omega_r + 1)[s^2/\omega_0^2 + (2\delta_0/\omega_0)s + 1]} \tag{7-65}$$

하지만 일상적으로 출력 파라미터로서 스풀 위치보다는 부하가 없는($P_L = 0$) 유량 $\Delta Q_L = = K_q \Delta x_v$를 사용한다.

이제 정적 성능을 살펴보면, 정상상태 동작 중 토크모터에 의해 생성된 토크는 아마추어 스프링과 유동력 스프링에 의해 소모된다. 그러므로

$$K_t \Delta i + K_m\left(\frac{x_v}{r}\right) = K_a\left(\frac{x_v}{r}\right) + 0.43rw(P_s - P_L)x_v \tag{7-66}$$

x_v에 대해 풀고 식 (7-46)에 대입하면

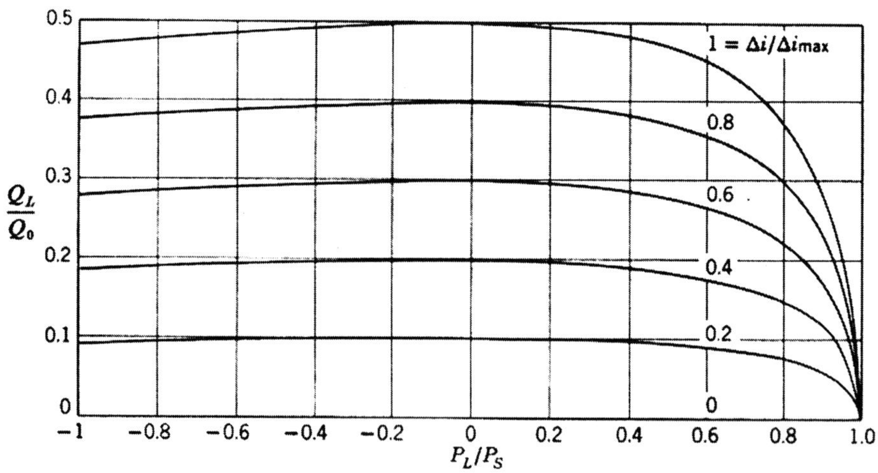

그림 7-13 $K_R = 1$을 갖는 1단 전기유압 서보밸브의 압력-유량곡선

$$\frac{Q_L}{Q_0}=\left[\frac{\sqrt{1-\dfrac{P_L}{P_s}}}{1+K_R\left(1-\dfrac{P_L}{P_s}\right)}\right]\frac{\Delta i}{\Delta i_{\max}} \tag{7-67}$$

여기서 $Q_0 \equiv rK_t C_d w\sqrt{P_s/\rho}\,\Delta i_{\max}/(K_a-K_m)$: $K_R=P_L=0$일 때, 최대입력 전류에 대한 부하유량[in.^{3}/sec]

식 (7-67)은 1단 서보밸브의 압력-유량 곡선으로 주어진다. $K_R=1$과 양(+)의 입력전류에 대하여 이 곡선들을 그림 7-13에 나타내었다. $K_R=0$일 때 나타나는 보통의 제곱근 형태의 곡선과 비교하여 이 곡선들은 상대적으로 편평하다는 것에 주목한다. 이리하여 유동력은 이 밸브가 유량제어 밸브와 거의 똑같이 거동하도록 부하압력변동에 대하여 1단 서보밸브를 보상하는 경향이 있다. $P_L/P_S<0$일 때 양의 방향으로 약간의 경사를 가진다. 식 (7-67)을 미분하면, $P_L/P_s=1-(K_R)^{-1}$일 때 Q_L/Q_0가 최대에 도달함을 알 수 있다. 압력-유량 곡선의 경사가 거의 0이라 할지라도, 이것은 또한 감쇠비 δ_h가 0이라고 해석하면 안 된다. 감쇠비 δ_h는 $\partial Q_L/\partial P_L|_{\Delta i}$가 아닌 $\partial Q_L/\partial P_L|_{x_v}$에 의해 영향을 받는다. 따라서 유동력의 부하 보상 효과는 모터-부하 감쇠비를 바꾸지 않는다.

식 (7-67)을 참고하고 $P_L=0$이라 두면, 유동력이 작용할 때 최대유량은 $(1+K_R)^{-1}$ 요소에 의해 감소된다. K_R은 거의 1이어야 하므로, 50% 감소된 유량을 예상할 수 있다. 하지만, 1인 K_R의 상한선은 1단 서보밸브의 면적 구배의 상한선을 또한 부과한다. 임계 중립 스풀밸브에 대하여 이 한계는 다음과 같이 주어진다.

$$w \le \frac{(1/r^2)(K_a-K_m)}{0.43P_s} \tag{7-68}$$

아주 큰 상용 토크모터에는 500 lb/in.의 스프링 상수를 가질 수도 있다. 300 psi의 시스템 압력을 갖도록 설계된 서보밸브는 다음과 같은 면적 구배 상한을 가질 것이다.

$$\frac{500}{0.43(3{,}000)} \approx 0.4\ \text{in.}^2/\text{in.}$$

이는 또한 주어진 스트로크에 대하여 서보밸브 유량 용량의 한계를 준다.

어떤 요소가 서보 루프 안에 있을 때, 이 요소의 정상상태 게인 특성은 꽤 중요하다. 요소의 게인 변화는 루프 게인의 변화를 야기하고 안정도와 응답 문제를 일으킨다. 그러므로 게인의 변화를 작게 하는 것이 필요하다(말하자면, 1에 대해 1.5~2보다 작게 변화). P_L은 종종 0에 가까이 있으므로, 1단 서보밸브의 정상상태 무부하 게인은

$$\left.\frac{Q_L/Q_0}{\Delta_i/\Delta i_{\max}}\right|_{\substack{\text{no}\\ \text{load}}}=\frac{1}{1+K_R} \tag{7-69}$$

K_R이 상수라면, 보상되지 않은 밸브 스풀의 게인은 상대적으로 상수이다. 하지만 유동력 보상을 갖는 스풀에서 이와 같은 보상이 스풀의 작은 변위에서 효과가 없기 때문에 K_R은 상당히

크게 변한다. 큰 스트로크에서 보상이 효과가 있을 때, K_R은 감소하고 서보밸브 게인의 상승을 야기한다. 이러한 게인의 상승은 보다 큰 유량에서 안정 문제를 야기할 수 있다. 그러므로 유동력 보상이 있는 1단 서보밸브에서는 종종 증가하는 게인 특성을 갖는다. 이러한 이유로 추가적인 비용이 발생될 뿐만 아니라 유동력 보상은 일반적으로 바람직하지 않다.

7-4 직접 피드백을 갖는 2단 전기유압 서보밸브

2단 서보밸브는 1단 서보밸브에 내재된 제한된 유량용량과 불안정의 단점을 극복한다. 위치 피드백을 갖는 2단 서보밸브는 가장 일반적이고, 그림 7-1a와 같은 유량-압력 곡선을 갖는다. 위치 피드백은 세 개의 기본방법으로 달성될 수 있다. 그림 7-14에 나타낸 직접 위치 피드백과

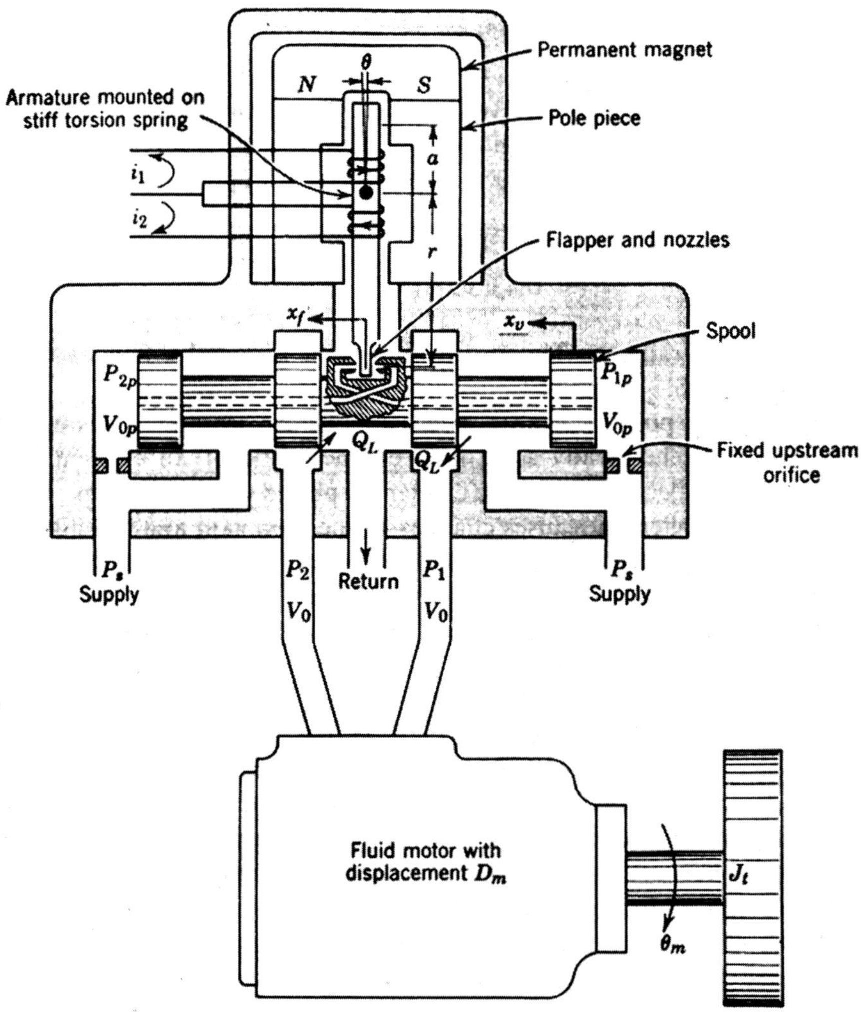

그림 7-14 관성부하를 갖는 모터를 제어하는 직접 피드백 2단 전기유압 서보밸브

그림 7-17에 나타낸 토크모터로 피드백 될 힘으로 위치를 변환시키는 스프링을 사용하는 방법; 그리고 파일럿단에서 야기된 차압에 대항하여 스풀을 중심으로 복귀하도록 작용하는 스풀의 양 끝에 강한 스프링을 설치하는 방법. 직접 그리고 힘 피드백 방법은 2단 서보밸브에서 가장 널리 이용되고 있고 이 절과 다음 절에서 다뤄질 것이다.

플래퍼-노즐 파일럿단과 직접 위치 피드백을 갖는 2단 서보밸브를 그림 7-14에 나타내었다. 양의 전류 차($i_1 > i_2$인 경우)로 플래퍼는 왼쪽으로 기울여지고, 파일럿 압력 P_{1p}는 증가하고 (P_{2p}는 동시에 감소), 이러한 회전은 왼쪽으로 스풀의 이동을 발생시킨다. 스풀 동작은 플래퍼가 노즐 사이의 중심에 되돌아 올 때 정지한다. 따라서 스풀이 플래퍼 밸브의 노즐을 담아 움직이므로 주 스풀밸브는 파일럿 플래퍼 밸브를 직접적으로 따른다. 이 절의 목적은 이러한 타입의 서보밸브의 정적 그리고 동적 특성을 논의하고 가능할 경우 설계 원리를 나타낸다.

플래퍼와 스풀밸브의 부하 압력의 차(P_{Lp}와 P_L)가 모두 0인 작동점 부근에서의 선형화 해석은 의미 있는 결과를 준다고 가정하자. 이 가정은 상당히 많은 양의 실험적인 증거에 의해 입증되었다. 이 해석에서 요구되는 기본 방정식들은 다른 절에서 유도되었고 단지 우리는 이를 모으고 정리하기만 하면 된다. 선형적인 면적 구배를 갖는 4포트 제로랩 스풀밸브로 가정하면 5-3절에서 유도된 다음 관계를 적용할 수 있다: 부하 유량은

$$Q_L = C_d w x_v \left[\frac{1}{\rho}\left(P_s - \frac{x_v}{|x_v|}P_L\right)\right]^{1/2} \tag{7-70}$$

순수(net) 감쇠길이는 없고, 유동력 보상이 없으며, 스풀에 가해지는 노즐 유동력($F_1 - F_2$)의 반작용을 무시할 수 있다고 가정하면 스풀력은 질량과 정상상태 유동력으로만 구성된다.

$$P_{Lp}A_v = M_v\frac{d^2x_v}{dt^2} + 0.43w(P_s - P_L)x_v \tag{7-71}$$

여기서 $P_{Lp} = P_{1p} - P_{2p}$ =파일럿(플래퍼)밸브 부하압력, psi

P_{1p}, P_{2p} =파일럿밸브 관로 압력, psi

A_v =스풀 양단 면적, in.^{2}

M_v =스풀 질량, lb-sec^2/in.

$P_{L0} = 0$로 선형화하고 라플라스 변환하면

$$A_v\Delta P_{Lp} = M_v s^2\Delta x_v + 0.43wP_s\Delta x_v - 0.43wx_{vo}\Delta P_L \tag{7-22}$$

그림 7-14를 보면 스풀밸브는 플래퍼 밸브에 작용하는 피스톤 부하로 작용하는 것이 명백하다. 스풀에 가해지는 유동력은 스풀 관성에 추가하여 스프링 타입의 부하로 귀착될 것이다. 밸브-피스톤 조합을 갖는 전달함수는 6-2절의 식 (6-41)에서 정의되었다. 이를 직접 쓰면

$$\frac{x_v}{x_\epsilon} = \frac{\dfrac{K_{qp}}{\omega_f A_v}}{\left(\dfrac{s}{\omega_f}+1\right)\left(\dfrac{s^2}{\omega_{hp}^2}+\dfrac{2\delta_{hp}}{\omega_{hp}}s+1\right)} \tag{7-73}$$

여기서 $x_\epsilon = x_f - x_v = x_{f0}$의 영점값 근방에서 플래퍼 간극의 변동, in.

$\omega_{hp} = \sqrt{\dfrac{2\beta_e A_v^2}{V_{0p} M_v}}$ =파일럿단의 유압 고유진동수*, rad/sec

$\delta_{hp} = \dfrac{\omega_{hp} K_{cp} M_v}{2A_v^2}$ =파일럿단의 감쇠비, 무차원

$\omega_f = \dfrac{0.43 w P_s K_{cp}}{A_v^2}$ =스풀에 가해지는 유동력으로 인한 절점주파수, rad/sec

V_{0p} =스풀 각 단의 정체체적, in.^{3}

K_{qp} =파일럿(플래퍼)밸브의 유량게인, in.^{3}/sec/in.

K_{cp} =파일럿밸브의 유량-압력계수, in.^{3}/sec/psi

토크모터 방정식을 유도하자. 식 (7-40)의 토크모터 해석결과는 아마추어(플래퍼)에 가해지는 흐름 충격으로 인한 힘은 포함되지 않았고, 관성과 토션 스프링의 힘은 포함되었다. 흐름충격으로 인한 플래퍼에 작용하는 힘은 식 (5-134)와 같이 유도되었다. 그러므로

$$F_1 - F_2 = A_N P_{Lp} - (8\pi C_{df}^2 P_s x_{f0})(x_f - x_v) \tag{7-74}$$

노즐은 스풀과 함께 움직이므로 x_v가 포함되었다. 토크모터 아마추어에 작용하는 부하를 고려하여 이 3개의 힘의 항들을 식 (7-40)에 포함시키면,

$$T_L = r A_N P_{Lp} + r(8\pi C_{df}^2 P_s x_{f0}) x_v \tag{7-75}$$

또한, 흐름 충격이 있을 때 음의 스프링 비를 포함하는 아마추어 스프링 비를 다시 정의하면

$$K_{ae} = K_a - r^2(8\pi C_{df}^2 P_s x_{f0}) \tag{7-76}$$

여기서 K_{ae}는 유효한 아마추어 스프링 비이다. 따라서 플래퍼에서 유동력이 발생할 때 기계적인 스프링 비는 약간 감소된다. 그러므로 토크모터 식을 다시 쓰면

---

* 유압 고유진동수를 계산할 때 유체질량을 무시하면 큰 오차를 가져 온다. 이것은 유체질량이 가끔 스풀질량보다 크기 때문에 서보밸브에서 특별히 그렇다. 그림 7-14와 그림 7-17의 압력 P_{1p}와 P_{2p}는 노즐에서 만들어짐이 분명하다. 이들 압력은 (a)노즐은 스풀 끝단에 연결시키는 관로에 있는 유체질량과 (b)양쪽 스풀 끝단 챔버에 있는 유체의 전체 질량 ρV_f, (c)스풀의 질량 M_v를 가속시켜야 한다. 연결 관로는 아마도 다른 단면적과 체적을 갖는 관로 부분으로 구성되어 있을 것이다. 전형적인 관로 부분은 A_i의 면적과 V_i의 체적을 갖는다. 전체 질량은 다음과 같다.

$$M_t = M_v + \rho V_f + \sum_{i=1}^{n} \rho V_i \left(\frac{A_v}{A_i}\right)^2$$

여기서 n은 관로 부분의 숫자이고, ρ는 유체 질량의 밀도, A_v는 스풀 끝단의 면적이다. A_v에 비해 A_i는 매우 작기 때문에 관로 부분에 있는 반영된 유체 질량은, 즉 $\rho V_i (A_v/A_i)^2$ 실제적일 수 있다는 것은 명백하다. 표현을 간단하게 하기 위해 유체 질량은 이 장의 식들에서 생략되었다. 그러나 유압 고유진동수 ω_{hp}를 계산하는 데 M_v보다는 M_t가 사용되어야 한다.

$$\theta = \frac{K_0 e_g - \dfrac{1}{K_{ae}\left(1 - \dfrac{K_m}{K_{ae}}\right)}\left(1 + \dfrac{s}{\omega_a}\right) T_L}{\left(\dfrac{s}{\omega_r} + 1\right)\left(\dfrac{s^2}{\omega_0^2} + \dfrac{2\delta_0}{\omega_0} s + 1\right)} \tag{7-77}$$

여기서 $A_N = \dfrac{\pi D_N^2}{4}$ = 노즐 면적, in.^{2}

x_{f0} = 영점에서 플래퍼와 노즐 사이의 간극, in.

$\omega_m = \sqrt{\dfrac{K_{ae}}{J_t}}$ = 아마추어의 고유진동수, rad/sec

r = 토크모터의 작업반경, in.

$K_0 = \dfrac{2K_t \mu}{(R_c + r_p) K_{ae} (1 - K_m / K_{ae})}$ = 게인 상수, rad/volt

K_t, μ, R_c, r_p, K_a, K_m, ω_a, J_a의 값은 7-2절에서 정의되었다. ω_r, ω_0, δ_0의 값은 K_m / K_a 대신에 K_m / K_{ae}을 사용하여 그림 7-6, 7-7, 7-8에서 찾을 수 있다.

요구되는 최종 방정식은 유압 모터와 부하를 나타내는 것이다. 이들 관계는 유동력 항에서 P_L을 설정하기 위해 필요하다. 간단한 관성부하로 가정하면

$$P_L D_m = J_t s^2 \theta_m \tag{7-78}$$

그리고 6-1절에서 정의된 밸브-모터 전달함수를 적용하면

$$\frac{\Delta\theta_m}{\Delta x_v} = \frac{\dfrac{K_q}{D_m}}{s\left(\dfrac{s^2}{\omega_h^2} + \dfrac{2\delta_h}{\omega_h} s + 1\right)} \tag{7-79}$$

여기서 $\omega_h = \sqrt{\dfrac{2\beta_e D_m^2}{V_0 J_t}}$ = 부하의 유압 고유진동수, rad/sec

$\delta_h = \dfrac{\omega_h K_c J_t}{2 D_m^2}$ = 감쇠비, 무차원

K_q = 스풀밸브의 유량게인, in.^{3}/sec/in.

K_c = 스풀밸브의 유량-압력계수, in.^{3}/sec/psi

다른 심벌은 6-1절에서 정의되었다.

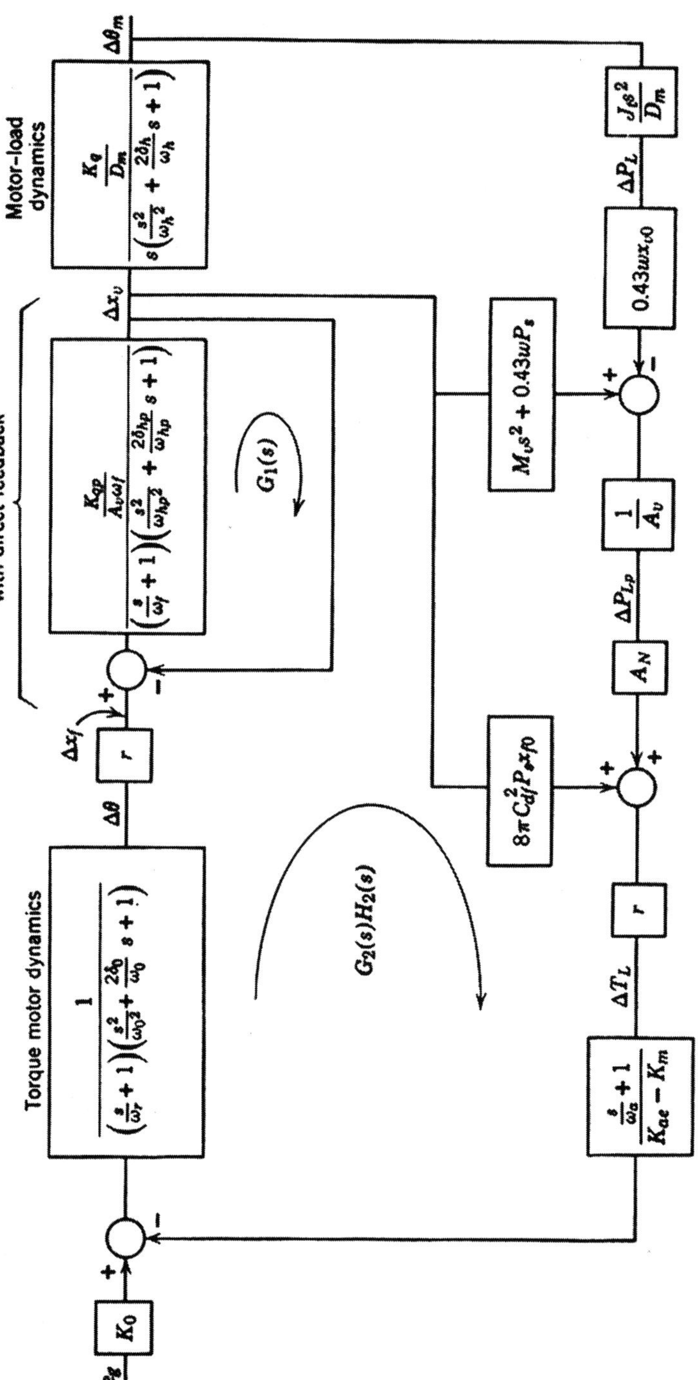

그림 7-15 관성부하를 갖는 모터를 제어하는 직접 피드백 2단 전기유압 서보밸브의 블록선도

서보밸브 블록선도와 해석

식 (7-72), (7-73), (7-77), (7-78), (7-79)와 $x_f = r\theta$는 그림 7-15의 블록선도 형태로 결합될 수 있다. 두 개의 피드백 루프가 포함되어 있고 이는 스풀 위치 피드백과 플래퍼의 압력 피드백이다. 어떤 루프든 안정도 문제를 야기할 수 있으므로 두 개의 루프 모두 설계에 주의를 요구한다. 이 루프들은 서보밸브의 동적 성능을 설정하기 때문에 이들 루프의 안정도를 조사하고 설계에 유용한 파라미터의 연관성을 결정하자.

중요한 루프는 직접 피드백의 스풀을 위치시키는 루프이다. ω_f는 일반적으로 작으므로 루프 게인 함수 식 (7-73)은 다음과 같이 근사될 수 있다.

$$G_1(s) = \frac{\dfrac{K_{qp}}{A_v}}{s\left(\dfrac{s^2}{\omega_{hp}^2} + \dfrac{2\delta_{hp}}{\omega_{hp}}s + 1\right)} \tag{7-80}$$

이 루프에 루스 판별법을 적용하면, 안정 여부를 확인할 수 있다.

$$\frac{K_{vp}}{\omega_{hp}} < 2\delta_{hp} \tag{7-81}$$

여기서 $K_{vp} = \dfrac{K_{qp}}{A_v}$ = 개루프 게인(또는 속도) 상수, $\sec^{-1}$ (7-82)

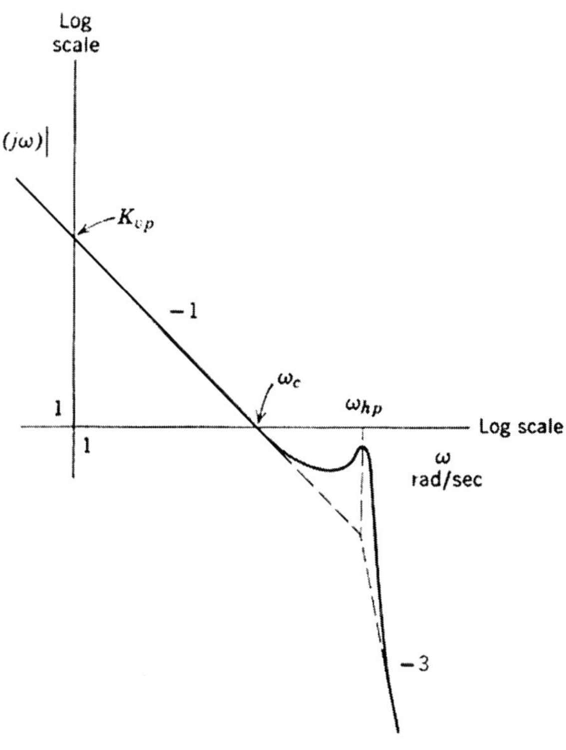

그림 7-16 직접 피드백 2단 서보밸브의 스풀위치제어루프의 보드선도

$G_1(s)$의 보드선도를 그림 7-16에 나타내었다. 점근적인 교점주파수는 $\omega_c \approx K_{vp}$인 속도상수와 같음을 볼 수 있다. 또한, δ_{hp}가 작을 때, 게인이 1 수준에 도달하고 발생하게 될 연속적인 불안정으로부터 공진 피크를 방지하기 위해 ω_c는 ω_{hp}보다 매우 작아야 함에 유의한다. 그러므로 안정도는 다음과 같이 요구된다.

$$\frac{\omega_c}{\omega_{hp}} < 2\delta_{hp} \tag{7-83}$$

전형적인 경우 δ_{hp}는 0.1의 차수를 가지므로, 교점주파수는 파일럿단 δ_{hp}의 유압 고유진동수의 약 20%로 한계를 갖는다.

그림 7-15의 다른 루프는 토크모터의 플래퍼로 피드백되는 유압 압력의 결과이다. 이 피드백 루프는 적어도 3개의 이유로 직접 위치 피드백 서보밸브에서 바람직하지 않다:

1. 루프 게인은 흐름에 의해 야기된 힘에 따른다. 이 힘들은 예측하기가 쉽지 않고 설계로 제어하기가 어렵다. 몇몇 서보밸브 응용에서 불안정이 나타날 수 있다.
2. 이 압력 피드백 루프는 안정도 문제보다 더 가치가 있다고 판명된 어떤 이익도 주지 않는다. 이 루프는 의도적으로 설계된 피드백으로서 부하압력차가 사용될 때 구성된 루프와 혼동해서는 안 된다.
3. 이러한 피드백 루프가 어떤 지배적인 역할을 할 경우에 서보밸브의 동적 응답을 제한한다. 일반적으로, 어떤 요소 주변의 피드백은 그의 개루프 응답과 비교해 볼 때 그것의 응답을 감소시킨다.

그러므로 이 루프가 안정적이고 서보밸브의 응답에 무시할 만한 영향을 가질 것이라는 점을 확신하기 위하여 설계기준을 설정하는 것이 바람직하다. 이 결과는 루프 게인 함수를 1보다 작도록 요구하면서 달성될 수 있다. 이제 이 루프 게인 함수와 최댓값을 결정해 보자. 우리가 보는 바와 같이 대수적인 복합성은 유용한 결과를 얻기 위해 많은 근사를 해야 한다.

위치 루프의 폐루프 응답이 압력 피드백 루프 안의 하나의 블록이므로, 우리는 먼저 전달함수를 얻어야 한다. 폐루프 응답은

$$\frac{\Delta x_v}{\Delta x_f} = \frac{G_1(s)}{1 + G_1(s)} \tag{7-84}$$

특성방정식 $1 + G_1(s) = 0$은 3차이고 인수분해가 어렵다. 그러나 교점주파수 ω_c의 하나의 지연과 주파수 ω_{hp}의 2차식으로 구성된 요소의 근사를 8-2절에서 나타내었다. $\omega_c \approx K_{vp}$이기 때문에 식 (7-84)의 근사요소로

$$\frac{\Delta x_p}{\Delta x_f} \approx \frac{1}{\left(\dfrac{s}{K_{vp}} + 1\right)\left[\dfrac{s^2}{\omega_{hp}^2} + \dfrac{\left(2\delta_{hp} - \dfrac{K_{vp}}{\omega_{hp}}\right)}{\omega_{hp}} s + 1\right]} \tag{7-85}$$

그림 7-15의 Δx_v에서 ΔP_{Lp}로의 변환을 결정하자. $\sqrt{0.43wP_s/M_v} \gg \omega_h$라 가정하면 M_v는 제거될 수 있다. $K_q/K_c = 2P_s/x_{v0}$ 그리고 $2\delta_h/\omega_h = K_cJ_t/D_m^2$ 이므로 Δx_v의 두 개의 경로는 합쳐져서 다음과 같이 될 수 있다.

$$\frac{\Delta P_{Lp}}{\Delta x_v} = \frac{\dfrac{0.43wP_s}{A_v}\left(\dfrac{s^2}{\omega_h^2} - \dfrac{2\delta_h}{\omega_h}s + 1\right)}{\left(\dfrac{s^2}{\omega_h^2} + \dfrac{2\delta_h}{\omega_h}s + 1\right)} \tag{7-86}$$

ω_a에서 앞섬을 가정하면 ω_r에서의 지연을 효과적으로 없애고 식 (7-85)의 ω_{hp}에서의 높은 주파수 절점을 제거할 수 있다. 압력 피드백 루프의 개루프 게인 함수는 근사적으로 다음과 같이 주어진다.

$$G_2(s)H_2(s) \approx \frac{\dfrac{r^2(8\pi C_{df}^2 P_s x_{f0}) + r^2 A_N \dfrac{\Delta P_{Lp}}{\Delta x_v}}{K_{ae} - K_m}}{\left(\dfrac{s}{K_{vp}} + 1\right)\left(\dfrac{s^2}{\omega_0^2} + \dfrac{2\delta_0}{\omega_0}s + 1\right)} \tag{7-87}$$

이 루프 게인 함수는 많은 근사를 했음에도 불구하고 꽤 복잡하고, 그러므로 설계에 의해 이 루프의 안정도를 제어하는 것은 어려울 것이다. 할 수 있는 최선은 $|G_2H_2|$의 최댓값을 1보다 작도록 제한하는 것이다. 이와 같이 압력 피드백 루프는 어떤 목적이든 효과없이 될 수 있다. ω_0에서 공진 피크를 작게 하기 위해 δ_0가 충분히 크다면, $|G_2H_2|$의 최댓값은 근사적으로

$$|G_2H_2|_{\max} \approx \frac{r^2(8\pi C_{df}^2 P_s x_{f0}) + (A_N/A_v)(0.43r^2wP_s)}{K_{ae} - K_m} \tag{7-88}$$

이 값을 1보다 훨씬 작게 제한하면, 나이퀴스트 선도는 유닛 원안에 들어오고 안정도가 달성된다. 다음을 정의하면

$$K_{R1} \equiv \frac{r^2(8\pi C_{df}^2 P_s x_{f0})}{K_a - K_m} \tag{7-89}$$

이는 토크모터의 순수(net) 스프링률에 대한 플래퍼 유동력에 의한 음의 스프링률의 비이다. 식 (7-76)과 결합하여 압력 피드백 루프에 대한 안정도 판별식을 산출하면

$$|G_2H_2|_{\max} = \frac{K_{R1} + (A_N/A_v)K_R}{1 - K_{R1}} < 1 \tag{7-90}$$

여기서 K_R은 식 (7-58)에서 정의되었다. 실제로 A_N/A_v는 대체로 매우 작으므로 $(A_N/A_v)K_R$은 종종 무시된다. 이 경우 판별기준은 $K_{R1} < 1/2$인 단순한 상태이다. 유용한 결과에 도달하기 위해 엄격함이 희생된 것은 다시 강조 되어야 한다. 대부분의 근사가 보수적이었기 때문에 이 기준도 아마도 보수적일 것이다.

설계에 의해 식 (7-90)이 만족된다면, 그림 7-15의 압력 피드백 경로를 제거할 수 있고, 서보밸브의 종합적인 동적 응답은

$$\frac{\Delta Q_L}{\Delta e_g} = \frac{rK_0K_q}{\left(\frac{s}{\omega_r}+1\right)\left(\frac{s^2}{\omega_0^2}+\frac{2\delta_0}{\omega_0}s+1\right)\left(\frac{s}{K_{vp}}+1\right)\left[\frac{s^2}{\omega_{hp}^2}+\frac{\left(2\delta_{hp}-\frac{K_{vp}}{\omega_{hp}}\right)}{\omega_{hp}}s+1\right]} \tag{7-91}$$

여기서 $\Delta Q_L = K_q \Delta x_v$는 무부하 시의 유량이다($P_L = 0$). 분모가 8차이기 때문에 서보밸브의 전달함수는 꽤 복잡함이 분명하다. 하지만 모든 요소가 실질적으로 서보밸브의 응답에 영향을 주는 것은 아니다. 보통 절점 주파수에서 K_{vp}는 가장 낮고, ω_{hp}는 가장 높다. 종종 ω_a는 커서 제거될 수 있다. 그러므로 직접 피드백 2단 서보밸브의 근사적인 전달함수는

$$\frac{\Delta Q_L}{\Delta e_g} \approx \frac{rK_0K_q}{\left(\frac{s}{K_{vp}}+1\right)\left(\frac{s^2}{\omega_0^2}+\frac{2\delta_0}{\omega_0}s+1\right)} \tag{7-92}$$

이 표현은 전기유압서보의 설계에 유용한 서보밸브 동역학을 나타낸다. K_{vp}가 때로는 ω_0보다 작기 때문에 K_{vp}에서의 간단한 지연은 가끔 서보밸브를 나타내는 데 사용된다. 그러나 이 근사화는 서보밸브의 대략적 묘사가 만족되도록 서보밸브가 다른 요소들보다 훨씬 빠를 때 정당화된다.

$x_v \approx x_f$의 정상상태 작동에서 스풀위치는 차전류와 다음과 같이 연관된다.

$$x_v = \left(\frac{rK_t}{K_a - K_m}\right)\Delta i \tag{7-93}$$

이 식은 식 (7-70)을 사용하면 다음과 같이 된다.

$$Q_L = \frac{C_d w r K_t \Delta i}{K_a - K_m}\left[\frac{1}{\rho}\left(P_s - \frac{x_v}{|x_v|}P_L\right)\right]^{1/2} \tag{7-94}$$

이것은 그림 7-1a에 나타낸 압력유량곡선의 방정식이다.

이제 완성된 서보밸브 해석으로부터 설계를 위해 가이드 관로를 설정하는 것이 가능하다. 서보밸브 설계는 유량용량과 압력의 범위에 대한 주어진 요구조건에서부터 시작되어야 한다. 그러면, 서보밸브 파라미터의 크기를 정할 때, 스풀부터 시작하여 토크모터로 돌아오는 것이 아마도 최선일 것이다. 이 과정은 파라미터 값들의 적합한 조합이 얻어질 때까지 반복된다.

나중에 변경될지도 모르는 밸브 스트로크에 대한 어떤 값을 가정하면, 면적구배를 정할 수 있고, 5-8절에서 나타낸 바와 같이 스풀의 주된 크기를 정할 수 있을 것이다. 다음으로는 바로 스풀 위치제어 루프의 설계를 한다. 서보밸브의 대략적인 레이아웃으로부터, 고유진동수 ω_{hp}를 계산하기 위하여 스풀질량 M_v의 값과 함유된 체적 V_{op}가 얻어질 수 있다. 그러면 충분한 여유를 확보하기 위하여 교점주파수가 ω_{hp}의 10%로 선택될 것이다. ω_{hp}가 보통 1,000 cps를 초과하기 때문에 직접 피드백 서보밸브에서 100 cps를 초과하는 교점주파수를 얻기는 아주 쉽다. 이렇게 설정한 바에 의하여, $K_{vp} \approx \omega_c$이기 때문에, K_{vp}는 또한 정해진다. 이제 알려진 K_{vp}로 스풀

면적 A_v를 위한 적당한 값을 선택하면, 파일럿(이 경우에 플래퍼)밸브의 요구되는 유량게인을 정하기 위해 식 (7-82)를 사용할 것이다. 막힘 문제를 야기시킬 정도로 작지 않거나 큰 흐름손실로 귀착되지 않도록 제트노즐경을 산출하기 위해 보통 A_v와 K_{qp}에 대한 약간의 처리가 요구된다. 일단 노즐경이 설정되면, 5-9절에서 논의된 잘 알려진 공식이 플래퍼 간극과 상류 오리피스경을 정하기 위해 적용될 수 있다.

식 (7-90)에 의해 주어진 판정기준은 서보밸브 동작이행이 부하와 스풀에 작용하는 유동력에 무관함을 보장한다. 이 판정기준은 토크모터 강성값을 선택하는 데 사용될 수 있다. 압력피드백루프의 안정을 보장하기 위해서 순수(net) 토크모터 스프링률이 플래퍼를 치는 흐름에 기인하는 스프링률의 적어도 2배가 되어야 함을 보였다. 즉, $(K_a - K_m) > 2r^2(8\pi C_{df}^2 P_s x_{f0})$이다. x_{f0}와 P_s, r이 다른 고려로부터 결정되기 때문에 이것은 $(K_a - K_m)$에 대한 최솟값을 설정한다. 다른 극단에서 토크모터 공진주파수 ω_m이 너무 낮아 서보밸브 대역폭을 제한하지 않도록 K_a는 충분히 커야 한다. 그러나 K_a가 너무 크다면, 토크모터 크기와 전력요구가 바람직하지 않게 된다. K_a의 적당한 값에 도달하기 위해서는 식 (7-90)이 합당하게 만족됨을 보장하면서 이들 요소와 요구되는 스트로크에 무게를 둘 필요가 있다. 일단 K_a가 설정되었다면 토크모터는 직접 피드백 서보밸브에서 개루프로 나타나기 때문에 토크모터의 정특성 곡선이 상당히 선형이 되도록 K_m이 선택된다. 전체 설계 과정은 필요하다면 최종 파라미터 값들을 얻기 위하여 이제 반복된다.

요약하면, 직접 피드백 2단 서보밸브의 해석이 주어졌다. 해석은 스풀에 걸리는 유동력과 토크모터 플래퍼에 가해지는 압력피드백을 포함한다. 그리고 2개의 주 피드백 루프가 규명되었다: 주 위치피드백루프와 압력피드백루프. 압력피드백루프는 잠재적인 불안정문제를 야기시킬 수 있다. 서보밸브 설계 기준이 개발되었다. 그리고 하나의 설계과정이 제시되었다.

7-5 힘 피드백을 갖는 2단 전기유압 서보밸브

7-4절의 서론 부분에서 언급된 바와 같이 스풀위치피드백을 얻기 위한 다른 일반적인 방법은 힘 균형을 주기 위하여 스풀과 플래퍼 사이에 압력스프링을 사용하는 것이다. 그림 7-17을 참조하면 양(+)의 차전류(즉, $i_1 > i_2$)는 플래퍼에 작용하는 토크를 생성시킨다. 이것이 플래퍼를 왼쪽으로 움직이게 하면, 압력 P_{p1}을 증가시키고 압력P_{p2}는 감소시킨다. 그러면 스풀은 오른쪽으로 움직이고 입력전류로 인한 토크와 피드백 스프링으로 인한 플래퍼(아마추어)에 작용하는 토크가 균형을 이룰 때까지 계속 오른쪽으로 움직인다. 이 지점에서 플래퍼는 대략 노즐 사이에서 중심에 오게 된다. 그러나 스풀은 입력전류에 직접 비례하는 새로운 위치를 갖게 된다.

서보밸브의 이런 형태가 정적 그리고 동적 이행특성과 설계기준을 정하기 위해 이제 해석될 것이다. 여기에 적용할 수 있는 많은 점들이 이미 7-4절에서 상세히 논의되었기 때문에 이 논의는 다소 축약되었다. 이제 적당한 방정식들을 선택하여 서보밸브의 블록선도를 만들어 보자. 식 (7-21)은 코일회로에서 전압강하를 나타내고 다음과 같이 쓸 수 있다.

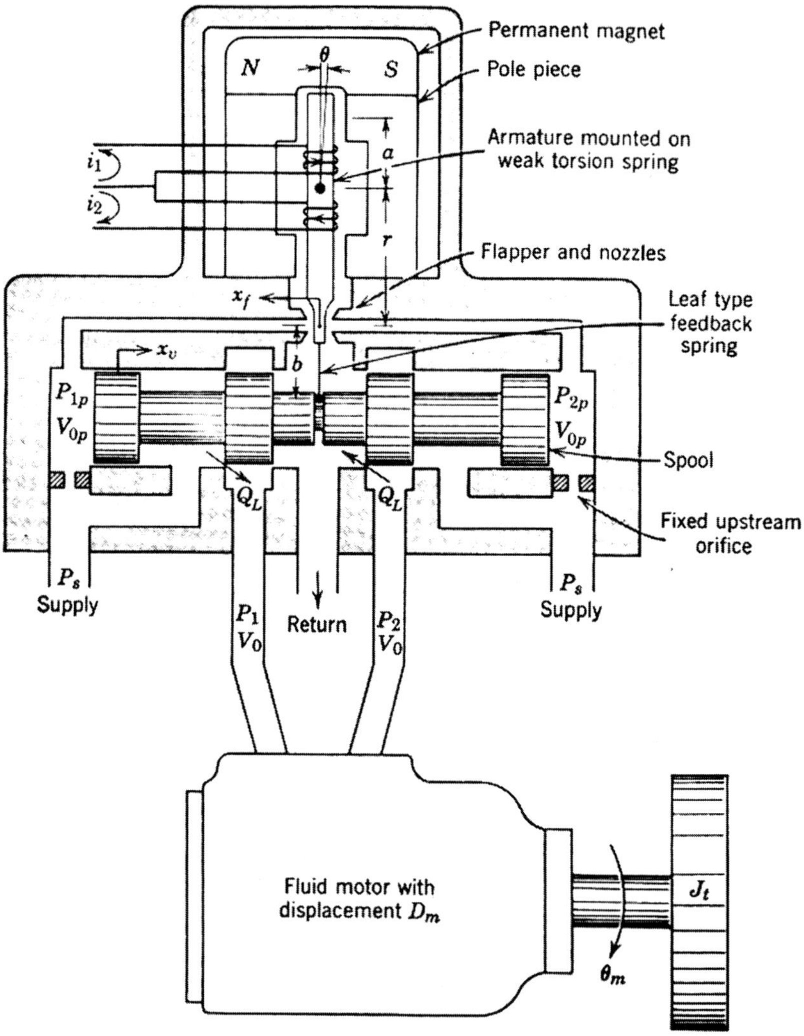

그림 7-17 관성부하를 갖는 모터를 제어하는 힘 피드백 2단 전기유압 서보밸브의 개략도

$$\mu e_g = \frac{1}{2}(R_c + r_p)\left(1 + \frac{s}{\omega_a}\right)\Delta i + K_b s\theta \tag{7-95}$$

여기서 $\omega_a = \dfrac{R_c + r_p}{2L_c}$는 아마추어 회로의 절점주파수이다.

그림 7-17을 참조하면, 외팔보인 피드백스프링의 전체 처짐은 그 끝단에서 $[(r+b)\theta + x_v]$이다. 이제 식 (5-134)에서 정의된 토크와 피드백스프링에 기인한 식 (7-31)의 토크를 결합시킴에 의해 아마추어 토크식은 다음과 같다.

$$K_t \Delta i = J_a s^2\theta + K_{an}\theta + rP_{Lp}A_N + (r+b)K_f[(r+b)\theta + x_v] \tag{7-96}$$

여기에 사용된 기호는 다음과 같다:

$K_{an} = K_a - K_m - r^2(8\pi C_{df}^2 P_s x_{f0})$ = 순수 스피링률, in.-lb/rad

$x_f = r\theta$ = 영점으로부터의 플래퍼 변위, in.

$K_f = \dfrac{3EI}{l^3}$ = 자유단(즉, 스풀)에서 외팔보된 피드백 스프링의 스프링 상수, lb/in.

스풀을 제어하는 플래퍼밸브의 전달함수는 식 (7–73)으로 주어진다. 스풀에 가해지는 유동력을 무시하면, $\omega_f \to 0$ 그리고 이 식은 다음과 같이 축소된다.

$$\frac{\Delta x_v}{\Delta x_f} = \frac{\dfrac{K_{qp}}{A_v}}{s\left(\dfrac{s^2}{\omega_{hp}^2} + \dfrac{2\delta_{hp}}{\omega_{hp}}s + 1\right)} \tag{7–97}$$

이 식들은 이제 그림 7–18의 블록선도를 형성하기 위해 결합될 수 있다. 직접 피드백의 경우와 같이, 2개의 주 피드백회로는 규명될 수 있다. 주 루프는 스풀과 플래퍼 사이에 스프링 연결을 통한 힘 피드백에 의해 형성되는 스풀위치 루프이다. 다른 루프는 플래퍼에 작용하는 압력피드백에 기인하고 이것의 중요성은 좀 떨어진다.

스풀위치 피드백은 타입1 서보루프이고 다음과 같은 속도상수를 가진다.

$$K_{vf} = \frac{r(r+b)K_f K_{qp}}{A_v[K_{an} + K_f(r+b)^2]} \text{ rad/sec} \tag{7–98}$$

이 게인상수를 최소로 하기 위하여 이들 서보밸브는 보통 $K_{an} = 0$로 설계된다. 따라서

$$K_a = K_m + r^2(8\pi C_{df}^2 P_s x_{f0}) \tag{7–99}$$

이리하여 토크모터 아마추어에 작용하는 기계적 스프링률은 플래퍼에 작용하는 유동력과 자력에 기인한 음의 스프링률과 균형을 이룬다. 따라서 토크모터 그 자체는 정적안정의 경계선에 있다. 그러나 토크모터가 서보밸브 내에 설치되고 정적안정이 보장될 때에는 K_f가 주 스프링률이 된다. 이 설계기준으로 식 (7–98)은 다음과 같이 축소된다.

$$K_{vf} = \left(\frac{r}{r+b}\right)\frac{K_{qp}}{A_v} \tag{7–100}$$

b값은 피드백스프링 설계에 따른다. 그러나 게인을 최대화하기 위하여 작은 값으로 유지되어야 한다. K_{vf}의 최댓값은 안정을 위해 루프의 최저 고유진동수의 약 20% 보다 작도록 제한된다. 그림 7–18을 참조하면, 2개의 이런 고유진동수는 힘 피드백 루프에서 일어난다. 아직 분명한 것은 아니지만, 토크모터 동역학을 포함하는 내부 루프는 아래의 주파수에서 2차항을 갖는 3차 특성식을 가진다.

$$\omega_{mf} = \left[\frac{K_{an} + K_f(r+b)^2}{J_a}\right]^{1/2} \tag{7–101}$$

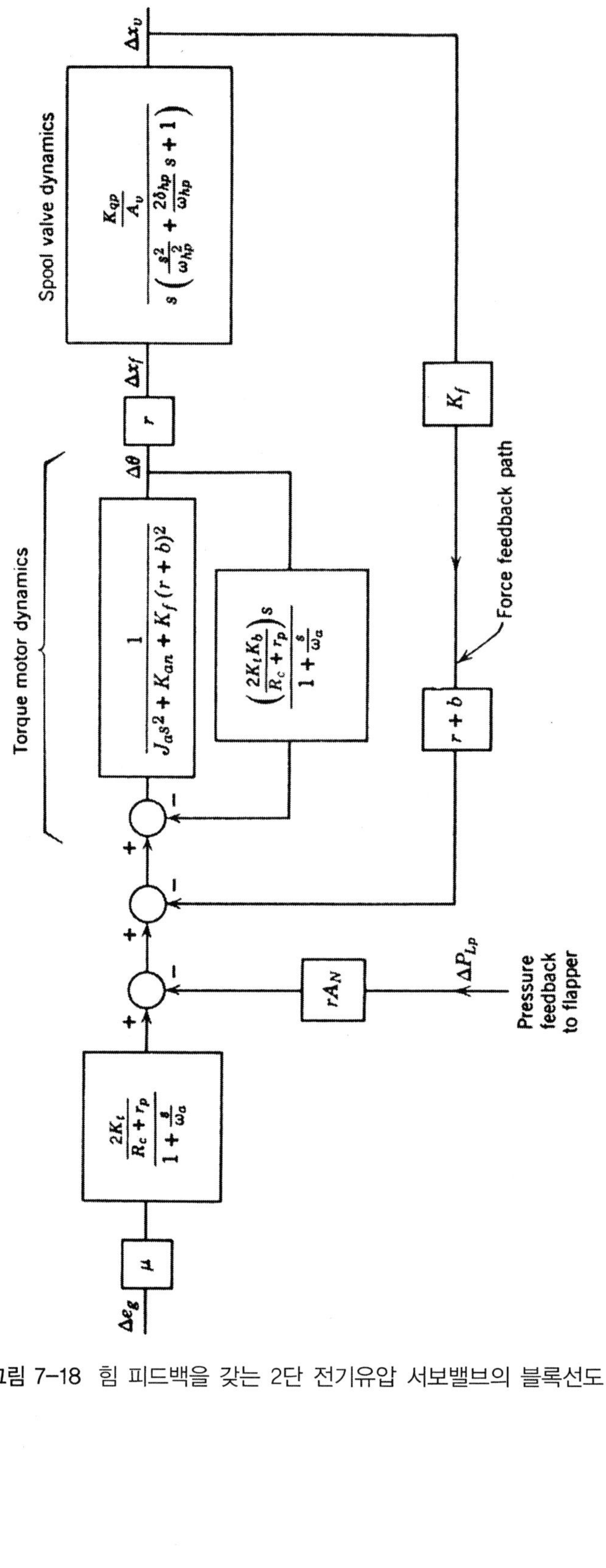

그림 7-18 힘 피드백을 갖는 2단 전기유압 서보밸브의 블록선도

다른 고유진동수는 ω_{hp}이다. ω_{mf}가 거의 언제나 이들 2개의 주파수보다 낮기 때문에 힘 피드백 루프에 대한 안정기준은 다음과 같이 된다.

$$K_{vf} < 0.2\omega_{mf} \tag{7-102}$$

상당한 여유로 이 관계는 설계 목적으로 사용될 것이다.

7-4절에서 지적한 바와 같이 압력피드백루프는 아무런 유용한 목적이 없고 단지 불안정문제를 야기시키는 원인이 될 뿐이다. 모든 주파수에서 개루프게인을 1 이하로 둠으로써 이 루프를 무효화할 수 있다. 관성하중을 갖는 회전모터를 가정하면, 식 (7-86)은 그림 7-18의 Δx_v과 ΔP_{Lp} 사이의 피드백 연결을 근사적으로 묘사한다. 루프의 이 부분의 최대 게인은 $0.43wP_s/A_v$이다. 그리고 이 루프의 나머지 부분에 대한 최댓값은 $rA_N/(r+b)K_f$이다. 이들 방정식들의 곱은 압력피드백루프의 개루프 게인에 대한 대략적인 최댓값이다. 그리고 안정을 보장하기 위해서는 1보다도 작아야 한다. 따라서

$$\left(\frac{r}{r+b}\right)\left(\frac{A_N}{A_v}\right)\frac{0.43wP_s}{K_f} < 1 \tag{7-103}$$

이 기준은 보통 어려움 없이 만족된다.

압력피드백루프를 무시하면, 힘 피드백 서보밸브의 동적응답은 다음과 같이 근사적으로 주어진다.

$$\frac{\Delta x_v}{\Delta e_g} = \frac{\dfrac{2\mu K_t}{(R_c + r_p)(r+b)K_f}}{\left(1+\dfrac{s}{K_{vf}}\right)\left(1+\dfrac{s}{\omega_a}\right)\left(\dfrac{s^2}{\omega_{mf}^2}+\dfrac{2\delta_{mf}}{\omega_{mf}}s+1\right)} \tag{7-104}$$

여기서 이 위치루프의 폐루프 응답은 K_{cf}에서 하나의 지연과 ω_{mf}에서 2차 지연을 갖는 것으로 근사되었다. 보통 실제에서는 Δx_v보다는 출력 파라미터로서 무부하 유량을 사용한다.(즉, $\Delta Q_L = K_q \Delta x_v$) K_{vf}가 식 (7-104)에서 절점주파수 중에서 제일 낮기 때문에, 이 주파수에서의 지연이 서보밸브 응답을 지배하고 가끔 서보밸브 동역학의 근사로 사용된다.

$x_f \approx 0$의 정상상태 작동에 대하여 스풀위치는 다음 식에 의해 차전류와 연관된다.

$$x_v = \frac{K_t}{(r+b)K_f}\Delta i \tag{7-105}$$

이것은 그림 7-1a에 나타낸 압력유량곡선을 주기 위해 식 (7-70)에 대입될 수 있다.

이들 서보밸브의 설계는 7-4절에서 윤곽을 잡은 것과 같이 진행된다. 스풀밸브 치수는 부하유량과 압력의 요구를 만족시키도록 크기가 선정되어야 한다. 플래퍼 밸브 게인은 식 (7-100)으로부터 결정된다. 그리고 다른 플래퍼 밸브 치수는 5-9절에 따른다. 아마추어 스프링률은 식 (7-99)에 따른다; K_f는 식 (7-103)을 만족시키도록 충분히 커야 한다. 그리고 K_{vf}가 낮은 값으로 제한되지 않도록 ω_{mf}는 높은 값으로 유지되어야 한다. 그러나 K_f는 전체 스트로크에 요구되는 입력전류를 최소화하기 위하여 그리고 토크모터 크기를 작게 하기 위하여 작아야 한다.

식 (7-105)에 따르면 K_t는 원하는 스풀 스트로크를 얻기 위하여 충분히 커야 한다. 스풀 스트로크는 해상도와 실팅(silting) 이행동작을 향상시키고 전체 밸브크기를 감소시키기 위해 충분히 커야 한다. 아마추어가 영점 근방에서 작동하면서 토크모터 선형성이 심각하지 않기 때문에 힘 피드백 서보밸브에서 이것은 더욱 가능하다. 이것이 힘 피드백 배치의 기본적인 장점이다. 주된 단점은 토크모터 동역학이 스풀위치 루프 내에 나타난다는 것이다. 이것은 결과적으로 서보밸브의 동적특성을 제한하게 된다. 이 단점은 고 유량 밸브에서 더 첨예하게 나타난다.

7-6 서보밸브의 사양과 선택, 사용

서보밸브는 전기신호를 액추에이터의 가속도와 속도, 위치를 제어하는 유압출력으로 바꾼다. 서보밸브가 시스템의 전기-유압 인터페이스에서 독보적이고 이들 작동을 이해하기 위하여 양쪽 영역의 지식을 필요로 하기 때문에 이들은 가끔 서보설계와 개발의 초점이 되고 시스템이 고장을 일으키면 문제의 대상이 된다. 이것은 서보밸브 동작이행과 SAE와 AIEE의 위원회에 의해 추천되는 표준값이 되는 특별히 긴 파라미터 목록으로 귀착되었다. 다른 유압부품과 비교할 때 서보밸브 동작이행에 대한 사양은 너무 과하다. 그러나 서보밸브 선택과 평가에서 설계자나 사용자에게 모두 유용한 약간의 기초적인 정적 동적 성능특성이 있다.

서보밸브는 최대입력전류와 주어진 밸브 압력강하 $P_v = P_s - P_L$에서 얻어질 수 있는 정격유량이라고 불리우고, Q_R로 나타내는 부하유량(Q_L)에 의해 등급된다. 1,000 psi의 밸브압력강하는 사실상 표준이다. 공급압력 3,000 psi일 때 부하에 대한 최대동력 전달이 밸브압력강하 1,000 psi에서 일어난다는 사실에 근거한다. 서보밸브는 1,000 psi에서 등급되지만, 제곱근 압력유량특성곡선을 갖는 보통의 서보밸브에서 밸브의 다른 압력강하는 $Q_R\sqrt{P_v/1,000}$ 로부터 계산될 수 있다.

그림 7-19a에 나타낸 압력유량곡선은 서보밸브의 정적특성을 완전하게 나타내고 있다. 그러나 측정하기 수고스럽고 대부분의 작동이 일어나는 중립 근방에서는 값을 읽기 어렵다. 이들 곡선들은 주로 서보밸브의 타입을 정하거나(그림 7-1 참조) 부하유량과 부하압력의 요구에 맞추어 서보밸브의 크기를 정하는 데 유용하다. 서보밸브의 크기를 정하는 주된 방법은 그림 7-19a의 $\Delta i_{\max}$에 대하여 곡선이 $P_L < \frac{2}{3}P_s$을 보장하면서 시스템 듀티사이클에서 예상되는 모든 부하유량과 부하압력점들을 포함하도록 충분히 큰 정격 유량의 밸브를 선택하는 것이다. 연관되는 시스템 고장에서 최대 전류를 요구할 것이지만 이것은 모든 부하가 서보밸브 범위 내에 들어온다는 것을 보장한다. 만약 부하가 더 작은 정적 오차로 다루어져야 한다면 부하점들은 더 작은 전류 내에 국한시켜야 한다. 서보밸브 정격유량은 8-1절에서 설명한 바와 같이 $P_L < \frac{2}{3}P_s$을 보장하면서 $Q_R\sqrt{P_v/1,000}$ 이 모든 밸브압력강하에서 요구되는 부하유량보다 크도록 등급을 선택함으로써 선택의 기초로서 사용될 수 있다.

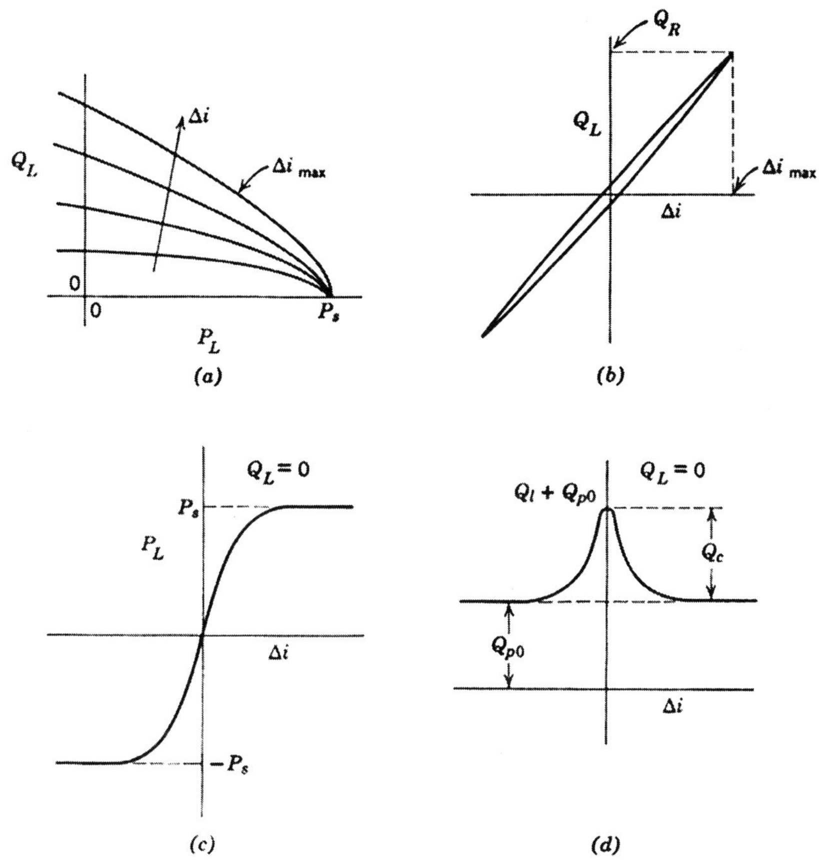

그림 7-19 서보밸브의 정적 특성곡선:
(a) 압력-유량곡선; (b)유량게인곡선; (c)압력감도곡선; (d) 누유곡선

유량게인곡선(그림 7-19a)은 서보밸브를 통해 주어진 압력강하, 보통 1,000 psi에서 입력전류(Δi)에 대한 부하유량(Q_L)의 곡선이다. 유량게인이 입력전류가 극단의 양과 음 값 사이에 완전한 사이클을 그릴 때 연속적으로 변수들을 x-y 레코더 상에 그려내면서 측정되는 것은 바람직하다. 유량게인은 정적 히스테리시스폭과 선형성, 대칭성, 중립점 특성의 타입을 보여주기 때문에 유용하다. 그림 5-2에 나타낸 바와 같이 중립점에서의 게인은 중립점에서의 스풀과 슬리브의 맞음(fit)에 따른다. 5-1절에서 논의된 바와 같이 제로랩밸브는 선형적 게인으로 인해 언제나 바람직하다. 중립점에서 유량곡선의 게인은 스풀과 슬리브의 맞춤을 나타내기 때문에 또한 제작사의 질적 표시기이기도 하다.

압력민감도곡선(그림 7-19c)은 서보밸브가 특정한 공급압력(보통 1,000 psi)에 대하여 완전한 전류 사이클로 스트로크될 때 부하관로를 막고 부하압력을 측정함으로써 얻어진다. 이 곡선은 가파른 경사를 가져야 하고 전체 스트로크 전류의 작은 부분으로도 포화에 들어가야 한다. 특별히 정적부하와 일정부하를 최소 오차로 극복하기 위해서는 큰 압력민감도가 바람직하다. 낮은 압력민감도는 센터에서의 큰 누설유량과 스풀과 슬리브의 맞지 않음을 의미하고, 따라서 느리고 부진한 서보 작동에 귀착될 것이다.

누유곡선(그림 7-19d)은 전체범위에 걸쳐 전류를 사이클시키고 부하관로를 막은 서보밸브에 대한 유량곡선이다. 2단 서보밸브에 대하여 누설유량은 파일럿 또는 1단 밸브의 누설유량 Q_{p0}과 스풀 누설유량 Q_l으로 구성된다. 5-3절에서 지적한 바와 같이 Q_c/P_s의 비는 스풀에 대한 유량-압력계수로 사용될 수 있다. 전체 누설유량은 보다 높은 누설이 예상되는 작은 서보밸브의 경우를 제외하면 정격유량의 수% 이내이어야 한다. 어설픈 밸브 맞춤 또는 밸브마모로부터 야기되는 큰 영점 누설은 낮은 압력민감도와 유압공급의 과도한 유량 드레인, 불필요한 대기동력 손실을 야기시킨다. 센터흐름 Q_c는 아마도 밸브마모를 가장 잘 나타내고 마모된 서보밸브의 신호로 사용될 수 있다.

서보밸브의 동적특성은 보통 입력전류로부터 시험 액추에이터에 공급되는 유량의 주파수응답을 주는 것으로 지정된다(그림 7-20). 이 유량은 액추에이터 속도를 측정하여 면적에 곱함으로써 얻어진다. 따라서 이 유량은 실제로 액추에이터로 가는 이상적인(ideal 또는 무부하) 유량이다. 액추에이터의 동역학과 관로 연결은 유용하게 얻어진 데이터에 대하여 서보밸브의 것보다는 높아야 한다. 위상지연이 -90°인 주파수는 보통 서보밸브의 대역폭으로 취해진다. 대역폭은 서보밸브 응답속도의 측정이다. 서보가 루프에서 일어나는 최저 고유진동수에 의해 제한된다는 것은 잘 알려져 있다. 보통 모터-부하 고유진동수 ω_h는 제일 낮고 전체 서보응답에서 제한하는 요소이다. 특별한 응용을 제외하고는 서보밸브 대역폭이 서보 동작을 제한할 만큼 낮다는 근거는 없다. 따라서 서보밸브는 루프에서 다른 고유진동수보다 큰 대역폭을 갖도록 선택되어져야 한다. 그러나 아주 큰 서보밸브 대역폭은 전기적인 노이즈와 디더(dither)신호를 부하에 가해지도록 통과시킬 것이다. 따라서 서보밸브가 서보응답을 제한하지 않도록 충분히 빠르지만 원하지 않는 고주파 신호를 무마시키기에 충분히 느린 것이 바람직하다.

어떤 온도와 압력에서 서보밸브 스레시홀드(threshold)와 영점이동(null shift)을 정의하는 파라미터는 이들 효과에 의해 서보 오차를 설정하는 데 가끔 유용하다. 그러나 이들 파라미터들은 보통 하나의 곡선보다는 하나의 수치 파라미터로 지정된다.

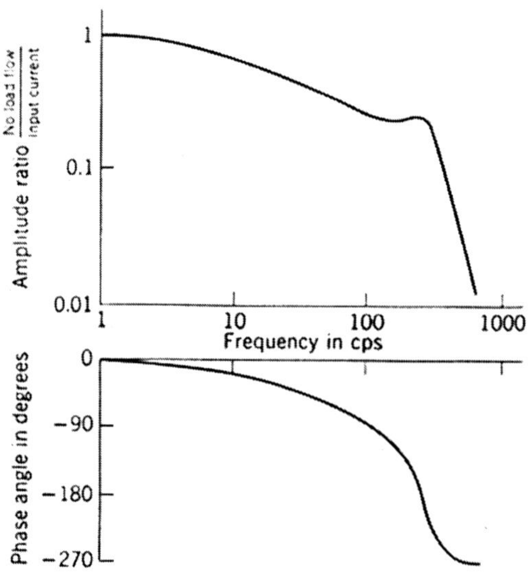

그림 7-20 입력전류로부터 무부하출력유량에 대한 서보밸브의 주파수 응답

토크모터의 자석통로로 인하여 서보밸브는 유량게인곡선에서 히스테리시스를 가진다. 히스테리시스 루프의 폭은 입력신호폭에 따라 직접적으로 변하고 보통 전체 스트로크 전류에 대한 백분율로 나타내어진다. 예를 들어 ±2%. 그러나 같은 퍼센트가 보다 작은 입력전류에도 대략 그대로 적용될 것이다. 입력신호가 감소할 때 루프의 폭이 수축되기 때문에 히스테리시스는 대부분의 서보시스템에서 문제를 야기시키지 않는다. 그러나 모든 서보밸브들은 루프의 폭이 일정한 어느 정도의 백래시를 가진다. 이 백래시는 토크모터에서 기계적인 결합의 미끄러짐(slipping) 때문이다. 그러나 이것은 주로 스풀과 슬리브 사이의 마찰에 기인한다. 이 백래시는 오일이 오염되었다면[7] 크게 증가하여 서보시스템 불안정을 초래할 수 있다.

디더는 서보밸브의 성능을 향상시키기 위해 가끔 사용된다. 디더는 서보밸브 입력 신호에 더해지는 고주파의 작은 진동이다. 디더 동작은 서보밸브에서 백래시를 감소시키거나 제거한다. 디더는 스풀타입 파일럿단을 갖는 2단 서보밸브에서 특별히 효과적이다. 이 경우에, 디더는 파일럿 스풀과 슬리브 사이에 상대적인 운동을 제공한다. 그래서 이들 요소 사이의 마찰에 기인한 백래시를 효과적으로 제거한다. 디더는 토크모터의 자기회로로 인한 서보밸브의 히스테리시스를 없애는 데는 효과가 없다. 디더는 주 스풀에 매우 작은 진동을 가하는 것이기 때문에 이것은 또한 오리피스를 통과하는 유체 내의 작은 입자들을 계속 흔들림 속에 있게 하고 오리피스가 열릴 때 쓸어가 버리기 때문에 실팅(silting)을 방지하는 효과가 있다.

디더신호의 주파수나 파형은 이것의 동작에 중요한 것 같지 않다. 디더 주파수는 예상되는 신호 주파수를 상당히 초과해야 하고 서보밸브나 액추에이터 부하 내에서 공진을 야기시켜서는 안 된다. 이 공진 야기는 피로 파괴나 포함된 요소를 포화시킬 것이다. 디더 주파수의 상한은 없는 것 같다. 그러나 토크모터 내에서 약해짐 때문에 고주파는 큰 디더 진폭을 요구한다. 디더 신호로서 사인파와 삼각파, 사각파가 동일하게 효과적인 것 같다. 디더의 진폭은 피크에서 피크의 값이 백래시 폭을 채울 수 있도록 충분히 커야 한다. 이것은 0.0001 in.에 달하거나 주 스풀 동작에 해당한다. 디더 진폭은 서보밸브 유량을 통하여 부하에 전달될 정도로 커서는 안 된다. 이 경우에, 디더는 유압모터나 기어, 구동시스템의 다른 기계적 요소의 과도한 마모나 피로 파괴로 귀착될 것이다.

서보밸브 사용에서 주의해야 할 약간의 실제적인 문제가 있다. 스풀과 슬리브 사이의 반경방향의 틈새는 0.000050 in.(1.25 μ)에서 0.0004 in.(10 μ) 사이의 값을 가진다. 이리하여 이 치수 내의 유체 내 입자들이 이들 틈새를 막아 스풀이 움직이지 못하도록 할 수 있다. 이렇게 생성된 마찰력이 서보밸브 유량게인 곡선에 나타나는 백래시를 야기시키고 서보시스템 불안정을 초래할 것이다. 작동유 오염은 또한 오리피스의 교축 모서리를 부식시킬 수 있다. 이것은 센터 흐름을 증가시키고 밸브 수명을 단축시키고, 내부 서보밸브 오리피스와 필터를 눈막히게 하고 실팅으로 이끈다. 실팅은 교축 포트에 아주 미세한 입자들의 축적이고 대부분 밸브 중립점에서 나타난다. 스풀이 중립에 있을 때, 실팅은 부하로 가는 관로를 막을 수 있다. 그래서 정상적으로는 $P_s/2$이 되어야 할 관로압력이 누설에 의해 0으로 떨어져서 시스템이 동작을 멈추게 할 수 있다. 이런 이유 때문에 서보밸브 제작사들은 서보밸브로 들어가는 작동유에 적어도 10미크론 필터를 추천한다. 필터링은 현재로는 과학이라기 보다는 기술이다. 그러나 간과할 수 없는 주의가 필요하고 그 보상은 부품의 수명 향상과 시스템 신뢰성이다.

앞으로 하나의 분야가 더 다루어져야 한다. 때때로 서보밸브와 연동하여 진동 문제가 일어나서 고장 수리를 요구한다. 리밋사이클 진동은 대개 언제나 피드백 불안정이다(강제 가진에 대하여). 따라서 포워드와 백워드 통로를 갖는 완전한 루프가 요구된다. 이들 통로를 규명하기 위한 어떤 시도가 이루어져야 한다. 일반적으로 기본적인 스풀 위치제어루프가 안정하다고 가정하면 이들 진동을 일으키는 피드백 통로는 스풀에 가해지는 정상상태 유동력을 통한다. 포워드 통로는 서보밸브를 부하와 액추에이터에 연결하는 관로들을 포함한다. 이런 진동이 일어날 때, 불안정에 기여하는 인자를 찾기 위해 관로의 길이와 설치대, 유압 액추에이터에 물리적 변화를 주는 것은 도움이 된다. 아주 자주 관로 공진이 주된 요인이 된다[8, 9].

진동 문제에 대한 다른 실마리는 어떤 특정한 요소나 피드백 루프를 추적할 수 있는 주파수이다. 예를 들어, 진동 주파수가 서보밸브 내의 구조적인 요소의 공진주파수나 연결 관로의 1/4 파형길이 주파수, 파일럿 고유진동수 ω_{hp}, 또는 모터-부하 고유진동수 ω_h와 일치하는 것이다. 전체적으로 우리는 불안정이 서보밸브와 부하에 기인하고 다른 요인, 즉 유압공급에서 불안정한 릴리프밸브나 보조관로의 공진, 펌프 맥동, 다른 동력원으로부터의 가진 등이 아님을 확신해야 한다. 10-10절에서 주어진 설명은 이 문제를 해결하는 데 도움이 될 것이다.

참고문헌

[1] White, D. C., and H. H. Woodson, *Electromechanical Energy Conversion*. New York: Wiley, 1959, P. 396.

[2] Dunn, J. F., "A Study of Permanet-Magnet Torque Motors," *D.A.C.L. Research Memorandum No. R.M.* 6387-5, Dynamic Analysis and Control Laboratory, M.I.T., 1954.

[3] Norton, G. J., and D. E. Turnbull, "Some Factors Influencing the Stability of Piston-Type Control Valves," *Proc. Inst. Mech. Eng.* (London), **172**, No. 40, 1958, 1065-1081.

[4] Williams, H., "Effect of Oil Momentum Forces on the Performance of Electro-Hydraulic Servomechanisms," *Proc. Conf. Recent Mech. Eng. Dev. Automatic Control* (Institute of Mechanical Engineers, London), No. 31, 1960.

[5] Eynon, G. T., "Developments in High-Performance Electromechanical Servo-Mechanisms at the Royal Aircraft Establishment, Farnborough," *Proc. Conf. Recent. Mech. Eng. Dev. Automatic Control* (Institute of Mechanical Engineers, London), No. 93, 1960.

[6] McCloy, D., and H. R. Martin, "Some Effects of Cavitation and Flow Forces in the Electro-Hydraulic Servomechanism," *Proc. Inst. Mech. Eng.* (London), **178**, Pt. 1, No. 21, 1963-64.

[7] Wheeler, Jr., H. L., *Filtration in Modern Fluid Systems*. Bendix Corporation, 434 W. 12 Mile Road, Madison Heights, Michigan, 1964.

[8] Ainsworth, F. W., "The Effect of Oil-Column Acoustic Resonance on Hydraulic Valve Squeal," *Trans. ASME,* **78**, 1956, 773-778.

[9] Blackburn, J. F., G. Reethof, and J. L. Shearer, *Fluid Power Control*. New York: Technology Press of M.I.T. and Wiley, 1960, Chapter 12.

제8장 전기유압 서보기구

전기유압서보는 다른 어느 서보보다 뛰어난 실행 능력이 있다. 큰 관성과 토크 부하가 고정도와 고응답으로 다루어질 수 있다. 이런 서보의 동력부는 전기유압 서보밸브와 유압 액추에이터, 유압 동력공급부로 구성되어 있다. 서보 루프의 오차 처리부는 조정되어지는 양을 측정하는 피드백 변환기와 전기적 증폭기, 판별장치(discriminator) 그리고 폐회로 서보밸브에 적당한 신호를 제공하는 보상망으로 구성되어 있다. 전기유압 서보는 유압부분에서는 힘을 다루는 능력과 전자적인 부분에서는 유연성을 끌어내었다.

루프의 전자부분은 많은 점에서 유압식 서보에 유연성을 더한다. 전기식 변환기들의 큰 다양성은 많은 양들을 제어할 수 있게 한다. 전자식 증폭기의 다재다능성은 게인의 변화를 쉽게 할 수 있고 불만족한 서보 루프게인을 정정하기 위해 보정망을 사용할 수 있게 한다. 이런 망들은 저항과 콘덴서로 구성되어 있는데, 그것은 상응하는 기계적 망이나 유압망과 비교할 때 간편하고 변수 변화에 훨씬 더 적게 영향 받는다. 이런 교정 망들은 루프게인을 조종하고 디자이너에게 정상상태 오차와 정적하중에 대한 컴플라이언스(compliance)와 같은 저주파수 수행 특징을 선택할 수 있게 한다. 저항 가선기와 차동증폭기는 전체 루프에서 특별한 요소의 동적특성 변경을 위한 보조 루프로 피드백되는 다른 양을 허용한다. 다양한 피드백 변환기와 신호 조종의 용이성, 그리고 보조 루프의 추가는 많은 적용에 대해 전기유압서보가 매우 다재다능하고 최선의 선택을 할 수 있도록 한다.

위치와 속도, 가속도, 힘, 압력, 온도, 습도, 조도 등과 같은 거의 모든 물리적 양을 감지하기 위해 전기적 출력을 가지고 있는 피드백 측정 장치가 얻어질 수 있고, 전기유압 서보는 이들 양의 어느 것도 제어할 수 있게 설계될 것이다. 아마도 가장 자주 제어되는 양은 위치이고, 전형적인 위치 감지 장치는 동기기와 가변 자기저항 검출기, 전위차계이다. 회전속도계와 가속도계는 전기적 신호로 속도와 가속도를 얻는 데 사용된다. 힘 또는 압력에 비례하는 전기적 신호는 많은 형태의 상용센서로부터 얻어질 수 있다. 전기 출력신호의 파형은 특별한 변환기를 필요로 한다. 어떤 장치는 측정되는 양에 대하여 연속적으로 변하는 전기적 출력을 갖는다. 이런 형태의 출력을 보통 d-c라 한다. 그러나 출력 파형이 다양한 형상을 가질 수 있기 때문에 그 이름은 특별히 적합하지는 않다. 두 번째 형태의 출력은 60 cps 또는 400 cps, 어떤 때는 더 높은 반송 주파수를 진폭 조절을 위한 신호로 사용한다. 반송파 주파수는 오직 직류 입력신호에 대한 출력에서 발생하기 때문에 그 결과는 억압 반송파 변조(suppressed-carrier modulation)로 불린다. 전형적으로 동기기(synchros)와 많은 다른 보통의 변환기의 출력을 위해서는 신호의 상과 진폭정보 복원을 위한 식별장치(discriminator)가 요구된다. 출력의 세 번째 형태는 측정되는 양에 대하여 진폭 또는 펄스폭이 비례적으로 조절되는 펄스열(pulse train)로 구성되어 있다. 따라서 측정되는 양은 이산간격으로 샘플되어진다. 이 형태의 파형은 디지털 입력을 갖는 시스템에서 발견된다. 전기적 신호의 이러한 세 가지 형태를 사용하는 시스템들은 각각 DC데이터, AC데이터, 샘플데이터라고 불린다.

전기유압서보는 조절되어지는 양의 이름에 의해 분류된다. 전기적인 부분의 데이터 형태와 보정의 형태, 보조 망의 피드백 양, 정격동력과 같은 다른 설계 특징들이 서술적인 목적을 위하여 종종 사용되어 진다.

이 장에서 우리는 전기유압서보의 주된 타입의 설계와 분석에 대하여 논의한다.

8-1 공급압력과 액추에이터 선정

이번 절에서 우리는 서보를 위한 유압 액추에이터와 서보밸브의 크기 결정과 시스템 공급압력 선택에 포함된 요인들에 대해 논의할 것이다.

공급압력 선택

일정 공급압력으로 작동하는 유압제어시스템 설계의 첫 번째 스텝 중 하나는 공급압력 값을 선택하는 것이다. 이 선택에 영향을 주는 요소들:

1. 여러 가지를 생각하면 큰 공급압력이 선호된다. 동력은 압력과 유량의 곱이다. 주어진 동력을 달성하기 위해서는 공급압력이 증가할 때 유량은 더 작아져야 한다. 더 작은 펌프와 배관, 밸브, 오일 공급 등이 가능하다. 결과적으로 전체의 무게는 감소된다. 그러나 4,000 psi가 넘을 때 강도 고려는 무게의 증가를 야기시킨다[1]. 작은 오일 체적과 높은 체적탄성계수 때문에 빠른 응답이 가능하지만 저압의 시스템도 비교할 만한 응답으로 설계될 수 있기 때문에 이들은 주된 고려사항이 아니다.

2. 몇 가지 요인들이 낮은 공급압력을 제안한다. 누설은 공급압력에 따라 증가하고 따라서 오일의 온도도 올라간다. 그 결과, 허용 오차를 강화해야 하고 시스템 비용이 증가한다. 불쾌한 소음은 또한 압력에 따라 증가한다. 구성요소의 수명, 특히 윤활 베어링을 갖는 회전모터의 수명은 증가된 베어링 하중 때문에 실질적으로 감소한다.

이러한 고려는 산업용 시스템에 대해서는 500~2,000 psi를 사용하고 항공기 시스템에서는 중량 감소 이익 때문에 3,000~4,000 psi를 사용하는 것으로 귀착되었다. 일반적으로, 선택할 수 있으면 낮은 공급압력은 구성요소 및 시스템의 수명을 길게 하고, 동력손실 최소화한 낮은 누설, 유지 보수를 덜 필요로 하고, 고장 없이 더 큰 오염 물질을 허용하기 때문에 항상 바람직하다. 물론, 공급압력의 최종 선택은 예상 부하를 수용하기 위하여 유압 액추에이터 크기와 구성요소의 압력 등급과 연계하여 결정되어져야 한다.

서보밸브를 사용한 부하에 최대동력 전달

이것은 서보밸브로 제어되는 액추에이터에 걸리는 부하에 최대동력을 전달하기 위한 조건의 결정에 도움이 될 것이다. 단순화를 위해, 양의 스풀 위치에 대하여 통과유량이 다음 식으로 표현되는 제로랩밸브를 가정한다.

$$Q_L = C_d w x_v \left[\frac{1}{\rho}(P_s - P_L) \right]^{1/2} \tag{8-1}$$

부하에 공급되어진 동력은

$$\text{hp}|_{\text{load}} = P_L Q_L = C_d w x_v \left(\frac{P_s}{\rho} \right)^{1/2} P_s \left(\frac{P_L}{P_s} \right) \left(1 - \frac{P_L}{P_s} \right)^{1/2} \tag{8-2}$$

이것을 그림 8-1에 나타내었다. 액추에이터의 동작을 야기시키기 위한 유량을 주는 서보밸브 오리피스 통한 압력강하가 없기 때문에 $P_L = P_s$일 때 부하동력은 0이다; 액추에이터는 멈추어 있다. $P_L = 0$은 부하에 의해 요구되는 동력이 없을 때이다. 최대동력은 이것들의 극한 사이에서 일어나고 $dhp|_{\text{load}}/dP_L = 0$에 의해 구해진다. 간단히 하면 그 결과는

$$P_L = \frac{2}{3} P_s \tag{8-3}$$

따라서 최대동력은 부하에 압력이 공급압력의 2/3로 가해질 때 공급된다.

그러나 P_L은 서보 작동 중에 보통 변하기 때문에 작동시간의 극히 작은 부분만이 $\frac{2}{3}P_s$에 머물 것이다. 따라서 일반적으로 동력은 덜 최적화된 방법으로 부하에 공급된다. 그러므로 이런 관계는 부하가 비교적 듀티사이클 동안 내내 일정하게 유지되지 않는 한 설계에 많이는 유용하지 않다.

그러나 일반적 원칙으로 동력요소들은 P_L이 정상적으로 예상되는 최대부하에 대하여 $\frac{2}{3}P_s$를 초과하지 않게 설정된다.

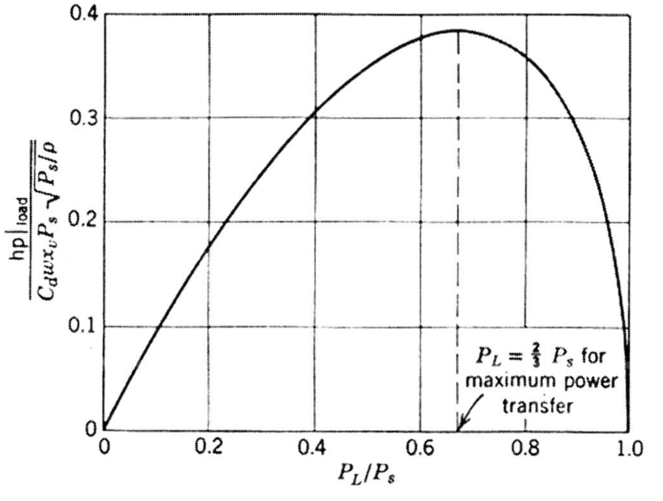

그림 8-1 부하압력에 대한 부하동력의 정상화 곡선

이 원칙은 최대동력 전달점에서 가장 큰 예상된 부하를 처리함으로써 효율성을 증진하지만, 이것은 이 원칙에 대한 가장 중요한 이유는 아니다. 이것은 부하가 증가할 때 P_L이 P_s에 접근하고 유압 액추에이터가 정지할려고 함은 분명하다. 서보밸브를 통한 압력강하가 제로에 접근하기 때문에 유량게인이 감소되고 서보는 부하를 느슨하게 제어하는 경향이 있다. 그러므로 유량게인이 서보의 제어를 유지하기에 충분히 높도록 P_L의 한계를 설정하는 것이 바람직하다. 만약 $\frac{2}{3}P_s$로 한정된다면 그때의 유량게인은 무부하 유량게인보다 높지 않게 감소된다.

$$\frac{\sqrt{P_s - \frac{2}{3}P_s}}{\sqrt{P_s}} = 0.577 = 57.7\%$$

부하와 온도, 노화, 공차 등으로 인한 부품에서의 게인 변화의 여유를 허용하기 위해 루프게인이 절반으로 떨어지는 경우에 대비하여 서보는 보통 충분한 제어를 제공하도록 설계되므로, $\frac{2}{3}P_s$의 원칙은 적당해 보인다. 급속천이 동안의 높은 가속비는 P_L이 $\frac{2}{3}P_s$를 초과하게 할 것이지만 이런 조건은 보통 기간이 짧아 고려할 필요가 없다.

최대동력 전달과 효율

식 (8-2)와 (8-3)을 결합하면, 부하에 전달될 수 있는 최대동력은

$$\text{hp}_{\max}|_{\text{load}} = \frac{2C_d w x_{v_{\max}}}{\sqrt{\rho}}\left(\frac{P_s}{3}\right)^{3/2} \tag{8-4}$$

그리고 $P_L = \frac{2}{3}P_s$일 때 일어난다. 액추에이터를 제어하는 서보밸브의 작동효율은

$$\eta_{op} = \frac{\text{hp}|_{\text{load}}}{\text{hp}|_{\text{gen}}} \times 100 = \frac{P_L Q_L}{P_s Q_L} \times 100 = \frac{P_L}{P_s} \times 100 \tag{8-5}$$

이 방정식에서는 유압동력의 공급은 요구된 부하유량에 맞게 출력 유량을 조절하는 가변용량형 펌프를 사용하는 것으로 가정한다. 물론 누설 손실이 있기 때문에 펌프에는 약간의 유량이 추가된다. 작동효율은 무부하(부하에 의해 요구된 동력이 없기 때문에)에 0이고 부하의 정지에서 100%이다. 보통 P_L/P_s는 2/3에 제한되기 때문에 서보밸브로 제어되는 액추에이터에 대한 최대 작동효율은 67%이다. 서보밸브 오리피스 통과 시 발열로 소비되는 무부하시($P_L = 0$)에 발생된 동력은 최대속도를 얻기 위해 요구되는 유량($Q_{L_{\max}}$)에 따라 0에서 $P_s Q_{L_{\max}}$까지 크게 변할 것이다.

유압공급에 정용량 펌프를 사용 시 작동 효율은

$$\eta_{op} = \frac{P_L Q_L}{P_s Q_{L_{\max}}} \times 100 \tag{8-6}$$

이것은 가변용량형 펌프를 사용했을 때보다 언제나 적다. 무부하와 액추에이터의 속도가 0일 때의 동력손실은 $P_s Q_{L_{\max}}$이다. 이것은 릴리프밸브를 통하여 유압작동유를 발열시키는 것으로 소모된다. 그리고 유압동력장치에 오일쿨러가 필요할 것이다.

보다 높은 오일 온도 때문에 유압동력 손실은 고려되어야 하지만 효율은 유압서보 설계와 동작에 주된 고려 조건은 아니다. 서보의 가장 바람직한 속성은 외란에 대하여 주어진 위치를 유지하는 능력이다. 움직임이 없고, 일이 없기 때문에 작동효율은 0이다. 정밀도와 응답, 컴플라이언스와 같은 요소들이 효율보다 더 중요하게 다루어져야 함은 명백하다. 이것은 제어의 전형적 사실이다. 일반적으로 제어되는 프로세서에 사용되는 동력은 제어목적으로 요구되는 동력보다 매우 크다. 따라서 제어되는 프로세스의 효율향상은 전체 비용절감에 큰 보탬을 줄 것이다.

유압 액추에이터 선정

두 가지 기본적인 고려가 유압시스템 출력장치의 크기(피스톤의 면적 또는 모터의 용적)를 결정한다.

1. 크기는 듀티사이클 동안에 예상된 부하를 다루기에 충분히 커야한다.

이것은 종종 액추에이터의 주요 목적이며 동력과 힘 또는 토크 부하 요구 사항을 충족시키기 위해 전형적인 듀티사이클 분석이 필요하다.

2. 서보의 폐루프 응답은 최저 개루프 공진에 의해 제한된다(참조 8-2절). 이것은 보통 모터-부하 유압의 고유진동수이기 때문에 바람직한 서보응답을 허용하게 충분히 커야 한다. 따라서 액추에이터의 크기는 관련된 유압 고유진동수에 적합하게 충분히 커야 한다.

이 두 요소는 중요하므로 주의를 기울여야 한다. 액추에이터가 부하를 처리하지만 응답속도가 느리다면 부하에 대한 미달크기로서 불만족스러울 것이다. 그러나 최대속도에 필요한 유량이 최소한으로 유지되도록 액추에이터를 크게 하지 않는 것 또한 중요하다. 그렇지 않으면, 유압동력 공급은 큰 무부하 동력 손실을 가진 부피가 큰 것이 된다. 이것은 대형 액추에이터를 선택하는 근본적인 단점이다. 극단적으로 큰 부하와 동력이 관련된 어떤 경우에는 액추에이터의 크기는 부하를 충족시키도록 주로 선택되고 응답 특성은 부차적이다. 빠른 응답과 큰 부하를 동시에 요구하는 것은 예외적이다.

예를 들어, 출력 장치가 피스톤이라 할 때 요구되는 피스톤 면적은 식 (6-34)에 의해 구할 수 있다. 따라서

$$A_p = \frac{M_t(d^2x_p/dt^2) + B_p(dx_p/dt) + Kx_p + F_L}{P_L} \tag{8-7}$$

가장 엄격한 듀티사이클의 분석은 첫 근사로 동시에 발생하는 것으로 가정될 최대 가속도 및 속도에 대한 값을 제공할 것이다. P_L에 대하여 $\frac{2}{3}P_s$를 사용하면 적절한 유량게인제어가 있고 최대부하에 대하여 요구되는 동력이 최적의 방식으로 전달된다. 시스템의 동적 사양이 엄격하다면 허용할 수 있는 밸브 위치오차는 P_L에 대한 값을 결정하기 위해 서보밸브의 압력 감도로 곱해질 수 있다. 이 값이 사용된다면 최대부하는 지정된 오차 이내에서 처리될 것이다. 그렇지만 피스톤 면적은 크게 될 것이고 최대속도에 대해 큰 유량을 요구할 것이지만 극단적인 경우에만 보증될 수 있다. 식 (6-37)을 참조하면 서보밸브-피스톤의 조합에 대한 유압 고유진동수는 다음과 같다.

$$\omega_h = \left(\frac{4\beta_e A_p^{\,2}}{V_t M_t} \right)^{1/2} \tag{8-8}$$

그리고 적절한 동적응답을 위해 충분히 커야 한다. 이론적으로, 가장 힘든 입력신호와 요구되는 응답의 분석은 서보가 통과해서 요구되는 대역폭 주파수를 설정하는 중요한 주파수 스펙트럼을 줄 것이다. 8-2절에 나타낸 바와 같이 요구되는 유압 고유진동수는 필요한 대역폭과 관련될 수 있다. 그러나 대부분의 다른 사양과 마찬가지로, 허용할 수 있는 고유진동수 값은 보통 경험과 특별한 서보응용의 과거 이행으로부터 나온다. 연산 기능을 수행하거나 가벼운 부하를 갖는 유압 서보들에 대하여 면적은 주로 충분히 큰 유압 고유진동수를 주기 위해 선택된다.

긴 행정을 가진 피스톤에 관하여 특별히 언급할 순서이다. 6-2절에서 논의된 바와 같이 유압 고유진동수는 행정에 따라 다르고 일반적으로 복동식 피스톤에 대하여 피스톤이 중간위치에 있을 때와 단동식 피스톤에 대하여는 최대행정위치에서 가장 낮다. 기름의 양이 많을 경우에는 적절한 고유진동수를 구하는 데 주의하여야 한다. 이 주파수가 너무 낮은 경우, 최대속도를 위해서는 요구되는 오일의 흐름율이 증가되어야 하는 단점에도 불구하고 피스톤 면적은 증가되어야 한다. 또는 회전운동을 직선운동으로 변환하기 위해 볼 스크류 또는 랙 및 피니언 배열을 갖는 응용으로 하여 로터리 모터가 사용될 수 있다.

지금까지 언급한 두 요소는 결코 액추에이터 크기 결정에서 유일한 고려사항은 아니다. 큰 마찰 부하가 있을 때 마찰부하 극복을 위해 요구된 오차를 허용할 수 있도록 액추에이터의 크기를 선택하는 것이 바람직하다. 즉, 허용오차와 서보밸브 압력감도의 곱은 정지부하를 극복하기에 충분한 모터를 통한 압력강하를 만든다[2]. 중요하게 여겨질 수 있는 다른 액추에이터 성능 특성은 속도범위와 강성, 부드러움(즉, 작동속도에서 속도변화량의 없음), 신뢰성, 수명, 백래시, 압력등급, 비용이다.

기어비 선택

로터리 액추에이터의 행정체적의 선택은 피스톤에 대해 설명된 것과 유사하게 이루어진다. 그러나 기어비를 설정하기 위해 추가적인 고려 사항이 필요하다. 예를 들어, 토크 및 동력 부하가 마지막 출력축에서 10 in.^{3}/rev의 행정체적을 가진 모터로 만족된다고 가정하자. 이 행정체적을 얻는 데 사용될 수 있는 여러 조합이 있다. 10 in.^{3}/rev모터가 부하에 직접 연결될 수 있다.

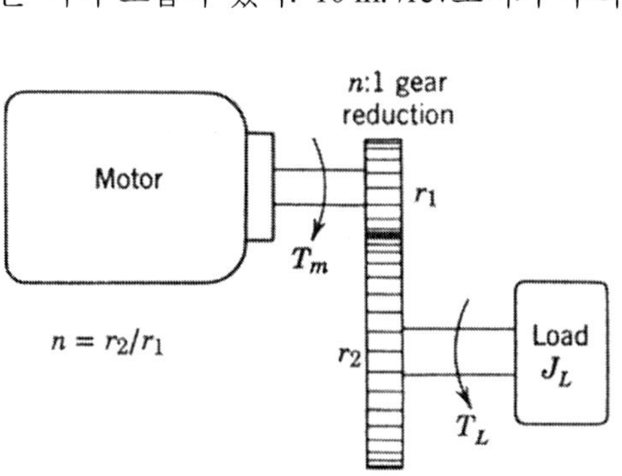

그림 8-2 모터와 1단 기어열

다른 가능성으로는 2 : 1 기어 감속비를 가진 5 in.^{3}/rev의 모터나, 5 : 1 기어 감속비를 가진 모터는 2 in.^{3}/rev, 10:1 기어 감속비를 가진 모터는 1 in.^{3}/rev를 사용하는 것이다. 모터의 용적 및 기어비의 곱은 동일한 속도와 토크가 부하에 전달되도록 일정한 값을 갖는다. 이것은 비교를 위한 실제적인 기반을 제공한다. 물론, 작은 행정체적 모터의 속도는 부하에 동일 속도와 동력을 제공하기 위해 비례적으로 크다. 그러나 각각의 모터 및 기어 조합으로 가는 동일한 유량은 동일한 출력 속도를 얻을 것이다. 부하에 일정한 토크가 요구되는 이러한 상황에서, 어떤 조합을 선택할 것인가? 가능하면 직접 구동하는 것이 좋은데, 직접 구동이 선호되는 몇 가지 고려는

1. 가장 중요한 이유는 부하에서 관성에 대한 토크 비가 최대인 것이다.

따라서 최대 부하 가속이 최소 토크로 얻어진다. 이 사실은 그림 8-2와 같이 단일 메시 기어열을 가정함으로써 증명될 수 있을 것이다. 부하에 대한 토크방정식을 쓰면,

$$T_g = nT_m = (n^2 J_m + J_L)\alpha_L + T_L \tag{8-9}$$

여기서 T_m = 모터에서 생성되는 토크, in.-lb
$T_g = nT_m$ = 모터로부터 생성되어 출력되는 토크, in.-lb
T_L = 출력에서 일정한 부하토크, in.-lb
J_m = 모터와 피니온의 관성, in.-lb-sec^2
J_L = 구동되는 기어와 부하의 관성, in.-lb-sec^2
α_L = 부하의 가속도, rad/sec^2
n = 모터에서 출력축까지의 기어 감속비

J_L, α_L과 T_L은 주어진 부하조건이라고 가정한다. 부하에서 관성에 대한 토크 비가

$$\left.\frac{\text{torque}}{\text{inertia}}\right|_{\text{load}} = \frac{T_g}{n^2 J_m + J_L} = \frac{T_g/J_L}{n^2(J_m/J_L)+1} \tag{8-10}$$

이 기능이 기어비에 대하여 최대화되어야 한다. 그러나 큰 기어비를 사용하는 작은 모터들은 관성이 작기 때문에 이것은 이번에는 반영된 모터 관성($n^2 J_m$)에 대한 최솟값을 발견하는 것에 달려 있다. 경험적으로, 모터 관성은 행정체적의 1.5승에 비례한다. 따라서 직접 연결된 모터의 관성은 다음과 같이 쓸 수 있다.

$$J_m|_D = kD^{1.5} \tag{8-11}$$

여기서 k는 상수이고 D는 행정체적이다. (여기의 예에서는 10 in.^{3}/rev). 행정체적 D_G의 기어드 모터의 관성은

$$J_m|_G = kD_G^{1.5} \tag{8-12}$$

$D = nD_G$이기 때문에 우리는 부하에서 더 크도록 이러한 관성비를 형성할 수 있다. 그러므로

$$\frac{n^2 J_m|_G}{J_m|_D} = \frac{n^2 k(D/n)^{1.5}}{kD^{1.5}} = n^{1/2} \tag{8-13}$$

앞의 식에 따라 $n > 1$라면 기어드 모터의 반영된 관성이 직접구동의 것보다 항상 크다는 것을 알 수 있다. 그러므로 부하에서 모터 관성이 더 작아진 모터 관성 때문에 감소된 것보다 기어비로 인하여 더 커지는 것을 알 수 있다. n은 1보다 크고 최소 관성이 바람직하기 때문에 가능한 한 직접구동으로 식 (8-10)은 최대화되어지고 최고 가속이 얻어진다고 결론을 내릴 수 있다.

반영된 모터 관성이 부하 관성에 비해 작다면 이러한 구별은 학문적으로 유용할 뿐이다.

직접 구동을 선호하는 다른 요소는 다음과 같다:

2. 기어가 제거 되었으므로 백래시가 최소이다. 백래시는 그것들의 리밋사이클 진동으로 가려는 경향 때문에 지연보상된 제1형 서보와 제2형 서보에서 가장 심각하다. 피드백이 모터 축이 아닌 출력 축로부터 취해진다면 기어 백래시는 루프 밖으로 나오게 되고 안정성에 영향을 미치지 않을 것이다.
3. 높은 결합 강성은 기어열의 탄성을 제거함으로써 이루어진다.
4. 저속 작동은 신뢰성과 긴 수명을 주지만 좋은 저속 성능, 즉 최소 토크 및 속도 리플을 가진 모터를 요구한다.

기어드 배열을 장려하는 많은 고려사항:

1. 가장 중요한 고려 사항은 기어를 사용하면서 증가하는, 그래서 가능한 최대 기어비에서 최대가 되는 유압 고유진동수이다. 기어 맞물림이 추가될 때 부하관성과 부하 근방에서 종동기어 맞물림은 모터에 반영될 때 점차적으로 무시될 수 있게 된다. 부하에서 토크가 비교를 위한 실제적인 근거로 일정하게 유지된다면 기어비가 증가할 때 적은 관성을 갖는 소형 모터가 사용되어 질 수 있다. 따라서 유압 고유진동수 한계는 첫 번째 피니언의 관성을 갖는 작은 모터일 것이다. 이것은 작은 모터에 대해 꽤 높을 것이다, 경험적으로, 고유진동수는 행정체적의 0.25승에 반비례하기 때문이다(즉, $f_n \propto (1/D^{0.25})$).
2. 기어비는 부드러운 작동과 피스톤 펄스 주파수를 개선할 수 있는 더 높은 작동 속도를 허용한다. 로타리 모터의 피스톤 사이클 주파수는 진동 모드의 구조와 일치할 수 있으며 바람직하지 않은 강제 진동을 일으킬 수 있다.
3. 작은 모터는 더 쉽게 사용될 수 있으며 더 저렴하다.

일반적으로 약간의 기어링은 보통 적절한 유압 고유진동수를 보장하기 위해 필요하다. 직접 구동의 가속 성능과 기어드 구동의 높은 고유진동수의 가중을 따진다면, 최적의 기어비는 적절한 유압 고유진동수를 주는 최솟값이다. 그러나 보통 만족할만한 성능을 주는 기어비의 범위가 있다. 액추에이터 선택에서 언급된 다른 요인 중 일부는 최종 선택에 도달하기 위해 평가되어져야 한다. 기어열은 전달되는 동력에 상응하는 최소 관성에 대하여 설계되어야 한다[3].

서보밸브 선정

전기유압 서보밸브는 보편적으로 전체 스트로크에서 1,000 psi의 밸브 강하로 얻어질 수 있는 부하유량에 의해 등급되거나 크기가 정해져 있다(4방 스풀밸브 공통 임계 중심의 각 오리피스를 통해서는 500 psi). 서보밸브의 크기 선정에서 중요한 고려사항은 7-6절과 5-8절에서 논의되어졌다. 따라서 우리는 이러한 요소들을 요약할 필요가 있다.

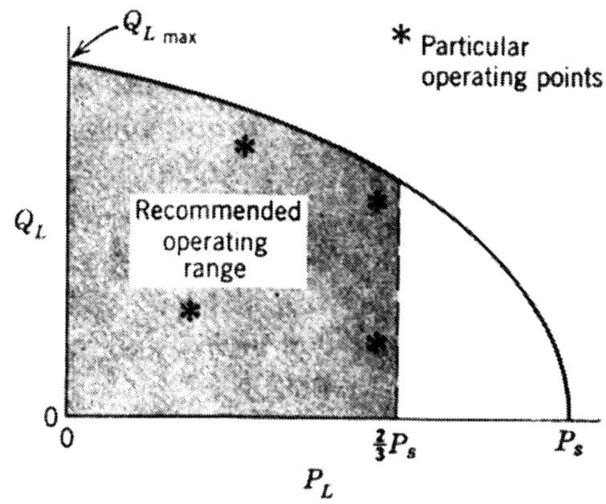

그림 8-3 최대 밸브 스트로크에서 압력-유량곡선

1. 그림 8-3에 나타낸 바와 같이 최대 스트로크에 대한 압력-유량 곡선은 모든 부하유량과 $P_L < \frac{2}{3}P_s$ 같은 부하 압력점을 포함해야 한다. 이것은 적절한 흐름과 동력이 유압 액추에이터로 전달되며 서보밸브의 크기 선정에 기본적인 요소라는 것을 나타낸다.
2. 5-8절에서 설명된 바와 같이, 유량게인은 적절히 선형적이어야 한다. 이 사실로 직사각형 포트가 선호된다.
3. 압력감도는 커야 한다. 시스템 공급압력 1,000 psi에 대하여 10^6 psi/in. 값이 종종 지정된다. 5-3절에서 설명된 바와 같이 이 숫자는 밸브의 크기와 상관없다.
4. 누설유량은 불필요한 동력손실을 방지하기 위해 정격유량의 적절한 비율로 제한되어야 한다.
5. 온도와 압력에 따른 중립점 이동과 임계값(Threshold)은 최소이어야 한다.
6. 서보밸브의 대역폭은 액추에이터 및 부하의 유압 고유진동수보다 더 높아야 한다. 그렇지 않으면 서보밸브의 동역학은 서보의 응답을 제한할 것이다.

서보밸브의 안정성(서보밸브 자체가 진동할 수 있고 바람직하지 않은 흐름 변동을 야기시킬 수 있음)과 오염 민감도, 디더 요구 사항, 전력 요구 사항, 무게, 신뢰성 및 비용 등의 기타 요소가 최종 선택에 작용할 것이다.

8-2 전기유압 위치제어 서보

전기유압서보의 가장 흔한 유형은 위치 제어에 사용되는 것이다. 소 루프 또는 지연 네트워크와 같은 보상의 어떠한 형태를 생략한 서보의 분석은 의미있는 성능 기준을 수립하고 설계 절차를 제안할 것이다. 기본 매개변수와 이 서보의 유형과 연관된 문제에 대한 철저한 이해가 보상 설계와 기타 물리적 양을 제어하는 데 사용된 것들을 포함해서 뿐만 아니라 다른 전기유압서보의 설계에도 기초가 된다.

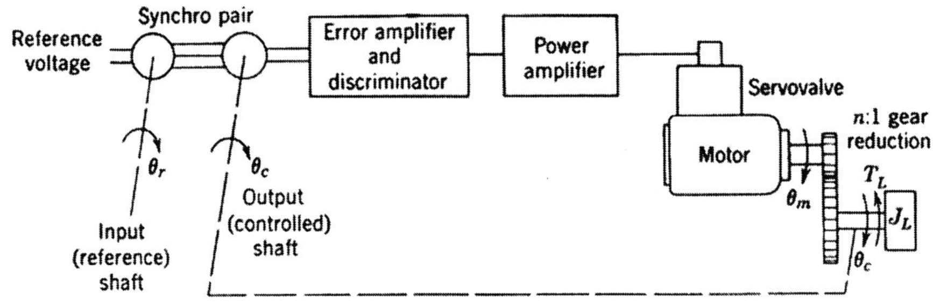

그림 8-4 전기유압 위치제어 서보의 개략도

서보루프의 블록선도

그림 8-4는 보상되지 않은 전기유압 회전위치제어서보의 간단한 그림이다. 한 쌍의 동기가 입력(참고)과 출력(제어된)축 위치 사이의 오차를 측정하는 데 사용된다. 이들 장치는 그 진폭이 순간 오차에 비례하는 전기신호를 변조한 억제된 반송 진폭을 준다[3, 4]. 출력의 진폭 또는 신호 부분은 다음과 같이 주어진다.

$$e_s = K_e \sin(\theta_r - \theta_c) \tag{8-14}$$

여기서 K_e는 로터와 스테이터 사이의 최대 커플링에서 출력전압이고 동기장치의 로터와 스테이터 사이의 기준 전압과 변환 비율에 따르는 상수이다.

시스템의 정확도를 개선하기 위하여 동기축의 많은 회전수가, 즉 10, 입력과 출력축의 1회전에 상응하도록 동기축과 입력 및 출력축 사이에 기어링을 도입하는 것이 때때로 바람직하다. 그러나 동기 출력 전압이 오차의 사인곡선 함수이기 때문에 동기축에서 오차가 180°(반 회전)를 초과하면 시스템은 잘못된 중립점을 찾을 것이다. 잘못된 중립점을 갖는 문제를 방지하기 위하여 거친 동기 오차가 180°를 절대로 초과할 수 없도록 그래서 잘못된 중립점이 일어나지 않도록 기준과 제어되는 축에 기어로 연결된 거친 동기 시스템을 사용하는 것이 필요하다. 큰 오차에 대해서는 거친 동기가 사용된다. 거친 오차가 참 중립점으로부터 정확한 또는 정교한 동기 시스템의 180°보다 훨씬 작은 오차에 해당하는 점으로 감소할 때, 정교한 동기로 제어 전환될 것이다. 그러나 실제로 정교한 동기 오차가 약 90°일 때 정교한 동기로 전환시키는 것이 보통 바람직하지 않다. 이것은 매개변수 변화에 대한 방지책으로 전환영역에 약간의 자유지역을 주고 정교한 시스템으로의 부드러운 천이를 준다. 이 점에서 정교한 오차는 거친 오차신호가 그러하듯이 시스템을 포화시킬 정도로 보통 크기 때문이다. 동기 기어링 및 스위칭에서 따라하기 좋은 규칙은 제어에 있는 동기 짝의 축들 사이의 오차가 어떤 조건에서도 중립점으로부터 90°보다 작아야 한다는 것이다(180°를 초과해서는 절대로 안 된다). 큰 오차를 야기시키는 가장 엄격한 조건은 서보가 동기할 때, 크게 천이할 때, 큰 일정 속도 입력이 주어질 때의 시작과 연관된 것이다.

거친 동기에 대하여 미세한 동기의 속도비에 의해 미세한 운전에서 서보 루프 게인은 거친 운전에서 보다 높다. 그러나 거친 동작 중의 서보 루프는 보통 포화되고 안정성은 문제가 아니다.

이런 이유로 거친 가동 중 줄어든 루프 게인은 보상될 필요가 없다. 따라서 설계 목적으로 안정을 위한 게인과 시정수를 설정함에 있어서 정밀 동기가 제어상태에 있다고 가정함은 충분하다. $\sin(\theta_r - \theta_c) \approx \theta_r - \theta_c$ 라디안인 작은 오차에 대하여 최대 동기 게인이 생기기 때문에 동기 게인은 상수 K_e[volts/rad]로 표현될 수 있다.

8-4절을 참조하면 동기오차신호 e_s는 증폭되어 캐리어 변조파의 d-c 신호 부분을 제거하는 판별장치로 보내진다. 그러면 이 d-c 신호 e_g가 서보밸브 스풀의 위치를 제어하는 차동 전류 Δi를 제공하는 전력 증폭기에서 증폭된다. 직렬 보상된 서보에서 보상 네트워크는 판별기와 전력 증폭기 사이에 삽입된다.

루프의 전자부분의 증폭기와 판별기의 설계는 다른 곳에서 다루어졌다[3]. 이들 요소는 유압 기계적 요소들과 비교하여 무시할만한 동역학을 가지기 때문에, 그것들은 정상상태 게인상수에 의해 기술될 수 있다. 오차증폭기와 판별기의 게인을 다음과 같다고 하자.

$$\frac{e_g}{e_s} = K_d \ \text{volts/volt} \tag{8-15}$$

전력증폭기 입력전압에서 서보밸브 스풀변위로의 전달함수는 제7장에서 다음의 형태로 보여졌다.

$$\frac{x_v}{e_g} = \frac{K_s}{\left(\frac{s}{\omega_1}+1\right)\left(\frac{s}{\omega_2}+1\right)\left(\frac{s^2}{\omega_0^2}+\frac{2\delta_0}{\omega_0}s+1\right)} \tag{8-16}$$

여기서 K_s in./volt는 서보밸브와 증폭기의 게인 상수이다. ω_1과 ω_2 rad/sec에서의 지연들은 토크모터 전기자의 유도 시정수(L/R)와 스풀 위치루프의 절점주파수에서 유래되었다. 고유진동수 ω_0는 토크모터의 스프링-질량 공진 때문이다. 루프에 있는 잔여 요소는 밸브-모터 조합이다. 특정한 조합의 전달함수는 이 요소들을 상세히 다루고 있는 제6장으로부터 선정될 수 있다. 동력요소가 식 (6-15)에 의해 기술되도록 구조적 동역학이 없는 간단한 관성이라고 가정하자. 이 경우는 가장 보편적이고 시스템 설계의 모형으로 자주 사용된다. 그러므로

$$\theta_m = \frac{\frac{K_q}{D_m}x_v - \frac{K_{ce}}{D_m^2}\left(1+\frac{V_t}{4\beta_e K_{ce}}s\right)\frac{T_L}{n}}{s\left(\frac{s^2}{\omega_h^2}+\frac{2\delta_h}{\omega_h}s+1\right)} \tag{8-17}$$

여기서 T_L은 출력축의 부하토크이다. 부하관성은 유압 고유진동수 ω_h 계산에 적절하게 반영되어야 한다. 모터와 부하의 속도는 기어비에 의해 관련된다. 따라서

$$\frac{\theta_c}{\theta_m} = \frac{1}{n} \tag{8-18}$$

루프에 있는 요소들의 이 수학 묘사는 서보 블록선도(그림 8-5)를 구성하기 위하여 이용될 수 있다. 안정도와 다른 성능 특성은 이 선도에서 계산될 수 있다.

안정도 해석

안정성은 아마 서보의 가장 중요한 성능 특성이고 때때로 응답의 속도에 약간의 희생을 요구하기도 한다. 루프 동역학의 설계는 보통 안정을 위한 요구조건들의 중심에 있다. 근궤적과 Nyquist 선도와 비교해 볼 때 안정해석의 보드선도 방법은 매개변수가 변화하는 경향이 있는 유압제어에 가장 유용하다. 보드선도는 빠르게 스케치되기 때문에, 안정성은 광범위한 매개변수 변이에 대하여 조사될 수 있고, 그리고 이것은 항상 행해져야 한다.

보드선도는 다음 식으로 주어지는 개루프 게인 함수의 구성이다.

$$A_u(s) = \frac{K_v}{s\left(\frac{s}{\omega_1}+1\right)\left(\frac{s}{\omega_2}+1\right)\left(\frac{s^2}{\omega_0^2}+\frac{2\delta_0}{\omega_0}s+1\right)\left(\frac{s^2}{\omega_h^2}+\frac{2\delta_h}{\omega_h}s+1\right)} \tag{8-19}$$

여기서 $K_v = K_e K_d K_s (K_q/D_m)(1/n)\sec^{-1}$는 개루프 게인상수이다(또한 속도상수라고 불린다). 분모에 있는 단독 s는 적분을 나타낸다. 따라서 이 서보루프는 1형이고 위치오차는 0이다. 일정한 속도입력에 대한 정상상태 오차는 단순히 K_v로 나누어진 입력속도이다.

이 루프 게인 함수는 매우 복잡해서 안정성에 대한 필수 정보를 여전히 가지고 있는 단순한 표현이 바람직하다. 서보밸브는 빠른 응답을 갖고 있기 때문에 유압 고유진동수 ω_h는 일반적으로 루프에서 가장 낮은 절점주파수이며 동적 성능을 좌우한다. 그러므로 루프 게인은 다음 식으로 근사될 수 있다.

$$A_u(s) = \frac{K_v}{s\left(\frac{s^2}{\omega_h^2}+\frac{2\delta_h}{\omega_h}s+1\right)} \tag{8-20}$$

이 근사는 서보밸브가 액추에이터나 부하보다 더 느린 것을 생각하기 어렵기 때문에 예외적인 경우를 제외하고는 모두 타당하다. 모든 경우에서 ω_h는 루프에서 가장 낮은 고유진동수로 해석되어져야 한다.

그림 8-6은 식 (8-20)의 보드선도이다. 이차식의 공진 피크가 단위 게인보다 커지면, 그때 시스템은 Nyquist 선도의 임계점이 둘러싸일 것이기 때문에 불안정하게 된다. 점근선도의 기하학으로부터, 절점주파수가 근사적으로 속도상수(실제로, 다소 더 높음)와 같음에 주목하라. 즉,

$$\omega_e \approx K_v \tag{8-21}$$

점근선도의 게인 레벨은 주파수 ω_h에서 K_v/ω_h이다. 이 레벨은 공진에서 2차항의 증폭 계수인 요소 $1/2\delta_h$에 의해 증폭된다. 이리하여 피크 공진에서 게인 레벨은 $K_v/2\delta_h\omega_h$이고 안정을 위해 1보다 작아야 한다. 따라서 안정성의 기준은

$$\frac{K_v}{\omega_h} < 2\delta_h \tag{8-22}$$

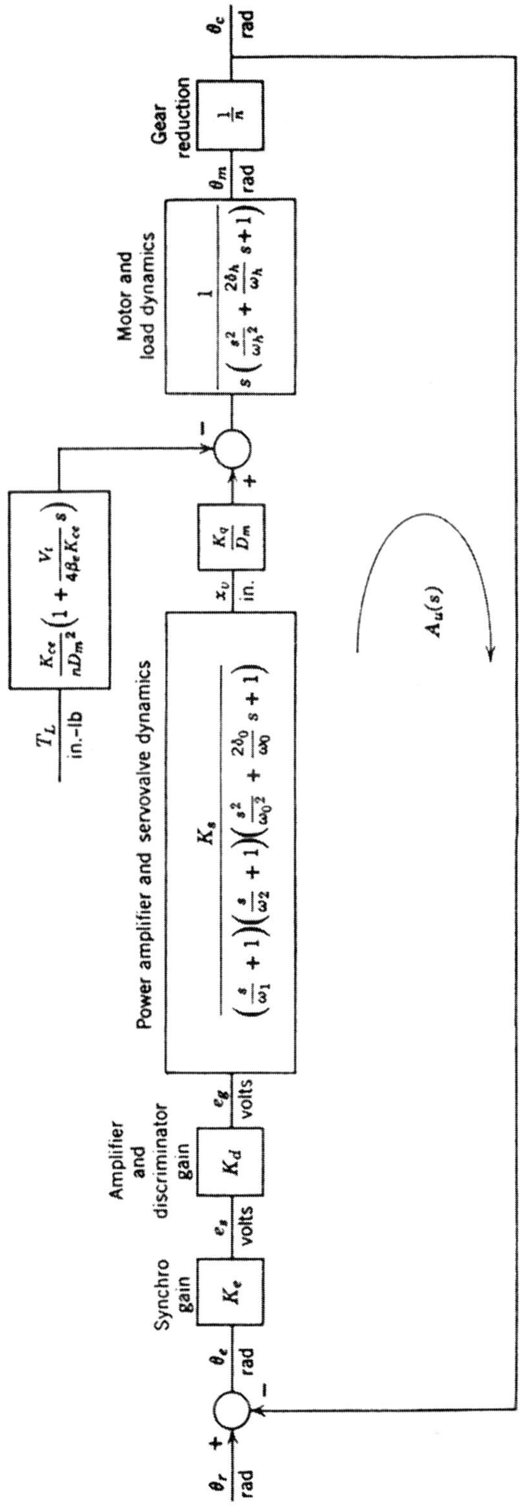

그림 8-5 전기유압 위치제어 서보의 블록선도

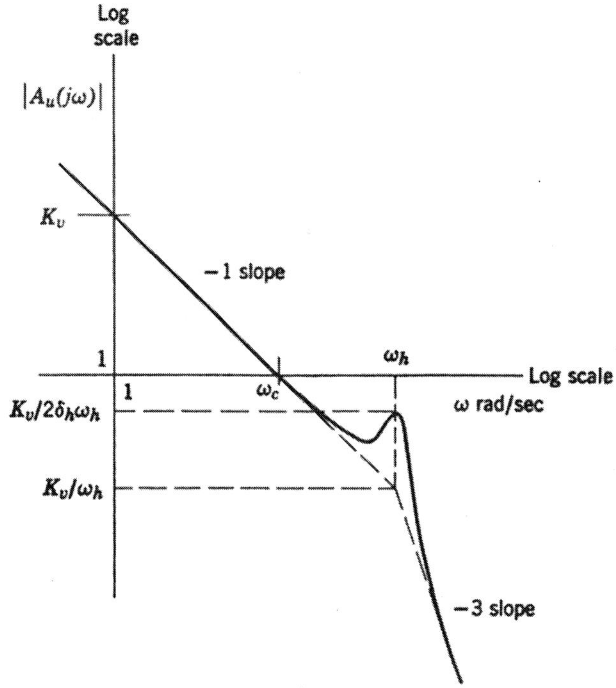

그림 8-6 위치제어 루프의 보드선도

이러한 결과는 모든 유압서보 설계의 기초이고 특성방정식 $1+A_u(s)=0$을 구성하여 식 (8-20)을 사용하고 Routh의 안정도 판별기준을 적용함으로써 엄격하게 유도될 수 있다. 0.1과 0.2의 감쇠비가 시스템의 특징이기 때문에 속도상수는 유압 고유진동수의 20~40%로 제한된다. 이 사실은 설계를 위한 가장 유용한 규칙을 제공한다. K_v와 ω_c가 거의 같기 때문에, 이 규칙은 또한 허용 가능한 절점주파수를 제공한다.

이 안정도 기준으로부터 큰 속도상수는 큰 유압 고유진동수와 큰 감쇠비를 요구함을 주목한다. 일단 동력요소가 선택되면 이들 2개의 양은 정해진다. 6-1절에서 논의된 바와 같이 ω_h는 분명한 확신을 가지고 계산될 수 있지만 δ_h는 더 많은 변수가 있고 모호하다. 다음과 같은 이유로 계산된 감쇠비는 측정된 값보다 낮다:

1. 서보밸브 언더랩과 액추에이터의 마찰력, 부하는 감쇠력을 증가시키도록 작용한다. 로터리 모터의 내부 마찰토크가 중립점(즉, 속도 0 근방)에서 특히 상당한 감쇠에 기여한다. 그러나 속도에서 진동이 속도에서의 반전과 마찰 토크에서 연관된 반전을 일으키지 않을 것이기 때문에 이 효과는 속도 증가와 함께 감소한다.

2. 압력포화로 가는 경향은, 즉 P_L이 P_s에 접근하는 것, 사인곡선 입력에 대하여 공진의 근방에서 증가한다. 따라서 유량 게인은 감소하고 공진 피크가 감쇠되도록 한다. 이것은 시험 데이터를 분석할 때 더 높은 감쇠비의 인상을 준다.

3. 감쇠비는 $|x_v|$에 비례한다. (6-7절 식 (6-99) 아래 참조) 따라서 출력 액추에이터의 고속에서 증가된 감쇠비가 예상된다.

이 분야는 충분히 개척되지 않았고 감쇠비의 예측을 향상시키기 위한 연구가 필요하다. 그러나 비록 계산된 감쇠비가 완전히 믿을 수 없다고 하더라도 식 (8-22)는 건전한 물리적, 수학적 기초를 갖는다는 것은 명확하다.

일부 응용에서는 사양이 보상되지 않은 속도상수나 또는 절점주파수가 ω_h의 부근 또는 이를 초과할 것을 요구할 수도 있다. 비록 서보 대역폭(절점주파수는 대역폭의 측정이다)이 ω_h보다 크게 만들어지기를 요구하지만, 이것은 회의적으로 보아야 한다. 그리고 그러한 설계 목적은 철저하게 재검토되어야 한다. 서보가 ω_h보다 더 높은 주파수에서 만족할 만한 응답을 낼 수 있을 것이다. 그러나 이것은 대역폭과 동일하지 않다. 그러나 다음과 같은 기술은 감쇠를 증가시키고 얻어지는 K_v/ω_h의 큰 비를 허용하도록 사용되어 왔거나 하고 있다.

1. 모세관 또는 고정된 오리피스가 액추에이터 관로에 걸쳐 놓인다. 이 누설 경로는, 특히 종종 스풀 중립에서 최저인 감쇠를 증가시키도록 작용한다. 그러나 이러한 경로들이 액추에이터의 정적 강성의 감소와 전력 손실에 기여한다.

2. 보조 루프 안의 액추에이터 압력차 피드백은 감쇠비를 증가시키고 서보 대역폭을 확장시킨다. 이것은 P_L이 공진 근방에서 크게 되는 경향이 있기 때문이고 이 양의 피드백은 공진 피크를 줄이는 게인을 줄일 것이다. 이 효과는 또한 동적 압력피드백(DPF) 서보밸브를 사용함으로써 구현될 수 있다.

3. 모터-부하 동역학을 확장 또는 취소시키는 특성을 갖는 반공진회로와 같은 전기 네트워크들이 종종 고려된다. 그러나 공진 피크가 효과적이기 위해서는 밀접하게 일치해야 한다. 그리고 이것은 유압감쇠가 낮고 온도와 스풀밸브의 위치에 따라 다르기 때문에 달성하기가 어렵다. 자주 조정이 필요할 것이기 때문에 이 기술은 신뢰할 수 없다.

짧은 누설과 압력피드백이 가장 일반적인 방법이다. 추가된 요소가 신뢰성을 줄이고 서보를 조정 및 서비스가 어렵도록 만들기 때문에 세 번째 기술은 극단의 수단으로 보아야 한다. 어떤 경우에서나 뛰어난 결과를 기대해서는 안 된다.

기준입력과 부하토크입력에 대한 응답

서보루프의 두 가지 중요한 특성은 $\Delta\theta_c/\Delta\theta_r$인 기준 입력에 대한 폐루프 응답과 $\Delta\theta_c/\Delta T_L$인 부하토크 입력에 대한 컴플라이언스이다. $\Delta T_L/\Delta\theta_c$와 상호관계인 폐루프 강성은 종종 컴플라이언스보다 선호된다. 그림 8-7의 단순화된 블록선도로부터 이러한 특성들을 계산하자. 이것들은 근사 루프 게인 함수를 기반으로 한다. 폐루프 응답은

$$\frac{\Delta\theta_c}{\Delta\theta_r}=\frac{1}{\dfrac{\omega_h}{K_v}\left(\dfrac{s}{\omega_h}\right)^3+2\delta_h\left(\dfrac{\omega_h}{K_v}\right)\left(\dfrac{s}{\omega_h}\right)^2+\dfrac{\omega_h}{K_v}\left(\dfrac{s}{\omega_h}\right)+1} \tag{8-23}$$

이 식의 분모는 3차 시스템 특성방정식이다.

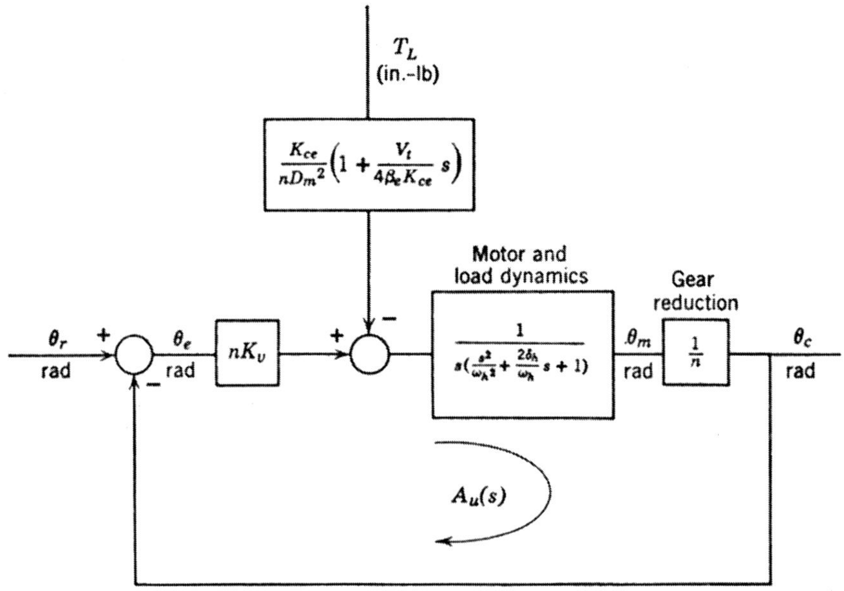

그림 8-7 간략화된 블록선도

이 3차는 2차항과 1차항으로 표현될 수 있기 때문에, 이것은

$$\frac{\Delta\theta_c}{\Delta\theta_r}=\frac{1}{\left(\frac{s}{\omega_b}+1\right)\left(\frac{s^2}{\omega_{nc}^2}+\frac{2\delta_{nc}}{\omega_{nc}}s+1\right)} \tag{8-24}$$

여기서 ω_b는 선형 요소의 절점주파수이고, ω_{nc}는 2차 요소의 고유진동수이다. (때로는 폐루프 고유진동수라고 불린다.) 그리고 δ_{nc}는 2차 요소의 감쇠비이다.

일반적으로, 문자 그대로의 해는 복잡하기 때문에 3차 방정식이 수치 계수를 갖고 있다면 이러한 양들은 찾아질 수 있다. 그러나 여기서 그림 8-8, 8-9 및 8-10에 나타낸 바와 같이 정상화된 방식으로 결과들을 플롯하고 3차 방정식 풀이가 가능하도록 3차 방정식의 계수들이 서로 연관되기 때문에 다행이다. 주어진 폐루프 매개변수 ω_b, ω_{nc}, δ_{nc}와 개루프 매개변수 K_v, ω_h, δ_h가 이 차트에서 얻어질 수 있다. δ_h과 K_v/ω_h의 낮은 값을 위해 예비 설계 계산에 유용한 다음의 근사들이 만들어질 수 있다: $\omega_{nc}\approx\omega_h$, $\omega_b\approx K_v$, 그리고 $2\delta_{nc}\approx 2\delta_h-K_v/\omega_h$. 따라서 폐루프 절점주파수가 유압 고유진동수와 절점주파수에 거의 같다. 그러나 정확한 값들은 언제나 3차 방정식 해 차트에서 얻을 수 있다.

폐루프 주파수응답 함수 식 (8-24)는 그림 8-11에 나타내었다. 이 곡선은 서보 응답 능력을 나타낸다. 대역폭의 개념은 의미 있는 정보를 이 곡선에서 하나의 숫자 값으로 줄이기 위한 노력의 일환으로 개발되었다. 대역폭의 여러 측정이 사용될 수 있다. 이것들은:

1. 대역폭의 가장 일반적인 측정값은 진폭비가 저주파수 값의 0.707(3 dB 아래)까지 떨어질 때의 주파수이다.

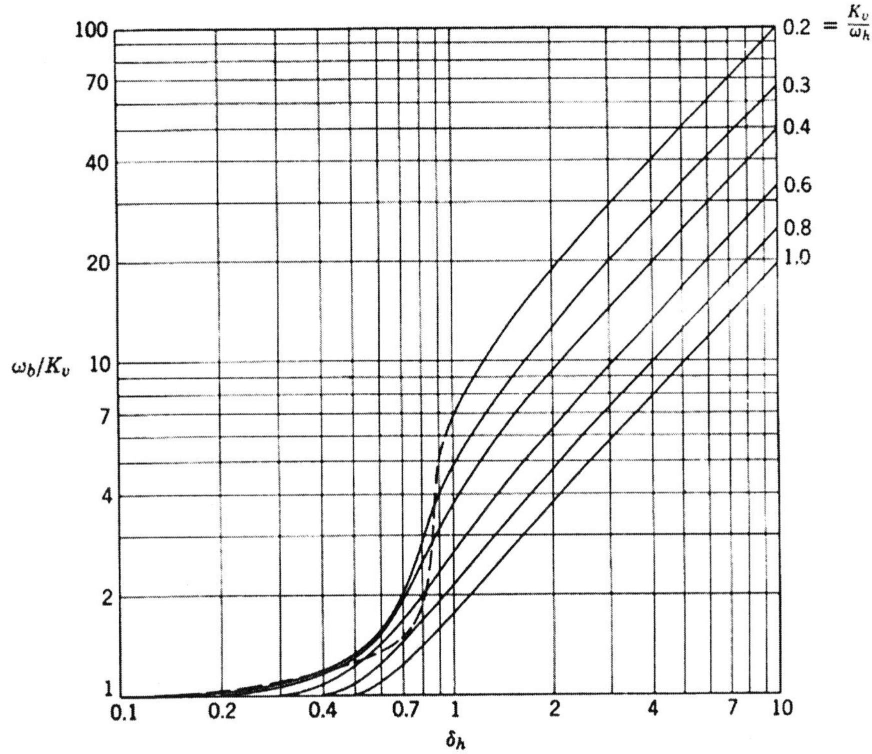

그림 8-8 3차 특성방정식 실근의 정상화 곡선

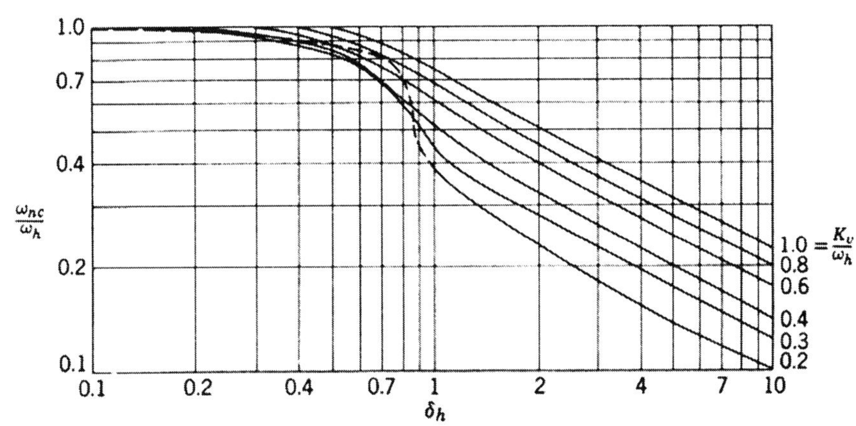

그림 8-9 3차 특성방정식 2차항 요소의 고유진동수 정상화 곡선

그림 8-11에서 이것은 대략 ω_b에서 발생한다. 그림 8-8은 ω_b/K_v가 1보다도 약간 큼을 보이고 $K_v \approx \omega_c$이기 때문에 대역폭 (ω_b)의 이 측정값은 루프의 절점주파수 ω_c보다 약간 (아마도 1.5배) 크다고 결론 내릴 수 있다.

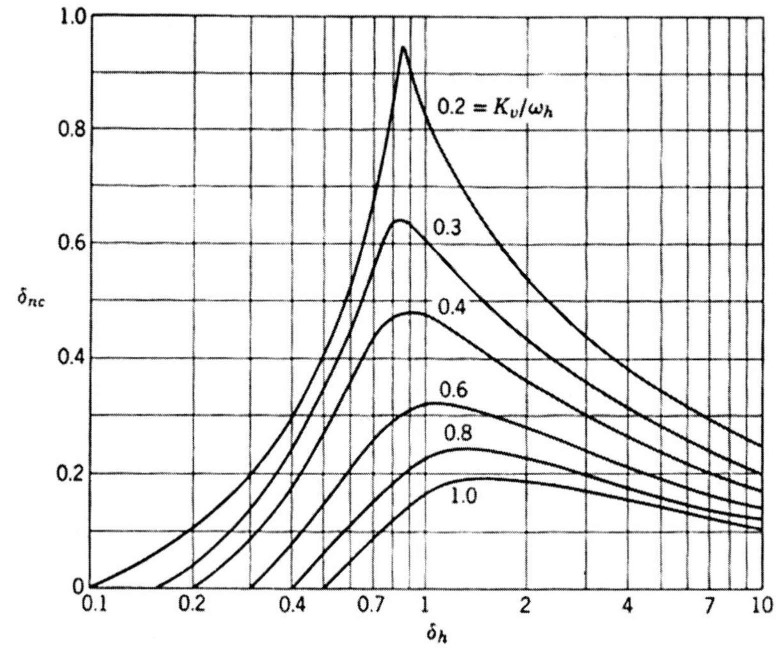

그림 8-10 3차 특성방정식 2차항 요소의 감쇠비 정상화 곡선

2. 대역폭의 측정에 종종 사용되는 다른 것은 위상지연이 90°되는 주파수이다. 이 주파수는 또한 ω_c보다 다소 클 것이다.

3. 폐루프 고유진동수 ω_{nc}가 가끔 대역폭 지수로 사용된다. 그러나 이 측정은 넓은 지지를 얻지 못하였다.

이러한 측정 중 하나로부터 시스템 응답이 근본적으로 ω_h 그리고 δ_h에 의한 액추에이터 동역학에 의해 제한된다는 결론을 내릴 수 있다. 특정 시스템 대역폭이 요구된다면 필요한 절점주파수를 다시 설정하기 위해 되돌아갈 수 있다.

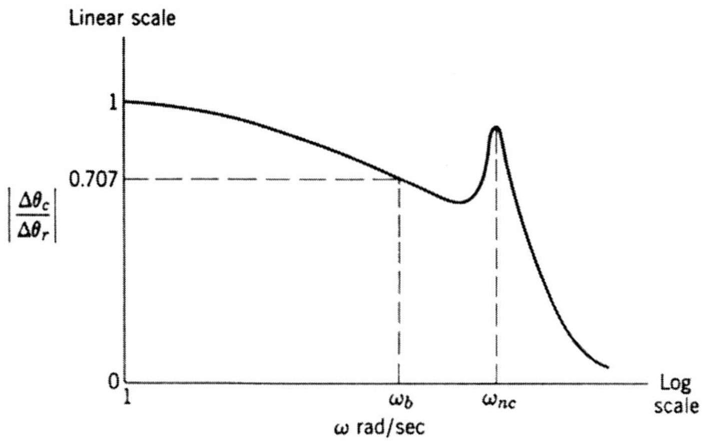

그림 8-11 위치제어 서보의 폐루프 주파수 응답

종종 유용한 다른 시스템 특성은 폐루프 컴플라이언스이다. 3차 요소를 사용하면 그리고 그림 8-7을 참조하면 이 방정식은

$$\frac{\Delta\theta_c}{\Delta T_L} = \frac{-\dfrac{K_{ce}}{K_v n^2 D_m^{\ 2}}\left(1+\dfrac{V_t}{4\beta_e K_{ce}}s\right)}{\left(\dfrac{s}{\omega_b}+1\right)\left(\dfrac{s^2}{\omega_{nc}^{\ 2}}+\dfrac{2\delta_{nc}}{\omega_{nc}}s+1\right)} \tag{8-25}$$

이 방정식을 반전시키고, 식 (6-22)와 결합하면 동적 강성이 얻어진다. 따라서

$$\frac{\Delta T_L}{\Delta\theta_c} = \frac{-\dfrac{K_v(nD_m)^2}{K_{ce}}\left(\dfrac{s}{\omega_b}+1\right)\left(\dfrac{s^2}{\omega_{nc}^{\ 2}}+\dfrac{2\delta_{nc}}{\omega_{nc}}s+1\right)}{\left(1+\dfrac{s}{2\delta_h\omega_h}\right)} \tag{8-26}$$

절점주파수 ω_b와 $2\delta_h\omega_h$는 거의 같은 값(하지만 모두가 ω_{nc}보다 보통 낮다)을 갖기 때문에, 이 주파수에서 이 요소들은 효과적으로 약분된다. 따라서 폐루프 강성의 그래프를 그림 8-12에 나타내었고 그림 6-4에 보인 개루프 강성보다 상당히 높음을 알 수 있다. 서보루프는 개루프 게인과 같은 요소에 의해 개루프 강성을 높이도록 작용한다. 따라서 견고한 서보들을 위해서는 높은 루프 게인이 바람직하다. 공진점 근방에서 폐루프 강성은 그림 8-12처럼 최저이다. 이 값은 다음과 같이 근사된다.

$$\left.\frac{\Delta T_L}{\Delta\theta_c}\right|_{\min} = \frac{2\delta_{nc}K_v(nD_m)^2}{K_{ce}} \tag{8-27}$$

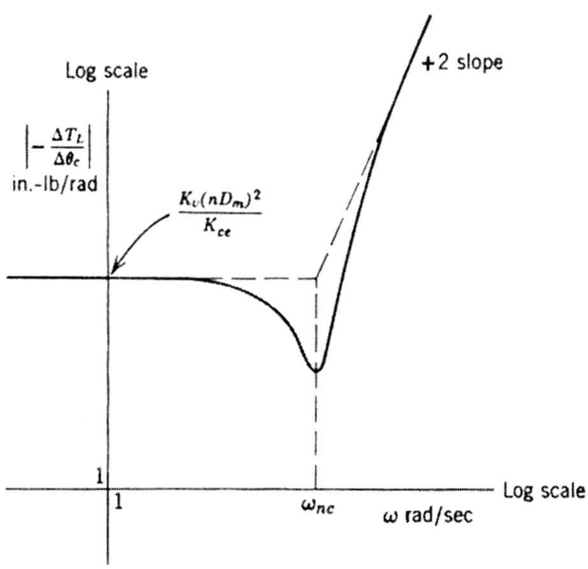

그림 8-12 위치제어 서보의 폐루프 강성

부하토크로 인해 출력축 처짐이 서보루프에서 위치오차로 나타나는 것은 분명하다. 따라서 폐루프 강성을 계산하고 예상 하중에 대해 이 오차를 정하는 것은 중요하다. 만일 강성이 지금까지 논의된 간단한 보상되지 않은 루프의 것에서 그 이상으로 향상되어야만 한다면, 아마도 루프에 지연보상이나 소 루프에 속도 피드백이 포함되어야 한다.

이러한 기술들은 다음 두 절의 제목이다. 그러나 기어와 샤프트, 모터 장비 등과 같은 구동부품의 구조 강성이 서보의 그것보다 낮은 경우가 종종 일어난다. 그러한 경우에 서보 강성을 향상시키는 것이 전체 강성을 증가시키지 못할 것이다. 그때에는 구조적 향상이 필요하다.

8-3 지연보상된 전기유압 위치제어 서보

지연보상은 전기유압식 서보에서 저주파수 게인을 높이면서 안정을 여전히 유지하는 데 종종 사용된다. 그림 8-13에 나타낸 망은 판별기와 서보를 구동하는 전력증폭기 사이에 루프의 DC 신호 부분에 삽입된다. α(진상에 대한 지상의 비)는 1보다 크기 때문에, 즉 지연시정수가 크기 때문에, 망은 순수 위상지연을 갖는다. 이러한 이유로 지연망 또는 지진상 망이라고 불린다. 지연망 시정수의 적당한 선택으로, 그림 8-6의 보상되지 않은 보드 선도는 그림 8-14의 보상된 선도로 변경될 수 있다. 이제 바람직한 서보 성능은 오직 루프게인이 1보다 클 때 나타난다는 것이 잘 알려져 있다.

$|A| > 1$인 곡선 아래의 면적이 보상된 서보에서 더 크다는 것에 주목하라.

그러므로 더 나은 성능이 기대되어야 한다. 특히, 저주파수 (교점주파수 아래 등)게인의 증가로부터 나오는 지연 보상의 장점은

1. 속도상수가 α에 의해 증가하기 때문에 일정한 속도의 입력에 대한 정상상태오차는 $1/\alpha$ 만큼 감소된다. 이것은 지연 보상을 사용하는 주된 이유이다.
2. 제어 정도가 교점주파수 아래의 영역에서 개선된다.
3. 정상상태와 저주파수 폐루프 강성이 증가된다.

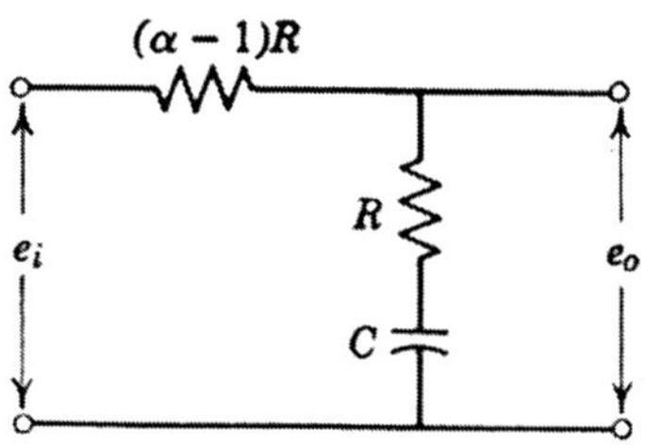

$$\frac{e_o}{e_i} = \frac{1 + s/\omega_{rc}}{1 + (\alpha/\omega_{rc})s}$$

$\omega_{rc} = 1/RC =$ lead break frequency
$\alpha =$ lag to lead ratio

그림 8-13 1단 지연보상망

폐루프 응답과 대역폭은 개선되지 않고 사실상 약간 감소된다. 따라서 지연보상은 저주파수의 정도와 강성의 향상을 주지만 응답에서는 그렇지 않다. 지연보상의 다른 단점은 이 절의 뒷부분에서 논의될 것이다.

지연보상의 선택과 설계는 선형서보이론을 기반으로 하고, 이 과정은 (훌륭한 논의를 위해서는 참고문헌 5의 6-4 참조) 참고문헌에 잘 정리되어 있다.

그러나 이 과정이 편의를 위해 여기에서는 요약될 것이다. 식 (8-20)을 참조하면, 보상된 루프게인 함수는

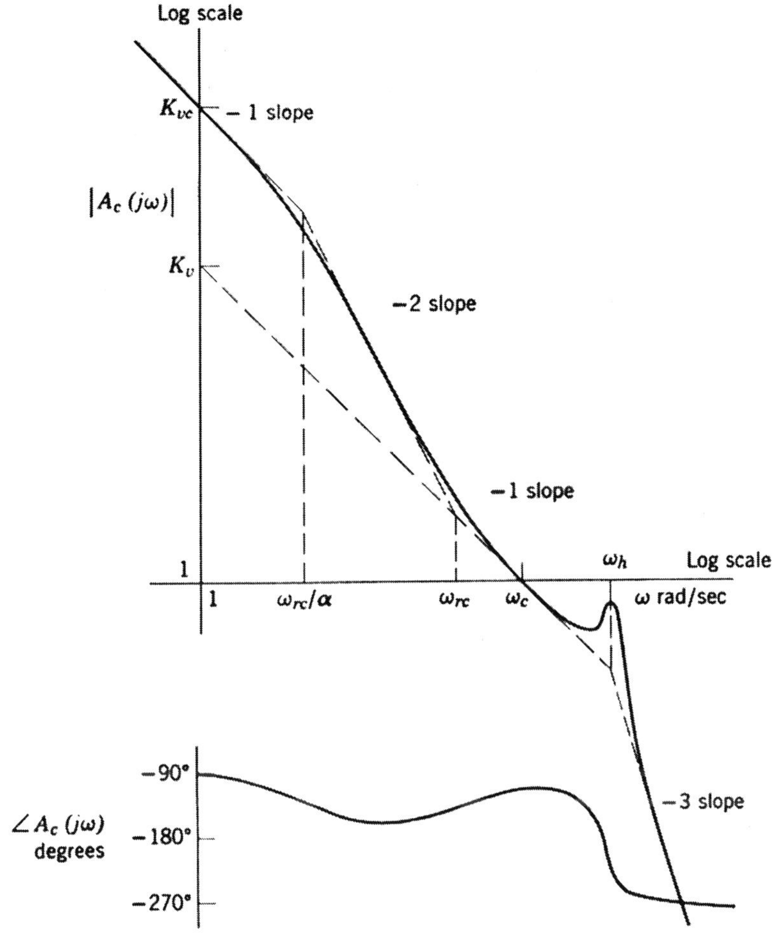

그림 8-14 지연보상된 위치제어 서보의 보드선도

$$A_c(s) = \frac{K_{vc}\left(1 + \dfrac{s}{\omega_{rc}}\right)}{s\left(1 + \dfrac{\alpha}{\omega_{rc}}s\right)\left(\dfrac{s^2}{\omega_h^2} + \dfrac{2\delta_h}{\omega_h}s + 1\right)} \tag{8-28}$$

여기서 $K_{vc} = \alpha K_v$는 보상된 상수이다. ω_h과 δ_h는 8-1절에서 논의된 동력요소 선택에 의해 정해졌다. 그러므로 결정될 양들은 α, ω_c, K_{vc}, 그리고 ω_{rc}이다.

1. 그림 8-14의 ω_{rc}와 ω_h 사이에서 지연 위상이 최소인 곳의 주파수를 결정하라. 이 주파수가 가장 높은 위상 마진을 가지고 있을 것이기 때문에 ω_c는 이 주파수에 위치할 것이다. 이런 의미로 ω_c는 최적의 교점주파수이다.

2. 적당한 마진 ϕ_M을 얻기 위해 ω_{rc}를 조정하라. 약 60°의 위상마진이 보통 바람직하다.

1단계는 관련된 대수를 단순화시키기 위해 약간의 근사가 요구된다. 식 (8-28)에서 이차식의 교점에서 위상이 $-2\tan^{-1}(\omega_c/\omega_h)$ rad이 되도록 하기 위해 $\delta_h = 1$로 가정한다. 이 위상지연이 저감쇠의 것보다 클 때, 따라서, 더 불안정해 질 때, 이것은 감쇠값이 낮을 때 높은 공진피크의 불안정 효과를 어떤 정도 상쇄시킨다. ω_{rc}/α에서 지연이 교점에서 -90°를 준다고 가정하자. 이러한 가정을 통해 식 (8-28)의 위상지연은 다음과 같이 주어진다.

$$\beta_c = -\pi + \tan^{-1}\frac{\omega_c}{\omega_{rc}} - 2\tan^{-1}\frac{\omega_c}{\omega_h} \tag{8-29}$$

$\tan^{-1}x \approx x$ for $x \ll 1$ and $\tan^{-1}x \approx \pi/2 - 1/x$ for $x \gg 1$의 급수 근사를 사용하면 여기서 x는 라디안이고 이 관계는 다음과 같이 단순화 된다.

$$\beta_c = -\pi + \frac{\pi}{2} - \frac{\omega_{rc}}{\omega_c} - 2\frac{\omega_c}{\omega_h} \text{ rad} \tag{8-30}$$

미분하여 0이라고 두면(즉, $d\beta_c/d\omega_c = 0$) 최적의 교점 주파수를 준다.

$$\omega_c = \sqrt{\frac{1}{2}\omega_{rc}\omega_h} \tag{8-31}$$

만약 위상 마진이 ϕ_M rad이면, 교점에서 허용할 수 있는 위상은 $\beta_c = -\pi + \phi_M$ rad이다. 이를 식 (8-30)과 결합하면,

$$\phi_M = \frac{\pi}{2} - \frac{\omega_{rc}}{\omega_c} - 2\frac{\omega_c}{\omega_h}$$

식 (8-31)과 (8-32)의 연립방정식을 풀면 다음과 같이 요구되는 값을 얻는다.

$$\omega_{rc} = \frac{\omega_h}{32}(\pi - 2\phi_M)^2 \text{ rad/sec} \tag{8-32}$$

$$\omega_c = \frac{\omega_h}{8}(\pi - 2\phi_M) \text{ rad/sec} \tag{8-33}$$

결정되어야 할 나머지 양들은 K_{vc}와 α이다. 그림 8-14에서, $K_v = \omega_c$임을 주목한다. $K_{vc} = \alpha K_v = \alpha\omega_c$이기 때문에 α를 설정하는 것은 K_{vc}를 정의하게 될 것이다; α는 시스템 요구 사항을 충족하도록 선택되어야 하지만, 여기에는 3가지 제한 요인이 있다.

1. 지연망 저항기들이 값에서 넓게 나누어지게 되고 이것은 회로에서 망의 임피던스 분리를 유지하기 어렵게 된다.
2. 지연망 커패시터 값은 커지게 되고 긴 충전과 방전 시간은 바람직하지 않은 과도 성능을 야기시킬 것이다.
3. 루프는 동기화 및 리밋사이클 진동이 수반되는 문제로 인해 조건부 안정에 접근한다.

이러한 고려는 α를 10~20 정도의 실질적인 최댓값으로 제한시킨다.

많은 근사가 행해졌기 때문에, 특별히 식 (8-32)와 (8-33)의 유도에서, 이제까지 찾아진 값들은 예비값으로 다루어져야 한다. 정확한 보드선도는 이러한 값을 사용하여 그려져야 한다. 그리고

사양이 충족되는지를 확인하기 위하여 검사가 이루어져야 한다. ω_h에서 공진피크 게인값 1 이상으로 증가하지 않도록 확신하는 데 특별한 관심이 주어져야 한다. 최종 값이 설정되기 전에 ω_{rc}와 ω_c에서 일부 조정이 필요할 것이다.

지연망에 있는 요소들에 대한 값들은 이제 얻을 수 있다. 지연망이 둘러싸인 전기회로에 의해 부하를 주지도 받지도 않도록 망의 총 임피던스 레벨을 설정하기 위해서 한 요소의 값이 임의로 선택된다. 나머지 저항과 콘덴서 값들이 요구되는 α와 ω_{rc}값을 주기 위해 선택되어진다.

8-2절에서 논의된 바와 같이 폐루프 응답과 폐루프 강성은 최종 절점 주파수 값으로 식 (8-28)을 사용하여 계산될 수 있다.* 특성방정식은 4차일 것이고 단지 수치 경우에 대해서만 해를 구할 수 있다. 그러나 폐루프 응답에 대한 근사식을 다음과 같이 나타낼 수 있다: 2차 요소 $[s^2/\omega_h^2 + (2\delta_h/\omega_h)s + 1]$는 ω_h보다 적은 주파수에 대하여 1로 고려될 수 있고, 이것에 기초하여 계산된 폐루프 응답은 $\omega_0 = \sqrt{K_{vc}\omega_{rc}/\alpha}$의 고유진동수를 갖는 2차 분모 요소를 보일 것이다. 또한, ω_c를 훨씬 넘는 절점주파수를 갖는 개루프 전달함수의 요소들은 또한 폐루프 전달함수의 근사 요소로 나타난다는 것은 잘 알려져 있다. 따라서 4차의 특성방정식이 ω_0와 ω_h의 고유진동수를 갖는 2개의 2차 요소를 갖는다고 가정하는 것은 타당하다. 이 같은 2개의 2차 요소들을 곱해서 정확한 특성방정식과 계수들을 같다고 두면 2개의 감쇠비에 대한 식을 산출할 것이다. 이들 조작들을 수행하면 근사 폐루프 응답은

$$\frac{C}{R} = \frac{\left(\dfrac{s}{\omega_{rc}} + 1\right)}{\left(\dfrac{s^2}{\omega_0^2} + \dfrac{2\delta_0}{\omega_0}s + 1\right)\left(\dfrac{s^2}{\omega_h^2} + \dfrac{2\delta_1}{\omega_h}s + 1\right)} \tag{8-34}$$

여기서 $\omega_0 = \sqrt{\dfrac{K_{vc}\omega_{rc}}{\alpha}}$ = 폐루프 고유진동수, rad/sec

$$\delta_0 = \left(\frac{1}{K_{vc}} + \frac{1}{\omega_{rc}}\right)\frac{\omega_0}{2} = \text{감쇠비, 무차원}$$

$$\delta_1 = \delta_h - \frac{\delta_0\,\omega_0}{\omega_h} = \text{감쇠비, 무차원}$$

$K_{vc} = \alpha\omega_c$이기 때문에 식 (8-32)와 (8-33)을 사용하면 이들 관계가 다음과 같이 간소화될 수 있다.

$$\omega_0 = \frac{\omega_c}{2}\sqrt{\pi - 2\phi_M}$$

$$\delta_0 = \left[1 + \frac{(\pi - 2\phi_M)}{4\alpha}\right](\pi - 2\phi_M)^{-1/2}$$

$$\delta_1 = \delta_h - \frac{\delta_0}{16}(\pi - 2\phi_M)^{3/2}$$

* 우리는 선형화된 식들로부터 계산된 응답에 대해 말하고 있다. 비선형 해석은 손으로 계산하기에 매우 어렵다(참고문헌 6 참조). 아날로그 컴퓨터를 사용하는 기계적 계산이 아마도 최선의 방법이다.

$\delta_0 \ll 1$이면 안정성은 나쁘지만 응답이 빠르다. $\delta_0 \gg 1$이면 시스템은 매우 안정하지만 응답속도가 느리다. $\delta_0 \approx 1$의 값은 좋은 절충안을 제공하여 설계목적으로 고려되어질 수 있다. α 가 상당히 큰 경우, 즉, 5보다 크다면, $\delta_0 \approx 1$를 만들기 위해 $\phi_M = 1.07$ rad = 61.3°의 위상마진이 요구된다. 이 경우에 시스템 값들은 $\omega_{rc} = \omega_h/32$, $\omega_c = \omega_h/8$, $\omega_0 = \omega_c/2$, $\delta_0 = 1$, 그리고 $\delta_1 = \delta_h - \dfrac{1}{16}$이 된다. 이 값들은 매우 전형적이다. 교점주파수가 유압 고유진동수의 단지 12.5%로 제한된다는 점에 주목하는 것이 중요하다. 따라서 시스템 대역폭이 커야 한다면, 가능한 ω_h를 크게 만드는 것부터 설계가 시작되어야 한다.

이제 시스템의 스텝응답에 대한 좋은 근사를 계산할 수 있다. 만약 $\delta_0 \approx 1$이고 식 (8-34)에 있는 ω_h의 2차식이 무시된다면 단위 스텝응답은 다음과 같다.

$$C(t) = 1 - \left[1 - \left(\frac{\omega_c}{2\omega_{rc}} - 1\right)\frac{\omega_c}{2}t\right]e^{-(\omega_c/2)t}$$

미분에 의해 최대 백분율 오버슈트는

$$\text{max percent OS} = 100\left(\frac{\omega_c}{2\omega_{rc}} - 1\right)e^{(2\omega_{rc}/\omega_c - 1)^{-1}}$$

그리고 다음과 같은 t_0에서 발생한다.

$$t_0 = \frac{2}{\omega_c - 2\omega_{rc}}$$

$\phi_M = 61.3°$, $\omega_c = 4\omega_{rc}$ 그리고 $t_0 = 4/\omega_c = 32/\omega_h$에서 발생하는 최대 백분율 OS=100(2-1) e^{-2}=12.5%인 전형적인 경우에 대해. 이 다소 큰 오버슈트는 바람직하지 않다. 하지만 이것은 지연보상을 하는 시스템의 전형이다.

지연보상의 가장 큰 단점은 서보루프가 리밋사이클 진동을 더 당하기 쉬워진다는 사실이다. 히스테리시스와 백래시, 마찰과 같은 다중값을 갖는 비선형성들은 지연보상된 서보의 루프게인 함수의 선형 부분에 의해 교차될 기술함수를 갖는다. 백래시는 이러한 점에서 가장 심각한 비선형성이고 만일 α가 2보다 훨씬 크다면 리밋사이클을 항상 일으킬 것이다. α가 매우 크다면 루프는 조건부 안정될 수 있다. 루프는 항상 조건부 안정일 것이기 때문에 2단 지연망의 사용을 피하는 것이 상책이다. 조건부 안정 루프는 다음과 같은 이유로 바람직하지 않다:

1. 게인의 위로 또는 아래로의 변화가 불안정을 초래할 것이다.

2. 루프는 거의 모든 비선형성으로 인해 리밋사이클 진동을 받기 쉽게 된다. 포화와 데드밴드와 같은 단순한 단일값 비선형성들도 리밋사이클을 발생시킬 것이다.

3. 동력이 처음으로 가해질 때 이러한 루프들은 목표위치를 맞추는 것에 어려움을 갖는다(10-3절 참조).

4. 이러한 루프들은 파라미터 변화에 민감하게 반응하기 때문에 적절한 조정을 유지하기가 어렵다. 고장해결 및 서비스는 더 복잡해진다.

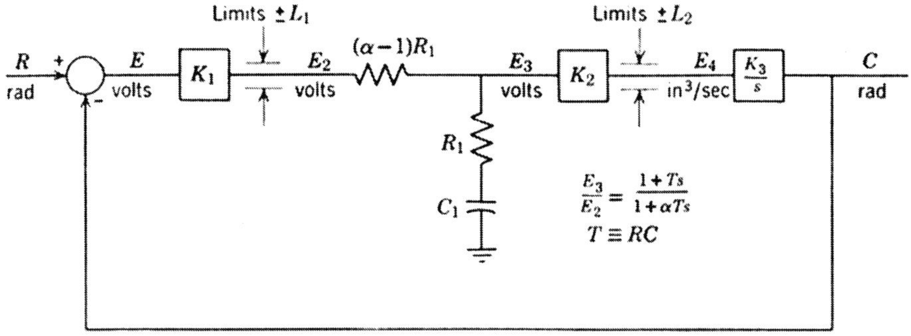

그림 8-15 간략화된 전기유압서보의 블록선도

사실상 2형 서보들은 가끔 조건부 안정되고 등속 입력에 대한 제로 정상상태오차의 게인을 얻기 위해서는 앞의 단점과 싸워 나가야 한다. 지연보상된 서보의 다른 단점은 계단응답에서 발생할 수 있는 매우 큰 오버슈트이다[7]. 60°의 위상 마진으로 정상적인 오버슈트를 갖도록 루프가 안정되게 설계되었음에도 불구하고 선형서보이론으로는 설명할 수 없는 이 큰 오버슈트는 관측자를 매우 당황하게 한다. 이것은 설계에서 선형이론의 유용성을 의심하게 한다. 그러나 이 현상은 단순한 수학적 모델을 사용하여 설명될 수 있다.

전기유압 위치서보를 그림 8-15와 같이 단순화시키자: R과 C는 라디안에 각각 기준위치, 제어된 위치이다.; E는 오차신호 $(R-C)$이다.; 그리고 K_1은 오차 경로 게인(volts/rad)이고 물리적으로 동기기와 증폭기, 식별기의 총괄 게인을 나타낸다. 출력 E_2는 오차 경로 요소들의 포화로 인하여 $\pm L_1$ volts로 제한된다. 지연망은 T초의 진상 시정수와 α의 시정수 비를 갖는다. 지연망은 낮은 임피던스 소스로부터 구동되고 루프에서 다음에 오는 요소들에 의해 부하를 받지 않는 것으로 가정한다. 망의 전압 출력, E_3는 DC 전원증폭기와 K_2의 집중게인을 갖는 서보밸브로 보내진다. 유량 E_4in.^{3}/sec는 유압동력장치에 의해 $\pm L_2$in.^{3}/sec로 제한된다. 유압 액추에이터는 단순 적분으로 근사된다. 한계 L_2 때문에 출력 속도는 $\dot{C}_M = L_2K_3$rad/sec의 최댓값을 갖는다. 이제 지연망의 스텝응답을 정해 보자. 스텝입력 $E_2(t) = E_{2o}u(t)$에 대하여 $E_2(s) = E_{2o}/s$이고 변환된 출력은

$$E_3(s) = \frac{E_{2o}(1+Ts)}{s(1+\alpha Ts)} \tag{8-35}$$

역변환하면, 다음을 얻는다.

$$E_3(t) = E_{2o}\left[1-\left(1-\frac{1}{\alpha}\right)e^{-t/\alpha T}\right] \tag{8-36}$$

이리하여 $t=0$에서 출력은 즉시 E_{2o}/α로 점프한다. 그리고 그 다음에 지수적으로 αT의 시정수로 E_{2o}의 값에 접근한다. 이 결과는 나중에 유용할 것이다.

이제 그림 8-15의 시스템으로 $R_0u(t)$의 스텝입력을 가해 보자. 그리고 루프의 모든 지점에서 일어나는 과도응답을 스케치한다. 이들을 그림 8-16에 나타내었고 다음과 같이 설명될 수 있다:

스텝이 처음 적용되었을 때, 오차 E는 크고 출력 C가 증가하기 시작함에 따라 감소하기 시작한다. $R_0 > L_1/K_1$같이 스텝입력이 충분히 크다면 E_2는 즉시 제한값 L_1으로 간다. 그러므로 지연망으로의 입력은 스텝 $L_1 u(t)$이다. 스텝이 가해져서 망의 축전기가 충전됨에 따라 지수적으로 L_1의 값에 접근하면서 점점 증가할 때 주요 과도인 지연망의 출력은 L_1/α로 증가한다. 만일 $L_2 < (L_1/\alpha)K_2$이라면, E_4는 L_2의 제한된 값으로 된다. 따라서 출력은 스텝이 가해지는 즉시 $\dot{C}_M$의 최대비에서 움직인다. 이 거동은 출력이 최종값에 도달할 시간인 $t_2 = R_0/\dot{C}_M$에 도달할 때까지 계속된다. 이 순간에 오차는 극성을 전환하며, 오버슈트가 크다면(L_1/K_1보다 훨씬 더 큰), 오차경로가 반대방향의 $-L_2$로 포화된다. $t = t_2$에서 지연보상의 출력이 즉시 $-(2L_1/\alpha)$볼트로 떨어지고 음의 방향으로 $-L_1$볼트의 값에 더 접근하면서 감소한다. 지연망의 출력이 ($t = t_3$시간에) 음의 방향에서 제로를 통과할 때, 모터로의 흐름은 반전되고 출력속도는 역전된다.

$t_3 - t_2$ 간격 동안에 출력은 최대 속도 $\dot{C}_M$로 이동하고, 따라서, 최종위치를 넘어간다. 오버슈트의 원인은 명확하게 루프에서 L_1과 L_2의 포화에 있다. 오차경로의 포화 L_1은 지연망에 있는 축전지가 그런 큰 값으로 충전되게 한다. 그리고 오차 신호가 반대로 되면 이 값은 제로에 떨어질 때에 상당한 시간 $(t_3 - t_2)$이 걸린다. 축전기가 충전하는 시간을 더 허용하면서 흐름포화 L_2는 출력속도를 제한하였다. 시스템이 선형이라면 $\dot{C}$ 가 제한되지 않을 것이기 때문에 망의 입력은 오차를 빠르게 감소시킬 것이다. 망의 큰 지연 시정수는 그런 빠른 신호가 뒤따르는 것을 방지해서 선형이론에 의해 예측된 것처럼 무시해도 좋은 오버슈트가 있을 것이다.

그림 8-15에 있는 지연망에 대한 입력이 스텝함수로 표현될 수 있는 다소 이상적인 경우에 오버슈트는 쉽게 계산될 수 있다. $E_3(t) = 2L_1/\alpha$인 시간 t_1은 식 (8-36)으로부터 계산될 수 있다.

그러므로

$$t_1 = \alpha T \log_e\left(\frac{\alpha - 1}{\alpha - 2}\right) \tag{8-37}$$

시간 t_2는 정의에 의해서

$$t_2 = \frac{R_0}{\dot{C}_M} \tag{8-38}$$

t_3시간까지 입력 E_2는 다음과 같다.

$$E_2(t) = L_1 u(t) - 2L_1 u(t - t_2) \tag{8-39}$$

식 (8-36)을 참조하면 이 입력에 대한 망의 출력은

$$\begin{aligned} E_3(t) = L_1&\left[1 - \left(1 - \frac{1}{\alpha}\right)e^{-t/\alpha T}\right]u(t) \\ &- 2L_1\left[1 - \left(1 - \frac{1}{\alpha}\right)e^{-(t-t_2)/\alpha T}\right]u(t - t_2) \end{aligned} \tag{8-40}$$

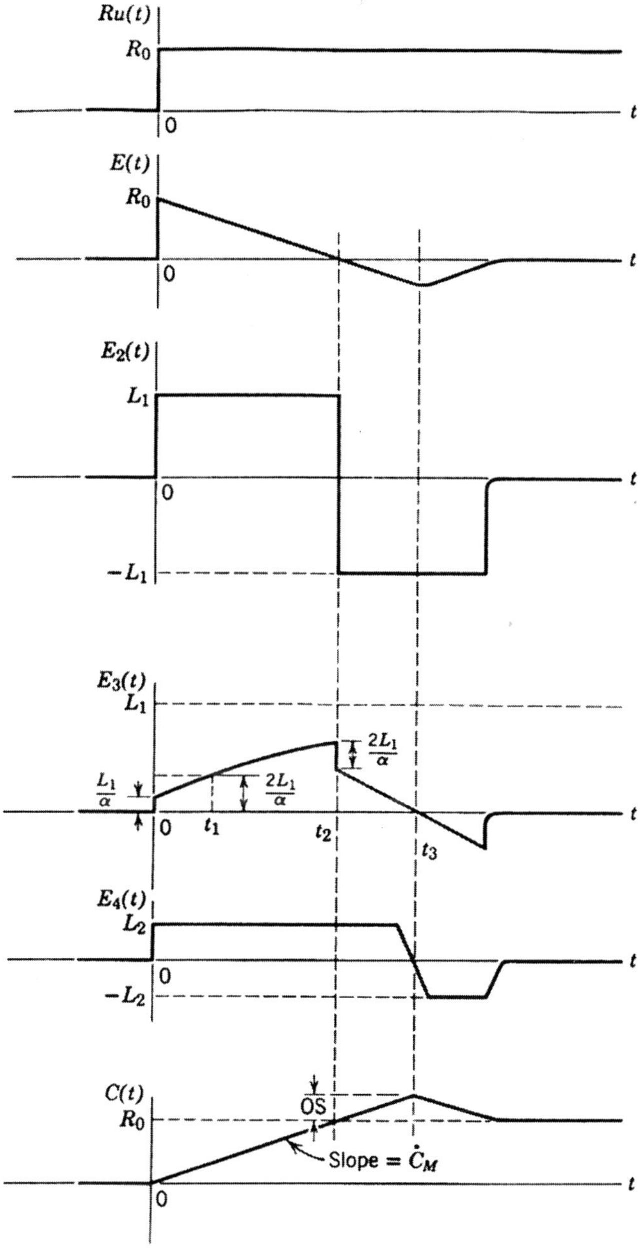

그림 8-16 스텝응답 파형

t_3에서 $E_3(t)=0$, $u(t)=1$, 그리고 $u(t-t_2)=1$이다. 식 (8-40)에 이들 조건을 대입하여 t_3에 대하여 풀면

$$t_3 = \alpha T \log_e \left[\left(1 - \frac{1}{\alpha} \right) (2e^{t_2/\alpha T} - 1) \right] \tag{8-41}$$

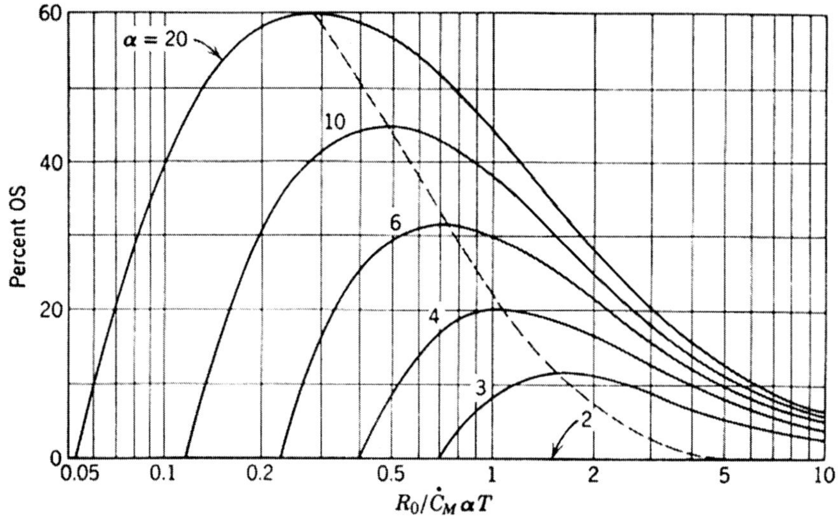

그림 8-17 정상화된 스텝입력에 대한 오버슈트의 백분율

만약 $t_2 \le t_1$이면, t_2에서 $2L_1/\alpha$의 음의 진상도약은 액추에이터로 가는 유량을 반전시키기에 충분할 것이고 오버슈트는 생기지 않을 것이다. 식 (8-37)과 (8-38)을 결합하여 풀면

$$\frac{R_0}{\dot{C}_M \alpha T} \le \log_e\left(\frac{\alpha - 1}{\alpha - 2}\right) \tag{8-42}$$

그러므로 $\alpha \le 2$이면, 오버슈트가 없을 것이다. 만일 $\alpha > 2$이면, 스텝입력이 식 (8-42)로부터 얻어진 임계값을 초과하기에 충분히 큰지 아닌지에 따라 오버슈트가 생기거나 생기지 않을 것이다.

만일 $t_2 > t_1$이라면, 오버슈트는 발생하고 다음과 같이 주어진다.

$$\text{OS} = (t_3 - t_2)\dot{C}_M \tag{8-43}$$

만일 출력이 $t_2 \le t \le t_3$ 사이에서 최대속도로 움직이면 퍼센트 오버슈트는

$$\text{Percent OS} = 100\left(\frac{\text{OS}}{R_0}\right)$$

t_2와 t_3에 대입하면, 최종 결과는

$$\text{Percent OS} = 100\left\{\frac{\alpha T \dot{C}_M}{R_0}\log_e\left[\left(1 - \frac{1}{\alpha}\right)(2e^{R_0/\dot{C}_M \alpha T} - 1)\right] - 1\right\} \tag{8-44}$$

만약 스텝입력이 그림 8-16의 파형이 합리적인 근사를 제공하고 출력이 t_2와 t_3 사이의 최대속도에서 동작하기에 충분히 크다면 그림 8-17에 나타낸 이 관계는 유효하다. α, T, $\dot{C}_M$, R_0의 주어진 값에 대하여 오버슈트는 그림 8-17로부터 구할 수 있다. 아주 큰 퍼센트 오버슈트가 가능하다는 것이 명백하다. 시스템을 포화시키지 않는 작은 스텝 입력에 대해서는 오버슈트는 선형이론으로부터 계산될 수 있다.

이제 이 현상에 대한 해결책을 모색해 보자. 포화 레벨 L_1과 L_2를 관심(즉, 선형시스템이 되게)의 범위너머로 증가시키거나 지연망 비 α를 감소시키는 것은 오버슈트를 감소시킬 것이다. 그러나 첫째는 일반적으로 불가능하고, 둘째는 α가 설계 요구사항을 충족하기 위해서 선택되어지기 때문에 좋지 않다. 그림 8-16의 $E_3(t)$의 자취를 참조하여, 만약 $E_3(t)$가 다음 값으로 제한된다면 오버슈트는 생기지 않을 것이다.

$$E_3(t)|_{\text{limit}} \le \frac{2L_1}{\alpha} \tag{8-45}$$

왜냐하면 t_1과 t_2는 그때 일치될 것이고, t_2에서 $-(2L_1/\alpha)$볼트의 음의 진상 점프는 액추에이터로의 흐름의 방향을 즉시 반전시키기에 충분한 상태이기 때문이다. 이리하여 E_3를 물리적으로 제한하는 방법이 필요하다. 이 문제에 대한 아주 간단한 해결책은 저장할 수 있는 충전량을 제한하기 위하여 지연망의 콘덴서와 병렬로 바이어스 다이오드 또는 제너 다이오드를 삽입하는 것이다.* 아주 자주 다이오드 전도 전압은 커패시터 주위에 띠로 묶은 다이오드가 충분하도록 적절한 바이어스를 제공한다. 반대의 극성을 가진 병렬로 연결된 다른 다이오드는 지연망이 양쪽 극성의 입력전압을 가질 때 다른 극성의 커패시터 전압을 제한하도록 요구되어진다. 이러한 다이오드로 수정된 지연망의 분석은 커패시터를 통한 전압이 다음 값으로 제한된다면 식 (8-45)가 만족됨을 보여줄 것이다.

$$E_c \le \frac{L_1}{\alpha - 1} \tag{8-46}$$

$E_3(t)$가 $E_3(t)|_{\text{limit}}$보다 적을 때 지연망이 선형적으로 동작하고 원하는 개루프 게인 증가를 제공하는 것이 분명하다. 그러나 큰 과도에 대하여 커패시터는 결국 짧게 되고 지연망은 K_{vc}로부터 K_v로 개루프 게인을 감소시키는 $1/\alpha$ 게인을 갖는 단순한 전압 분할기가 된다. 이리하여 큰 과도에 대하여 루프는 보상되지 않은 형상으로 돌아가고 필요한 정상상태 게인 감소는 자동으로 만들어진다.

지연망이 작동하여 일정 속도입력에 대하여 감소된 오차를 주는 것을 확신하기 위해 $E_3(t)|_{\text{limit}}$가 그런 입력에 도달되지 않음을 확인하는 설계 단계에서의 점검이 이루어져야 한다. 그림 8-15를 참조하면 최대 출력속도에 도달함을 보장하기 위해 이것은 만족되어야 한다.

$$K_2 E_3(t)|_{\text{limit}} \ge L_2 \tag{8-47}$$

이 조건은 큰 K_2를 선호한다. 그러나 DC앰프의 드리프트(drift)로 인한 오차의 관점에서 K_2는 작아야 한다. 일반적으로 원하지 않는 외란이 루프에 주입된 지점 앞의 게인은 지정된 제한 안으로 결과의 오차를 줄이도록 충분히 커야만 한다. 그러므로 매개변수 값 및 루프의 게인 분포의 일부 조작은 만족스러운 최종 설계에 도달하기에 필요할 것이다.

---

* 저자의 지식에 따르면 이 재치있는 해결방법은 신씨네티 밀링 기계회사의 Norman D. Neal에 의해 처음 제안되어 졌다.

8-4 전기유압 속도제어 서보

두 가지 기본적인 이유로 속도를 감지하고 서보루프를 형성하기 위해 피드백함으로써 유압 액추에이터의 속도를 제어하는 것이 가끔 바람직하다(그림 8-18).

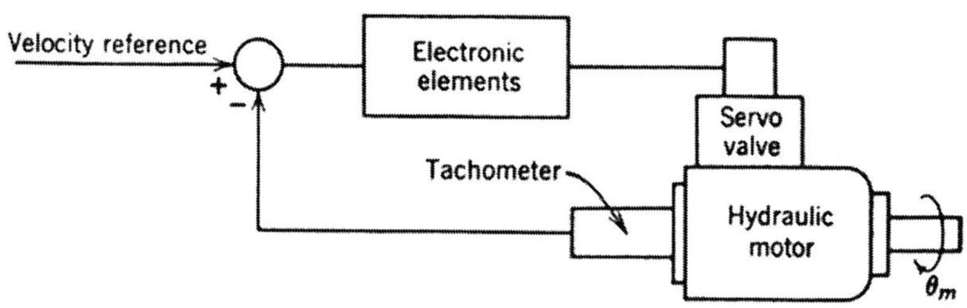

그림 8-18 속도제어루프의 개략도

1. 속도는 시스템의 주요 출력일 수 있다. 속도테이블(rate table)과 안테나, 레이더, 총 포탑, 공작기계 이송구동을 예로 들 수 있다. 이러한 응용장치에서 정도는 속도의 피드백 제어를 요구한다.

2. 속도는 주요 제어루프를 보상하는 수단으로서 보조 루프나 소 루프에서 피드백될 것이다. 이러한 유형의 보상의 장점은 주 루프의 강성을 증가시키고, 서보밸브에서 게인 변화가 주 루프에서 최소화되어지고, 보조 루프에서 증폭기 게인은 드리프트와 부하마찰로 인한 오차를 감소시키도록 크게 주어질 수 있다는 것이다. 그러나 단점은 주 루프에서 대역폭 감소와 시스템 비용의 증가와 복잡함이다. 이 보조 루프들이 주 루프의 응답능력을 제한하기 때문에 이것들은 몇 가지 분명한 목표가 없다면 사용하지 말아야 한다.* 이 보조 루프들이 특별히 유용한 목적없이 사용되는 경우가 자주 있다.

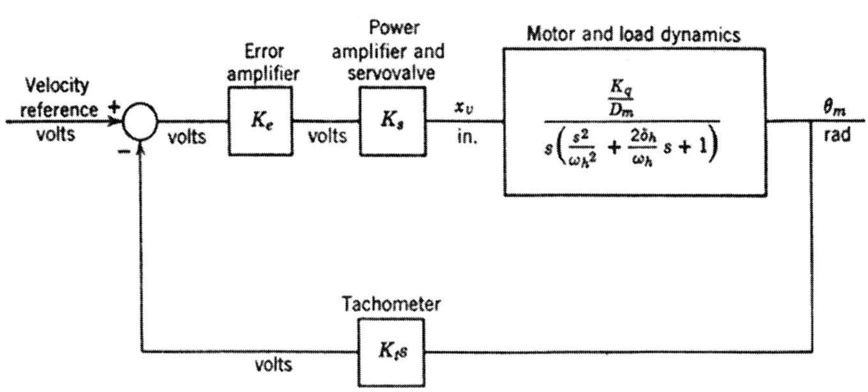

그림 8-19 속도제어 서보의 블록선도

* 속도 피드백 소 루프는 전력요소로서 전기서보모터를 사용한 서보에서 모든 응답을 실제로 증가시킨다. 이것은 전기모터가 단순지연과 같이 응답하기 때문이다. 따라서 안정성 문제는 없고 속도루프의 교점주파수는 전기모터 절점주파수보다 크게 만들어 질 수 있다. 반면, 유압 속도제어루프의 안정성은 교점주파수가 유압 고유진동수보다 낮을 것을 요구한다.

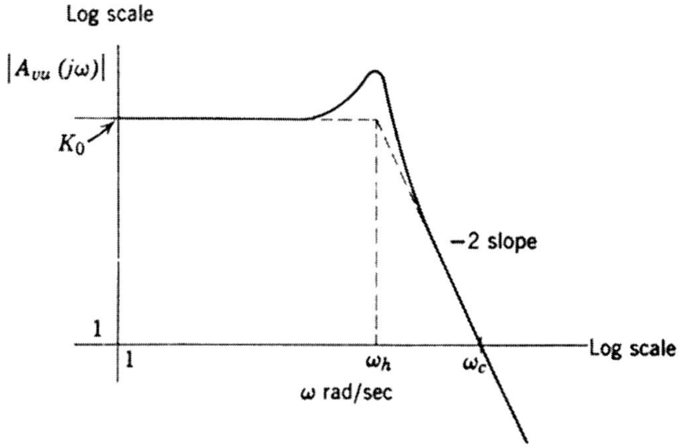

그림 8-20 비보상된 속도제어루프의 보드선도

8-2절에서 논의된 바와 같이 서보밸브 교점주파수는 일반적으로 유압 고유진동수보다 낮다. 따라서 동력요소의 전달함수는 루프의 유압 부분의 적절한 묘사를 제공한다. 회전모터에 대한 단순한 관성하중을 가정한다. 즉, 식 (6-18)은 적용될 수 있고 속도제어루프의 블록선도는 그림 8-19와 같다. 이것은 0형 서보이고 루프게인 함수는

$$A_{vu}(s) = \frac{K_0}{\dfrac{s^2}{\omega_h^2} + \dfrac{2\delta_h}{\omega_h}s + 1} \tag{8-48}$$

여기서 $K_0 = K_e K_s K_t (K_q / D_m)$는 개루프 게인상수이다. 이 함수의 보드선도를 그림 8-20에 나타내었다. 특히 낮은 δ_h의 일반적인 경우에서 교점주파수는 −2 slope에서 일어나고 아주 작은 위상마진이 있다. 루프 동역학이 아주 단순하게 표현되어지기 때문에 루프는 안정하다. 그러나 만약 서보밸브와 관련된 것과 같은 다른 지연이 ω_h와 ω_c 사이의 주파수 범위에서 발생한다면 그 루프는 불안정해질 것이다.

실제로 이것은 항상 그런 것처럼 보이고, $K_0 \approx 1$ 같은 게인상수를 갖는 루프조차도 불안정해질 것이다. 피드백제어는 1을 초과한 게인값에 대해서만 효과가 있기 때문에 낮은 게인, 즉 $K_0 < 2$에 대해서는 속도루프의 유용성은 의심스럽다. 적당한 게인값, 즉 $K_0 > 5$은 바람직하기 때문에, 전기유압식 속도제어루프는 안정을 얻기 위해 항상 보상되어져야 한다.

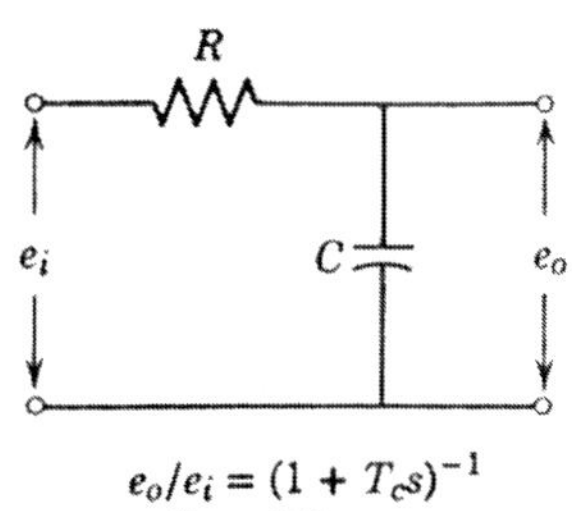

그림 8-21 단순 지연망

이 규칙에는 몇 가지 예외가 있다.

고속제어루프가 그 예일 것이다. 그러면 서보밸브는 열리고 1 이상으로 감쇠(δ_h)을 잘 증가시킬 것이다. 그러면 모터-부하 2차 방정식은 지배적인 지연으로 인수분해될 것이고 안정이 얻어질 것이다.

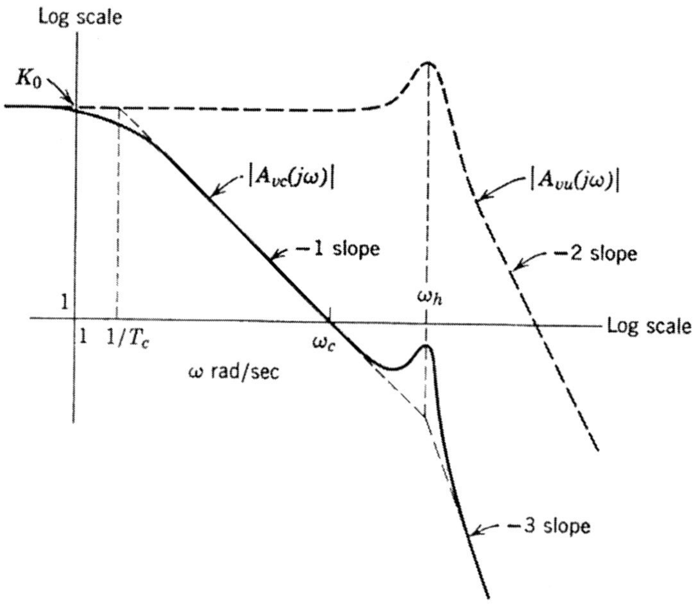

그림 8-22 보상된 속도제어루프의 보드선도

보상의 가장 간단한 방법은 서보밸브 앞의 루프의 전자 부분에 (그림 8-21) RC 지연망을 삽입하는 것이다. 그러면 수정된 루프게인 함수(그림 8-22)는 적절한 위상마진으로 안정할 것이다. 유압요소의 절점주파수들은 교점주파수를 잘 초월하여 발생한다. 따라서 안정성에 영향을 미치지 않는다. 전원요소와 사양서에 맞도록 K_0의 값을 선택함으로써 루프의 크기는 결정된다. ω_c는 8-2절에 설명된 바와 같이 공진피크를 게인 1 아래로 유지하기 위해 ω_h의 0.2~0.4의 값으로 제한된다. 그림 8-22의 형상으로부터 요구된 망 시정수는

$$T_c = \frac{K_0}{\omega_c} \tag{8-49}$$

R의 어떤 값에 대하여 C의 값이 선택될 수 있다. 안정을 유지하기 위해 ω_c가 고정되어져야 하기 때문에 큰 게인에 대하여 큰 T_c의 값이 필요하다. 유사한 보상이 적분기와 같은 직류 연산 증폭기를 사용함으로써 구현될 수 있다.* 그러나 큰 T_c값은 몇 가지 단점이 있다. 속도서보가 보조 루프라면 주 루프의 안정성은 부정적인 영향을 받을 수 있다. 또한, T_c가 큰 경우, 망 커패시터는 충전과 방전에 있어 느리다. 이것은 서보가 켜졌을 때 동기화 문제를 야기시키거나 또는 특정 조건에서 과도응답을 느리게 하는 문제를 발생시킬 수 있다. 그러나 이 거동은 최대 출력 속도를 일으키기에 필요한 정도로 전압을 제한하기 위한 커패시터 주위에 제너 다이오드를 삽입함으로써 제거될 수 있다. 이 방법에서 초과 충전은 일어날 수 없다.

* 또 다른 보상 기법은 그림 8-20에서 ω_h와 ω_c 사이에 진상을 삽입하는 것일 것이다. 그러나 ω_h에서 변화가 안정을 위태롭게 하기 때문에 이 계획은 비현실적이다. 더욱이 그것의 절점주파수는 새로운 교점주파수보다 더 높아야하기 때문에 서보밸브는 매우 빨라야 한다.

속도피드백이 보조 루프로 사용된다면 폐루프 응답은 계산되어져야만 한다. 근사적으로 결과는 수정된 교점주파수에서 선형 지연과 ω_h에서 2차식이 될 것이다. ω_c에서 지연은 이것이 ω_h보다 낮기 때문에 주 루프의 응답을 제한하는 요소가 된다. 이 사실은 이와 같은 보조 루프가 설계에 선택되기 전에 신중하게 다루어져야 한다.

속도제어루프는 보상의 필요성에 아주 좋은 예이다. 그림 8-22를 참조하면 보상 루프 게인의 교점주파수가 보상되지 않은 루프 게인의 것보다 훨씬 낮다는 것에 주목해야 한다. 따라서 응답속도는 안정을 얻기 위해 희생되어야 한다. 정도나 안정을 위한 응답의 맞바꿈은 제어에서 가끔 필요하다.

8-5 서보시스템 설계 시 고려사항

설계는 사양서의 문구에 따라 필수적으로 시작한다. 만약 그것이 주어지지 않았거나 없다면 설계자는 먼저 그것들을 결정해야 한다. 이것은 쉬운 일이 아니며, 보통 사양의 설정은 제어시스템의 특정 종류에 대한 경험과 과거의 역사에서 나온다. 입력 신호의 분석과 목표 출력, 조절되는 부하로부터 다음과 같은 사양을 얻을 수 있다: (a) 대역폭, (b) 교란, (c) 정도 또는 허용 오차, 그리고 (d) 안정도.

대역폭 요구조건은 M-피크 주파수의 형태나 스텝응답의 상승 시간, 교점주파수, 기타 적합한 측정을 가질 수 있다. 노이즈와 안정성은 대역폭이 너무 커지는 것을 방지한다. 사실상 그것은 사양과 최소한의 일치로 대역폭을 유지하는 것이 바람직하다. 감소된 대역폭은 일반적으로 보상을 단순화하고, 피크 동력 출력이 고주파수와 연관되기 때문에, 개별 요소에 대한 요구사항을 유연하게 하고, 이를 통해 제작비용 절감을 한다. 노이즈와 부하, 부품에 드리프트와 같은 외란은 전체 정도에 좋지 않은 영향을 준다. 부하 외란은, 특히 서보장치에서 무시될 수 있다. 하지만 주목할 만한 정도의 부하를 제어하는 서보의 정도와 안정에 중대한 효과를 줄 수 있다. 이 사양은 보통 컴플라이언스에 대한 정상상태 값의 형태를 갖는다. 즉, 주어진 부하에 대한 허용될 수 있는 최대 정상상태오차이다. 정도는 모든 서보시스템에 대한 기본적인 요구사항이다. 사실상 서보의 존재는 이 요구사항에 주로 기초한다.

일반적인 서보오차는 많은 요인으로부터 나온다. (a) 입력 위치와 속도, 가속도에 따른 오차, (b) 부품 파라미터의 변화와 공차, 드리프크로 인한 오차, (c) 노이즈와 부하 힘과 같은 외란으로 인한 오차, (d) 백래시와 마찰과 같은 비선형성으로 인한 오차. 정도 사양은 위치와 속도, 가속도 오차 상수, 정상상태 오차의 최종값, 사인입력으로 인한 오차 등에 대한 요구조건의 형태를 받을 것이다.

안정도는 상대적인 안정성의 재래적인 측정의 어떤 것에 의해서 주어질 수 있다: 위상마진, M-피크, 오버슈트 퍼센트, 감쇠비 등.

따라서 대역폭과 속도상수, 총 오차, 출력강성, 위상마진과 같은 사양의 현실적이고 일관된 집합에 도달할 수 있다. 이제 문제는 루프게인 함수가 이들 사양을 충족하도록 하는 서보루프를 설계하는 것이다[5]. 구성요소는 그들의 동특성적 한계를 염두에 두고 이 루프게인을 얻기 위해 선정되어야 한다. 그들의 게인 및 시정수에 대한 고려 없는 구성요소의 임의 선택은 안정에 관해 치명적임을 입증을 할 수 있다.

모든 서보 시스템의 "좋은" 설계에 적용할 수 있는 몇 가지 일반적인 기준은:

1. 루프게인이 1보다 실질적으로 큰 주파수 범위가 있어야 한다. 피드백제어의 모든 바람직한 특성은, 실제로 그것의 존재 이유인, 이 단순한 사실로부터 나온다. 루프게인이 1보다 적을 때 피드백은 효과적이지 않고 루프는 기본적으로 열려 있다. 교점주파수는 개루프 및 폐루프제어 사이의 경계를 준다.

2. 정도 요구는 항상 있기 마련이며 이것은 1보다 더 큰 약간의 루프게인을 필요로 한다.

3. 8-3절에 나타낸 이유들 때문에 시스템은 그것이 피할 수 없는 한 조건부 안정으로 설계되어서는 안 된다.

4. 만족스러운 안정을 위해, 교점주파수는 점근선의 -1 경사에서 발생해야 하고 그것은 "제어된" 상태이어야만 한다. 즉, 교점주파수의 설정은 설계의 명시적 부분이 되어야 하고, 그 값과 변동은 모든 작동 조건 하에서 안정을 보장하기 위해서 계산되어야 한다.

5. 노이즈 제거 및 안정성은 항상 시스템 대역폭을 제한한다.

6. 정도 요구사항은 보통 낮은 주파수에서 보드 선도의 경사를 지정한다. 즉, 0형 시스템에 대하여 0, 1형 시스템에 대하여 -1, 2형 시스템에 대하여 -2 등.

이러한 구속조건 또는 좋은 디자인의 특징을 그림 8-23의 보드 다이어그램에 표시하였다. 루프게인 함수는 주파수가 증가할 때 급격히 떨어지기 때문에 허용 가능한 보드선도의 범위는 제한된다. 따라서 특정 설계에 대한 보드선도의 형상은 사양에 맞도록 다양한 절점주파수와 슬로프의 조정으로 구성된다. 사양은 서로 충돌하거나 일치하지 않는 경우가 대부분이다.

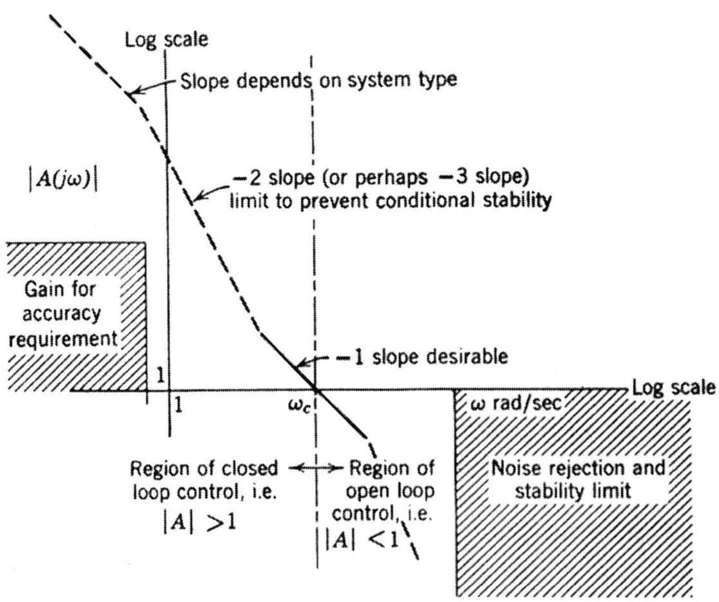

그림 8-23 "양호한" 서보루프의 보드선도

이제 유압서보 설계의 특정 영역에 적용될 수 있는 몇 가지 일반적인 주의를 나열한다.

1. 공급압력과 서보밸브, 액추에이터의 선정은 8-1절에서 논의된 요인에 근거한다. 이 과정은 그림 8-5의 D_m, n, δ_h, ω_h과 K_q 같은 동력요소 변수들을 결정한다.

2. 오차검출기는 그 응용에 맞고 지정된 정도를 제공하도록 선택된다. 그러나 허용가능한 오차의 일부분은 앰프와 서보밸브 드리프트, 부품 허용 오차, 매개변수의 변동, 부하와 같은 오차의 다른 근원과 히스테리시스, 데드밴드, 마찰과 같은 부품의 비선형에 할당되어야 한다.

3. 루프의 나머지 부분은 전기 교류 오차 증폭기와 판별기, 보상망, 서보밸브를 구동하는 직류 전원증폭기로 구성되어 있다. 이들 요소들의 게인은 루프의 안정을 유지하기 위해 선택된다. 게인 조정의 일부 범위는 제조사에서 최종 설정을 용이하게 하는 것이 바람직하다.

4. 게인 분배에서 약간의 융통성이 허용된다면, 그것은 교류 증폭 단계에서 오차감지기 근방의 전자 부분의 게인을 보다 높게 가져가는 것이 좋다. 이것은 DC 증폭기에서의 드리프트로 인해 오차를 최소화한다.

5. 시스템 사양은 항상 그들이 충족되고 있는지 확인되어야 한다.

6. 알려진 구성요소의 게인과 시정수, 그리고 완성된 블록선도로 리밋사이클 진동이 구성요소의 비선형성으로부터 발생하는지를 확인하기 위해 검사가 이루어져야 한다. 기술함수 해석은 이러한 점에서 매우 유용하다.

7. 각각의 요소가 정상상태의 위치와 속도입력에 대하여 포화되지 않는지 설계는 확인되어야 한다. 이것은 선형 설계이론이 적용될 수 있다는 것과 따라서 시스템이 예상대로 거동함을 보장한다.

8. 3-7과 6-6절에서 서술된 바와 같이 파괴적인 압력과도현상이 통제되고 있는지 알기 위한 확인이 필요하다.

간단히 말해서, 유압서보설계는 부하와 응답능력의 주요 고려사항을 충족시키기 위해 우선 동력요소를 선택함으로써 진행된다. 루프의 나머지 부분은 동력요소 동역학에 의해 부과된 제한사항에 따라 최상의 서보성능(예, 정도와 응답)을 얻기 위해 크기가 정해진다. 이것은 적절한 안정 여유를 가진 가능한 가장 높은 게인상수와 교점주파수를 선택에 도달한다. 지연보상 및 속도 피드백 소 루프의 사용은 정도 사양 충족에 있어서 약간의 제한을 가할 수 있다. 그러나 응답속도는 더 빠른 동력요소를 선택하는 것을 제외하고는 변경될 수 없다. 그러면 어떤 의미에서는 그 사양들을 만족하기에 충분한 설계 유연성이 없을 수 있기 때문에 상세한 성능사양서는 쓸모없다.

비록 구조적 고유진동수가 때때로 가장 낮고 제한 요인이 되더라도, 보통 가장 낮고 서보성능을 제한하는 것은 유압 고유진동수이다. 유압 고유진동수는 체적탄성계수에 크게 의존한다. 2-5절에서 논의된 바와 같이 체적탄성계수는 혼입된 공기와 기구적 컴플라이언스로 낮아진다. 그것은 또한 더 높은 온도에서 크게 감소한다. 따라서 주어진 시스템 설계가 상승된 온도에서 불안정해질 수 있다. 이것은 유압 고유진동수의 증가된 감쇠로 귀착되는 고온에서 액체 점도가 낮아짐으로 인한 증가된 누설에 인해 다소 상쇄된다. 그러나 일반적으로, 안정성과 전체 성능은 고온에서 나빠진다. 윤활된 요소에서 감소된 점성, 쿨롱 마찰은 감소된 유압 고유진동수에 더하여 더 지배적이게 된다.

참고문헌

[1] Cooke, C., "Optimum Pressure for a Hydraulic System," *Product Engineering*, May 1956, 162-168.

[2] Merritt, H. E., and J. T. Gavin, "Friction Load on Hydraulic Servos," *Proc. Natl. Conf. Indl. Hydraulics,* **16**, 1962, 174.

[3] Gibson, J. E., and F. B. Tuteur, *Control System Components*. New York: McGrawHill, 1958.

[4] Davis, S. A., and B. K. Ledgerwood, *Electromechanical Components for Servomechanisms*. New York: McGraw-Hi1l, 1961.

[5] Bower, J. L., and P. M. Schultheiss, *Introduction to the Design of Servomechanisms*. New York: Wiley, 1958.

[6] Nikiforuk, P. N., and D. R. Westlund, "The Large Signal Response of a Loaded High-Pressure Hydraulic Servomechanism," *Proc. Insl. Mech. Eng.* (London), **180**, Pt. 1, 1966.

[7] Acker, R., "Designing Servos for Large-Signal Stability," *Control Eng.*, May 1965, 71-75.

제9장 유압기계적 서보기구

유압기계 서보는 이름이 암시하는 것처럼 루프 내에 어떤 전자 장치도 포함하고 있지 않다. 이런 서보들은 거의 위치제어만을 위하여 사용된다. 스풀타입 서보밸브는 폐루프를 형성하는 어떤 기계장치를 통하여 피드백되는, 그래서 그 동작이 서보밸브를 움직여서 피스톤이나 회전모터로 작동유를 보낸다. 유압기계 서보는 항공기와 미사일, 제트엔진 제어에 광범위하게 사용된다. 다른 예로는 직접 피드백되는 2단 서보밸브의 위치제어루프와 자동차의 파워 조향, 추종제어되는 머신툴 등이 있다.

유압기계 위치제어서보의 단순한 예를 그림 9-1에 그림으로 나타내었다. 두 경우 모두, 입력 동작이 서보밸브를 열어 피스톤으로 작동유가 흘러가게 한다. 피스톤의 움직임은 서보밸브가 중립에 오도록 피드백되어 입력으로부터 빼지게 된다. 그림 9-1a의 경우, 피드백은 직접적이며 영점으로부터의 스풀변위는 다음과 같이 주어진다.

$$x_v = x_i - x_p \tag{9-1}$$

그림 9-1b의 경우에 대하여 입출력의 오차를 검출하기 위하여 오차검출바가 사용된다. 오차검출바의 작은 움직임에 대하여, 스풀의 위치는 다음과 같이 주어진다.

$$x_v = \frac{b}{a+b}x_i - \frac{a}{a+b}x_p \tag{9-2}$$

일반적으로, 피드백 연결은 캠과 링키지, 기어, 샤프트, 차동기어로 구성될 것이고, 만약 회전작동기가 사용되는 경우, 나사와 너트 그리고 랙과 피니언 조합과 같은 선형운동변환기가 사용된다. 어떤 경우에도, 입력과 출력, 스풀의 위치에 관하여 다음 식으로 나타낼 수 있다.

$$x_v = K_i x_i - K_f x_p \tag{9-3}$$

기계적 피드백 요소의 동역학은 유압요소와 비교하면 무시할만 하므로 대개 생략된다. 피드백 경로가 캠이 포함된 대부분의 경우에서처럼 비선형이면, 식 (9-3)은 선형화된 식으로 간주되어야 한다. 상수값이 구해지고 이에 따라 안정도가 모든 작동조건에 대하여 정해질 것이다.

루프의 유압부분의 전달함수는 제6장에서 얻어졌다. 단순한 관성 하중을 갖는 서보밸브와 피스톤의 조합을 가정하면, 식 (6-36)이 적용 가능하다. 이 식은 그림 9-2의 블록선도를 형성하기 위하여 식 (9-3)과 결합될 수 있다. 루프의 게인 함수는

$$A_u(s) = \frac{K_v}{s\left(\dfrac{s^2}{\omega_h^2} + \dfrac{2\delta_h}{\omega_h}s + 1\right)} \tag{9-4}$$

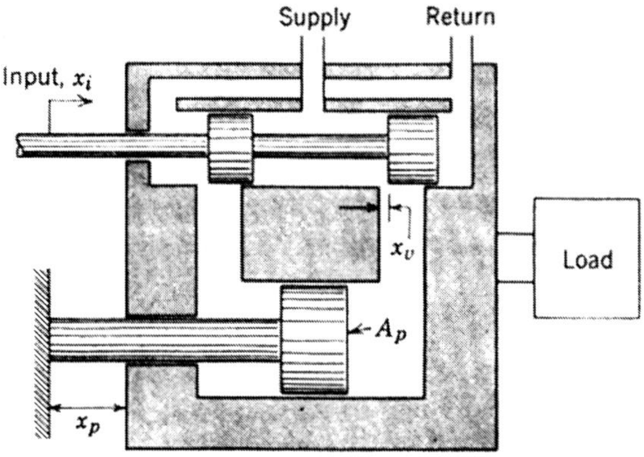

(a)

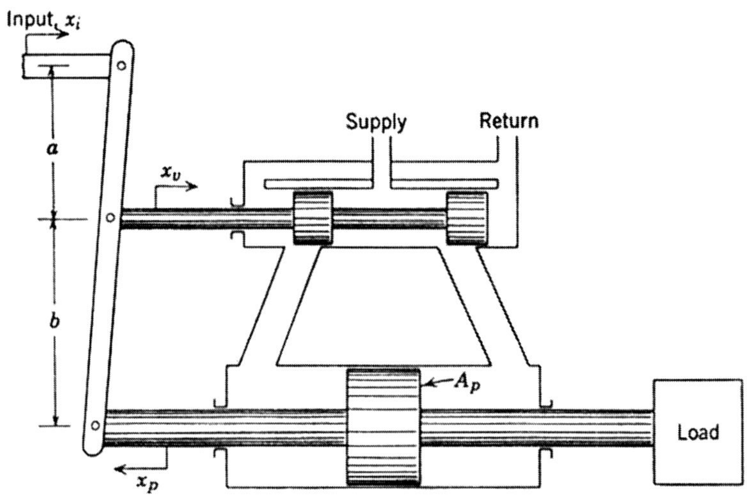

(b)

그림 9-1 간단한 유압기계적 위치제어서보의 개략도

여기서 $K_v = K_f K_q / A_P \sec^{-1}$는 속도 상수이다. 이 공식은 식 (8-20)과 동일하며 동일한 보드 선도를 갖는다(그림 8-6). 안정도에 관한 상세에 대하여 8-2절의 이 방정식에 관한 논의를 참조하기 바란다.

유압기계적 위치제어서보의 크기 선정은 비교적 간단하다. 액추에이터는 기대되는 부하량을 다루기에 적합한 크기를 가져야 하며 8-1절에 설명한 바와 같이, 전체 응답 요구조건을 충족시키기에 충분한 큰 유압 고유진동수를 가져야 한다. 피드백게인 상수 K_f는 사용된 특정한 기계적 배치에 따른다. 나머지 변수인 서보밸브 유량게인 K_q는 속도상수가 안정을 위하여 요구되어진 w_h의 0.2에서 0.4의 값을 초과하지 않도록 크기가 정해진다. 언제나, 허용 가능한 유량게인은 너무 낮아서 스풀의 전체 주변을 통과하는 밸브 포트는 사용될 수 없다. 작은 폭을 갖는 직사각형 포트, 빗각을 가진 혹은 노치된 교축 에지의 스풀과 원형 포트가 낮은 면적 변화율과 유량게인을 얻기 위한 일반적인 방법이다. 스풀 설계의 다른 고려 사항들은 5-8절에서 논의되었다.

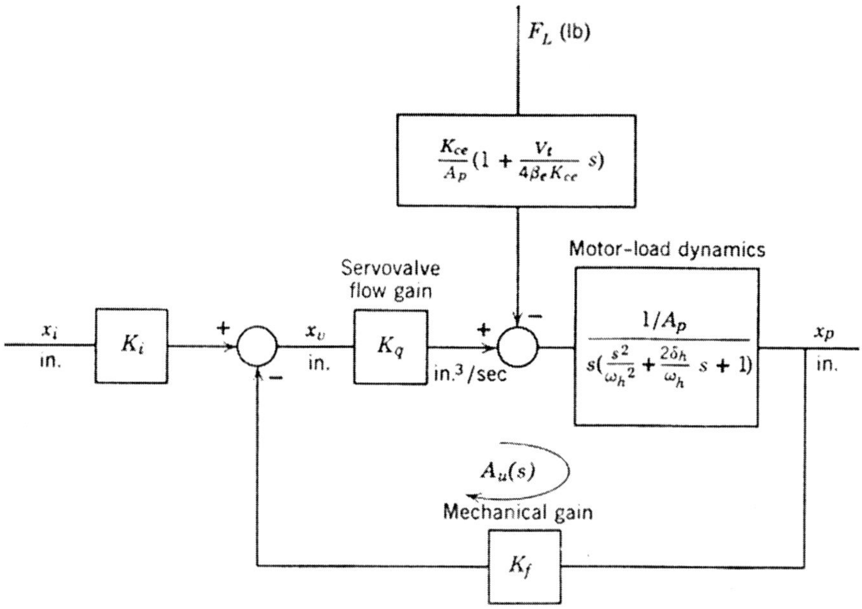

그림 9-2 유압기계 위치제어서보의 블록선도

여러 가지 이유로 이런 서보의 대역폭 요구조건은 비교적 낮다. 항공기의 표면 제어와 차량의 파워 조향을 위하여 사용되는 것들과 같은, 이런 서보들 중 많은 것들이 인간 조작자의 입력을 증강(power boost)시키기 위해 사용되고, 대역폭은 인간 반응 리밋인 2~5 cps보다 클 필요가 없다. 제트엔진과 항공기 비행 자료 계산기와 같은 다른 경우에, 이런 서보들은 부차적 기능을 수행하며 본래적으로 제어되는 전반적 과정보다 훨씬 빠르다. 이것은 25에서 30 rad/sec의 크로스오버 주파수를 얻는 것은 실제적으로 상당히 쉬운 일이기 때문이며, 이런 응용들은 특별히 어렵지 않을 수 있다.

일반적으로, 이런 서보의 정도 요구조건도 역시 온건하다. 그러므로 지진상 타입의 보상(8-3절에서 논의된 바와 같은)을 사용하여 저주파수 게인을 올릴 필요는 없다. 물론 스프링과 감쇠기, 질량으로부터 동등한 기계적 보상망을 구성하는 것이 가능하다. 그러나 루프 내에 설치와 변수변동, 신뢰성이 주된 결점이다. 다행히도, 이런 기계적 보상망이 언제나 위치제어서보에 요구되는 것은 아니다. 그러나 기계적 보상은 종종 다른 양의 유압기계적 제어에 사용된다. 예를 들어, 제트엔진 속도제어는 속도를 감지하고 엔진에 대한 연료 흐름을 제어하기 위한 피드백 신호를 보내기 위하여 추가 뜨는 회전속도계를 사용할 수 있다. 이런 경우, 대형 엔진의 지연을 보상하고 전체 응답을 개선시키기 위하여 유체기계적 진상망을 만드는 것이 바람직할 것이다. 그러나 이런 망 내의 변수들은 온도와 다른 요인에 의해 변동하여 안정과 응답 문제를 야기시킬 것이다. 따라서 이런 망은 아주 드물게 사용되어야 하며, 설계 단계에서 이들 장치의 독특함에 상당히 주의해야 한다.

유압기계적 서보가 만날 수 있는 몇 어려움이 있다. 그들 중 몇몇은 다음과 같다:

1. 매우 자주 서보밸브의 면적구배가 제조상의 편이를 위하여 혹은 풀 스트로크에서 특정

유량을 얻기 위하여 선택되고 있다. 그 결과로 얻어진 유량게인은 대게 너무 높으며, 이런 경우, 서보는 불안정해지게 된다.

2. 낮은 플로우 게인을 가지는 서보밸브는 최대 출력 속도에 필요한 유량흐름을 얻기하기 위하여 매우 긴 스트로크가 필요할 것이다. 밸브 스트로크가 물리적으로 제한되어 있기 때문에, 이런 조건은 증가된 유량게인을 요구한다. 이 유량게인이 안정을 위한 것을 초과한다면 면적구배는 밸브 스트로크와 함께 증가된다. 이런 방식으로 안정성이 0에서 유지되며 최대속도는 전체 행정에서 얻어진다. 원형 포트는 0에서 낮은 게인과 0에서 떨어져서는 증가되는 게인의 효과를 얻는다. 그러나 증가하는 게인 특성을 가진 서보는 보통 특정 속도 이상에서 진동하는 경향이 있다. 이런 현상이 바람직하지 않은 경우, 선형 포트가 사용되어야 하며, 최대 속도에 관한 사양은 재검토되어야 한다. 5-1절과 5-8절에서 설명된 바와 같이, 선형 포트가 언제나 최선의 선택이다.

3. 유압 피스톤 혹은 실린더의 구조적 설치가 충분히 견고하지 않은 경우에 유연한 설치의 동적 특성이 동력요소의 동특성을 눈에 띄게 변화시키고 서보의 불안정을 야기시킬 것이다.

4. 어떤 유압시스템의 설계에서는 게인 조정이 제공되어야 한다. 그러나 유압기계적 서보에서는 이것이 매우 어렵다. 서보밸브의 유량게인은 보통 시스템의 기계적 구조를 수정하지 않고 가장 쉽게 변경될 수 있는 것이다.

5. 기계적 피드백 요소는 충분한 강도를 가져야 하고 그 경로는 가능하면 직접적이고 단순해야 한다. 링키지와 핀, 기어의 느슨한 접합은 백래시의 원인이 될 수 있으며 불안정을 야기시킬 수 있다. 유연한 기계 부속품에 대한 마찰부하도 백래시의 원인이 될 수 있다. 그러므로 느슨함 만큼이나 단단한 체결도 피해야 한다.

6. 유압기계적 보상망이 사용되는 경우, 망의 변수값 편차를 고려하여 모든 동작 조건에 대하여 안정성이 조사되어야 한다.

7. 유압관, 특히 내부 천공이 있는 것은 모든 흐름 조건에서 적당한 압력이 공급되도록 확신할 만큼 충분한 크기를 가져야 한다.

제8장에서 다루어진 많은 논점들이, 특히 8-1과 8-5절의 내용들이 또한 유압기계 서보에 적용 가능하기 때문에, 이들 서보에 대한 폭넓은 이해를 얻기 위하여 앞 장의 관련 부분을 참조하는 것이 추천된다.

제10장 제어시스템의 비선형성

유압제어에 관한 책에 비선형성에 관한 장이 있는 이유는 무엇인가? 시스템의 시험에서 관찰되는 대부분의 독특한 현상은 어떤 비선형성에 기초한다. 성능에 관한 비선형성 효과에 대한 지식은 이들을 이해하고, 한편으로는 이론 및 설계와, 다른 한편으로는 실제 사이의 격차를 채우기 위해 필요하다. 이 장의 목적은 유압제어에서 특히 중요한 마찰과 백래시, 모양난 게인과 같은 비선형성을 상세히 다루고 이 차이를 채우도록 돕는 것이다.

선형시스템은 정의에 의해 선형 미분방정식에 의해 기술되는 요소들을 갖는다. 선형시스템의 속성은 다음과 같다.

1. 수학적 이론은 이러한 방정식들의 해결을 위해 존재하기 때문에, 안전성과 응답성과 같은 성능의 모든 것들이 예측가능하다.

2. 중첩의 원리를 사용하면 개별적인 응답을 추가함으로써 여러 입력에 대해 시스템의 응답을 얻을 수 있다.

3. 그들은 전달함수에 의해 완전하게 묘사된다. 이 전달함수는 정현파 시험으로부터 얻어지고 미분방정식은 이 전달함수로부터 얻을 수 있다는 것은 명백하다. 미분방정식은 어떤 입력에 대해서도 풀 수 있기 때문에 정현파 응답은 어떤 입력에 대한 시스템 응답의 지표이다. 전달함수의 유용성과 정현파 해석기법은 이 기본적인 사실로부터 유래된다. 다른 장점들은 다양한 설계 기법을 사용할 수 있고 해석의 단순성이다. 어떤 입력에 대한 응답을 암시하는 정현파 해석의 독특한 상태는 선형시스템에서만 유효하다.

이론은 선형시스템에 대하여 존재하기 때문에 다양한 체계적인 설계와 시험절차가 개발되어 있다. 대역폭과 위상여유, M-peak, 상승시간, 세팅시간 등과 같은 성능기준들은 시스템을 비교하는 수단으로 정의되고 사용되어져 왔다. 이들 기준은 비선형시스템에서 서로 같은 관계를 맺을 수 없다. 선형이론은 시스템의 이해, 분석 및 설계의 기초이며, 시스템의 비교를 위한 배경을 제공한다는 것을 아는 것이 중요하다. 따라서 특정한 입력에 대한 비선형 해가 쉽게 얻어졌다 하더라도 여전히 성능을 측정하고 비교하기 위한 지표가 필요하다.

포화에 의해 모든 실제 시스템이 어느 정도는 비선형적이지만 일부 선형작동영역이 보통 있다. 그러나 릴레이와 같은 일부 요소는 선형 영역이 존재하지 않을 정도로 비선형적 이다. 대부분의 비선형시스템에서 문제는 특정 비선형요소의 성능에 관한 영향을 결정하는 것이다. 일반적인 비선형이론은 존재하지 않지만 문제의 특정 부류에 적용되는 여러 가지 기법이 있다. 주요 기법은 다음과 같다:

1. 선형화 또는 미소 신호해석. 시스템 변수의 미소 진동을 가정할 때, 시스템은 선형으로 처리될 수 있다. 성능은 모든 작동점에 대해 계산된다. 이 기술은 비선형 미분방정식을 해결하는 방법은 아니지만 많은 경우에 최선이 된다. 그것은 자주 사용된다.

2. 구간별 선형분석. 시스템이 특정범위에서 유효한 선형방정식에 의해 묘사될 수 있을 때 이 기술은 유용하다. 미분방정식에 적절한 초기조건을 넣음으로써 전체 해가 함께 얻어질 수 있다.

3. 기술함수 해석. 이 기술은 정현파응답과 공진현상, 가능한 리밋사이클을 결정하는 근사적인 방법이다. 그것은 종이와 연필로 하는 비선형해석기법 중 가장 유용하다. 기술함수 개념은 또한 시스템 설계, 시험 및 문제해결에 유용하다.

4. 위상평면해석. 이것은 비선형 미분방정식을 해결하기 위한 그래픽 기법이며, 리밋사이클과 스텝함수응답 결정에 유용하다. 그것은 3차 이상의 고차시스템에 대해서는 장황하게 된다.

5. 아날로그 컴퓨터 해석. 이 기술은 미분방정식의 전자적 모델 만들기와 오실로그래프로 해를 기록하는 것으로 구성된다. 이것은 매우 일반적인 응용이며 특별히 복잡한 제어 문제들에 대해 매우 편리한 설계 및 해석방법을 제공한다.

6. 디지털 컴퓨터 해석. 최근에 많은 프로그램이 비선형 미분방정식[1]의 해를 구하기 위해 개발되었다. 현재, 이러한 프로그램은 모두에 대해 사용될 수는 없으며, 또한 디지털 시뮬레이션은 많은 동적 문제에 대해 매우 고가이다.

10-1 전형적인 비선형 현상과 입출력 특성

몇 가지 성능 현상은 시스템 비선형성에 직접적으로 기인한다. 테스트에서 이러한 현상들은 비선형시스템을 규명한다. 그중 일부는 다음과 같다:

1. 일정 입력에 대하여 출력은 일정 진폭과 주파수로 진동할 것이다. 이 현상을 리밋사이클 진동이라 한다. 불안정한 선형시스템에서는 출력이 무제한으로 증가한다. 그러나 어떤 물리적 시스템에서도 진동 진폭은 포화에 의해 제한된다.

2. 정현파 입력으로 입력진폭 또는 주파수가 지속적으로 변경될 때, 출력의 진폭에서 불연속적 점프가 발생될 수 있다. 이러한 현상은 편중분포 혹은 점프공진으로 알려져 있다.

3. 주파수 ω_1의 정현파 입력에 대하여 출력은 ω_1, $2\omega_1$, $3\omega_1$, ⋯, $n\omega_1$의 주파수로 진동한다. 이러한 현상은 n차 조화진동 또는 초조화진동의 발생으로 알려져 있다.

4. 주파수 ω_1의 정현파 입력에 대하여 출력은 ω_1, $\omega_1/2$, $\omega_1/3$, ⋯, ω_1/n의 주파수로 진동한다. 이러한 현상은 $1/n$차 조화진동 발생으로 알려져 있다.

5. 정현파 입력에 대한 출력은 입력주파수와 입력에 나타나지 않은 다른 주파수의 조합으로 진동한다. 이 종류의 응답에 관해서는 알려진 바가 거의 없다.

이러한 현상은 시스템이 매우 안정적인 일상에서는 거의 관찰되지 않는다. 저감쇠 시스템에 대한 급속한 입력변경이나 적당한 입력 조작이 이런 효과를 만들어내는 데 필요할 것이다. 선형

시스템에 나타나지 않는 이러한 현상들은 리밋사이클 진동을 제외하고는 좋거나 나쁜 것으로 볼 수 없다. 비선형 해석의 주된 목표는 "리밋사이클"과 같은 것을 예측하기 위한 것이다.

비선형 요소의 입출력 특성

비선형 요소의 출력은 입력의 현재값뿐만 아니라 입력의 이전 이력에 달려있다.

그러나 대부분의 비선형성은 입출력특성에 의해 완전히 묘사된다. 전형적인 특성들을 그림 10-1에 나타내었다. 백래시와 같이 다중값을 갖는 이들 비선형성의 대부분은 안정을 심각하게 위협한다. 다음 몇 절에서 기술함수 해석은 보통의 비선형성을 포함하는 서보루프를 연구하기 위하여 사용될 것이다.

10-2 기술함수 해석

기술함수 해석은 특정 비선형 요소의 정현파 응답을 찾아내는 근사적인 방법이다.

편측공진(skewed resonance)과 리밋사이클 현상은 예측될 수 있다. 주된 사용은 리밋사이클을 예측하는 것이고 근사의 진폭과 주파수, 파형을 알려준다. 이 방법이 근사적인 방법이라 하더라도, 그 결과는 시험결과와 아날로그 모델이 매우 잘 비교된다. 어떠한 시스템에서도 주된 관점은 리밋사이클이 존재할 것인가이다. 두 번째 관점은 그러한 진동의 정확한 진폭과 주파수에 있다. 리밋사이클은 다음의 이유로 서보시스템에서는 바람직하지 않다.

1. 보통 적당하다고 고려된 한도 내로 진폭 및 주파수를 감소시키는 것은 어렵다.
2. 게인 분포에 따라서, 그러한 진동은 특정 요소를 포화시킬 것이다. 그래서 게인 루프를 감소시키고 정확도와 응답성을 낮출 것이다.
3. 진동에 의한 마모와 스트레인은 고장의 위협을 부과하며 시스템 수명을 단축시킨다.
4. 이런 진동은 동력손실을 만든다.
5. 어떤 경우에 이런 진동은 큰 오차를 야기시킬 것이다.

그러므로 리밋사이클의 검출은 제어시스템의 시험과 설계, 해석에서 중요한 고려사항이 되어야 한다.

기술함수 해석은 다음 가정에 근거를 둔다.

1. 비선형 요소의 입력은 정현파이다.
2. 비선형 요소의 출력 파형은 푸리에 급수의 기본성분에 의해 적절하게 기술된다. 즉, 조화함수는 무시될 수 있다.

이 가정은 뒤에 오는 관측에 의해 정당화된다: (1) 루프에 있는 선형요소는 고주파수 조화진동을 필터링하고 기본성분의 우세를 강조한다. (2) 출력 파형의 기본성분은 보통 조화진동의 것보다 더 크다. 기술함수 해석은 모든 비선형성이 한 점에 집중될 수 있는 경우로 제한된다. 그러나 어떠한 경우에는 개개 비선형성의 기술함수가 선형요소 것과 유사한 방법으로 합쳐진다면 정확도는 약간 떨어진다(10-6절에 있는 예 참조).

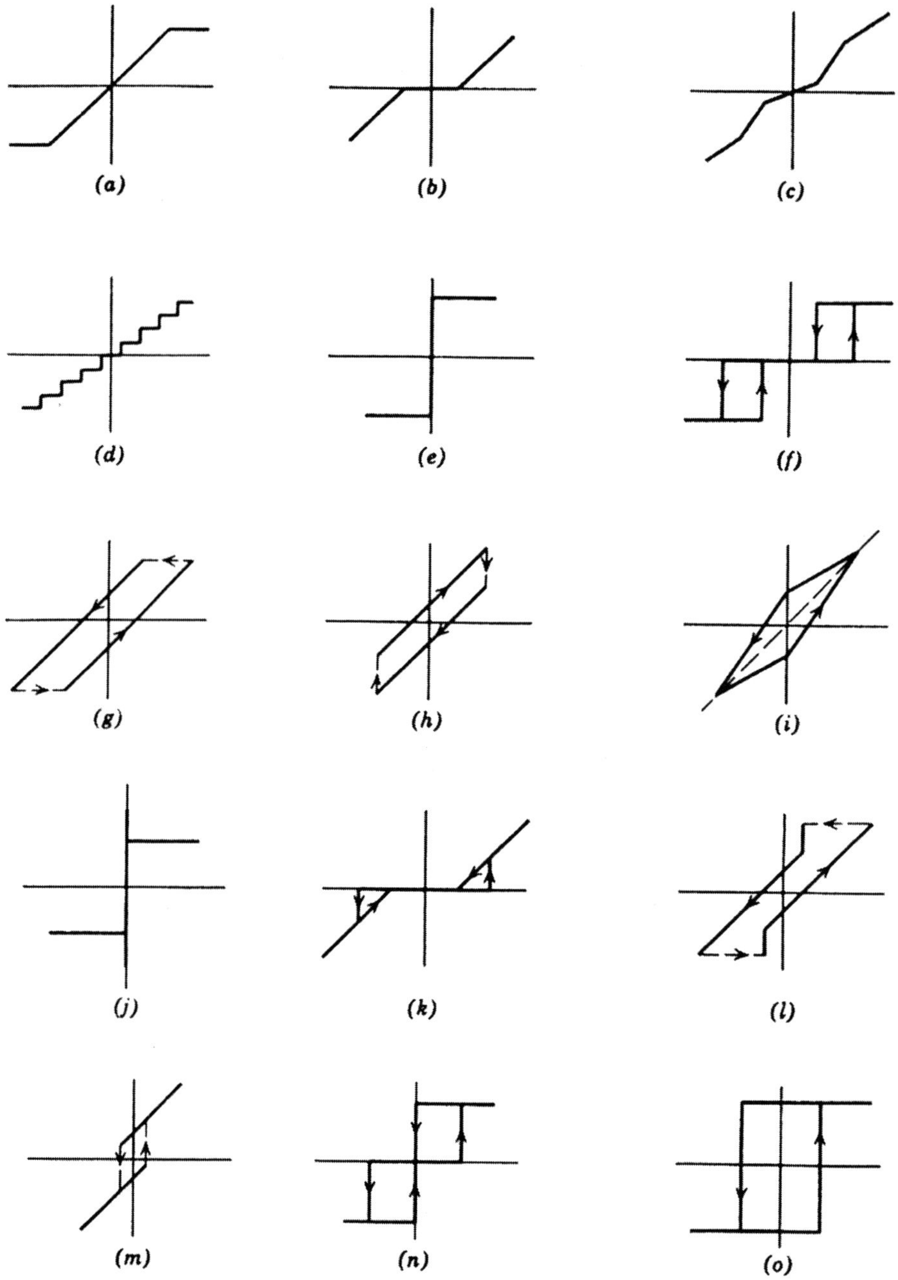

그림 10–1 전형적인 입출력 특성: (a) 포화; (b) 불감대; (c) 비선형 게인; (d) 입상; (e) 이상적 릴레이 또는 마찰; (f) 불감대와 히스테리시스를 갖는 릴레이; (g) 백래시; (h) 역백래시; (i) (전기적)히스테리시스; (j) 정적 쿨롱마찰; (k) 점성과 마찰력; (l) 스프링과 마찰력; (m) 음허; (n) 클러치; (o) 릴레이–액추에이터

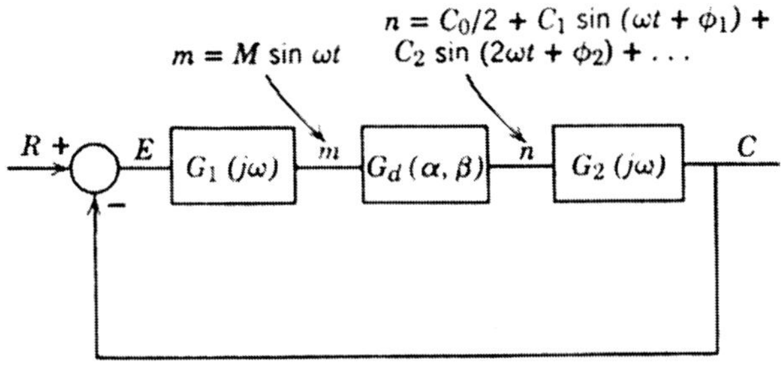

그림 10-2 비선형성을 포함한 일반적인 제어루프

기술함수 해석의 이론이 개략적으로 설명될 것이다. 주파수에 따르는(즉, 선형인) 요소 $G_1(j\omega)$와 $G_2(j\omega)$를 갖는 그림 10-2에 나타낸 루프를 고려한다. 비선형 요소는 기술함수 $G_d(\alpha,\ \beta)$에 의해 특성화된다. 여기서 α와 β는 비선형 요소에서 입력진폭 M과 비선형성 차원을 관련시키는 비이다. 기술함수는 비선형 요소의 입력에 대한 기본 출력의 복소 비로 정의된다.

$$G_d(\alpha,\ \beta) \equiv \frac{C_1}{M} \underline{/\phi_1} \tag{10-1}$$

기술함수가 정현파 신호에서만 정의되기 때문에 선형 전달함수에 있는 s에 $j\omega$를 대입할 수 있다. 폐루프응답은 다음과 같이 주어진다.

$$\frac{C}{R} = \frac{G_1(j\omega)G_d(\alpha,\ \beta)G_2(j\omega)}{1+G_1(j\omega)G_d(\alpha,\ \beta)G_2(j\omega)} \tag{10-2}$$

시스템의 안정성은 0으로 둔 분모인 특성방정식의 근에 따른다.* 특성방정식은 다음과 같이 나타낼 수 있다.

$$G_1(j\omega)G_2(j\omega) = -1/G_d(\alpha,\ \beta) \tag{10-3}$$

계산은 통례적인 나이퀴스트 선도 또는 게인-위상 평면 양쪽 면을 그림으로써 쉽게 찾아진다. 2개 궤적의 교점이 존재하는 경우에 리밋사이클은 식 (10-3)의 왼쪽에 주어진 주파수와 α와 β에 의해 주어진 진폭으로 존재할 것이다. 양 $-1/G_d(\alpha,\ \beta)$는 나이퀴스트 선도의 일반화된 임계점 또는 단순히 임계점의 궤적으로 고려될 수 있다. 따라서 안정성은 선형 및 비선형 두 가지 구성 요소로 루프 게인을 분리해서 교점이 발생하는지를 알아보기 위해 이들을 그려 봄으로써 결정된다. 따라서 비선형성은 일괄 처리되어야 한다는 제한점이 있다.

기술 함수는 기본출력의 항으로 정의된다. 이것은 출력 파형의 푸리에 분석을 필요로 한다. 비선형성이 그림 10-1에 있는 것들과 같이 대칭일 경우 d-c요소는 없다. 더욱이 비선형성이 단일값이라면 위상지연이 없다. 다중값의 비선형성은 보통 위상지연을 가지기 때문에, 이들은 안정성의 관점에서 아주 중요하다.

---

* 이것은 다음과 같이 표시될 수 있다: 그림 10-2의 루프가 어느 점에서 끊어지고 신호 e_i가 가해졌다고 가정하라. 루프 주위를 추적하면 이 점으로의 피드백되는 신호는 $e_0 = -G_1 G_t G_d e_i$이다. 이제 루프는 리밋사이클의 경우 e_i와 e_0는 일치해야 하고, 즉, 식 $e_0 = e_i$인 것은 명백하다. 이 두 관계를 결합하면 $G_1 G_2 G_d = -1 = 1\underline{/-180°}$와 같은 진동에 대한 조건을 얻는다.

푸리에 해석은 간단한 경우를 제외하고는 지루한 과정이다. 다행히도 이 분석은 가장 많이 발생하는 비선형성에 대하여 수행될 수 있으며 결과는 표준화된 방식으로 그려질 수 있다[2, 3].

실제적인 관점에서 기술함수 해석은 신속하며 고차시스템에 대해 일반적으로 사용할 수 있는 유일한 방법이다. 그것은 다양한 비선형성에 적용 가능하며 시스템 이해와 해석, 설계, 시험 및 고장탐구를 돕는다. 그것은 $-1/G_d$의 궤적으로 단순히 교점을 피하는 설계 절차를 나타낸다. 여러 측면에서 그것은 익숙한 주파수응답 개념과 기법의 확장이다. 다음 여러 절은 기술함수 해석의 예와 관련된다.

10-3 포 화

제어시스템의 가장 일반적인 비선형성은 그림 10-3에 다소 이상적으로 나타낸 포화이다.

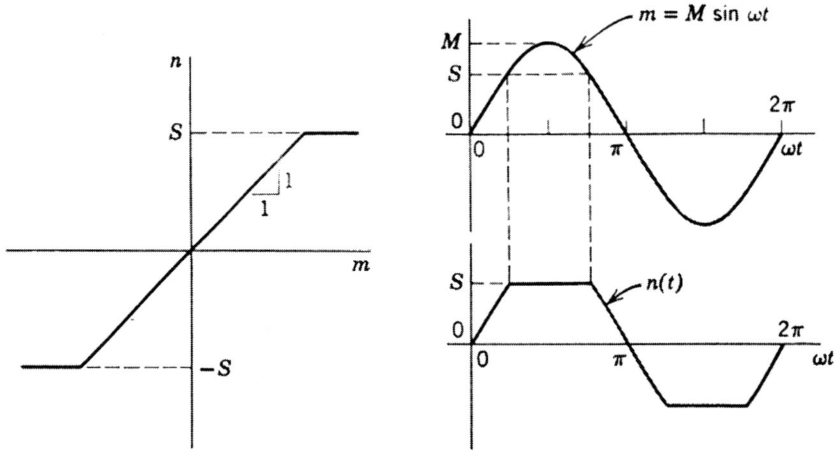

그림 10-3 포화 비선형성

그것이 루프의 선형 영역의 한 부분으로서 비선형 요소의 어떤 게인을 취급하는 일반적인 연습이기 때문에 경사를 1로 하였다. 정현파 입력에 대한 출력 파형의 푸리에 해석을 통해 다음 기술함수를 얻는다.

$$G_d \equiv \frac{C_1}{M} = \frac{2}{\pi}\left\{\sin^{-1}\frac{S}{M} + \frac{S}{M}\left[1-\left(\frac{S}{M}\right)^2\right]^{1/2}\right\} \tag{10-4}$$

기술함수 게인 G_d는 무차원 비 S/M에 따르고 그림 10-4에 나타내었다. 주어진 포화값(S)에 대하여 작은 입력(M)에 대한 게인은 1이며 무한 입력에 대한 게인은 0에 근접한다.

리밋사이클이 가능한지를 결정하기 위해 우리는 식 (10-3)의 양쪽을 모두 그려야 한다. 이 식의 왼쪽은 종래의 나이퀴스트 선도이다. 포화에서 우측, 즉 $-1/G_d$는 큰 입력에 대하여 - 무한대로 접근하고 작은 입력에 대해서는 1이다. 2개의 곡선이 그림 10-5의 것과 같은 형상을 갖는다고 가정하라. 두 곡선이 교차하기 때문에 지속적인 진동은 $-1/G_d$ 곡선에서 M의 값에 의해 주어진

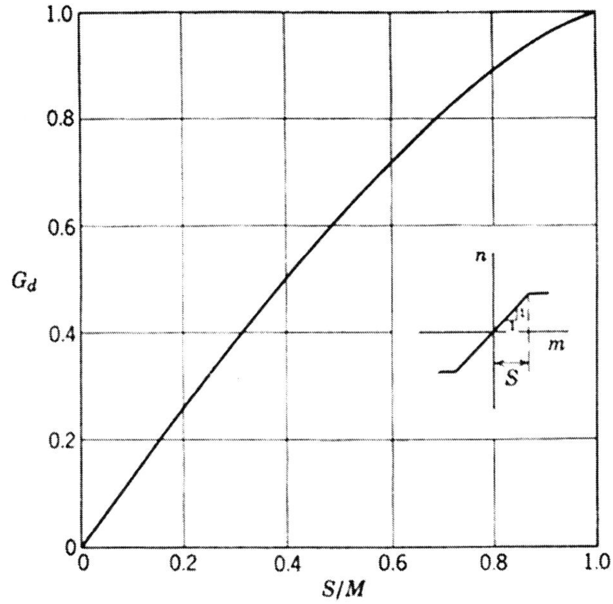

그림 10-4 포화에 대한 기술함수

진폭에서와 교점에서 $G_1(j\omega)G_2(j\omega)$곡선의 주어진 ω 주파수에서 일어날 것이다. 이 경우에 나이퀴스트 선도가 -1점을 둘러싸기 때문에 만약에 선형이라면 이 시스템은 불안정하다. 이리하여 나이퀴스트적 감각으로 안정되게 설계된 서보가 포화로 인해 불안정해지지는 않을 것이다.

나이퀴스트 선도가 그림 10-6과 같이 조건부 안정인 루프를 가정하라. 두 개의 교점이 발생할 것이다. 일단 시스템이 동기되면 입력진폭 M이 P_1점을 초과하지 않는 한 시스템은 안정할 것이다. 만약 진폭이 더 크게 되면, 나이퀴스트 선도는 임계점을 둘러싸며 P_2점에서 연속적인 리밋 사이클이 만들어지기까지 진동은 서서히 형성될 것이다. 만약 M이 P_2점에서의 것보다 크다면, 임계점이 더 이상 둘러싸이지 않기 때문에 진동의 진폭은 감소한다.

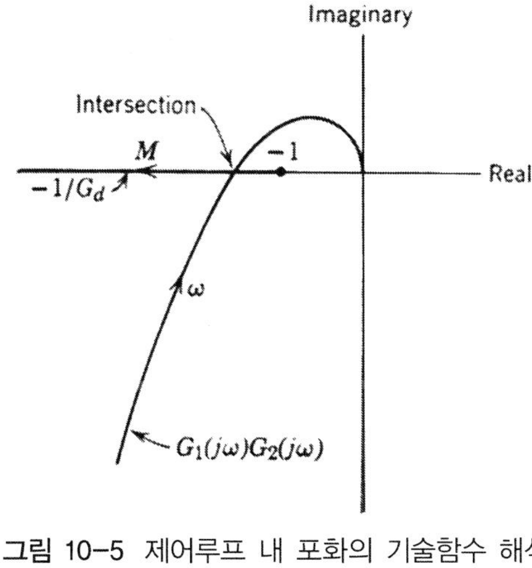

그림 10-5 제어루프 내 포화의 기술함수 해석

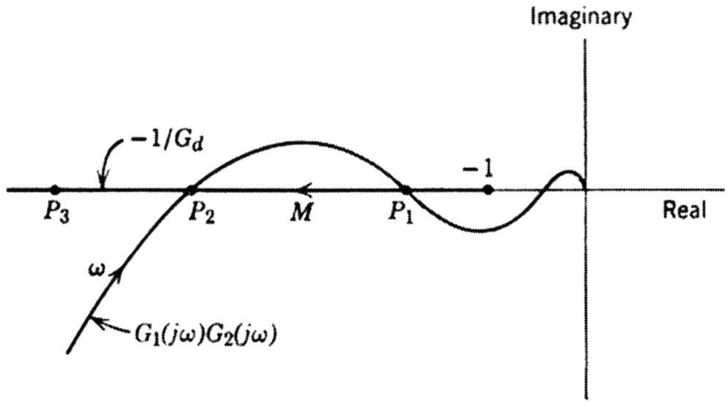

그림 10−6 조건부 안정루프 내 포화의 기술함수 해석

이리하여 임계점이 나이퀴스트 선도에 의해 둘러싸이지 않는다면 이 시스템은 안정이다. P_1 점은 발산 평형점이라고 하며 P_2 점은 수렴 평형점이라 한다. 발산 평형점에서 시스템이 불안정하게 되고 진동은 지속적인 리밋사이클이 수렴 평형점에 도달할 때까지 점점 커진다. 이 해석에서 선형시스템이 조건부 안정이라면 포화가 안정 문제를 발생시킨다는 결론을 얻을 수 있다.

서보가 먼저 켜져 있거나 큰 과도 중에 있다면 오차는 몇 개 요소(특히 오차검출기)를 포화시키기에 충분히 클 것이다. 그러면 임계점은 큰 음수(그림 10−6의 P_3 점)이다. 점차로, 피드백 양이 쌓일 때, 시스템의 큰 초기 오차는 감소될 것이다. 루프가 조건부 안정이라면 오차가 감소될 때, 임계점은 P_2 점의 것이 되고 지속적인 진동이 발생한다. 이리하여 조건부 안정인 시스템에서, 임계점이 발산 평형점 P_1 의 오른쪽에 계속 있도록 충분히 작은 오차에서 동기된 시스템으로 절환시키기 위해 수단이 제공되어야 한다. 조건부 안정 루프의 다른 단점은 게인에서 위나 아래로의 변동은 불안정을 일으킬 수 있기 때문에 파라미터 변동에 대한 게인의 변화로부터 나온다. 또한, 이들 루프는 루프에 있는 어떤 비선형으로도 진동하기 쉽다. 지연−진상 보상된 서보는 조건부 안정될 수 있다. 2형 서보는 보통 조건부 안정이다.

10-4 불감대

불감대 비선형(그림 10−7)은 쿨롱마찰과 유압시스템에서 밸브포트의 오버랩으로부터 발생할 수 있다.

불감대의 선형게인은 1로 정상화되었고 존재하는 어떠한 게인도 루프 선형부의 한 부분으로 간주될 것이다. 출력 파형의 해석을 통해 그림 10−8에 나타낸 다음과 같은 기술함수를 얻는다.

$$G_d = \frac{2}{\pi}\left\{\frac{\pi}{2} - \sin^{-1}\frac{D}{M} - \frac{D}{M}\left[1 - \left(\frac{D}{M}\right)^2\right]^{1/2}\right\} \qquad (10\text{−}5)$$

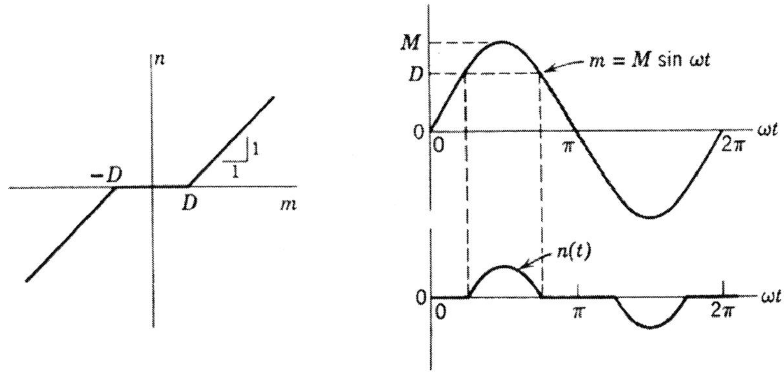

그림 10-7 불감대 비선형성

$-1/G_d$는 불감대 요소에 가해진 작은 입력에 대하여 큰 음의 실수이고 큰 입력에 대하여 −1에 접근함을 주목한다. 식 (10-3)을 그리면 그림 10-9와 같다고 가정하자. 이 나이퀴스트 선도를 갖는 선형시스템은 불안정할 것이다. 그러나 이 시스템은 불감대에 가해지는 큰 입력에 대해서는 불안정하고 작은 입력에 대해서는 안정할 것이다. 작은 입력에 대하여 이 시스템은 불감대로 인한 낮은 게인으로 작동하기 때문에 이것은 타당하다. 만약 비선형 요소가 포함되어 있다면 선형적으로 불안정한 시스템이 안정할 수 있는 특이한 것처럼 보일 수 있다. 이 경우 교차점은 발산 평형점이고 불감대에 가해지는 입력이 충분히 크다면 무제한된 진동이 발생할 것이다.* 그러나 어떤 실제 시스템에서 포화가 존재하면 진동은 제한된다. 이 경우는 다음 절에서 다루어진다.

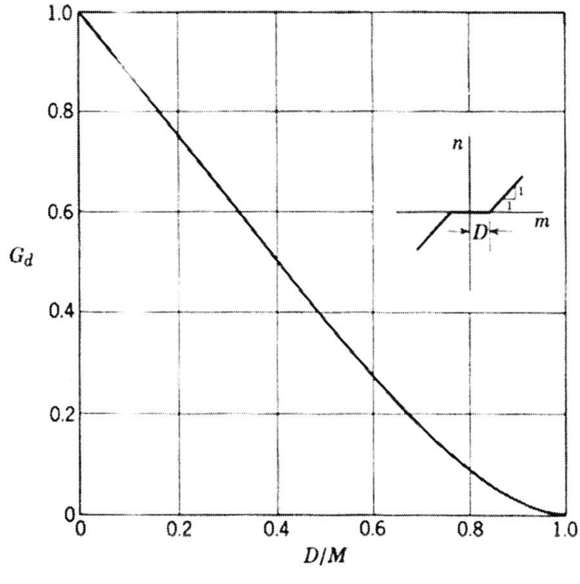

그림 10-8 불감대에 대한 기술함수

---

* 불감대는 조건부 안정 시스템에 나타나며 그림 표시는 발산 평형점인 저주파 교차와 수렴 평형점인 고주파 교차를 갖는 그림 10-6과 유사할 것이다.

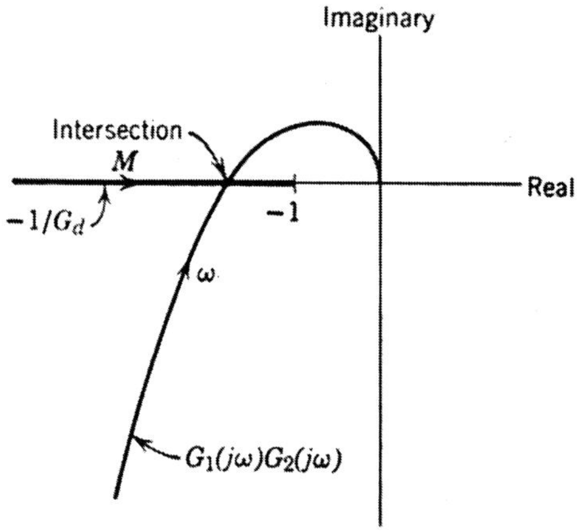

그림 10-9 제어루프 내 불감대의 기술함수 해석

10-5 비선형 게인 특성

그림 10-10에 나타낸 매우 일반적인 비선형 게인 특성의 기술함수는 다음과 같이 나타낼 수 있다.

$$G_d = k_3 + \frac{2}{\pi}(k_1 - k_2)\left\{\sin^{-1}\frac{D}{M} + \frac{D}{M}\left[1 - \left(\frac{D}{M}\right)^2\right]^{1/2}\right\}$$

$$+ \frac{2}{\pi}(k_2 - k_3)\left\{\sin^{-1}\frac{S}{M} + \frac{S}{M}\left[1 - \left(\frac{S}{M}\right)^2\right]^{1/2}\right\} \tag{10-6}$$

포화와 데드밴드에 대한 기술함수는 적절한 양이 0이 되도록 함으로써 이 식으로부터 얻어질 수 있다.

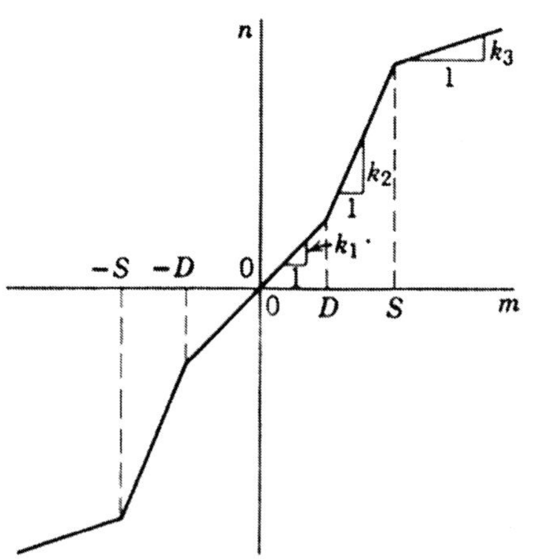

그림 10-10 비선형 게인 특성

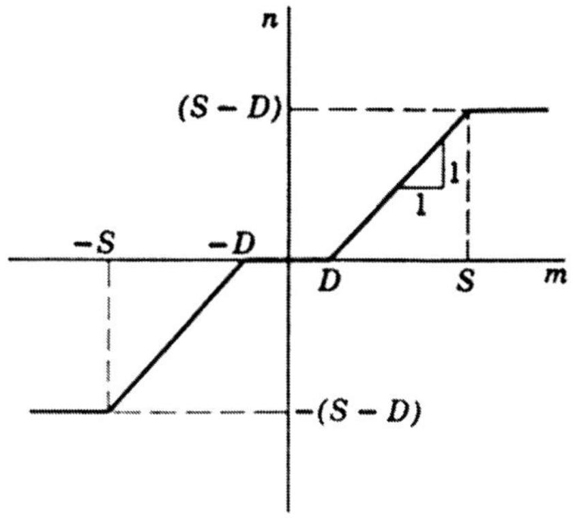

그림 10-11 포화와 불감대 비선형성

많은 파라미터가 포함되어 있기 때문에 표준화된 구성은 실제적이지 않다.

특정의 경우를 계산하는 것이 더 좋다. 흥미있는 특징은 포화와 데드밴드의 조합이다(그림 10-11). 이 경우에 $k_1 = k_3 = 0$과 $k_2 = 1$이고 기술함수는 그림 10-12에 나타내었다. 작은 입력에 대하여 게인은 작고, 최대로 증가한다. 그리고 입력진폭 M이 증가할 때 감소함에 주목하라. 이리하여 $-1/G_d$ 양은 작은 입력에 대해 $-\infty$에서 시작하고, 최소로 감소한다. 그리고 입력이 매우 커짐에 따라 다시 $-\infty$에 근접한다. 선형 불안정 시스템의 나이퀴스트 선도와 $-1/G_d$ 궤적을 그림 10-13에 나타내었다. 표시된 교차점에 대해, 점 P_1은 발산 평형점이며, P_2는 수렴 평형점이다. 이 시스템은 작은 입력에 대해서는 안정적이지만 일단 입력진폭이 점 P_2보다 더 커지면 진동이 P_2에서의 리밋사이클까지 형성될 것이다. $-1/G_d$ 궤적은 -1에 접근하지만 결코 초과하지 않는 최소를 가진다.

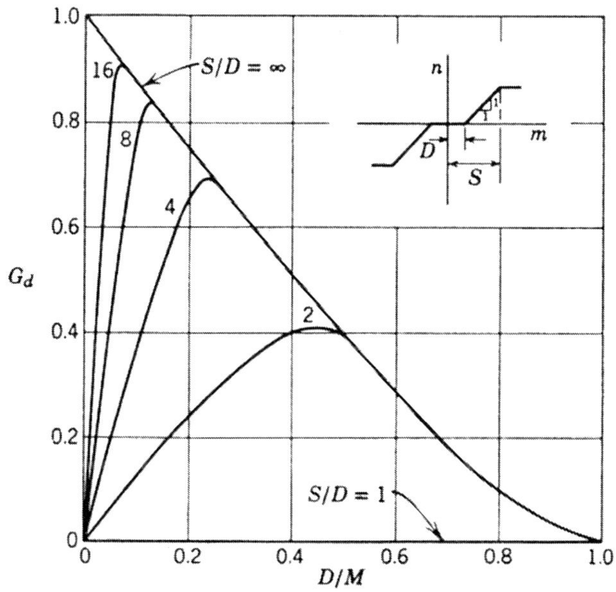

그림 10-12 포화와 불감대에 대한 기술함수

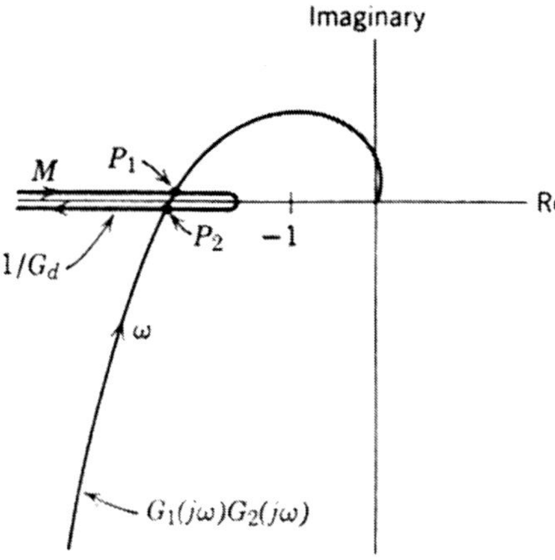

그림 10–13 제어루프 내 포화와 불감대의 기술함수 해석

이리하여 이러한 특성을 갖고 있고 주파수 궤적이 -1점을 감싸지 않도록 설계된 시스템은 안정할 것이다. 그러나 비록 점 -1이 둘러싸이더라도 $-1/G_d$ 궤적의 최소이기 때문에 시스템은 안정한 것이 가능하다.

다른 흥미있는 게인 특성(그림 10-4)은 유압서보밸브 포트 윤곽에 의해 얻어진다. 둥근 포트와 1단 서보밸브의 유동력 보상의 어떤 형은 또한 이와 같은 곡선을 준다. 경사는 원점 근방에서 1로 정규화되었고, 두 번째 경사는 1보다 큰 값을 갖는다. 이 특성에 대한 기술함수는 식 (10-6)으로부터 얻어질 수 있다. 그리고 G_d의 최댓값이 항상 K보다 작음을 보여 줄 수 있다.

따라서 최소 임계점은 $-1/K$보다 크다. 따라서 $K=5$라면, 예를 들어 -1과 비교되어 임계점이 -0.2에 근접하는 것이 가능하다. $-1/G_d$ 궤적과 전형적인 나이퀴스트선도를 그림 10-15에 나타내었다. 점 P_1은 발산 평형점이고, P_2는 수렴 평형점이다. 이 시스템은 작은 입력에 대해 안정적이지만, 입력이 P_1을 초과한다면 진동은 P_2에서의 리밋사이클까지 만들어질 것이다. 진동의 주파수가 교점주파수보다 더 높음을 주목하라. 대부분의 다른 비선형에서 리밋사이클은 교점주파수보다 더 낮은 주파수에서 발생한다. 지금까지 이것이 선형에 기초하여 안정하도록

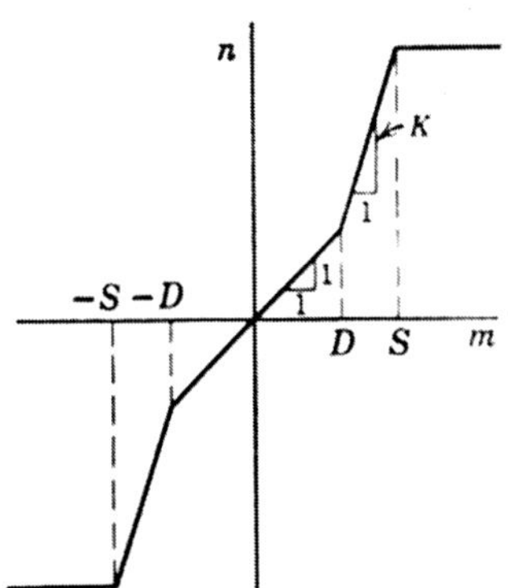

그림 10–14 상향경사 게인 비선형성

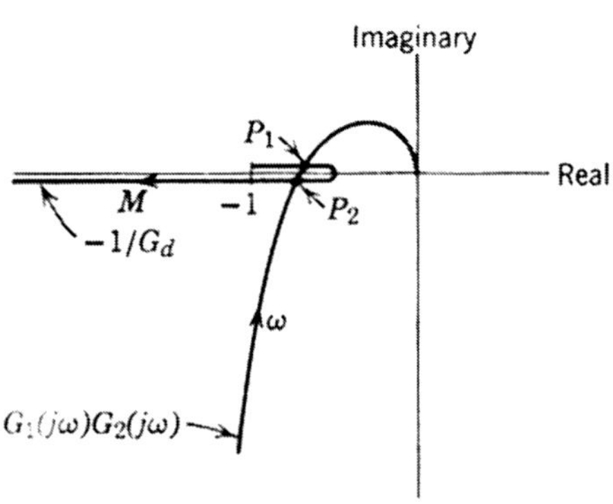

그림 10–15 제어루프 내 상향경사 게인의 기술함수 해석

설계된 시스템을 불안정하게 하는 최초의 비선형이다. 어떤 경우에는 이러한 특성이 안정을 위해 원점 근방에서 감소된 게인을 갖는 큰 신호를 위한 증가된 게인을 제공하기 위해 루프에 의도적으로 삽입된다.

그러나 시스템이 비선형의 가장 큰 게인에 대하여 안정해야 하기 때문에 이 기법의 유용성은 논쟁의 여지가 있다. 큰 신호에 대해 시스템은 진동할 것이고 작은 신호에 대해서 시스템은 크게 감쇠될 것이다. 타협하여 초기에 게인의 중간값과 일정값을 사용하는 것이 더 좋아 보일 것이다.

이전의 모든 경우들은 단일 값을 갖는 비선형에 관한 것이었다. 이 경우에 근사적인 기술함수는 원점에서 선택된 입력진폭에 해당하는 비선형 곡선의 지점까지 그려진 선의 기울기이다. 입력진폭의 여러 값에 대하여 이러한 절차를 반복하면 근사적인 G_d의 구성이 신속하고 쉽게 얻어질 수 있다.

10-6 백래시와 히스테리시스

이들 비선형은 다중값을 갖는다. 그림 10-16의 백래시로 입력신호는 어떤 출력이 발생되기 전에 $H/2$를 이동해야 한다.

방향 전환에 관하여 입력신호는 출력동작이 다시 나타나기 전에 H 만큼 이동해야 한다. 백래시 폭 H는 일정하다. 백래시는 제어시스템에서 성가신 존재이고, 이를 야기시키는 물리적 상황은 다음과 같다.

1. "백래시"라는 용어가 나온 헐거워진 기어 틈새
2. 레버 배열에서 고정핀의 헐거워짐
3. 마찰부하를 받는 레버 배열. 이리하여 느슨해진 맞춤뿐만 아니라 꼭맞는 핀도 백래시의 원인이 될 수 있다. 이 문제는 다음 절에서 다루어진다.
4. 유압서보에서 쿨롱 마찰력 부하는 폐루프 응답에서 백래시의 원인이 된다(10-7절 참조).

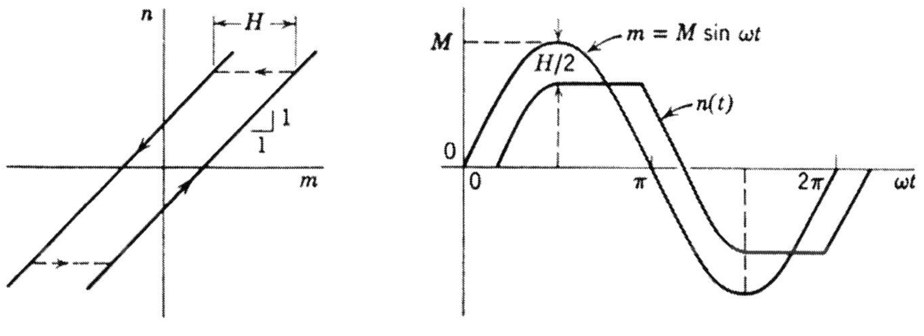

그림 10-16 백래시 비선형성

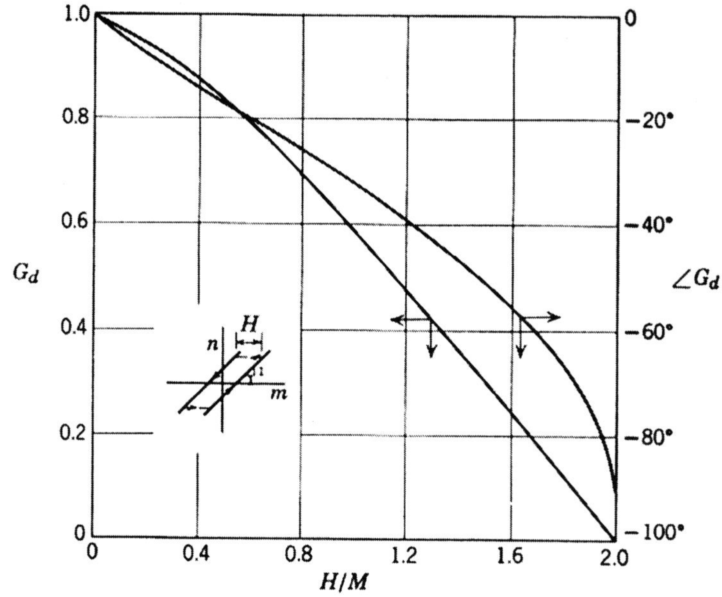

그림 10-17 백래시에 대한 기술함수

5. 1형 서보루프의 정방향통로에서 불감대는 폐루프 응답에 있어서 백래시를 야기시킨다. 예를 들면, 오버랩을 갖는 유압서보밸브는 폐루프 응답에서 백래시의 원인이 될 수 있다. 기술함수는 다음과 같이 주어지고 그림 10-17에 나타내었다.

$$G_d = \left[\left(\frac{a_1}{M}\right)^2 + \left(\frac{b_1}{M}\right)^2\right]^{1/2} \underline{/\tan^{-1}\frac{a_1}{b_1}} \tag{10-7}$$

여기서 $\dfrac{a_1}{M} = \dfrac{H}{\pi M}\left(\dfrac{H}{M} - 2\right)$

$$\frac{b_1}{M} = \frac{1}{\pi}\left\{\frac{\pi}{2} + \sin^{-1}\left(1 - \frac{H}{M}\right) + \left(1 - \frac{H}{M}\right)\left[2\frac{H}{M} - \left(\frac{H}{M}\right)^2\right]^{1/2}\right\}$$

백래시의 입력진폭에 따라 이 비선형성은 90도까지의 위상지연을 발생시킬 수 있다. 이러한 이유로 백래시는 루프 안정성에 심각한 위협을 가한다.

백래시에 의한 $-1/G_d$의 구성과 1형 시스템에 대한 나이퀴스트 선도를 그림 10-18에 나타내었다. 3개의 교차점이 있다.* 저주파수 교차 P_1과 고주파수 교차 P_3은 수렴 평형점이다. 중간점 P_2는 발산 평형점이다. 교차점이 이전의 경우처럼 명확하지 않음에 주목하라. 기술함수 해석을 통하여 예측된 리밋사이클은 두 곡선이 거의 수직으로 교차할 때 가장 정확하다. 따라서 우리는 예측의 정확성이 이러한 경우에는 저하될 것이라고 추론할 수 있다. 저주파 교차점은 $H/M \approx 2$에 해당한다. 즉, 입력에서 피크-피크 진폭이 전체 백래시 폭과 같은 값을 갖는다. 진동 주파수는 아주 작으며 백래시 구역 내에서 진동하는 형태로 나타난다. 백래시 폭은 출력에 반영될 수 있고 백래시 폭 내에서 제어가 유지될 수 없기 때문에 오차로 간주될 것이다.

---

* 2형과 3형 시스템에 대하여 하나의 교차는 항상 발생하고 이 점은 수렴 평형점일 것이다.

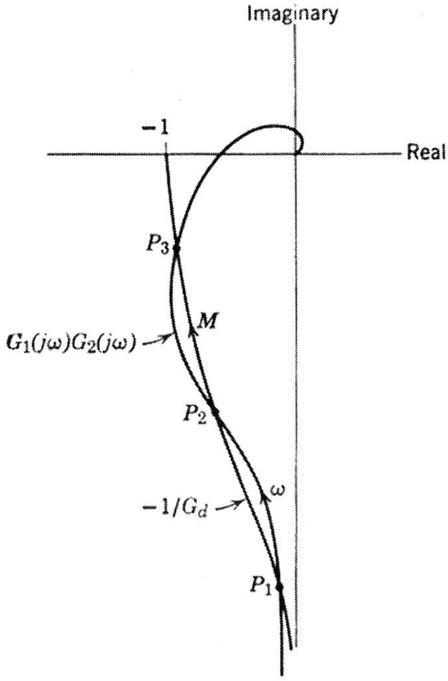

그림 10-18 1형 제어루프 내 백래시의 기술함수 해석

그림 10-18에서 지연보상된 서보들은 더 높은 주파수 교차점을 갖는다. 백래시에 대한 진폭이 P_2점에서의 것을 초과한다면, P_3점에서의 리밋사이클까지 형성될 것이다. 고주파수 교점과 연관된 리밋사이클의 제거는 매우 어렵다. 다음의 기술은 유용할 것이다:

1. 선형구간 궤적이 $-1/G_d$ 궤적 안에 잘 있을 때까지 루프게인상수를 감소. 이것은 안정을 위하여 정도를 희생하는 것이다.

2. 앞섬 보상은 교차를 피하기 위해 선형궤적을 묶도록 P_2와 P_3 사이의 주파수 범위 안에 삽입될 수 있다. 이 경우에 리밋사이클을 피하기 위한 교정이 제안되었기 때문에 설계에 있어서 기술함수는 매우 유용하다.

3. 선형궤적을 오른쪽으로 이동시키고 P_2와 P_3교차를 피하도록 P_2점에서의 것보다 큰 신호들에 대해 루프게인을 낮추기 위해 게인을 형상화하는 비선형이 삽입될 수 있다.

4. 디더는 백래시 제거를 위해 널리 사용되는 방법이다. 백래시가 마찰에 의해 야기되는 경우에 매우 효과적이다. 디더는 비선형에 대한 제어신호에 더해지는 균일한 진폭과 주파수를 갖는 고주파 신호로 요소를 선형적으로 보이게 한다. 디더를 넣어주기 어렵고 마모를 야기시키며 출력으로 나타나기 때문에 기어 백래시의 경우에는 사용되지 않는다.

5. 백래시의 원인이 알려지면, 백래시의 감소는 진동의 진폭을 감소시킬 것이다. 그러나 주파수는 변경되지 않을 것이다.

6. 루프에서의 게인의 재배치는 리밋사이클의 진폭을 감소하는 데 효과적일 수 있다. 백래시가 루프의 순방향경로에 있다면, 백래시 앞쪽의 게인의 증가는 출력 진동의 진폭을 감소시킬 것이다.(루프 전체 게인을 동일하도록 유지하기 위하여 백래시 이후의 상응하는 게인의 감소로)

2형과 3형 시스템에 대하여 리밋사이클은 피하기가 거의 불가능하다. 개략된 기법 중 일부는 적어도 진동의 진폭을 감소시키는 데 유용할 것이다.

모든 경우에, 백래시에 의해 야기되는 리밋사이클은 진동하는 루프의 교점주파수보다 낮은 주파수에서 발생된다. 출력 파형에서 발생되는 끝이 평평한 형태의 독특한 형상뿐만 아니라 진동의 주파수는 보통 구성요소의 시험에서 백래시의 식별을 쉽게 한다. 요소의 백래시와 비정상적인 위상지연을 야기시키는 물리적 상황에 대한 지식은 또한 백래시의 검출에 도움을 준다.

어떤 경우에는 한 개의 루프 안에 하나 이상의 백래시가 있다. 백래시를 갖는 요소 사이의 동역학이 무시가능하다면 개별적인 백래시 폭은 적절히 동일점이라면 하나의 백래시를 얻기 위해 합쳐질 수 있다. 동역학이 무시될 수 없다면 각각의 백래시 폭들은 합쳐질 수 없고 상황은 훨씬 복잡해진다. 필터링이 철저하여 두 번째 백래시의 입력으로서 첫 번째 백래시의 출력의 기본성분만이 남는 극단적인 경우가 고려될 수 있다. 각각의 백래시와 그 결과의 결합에 대하여 그림 10-17을 사용하면 전체 기술함수가 얻어질 수 있다. 예를 들어, 주어진 입력 진폭 M_1은 첫 번째 백래시의 게인과 위상을 결정한다. 두 번째 백래시에 대한 입력의 진폭 M_2는 첫 번째 백래시의 게인과 M_1의 곱이다. M_2가 찾아졌으므로 2번째 백래시의 게인과 위상이 결정될 수 있다. 두 개의 백래시를 통한 전체 게인은 각각의 게인들의 곱이고, 전체 위상지연은 각각 위상지연의 합이다. 그리하여 동일한 차수의 폭을 갖는 백래시를 갖는 2개 요소가 한 점에 대하여 언급되고 두 요소 사이에 충분한 필터링이 있다면, 180도 가량의 위상지연이 얻어질 수 있다고 생각할 수 있다. 따라서 리밋사이클 진동은 피하기 극히 어려울 것이다. 개개의 기능을 단순히 결합함으로써 여러 개의 비선형에 대한 전체 기술함수를 얻기 위해 개괄된 절차는 반드시 주의하여 사용되어야 한다. 그러나 이것은 대부분의 다른 기법들이 실패한 매우 복잡한 비선형들을 처리하는 매우 근사적인 방법을 줄 수 있다.

전기유압 서보밸브의 토크모터나 전기서보모터와 같은 자로를 갖는 요소들은 자기장을 사용하는 요소들은 보통 히스테리시스라 하는 다중값을 갖는 비선형 특성을 갖는다(그림 10-19a). 백래시에서는 일정하나 히스테리시스 루프의 폭은 입력신호와 함께 직접적으로 변한다. Neal과 Bunn[4]은 해석을 위한 히스테리시스의 근사값을 제안하였다. h/M 비가 일정하다고 가정한다면 그림 10-20의 히스테리시스 모델의 기술함수는 다음과 같을 것이다.

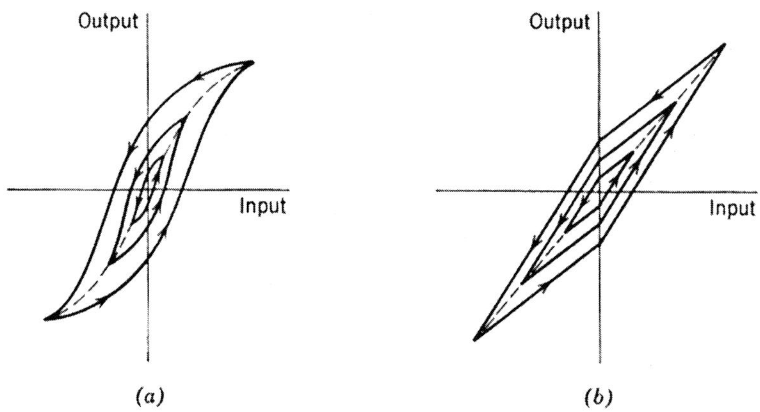

그림 10-19 (a) 실제의 히스테리시스 특성; (b) 히스테리시스의 해석모델

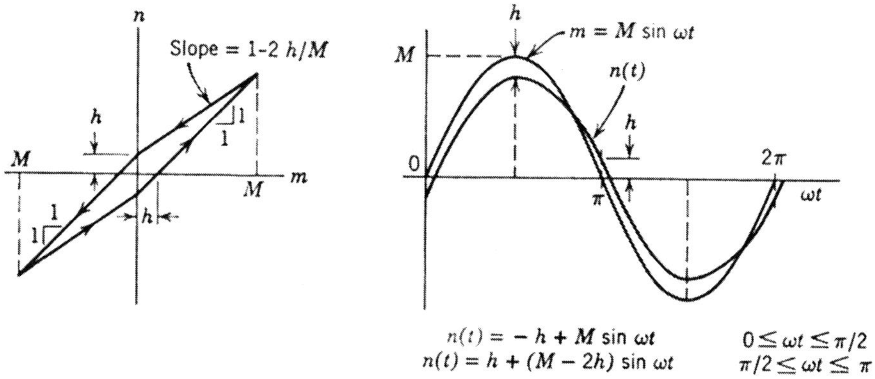

그림 10-20 히스테리시스 비선형성

$$G_d = \left[\left(\frac{2}{\pi}\right)^2\left(\frac{h}{M}\right)^2 + \left(1-\frac{h}{M}\right)^2\right]^{1/2} \angle \tan^{-1}\frac{-(2/\pi)(h/M)}{1-h/M}$$

h/M은 상수이기 때문에, 기술함수 궤적 $-1/G_d$은 백래시에서의 전체 곡선보다는 단일점으로 구성되어 있다. 예를 들어 $h/M = 0.1$이라면, h는 입력진폭의 10%이고, 그러면 $G_d = 0.902\angle -4°$이고 $-1/G_d = 1.11\angle -176°$이다. 이리하여 임계점은 $1\angle -180°$에서 $1.11\angle -176°$로 이동된다.

히스테리시스의 임계 궤적은 단일점으로 구성되어 있기 때문에 이런 비선형은 안정을 심각하게 위협하지는 않는다. 이 비선형성을 갖는 요소의 가장 주목할만한 속성은 저주파수에서 위상지연의 양이 정해져 있다는 것이다. 전기유압 서보밸브의 주파수응답 측정은 종종 저주파수에서 입력 진폭에 실제적으로 독립적인 작은 각도의 고정된 위상지연을 보인다.

루프의 폭이 입력의 진폭에 따라 변하기 때문에 디더가 전기적 히스테리시스에 대하여 효과적이지 않음은 분명하다. 게다가 히스테리시스에 의해 야기된 임계점에서의 위상지연이 보상 네트워크의 사용을 보장할 만큼 충분할지는 의심스럽다. h/M이 꽤 크다면 임계점에서의 시프트는 상당할 것이다. 그러나 좋은 요소는 작은 h/M 값을 가져야 한다. 즉, 0.1보다 작은.

10-7 릴레이형 비선형성

쌍안정 유압밸브나 클러치와 같은 릴레이나 릴레이 타입의 장치들은 일반적으로 제어루프의 순방향통로에서 사용된다. 온-오프장치를 사용함으로써 제공되는 주된 장점은 낮은 시스템가격과 단순성이다. 온-오프장치의 주된 단점은 높은 비선형성과 보통 리밋사이클을 야기시키는 것이다. 이와 같은 요소들을 사용하는 서보의 해석과 설계는 더 어렵다. 선형영역이 존재하지 않으므로 선형화 기술은 사용될 수 없다. 그러나 기술함수 해석은 이러한 시스템*의 처리에 특별히 적합하다.

* 사실상 이 기술은 원래 미국의 R. Kochenburger에 의해 릴레이형 서보를 해석하기 위해 개발되었다.

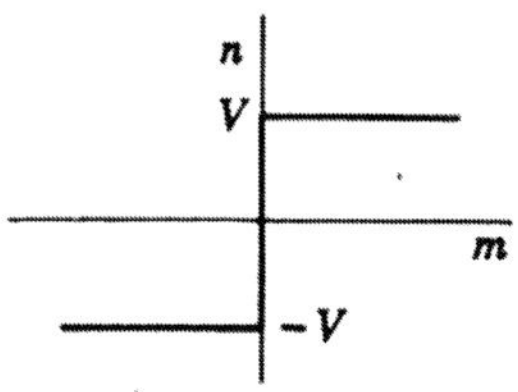

(a)

(a) $D = H = 0$

$$G_d = \frac{4}{\pi}\frac{V}{M}$$

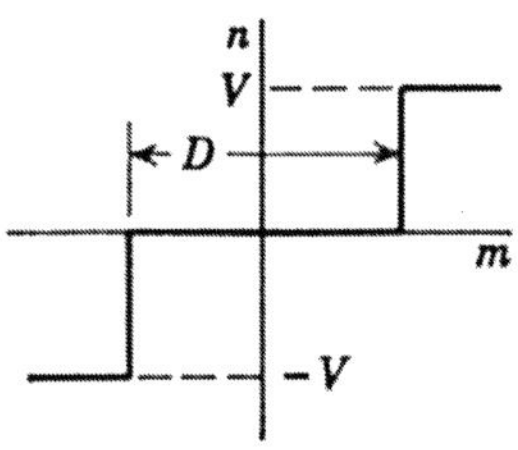

(b)

(b) $H = 0$

$$G_d = \frac{4}{\pi}\frac{V}{M}\sqrt{1-\left(\frac{D}{2M}\right)^2} \quad \text{for} \quad M \geq \frac{D}{2}$$

$$G_d = 0 \quad \text{for} \quad M \leq \frac{D}{2}$$

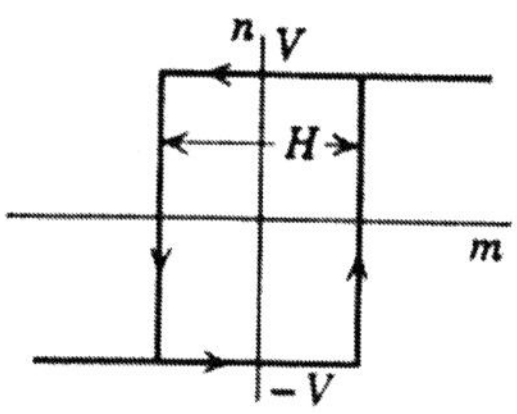

(c)

(c) $D = 0$

$$G_d = \frac{4}{\pi}\frac{V}{M}\angle -\sin^{-1}\frac{H}{2M} \quad \text{for} \quad M \geq \frac{H}{2}$$

$$G_d = 0 \quad \text{for} \quad M \leq \frac{H}{2}$$

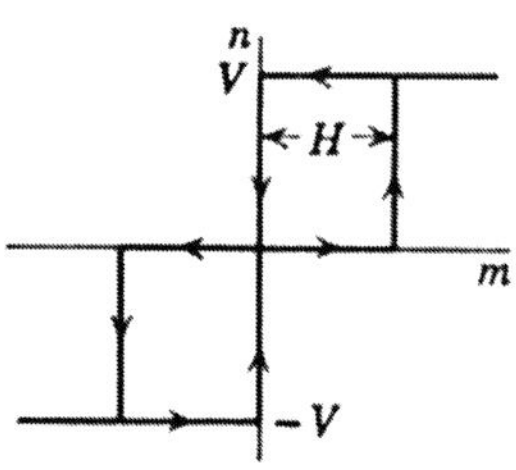

(d)

(d) $D = H$

$$G_d = \frac{2V}{\pi M}\left[\sqrt{1+\frac{H}{M}}+\sqrt{1-\frac{H}{M}}\right]\angle -\frac{\sin^{-1}\frac{H}{M}}{2} \quad \text{for} \quad M \geq H$$

$$G_d = 0 \quad \text{for} \quad M \leq H$$

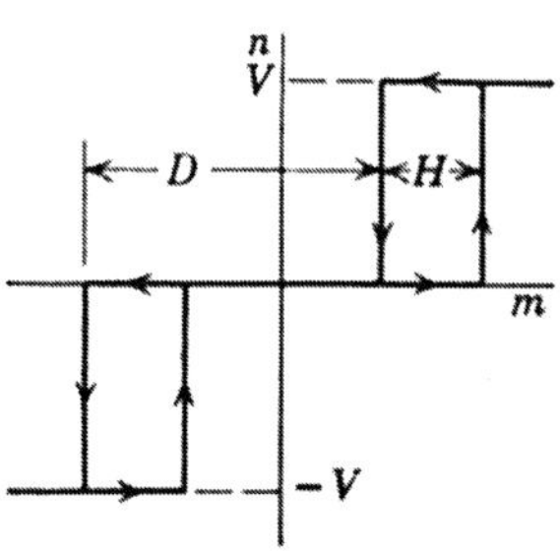

(e)

(e) General

$$G_d = \frac{4}{\pi}\frac{V}{M}\cos\left(\frac{\alpha+\beta}{2}\right)\angle\frac{\alpha-\beta}{2} \quad \text{for} \quad M \geq \frac{D+H}{2}$$

$$G_d = 0 \quad \text{for} \quad M \leq \frac{D+H}{2}$$

$$\text{where } \alpha = \sin^{-1}\frac{D}{2M}\left(1-\frac{H}{D}\right)$$

$$\beta = \sin^{-1}\frac{D}{2M}\left(1+\frac{H}{D}\right)$$

그림 10-21 릴레이형 기술함수. 모든 경우에서 입력은 $m = M\sin\omega t$

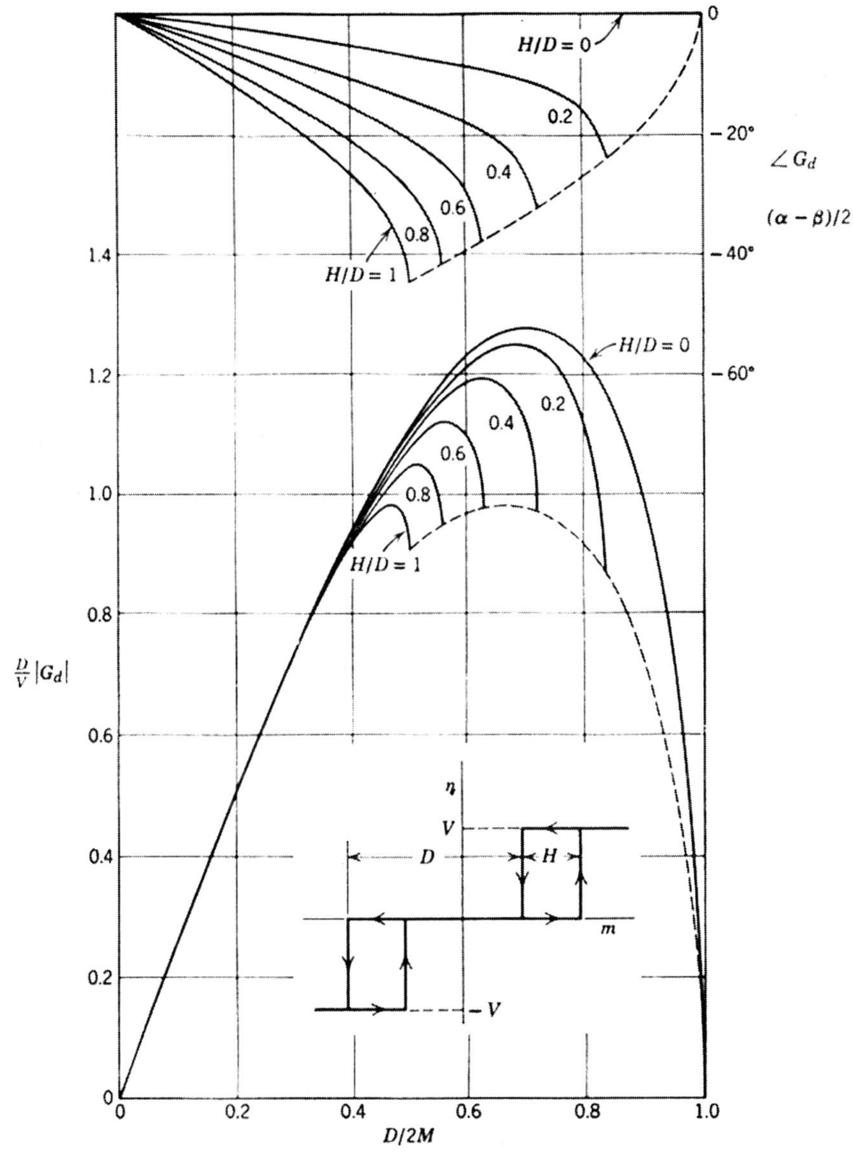

그림 10−22 릴레이 비선형성에 대한 기술함수

전형적인 릴레이형 입출력 특성과 그들의 기술함수는 그림 10-21에 표로 정리하였고 그림 10-22에 정상화된 그래프로 나타내었다.

그림 10-21a와 10-21b, 10-21e에 나타낸 3가지 경우를 고려해 보자. 이들 비선형성을 갖는 서보의 기술함수 해석을 그림 10-23에 나타내었다.

그림 10-23a와 같은 이상적인 릴레이에 대한 기술함수 해석은 두 곡선의 교점에서 수렴 평형점을 준다. 이리하여 물리시스템에 대하여 루프 선형부분의 위상지연이 180°이라면 리밋사이클은 예상되고, 이것은 언제나 일어날 것이다. 리밋사이클의 진폭이 너무 크다면 게인의 재배치를 통해 리밋사이클의 진폭을 감소시킬 수 있다.

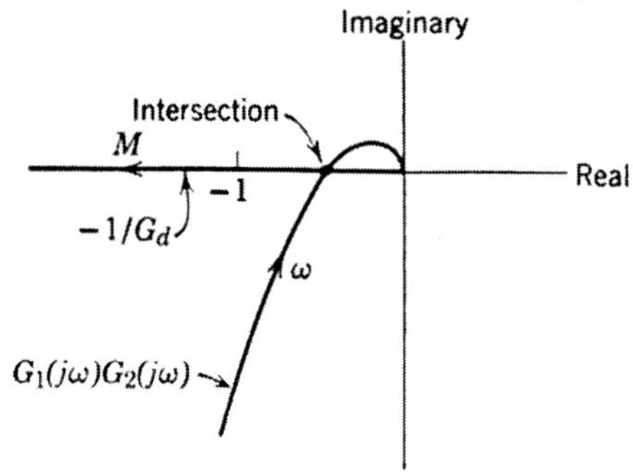

(a) Ideal relay

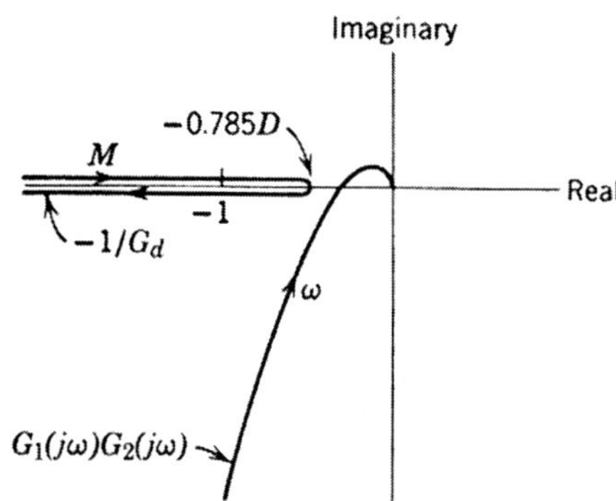

(b) Ideal relay with deadband

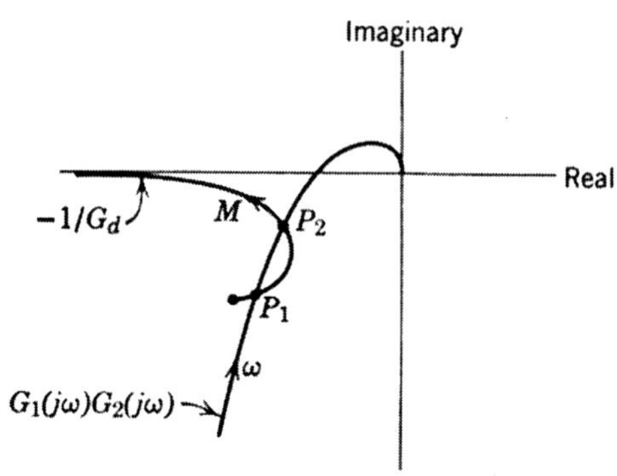

(c) Ideal relay with deadband and hysteresis

그림 10-23 릴레이형 서보의 기술함수 해석

이상적인 릴레이가 불감대만을 갖는다면 시스템 안정화가 가능하다(그림 10-23b). 이러한 경우의 기술함수는 $G_4|_{\max} = 4/\pi D$의 최댓값을 갖으며, 이것은 $M = D/\sqrt{2}$ 일 때 일어난다. 따라서 $-1/G_d$값의 최솟값은 $-D/1.275$이고, 선형궤적이 보다 작은 게인으로 실수축과 교차한다면 서보시스템은 안정할 것이다. 비록 불감대는 루프를 안정화시켰지만, 정상상태오차를 유발한다. 다시 말하면, 안정을 얻기 위해서 정도는 희생되어야 한다는 것을 알 수 있다.

릴레이가 불감대와 히스테리시스를 갖는다면, 그림 10-23c와 같은 결과를 보일 것이다. 이 시스템은 작은 입력에 대하여 안정하지만, 입력이 P_1을 초과한다면 진동이 시작되어 수렴 평형점 P_2에서의 리밋사이클까지 커질 것이다. 절대적 안정을 위해 선형 궤적은 기술함수와의 교차를 피하기 위한 적절한 보상에 의해 형상화되어야 한다.

10-8 마찰 비선형성

이 절은 제어루프 내의 쿨롱마찰과 정적마찰의 영향에 대해서 다루게 될 것이다.

이 현상은 복잡하여 다른 상황에서 각각 용도를 갖는 3가지 기술함수를 고려할 필요가 있다.

뉴턴의 제2법칙은 모든 요소에 적용되며, M_a는 질량, B는 점성감쇠계수, K는 스프링 상수, F_L은 일정하거나 임의의 부하력, F_i는 구동력, 그리고 F_f는 그림 10-24의 다소 이상적인 특성을 갖는 속도의 기호에 따른 함수인 마찰력의 방정식으로 나타낼 수 있다.

$$F_i = M_a \frac{d^2x}{dt^2} + B\frac{dx}{dt} + Kx + F_f + F_L \tag{10-8}$$

질량과 점성, 스프링력의 지배 여부에 따라 3가지 경우로 구별할 수 있다. 이 경우의 블록선도를* 그림 10-25에 나타낸다. 구동력이 마찰에 의해서만 소모되는 네 번째 경우도 인식될 수 있으나 큰 관심의 상황은 아니다. 그림 10-25의 각 경우에서 나타난 비선형성에 대한 기술함수는

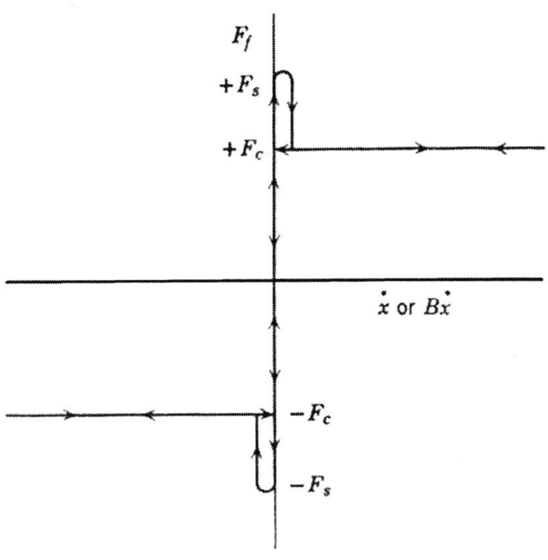

그림 10-24 이상화된 마찰 특성

---

* 엄밀히 말하면, 식 (10-8)은 비선형이므로 변환될 수 없다. 그러나 라플라스 연산자로서보다는 오히려 d/dt에 대한 단축표기법으로 제한된 의미를 갖는 블록선도 등을 만들 때 관례적으로 s를 사용한다. 주파수응답 해는 비선형 요소의 주파수응답의 적절한 근사로 s 대신에 $j\omega$을 대입함으로써 얻어진다. 과도응답 해는 원래의 미분방정식으로부터 구해야 한다.

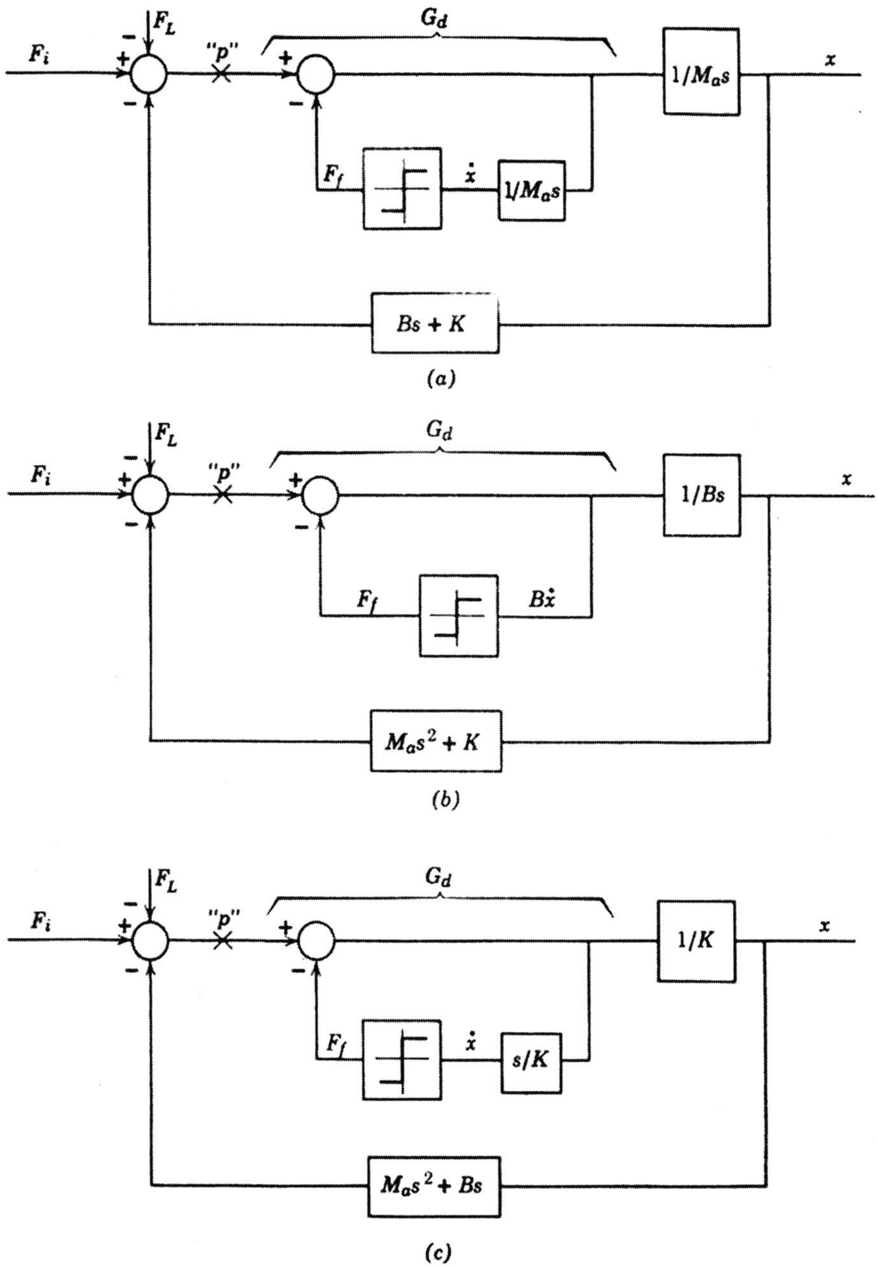

그림 10-25 식 (10-8)의 블록선도

찾아져야 하고, "P"점에서 루프를 단절함으로써, 기술함수 해석은 수행될 수 있다. 기술함수의 기반이 되는 양이 없을 경우에 각 해석은 실패한다. 예를 들어, Ma가 작아서 무시할 정도라면, 그림 10-25a에 따른 절차는 개루프게인이 무한대일 것이기 때문에 실패할 것이다. 마찬가지로 감쇠가 0이라면 그림 10-35b에 기초한 절차는 실패할 것이다. 반면에 그림 10-25c의 경우 M_a와 B가 0이고, K가 0이 아니라면 가능하다.

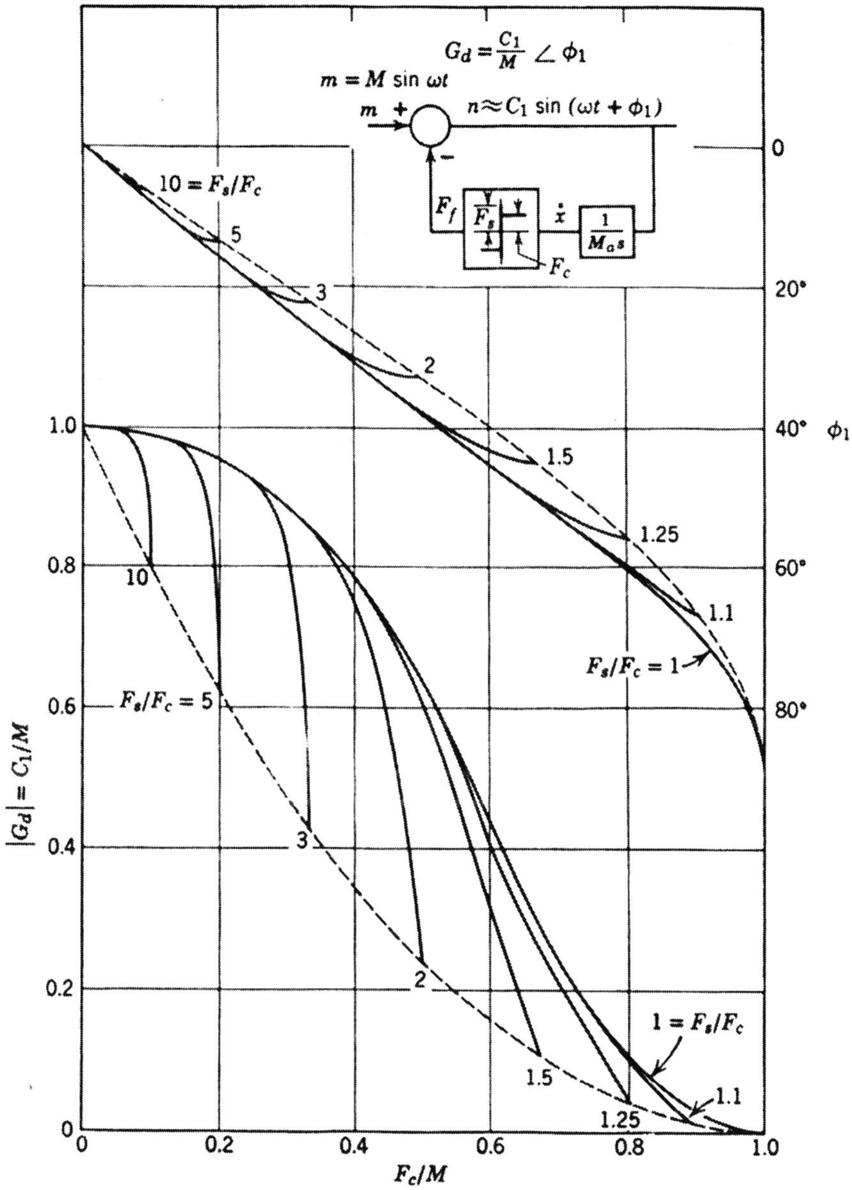

그림 10-26 관성력 우세에 기초한 마찰 비선형성의 기술함수

하나의 기술함수로 마찰로 인한 모든 기술함수를 다룰 수는 없다는 것을 파악하는 것이 중요하다. 모든 시스템에 질량은 존재하기 때문에 그림 10-25a는 모든 경우에 유효한 것으로 보여질 수 있다. 그러나 많은 시스템에서 질량은 무시될 수 있고, 질량에 근거를 둔 기법은 정확도가 의심스러운 다소 인위적일 것이다. 예를 들어 유압서보의 리밋사이클 동안 가속에 필요한 힘은 속도에 따른 항에 요구되는 것의 작은 부분이다. 따라서 속도력의 지배에 근거한 기술함수는 적절할 것이다.

경우 a – 관성력 우세

그림 10–25a에 있는 비선형에 대한 기술함수의 수식은 아주 복잡하다[5, 6].

그러나 이것은 그림 10–26에 그려진다. 마찰력이 단지 속도의 기호에 따르고 있기 때문에 기술함수는 M_a와 s(주파수)에 독립적이다.

그러나 그림 10–25a에 나타낸 것처럼 M_a에 대한 값은 선형 부분에 포함되어야 한다.

$$\left.\frac{F_c}{M}\right|_{\max} = \frac{1}{F_s/F_c} \tag{10–9}$$

$M \leq F_s$에 대하여 운동은 끝나고 식 (10–9)에서의 관계는 그림 10–26에서 점선을 그리는 데 사용된다.

이 기술함수가 90°까지의 위상앞섬에 기여할 수 있음을 주목하라. 그러나 그림 10–25a의 점 P에서 끊어진 루프로 선형 궤적은 보통 이중 적분을 갖는다. 따라서 G_d의 위상앞섬은 안정화시키는 영향을 나타내지는 않는다.

이 기술함수는 원래 동력요소로서 전기 모터를 갖는 루프의 사용에 대하여 유도되었다[5]. 이런 경우에 대한 전형적인 구성을 그림 10–27에 나타내었고 심각한 안정 문제는 없음을 나타낸다. 선형 궤적이 1형 서보루프의 보통의 형상을 가지고 있지 않음에 주목하라. 선형루프게인은 특별한 형태이어야 하기 때문에 이것은 다른 비선형성과 비교하기가 매우 어렵다.

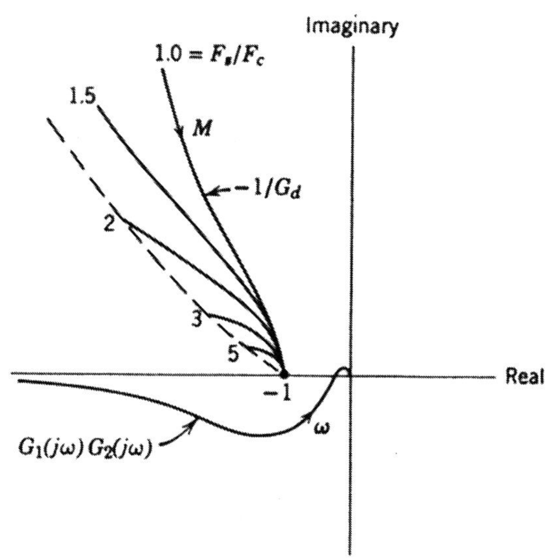

그림 10–27 관성력 우세에 기초한 마찰 비선형성을 갖는 제어루프의 기술함수 해석

경우 b – 점성력 우세

이 경우는 주로 전기와 유압모터와 같은 적분하는 기기인 동력요소에 적용 가능하다. 주로 부하점성마찰보다 내부 감쇠를 나타내기 때문에 그림 10–25b에서 이러한 장치에 대한 B 계수는 매우 크고 항상 존재한다.

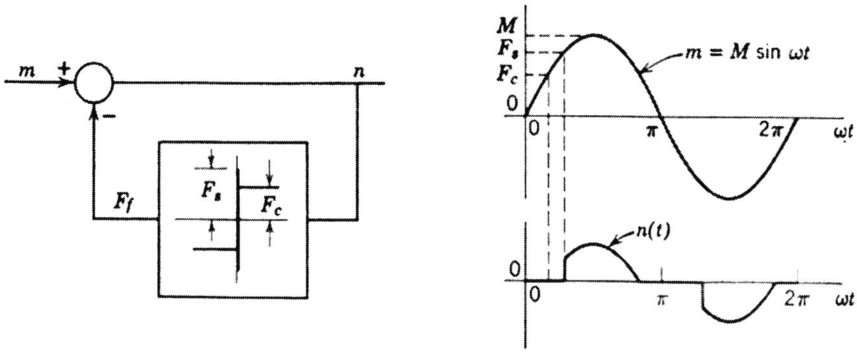

그림 10-28 점성력 우세에 기초한 마찰 비선형성

정현파 입력에 대한 비선형성을 그림 10-28에 나타내었다. 출력 파형의 해석은 다음과 같은 기술함수를 산출한다[7].

$$G_d = \frac{C_1}{M}\underline{/\phi_1} = \left[\left(\frac{a_1}{M}\right)^2 + \left(\frac{b_1}{M}\right)^2\right]^{1/2} \underline{/\tan^{-1}\left(\frac{a_1}{b_1}\right)} \tag{10-10}$$

여기서 $\dfrac{\pi a_1}{M} = \left(\dfrac{F_c}{M}\right)^2\left[2\dfrac{F_s}{F_c} - 1 - \left(\dfrac{F_s}{F_c}\right)^2\right]$

$$\frac{\pi b_1}{M} = \pi - \sin^{-1}\left(\frac{F_s}{M}\right) - \sin^{-1}\left(\frac{F_c}{M}\right) - \frac{F_c}{M}\left[1 - \left(\frac{F_c}{M}\right)^2\right]^{1/2} + \frac{F_c}{M}\left(\frac{F_s}{F_c} - 2\right)\left[1 - \left(\frac{F_s}{M}\right)^2\right]^{1/2}$$

이 기술함수의 진폭과 위상은 그림 10-29에 그려져 있다. 식 (10-9)가 궤적의 끝을 통해 점선을 그리는 데 사용될 수 있도록, $M \leq F_s$에 대한 출력 동작은 없다. $F_s = F_c$에 대하여 기술함수는 $2F_c$의 전체 불감대를 갖는 불감대 비선형의 것과 동일함에 주목하라. 사실상 비선형성을 정의하는 방정식은 $m = B\dot{x} + F_f$이고, 그림 10-30a에 나타내었다. $n = B\dot{x}$이므로, 가로좌표와 세로좌표의 위치는 그림 10-30b를 산출하기 위하여 교환될 것이다. 이것은 그림 10-28에 있는 루프의 입출력 특성이며, $F_s = F_c$이라면 명확히 불감대를 보여준다. 이리하여 어떻게 마찰이 불감대로 귀착되는지 알 수 있으며, 이것은 게인을 낮추기 때문에, 시스템을 안정화시키는 경향이 있을 것이다. 그러나 case c에서는 마찰이 또한 아주 심각한 불안정 영향을 주는 것을 알게 될 것이다.

그림 10-28과 10-30b는 논의 중인 비선형성과 완전히 동등한 표현이고 서로 교환하여 사용될 수 있음에 주목하는 것이 중요하다.

이 비선형성의 하나의 예로 그림 10-31의 2단 유압기계 서보밸브를 고려한다. 관련된 서보루프가 제대로 설계되었고, 결과적으로 유압 고유진동수 아래에서 교점주파수를 잘 갖는다고 가정하자. 그림 8-6과 같은 보드선도가 결과로 나타날 것이다.

우리는 주 스풀과 슬리브 사이의 마찰이 서보밸브의 안정 및 폐루프 성능에 어떠한 효과를 주는지 알고 싶다.

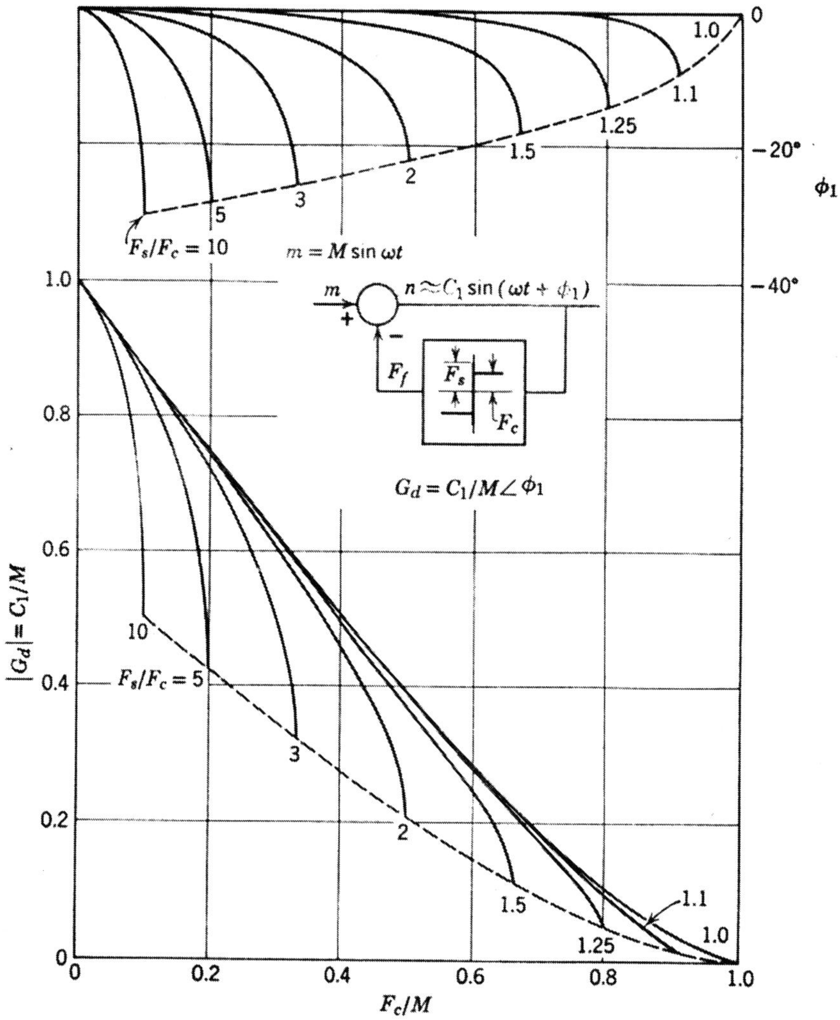

그림 10-29 점성력 우세에 기초한 마찰 비선형성에 대한 기술함수

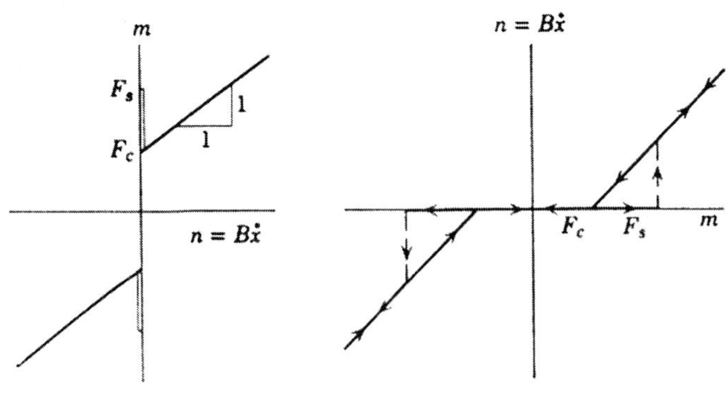

그림 10-30 $m = B\dot{x} + F_f$의 그래프

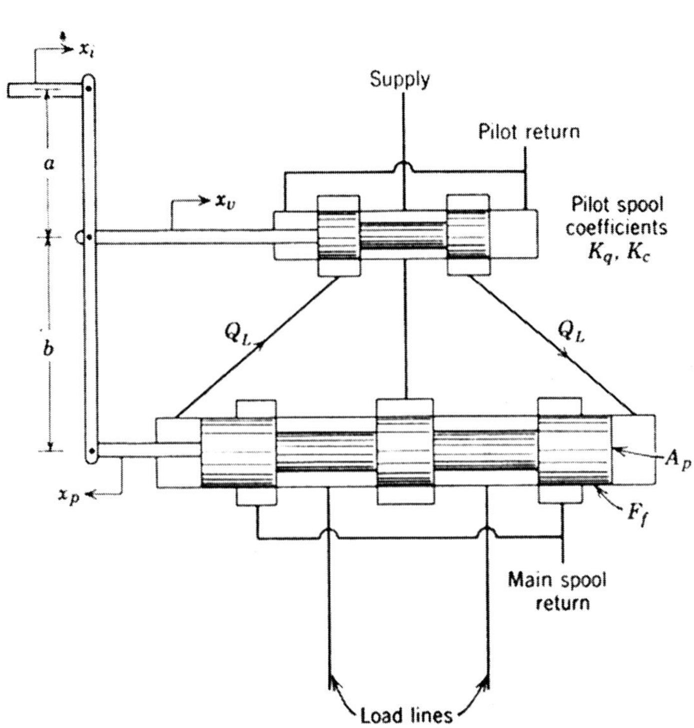

그림 10-31 2단 유압기계 서보밸브

이 점에서 유체압축성과 부하관성이 무시될 수 있도록 어떤 자려진동이 유압 고유진동수보다 훨씬 낮은 주파수에서 발생할 것이라고 가정하자. 이러한 가정의 타당성은 일단 가능한 리밋사이클 주파수가 설정된다면 확인될 수 있다.

그림 10-31을 참조하면 파일럿 스풀위치는 식 (9-2)에 의해 주어지며 부하흐름은 식 (6-3)에 의해 기술된다. 압축률을 무시하면 연속방정식은

$$Q_L = A_p s\, x_p \tag{10-11}$$

파일럿 밸브 포트에서 누유는 파일럿 스풀계수 K_c에 포함될 수 있다.

메인 스풀의 마찰부하가 지배적이기 때문에,

$$P_L A_p = F_f \tag{10-12}$$

여기서 F_f는 그림 10-24에 의해 나타내어진다.

식 (6-3), (10-11), (10-12)를 결합하면, 식 (10-13)이 유도된다.

$$\frac{K_q A_p}{K_c} x_v = F_f + \frac{A_p^2}{K_c} s\, x_p \tag{10-13}$$

식 (9-2)와 (10-13)은 그림 10-25b와 거의 닮은 그림 10-32의 블록선도를 구성하기 위해 사용될 수 있다.

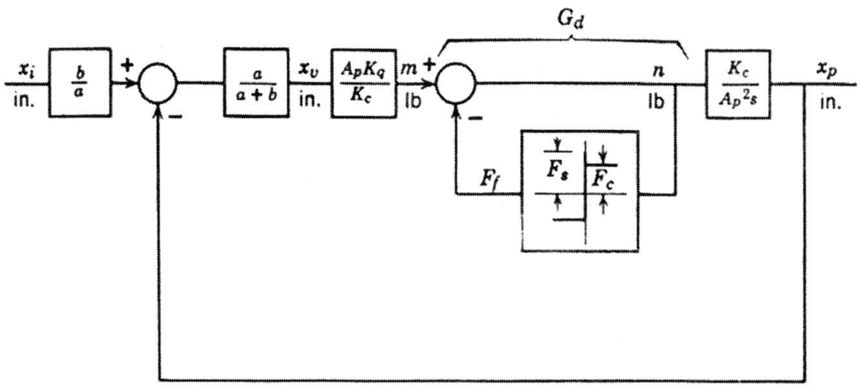

그림 10-32 주 스풀에서 마찰을 갖는 2단 유압기계 서보밸브의 블록선도

$B=A_p^2/K_c$는 밸브와 피스톤(실제로 메인 스풀) 조합의 점성감쇠계수이고, 이것은 보통 매우 큰 숫자임을 주목하라. 이 루프의 직선 부분은 K_v/s에 의해 주어진다. 여기서

$$K_v = \frac{K_q}{(a+b)A_p}\sec^{-1}$$

K_v는 속도 상수이다. 기술함수 궤적 $-1/G_d$는 그림 10-29로부터 계산되어진다. 따라서 이 경우에 대한 기술함수 해석을 그림 10-33에 나타내었고, 특정한 안정 문제를 나타내지는 않는다.

리밋사이클 주파수가 교점주파수보다 낮음이 분명하고, 이것은 원래의 가정을 정당화시킨다. 루프가 진상-지상보상된 1형 서보라면, 위상여유가 매우 작다면 교점이 발생할 것이다. 조건부 안정 루프의 안정성은 또한 악영향을 받을 것이다. 그러므로 마찰 비선형은 안정에 심각하게 영향을 주지는 않는다는 결론은 타당하다. 그러나 이것이 불감대와 비교할만 하므로 불감대와 동일한 정적오차로 귀착될 것이다.

이 2단 서보밸브의 폐루프 응답을 살펴보자. 저주파수 사인파가 그림 10-32의 시스템에 입력으로 사용될 경우, 그림 10-34의 입출력 특성이 결과로 나타날 것이다.

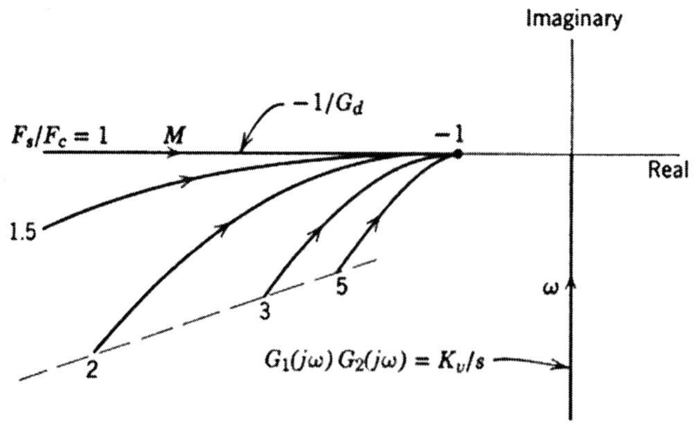

그림 10-33 점성력 우세에 기초한 마찰 비선형성을 갖는 서보루프의 기술함수 해석

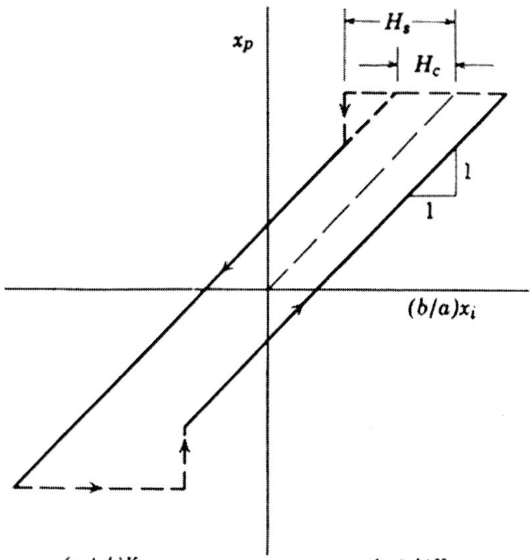

$$H_s = \frac{(a+b)K_c}{aA_pK_q}F_s \qquad H_c = \frac{(a+b)K_c}{aA_pK_q}F_c$$

그림 10-34 2단 유압기계 서보밸브의 저주파 폐루프 입출력특성

이 결과는 그림 10-30b에 있는 비선형의 불감대 표시를 사용하여 잘 시각화된다. 이 동작은 백래시를 생성하기 위한 보통의 아날로그 컴퓨터 회로인 적분기가 뒤따르는 불감대를 갖는 루프의 것과 유사하다. 사실 $F_s = F_c$이라면, 입출력 특성은 정확히 백래시이다. 이리하여 2단 서보밸브는 마찰 때문에 불안정하게 하는 것으로 잘 알려진 백래시를 시스템에 도입한다. 사실상 그림 10-34의 비선형은 1형 서보에 리밋사이클을 야기시킬 것이다. 이 비선형은 다음의 경우에서 자세히 설명되어 질 것이다. 그러나 다음 경우로 넘어가기 전에 여기에 주어진 해석은 어떤 유체기계서보에도 적용 가능함이 분명해야 한다.

경우 c - 스프링력 우세

질량과 점성마찰력이 작아서 완전히 무시될 수 있는 상황이 일어난다. 예를 들어, 고유진동수보다 훨씬 아래의 주파수에서의 이차 시스템의 응답은 스프링 상수와 마찰에 의해 결정된다.

이와 같은 경우의 모델을 그림 10-35*에 나타내었다. 질량을 무시하면 운동방정식은 다음과 같다.

$$K_s(x_1 - x) = F_f \tag{10-14}$$

---

* 이 모델은 스틱-슬립(stick-slip)을 설명하는 데 사용된다. 저속에서 유연한(compliant) 동력원에 의해 구동되는 몸체는 표면을 따라 부드럽게 움직이지 않고 번갈아 들러붙음(sticking)과 미끄러짐 동작을 보일 것이다. 이 현상은 스틱-슬립(stick-slip)으로 알려져 있으며 공작기계 슬라이드의 저속 이송 운동에서 특히 눈에 띈다. 칠판위의 분필이나 금속 표면을 가로질러 당겨지는 손톱의 채터링은 stick-slip의 다른 예이다. 스틱-슬립은 특정한 임계속도[9] 아래에서 발생하며 이 리밋사이클에 필요한 구성요소는 속력원과 스프링, 질량, 그리고 슬라이딩 표면 사이의 정적마찰과 쿨롱마찰이다.

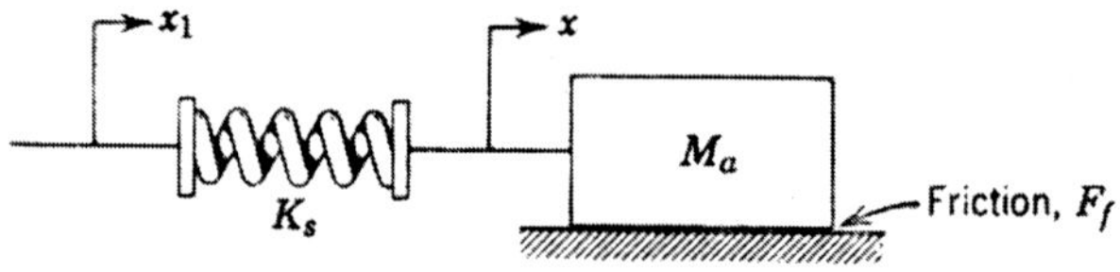

그림 10-35 스프링과 마찰 시스템

여기서 F_f는 그림 10-24에서 주어졌다. 이 모델의 블록선도를 그림 10-36에 나타내었으며, 그림 10-25c에 표시된 비선형과 동일하다. 그림 10-35에서의 물리나 그림 10-36에 포함된 신호의 이유로, $H_s = F_s$와 $H_c = F_c$ 이라면 그림 10-37의 입출력 특성이 이 비선형성의 동등한 표현이라고 결론지을 수 있다.

그림 10-37의 파형에 대한 해석은 이 비선형성에 대한 다음의 기술함수를 준다[8].

$$G_d = \left[\left(\frac{a_1}{M}\right)^2 + \left(\frac{b_1}{M}\right)^2\right]^{1/2} \angle \tan^{-1}\left(\frac{a_1}{b_1}\right) \tag{10-15}$$

여기서 $\dfrac{\pi a_1}{M} = 4\left(\dfrac{H_c}{M}\right)^2\left(1+\dfrac{H_s}{H_c}\right) - 4\dfrac{H_c}{M} - \left(\dfrac{H_c}{M}\right)^2\left(1+\dfrac{H_s}{H_c}\right)^2$

$$\frac{\pi b_1}{M} = \frac{\pi}{2} + \sin^{-1}\left[1 - \frac{H_c}{M}\left(1+\frac{H_s}{H_c}\right)\right]$$

$$+\left[1 - \frac{H_c}{M}\left(3 - \frac{H_s}{H_c}\right)\right]\left[\frac{2H_c}{M}\left(1+\frac{H_s}{H_c}\right) - \left(\frac{H_c}{M}\right)^2\left(1+\frac{H_s}{H_c}\right)^2\right]^{1/2}$$

H_s/H_c의 여러 가지 값에 대하여 위의 값들을 그림 10-38에 그림으로 나타내었다. $M \le (H_s + H_c)/2$일 때 출력 운동은 멈추기 때문에 다음 공식에서 이 관계는 궤적의 종단점을 정의한다.

$$\left.\frac{H_c}{M}\right|_{\max} = \frac{2}{1 + H_s/H_c} \tag{10-16}$$

식 (10-16)을 식 (10-15)에 대입하면 끝 지점에서의 기술 함수는 다음 식과 같다.

$$G_d|_{\text{end}} = \frac{4(H_s - H_c)}{\pi(H_s + H_c)} \angle -90° \tag{10-17}$$

따라서 $-1/G_d$ 궤적은 나이퀴스트 선도의 $-90°$관로 상에서 끝나며, 이 비선형성을 갖는 어떤 1형(그 이상) 시스템에서도 리밋사이클이 발생한다고 결론을 내릴 수 있다. 선형 동역학이 $-1/G_d$ 궤적과 교차를 일으킨다면 0형 서보루프는 또한 사이클을 발생할 것이다. 따라서 이 마찰 비선형성은 이전 2가지 경우와 비교해 볼 때 안정에 관하여 훨씬 더 임계영역에 있다.

대부분의 서보루프를 대표하는 중요한 특별한 경우는 루프 동역학이 적분기에 의해 단순히 구성된 경우이다. 즉, $G_1(j\omega)G_2(j\omega) = K_v/j\omega$이고, 여기서 K_v $\sec^{-1}$는 속도상수이다. 리밋사이클 중에는 진폭이 작기 때문에 그림 10-37의 비선형성은 폭 $H_s + H_c$과 높이 $H_s - H_c$의 직사각형으로 축소된다. 따라서 이 루프의 블록선도를 그림 10-39에 나타낸다. 이 경우에 대한 기술

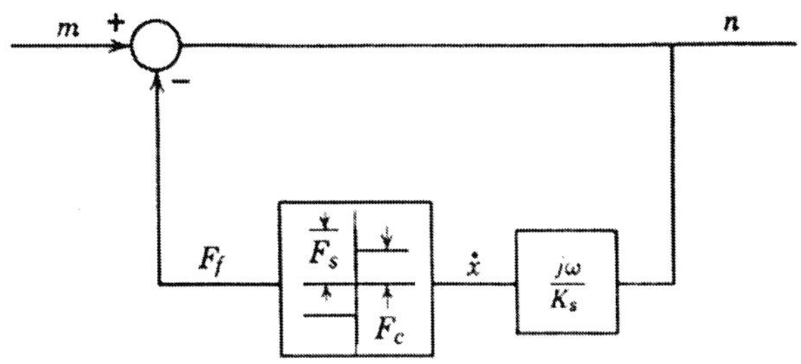

그림 10-36 스프링력 우세에 기초한 마찰 비선형성. $m = K_s x_1$과 $n = K_s x$

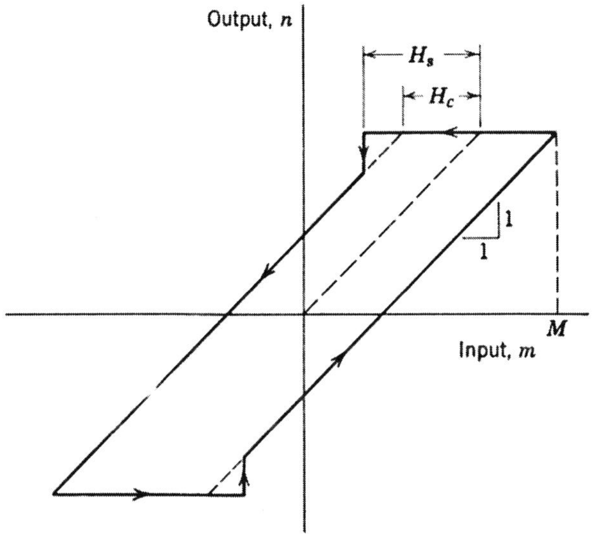

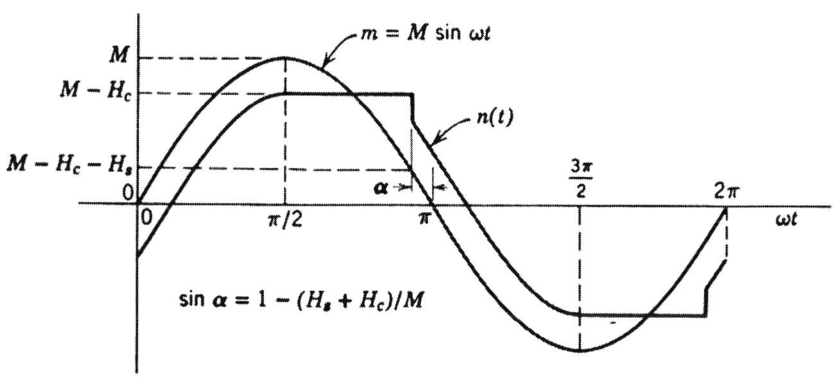

그림 10-37 조화함수 입력에 대한 스프링-마찰 비선형성의 입출력특성과 파형

함수해석은 그림 10-40에 표시된다. 교점이 $-1/G_d$ 궤적의 끝점에서 발생하기 때문에 이 루프는 리밋사이클을 발생시킨다.

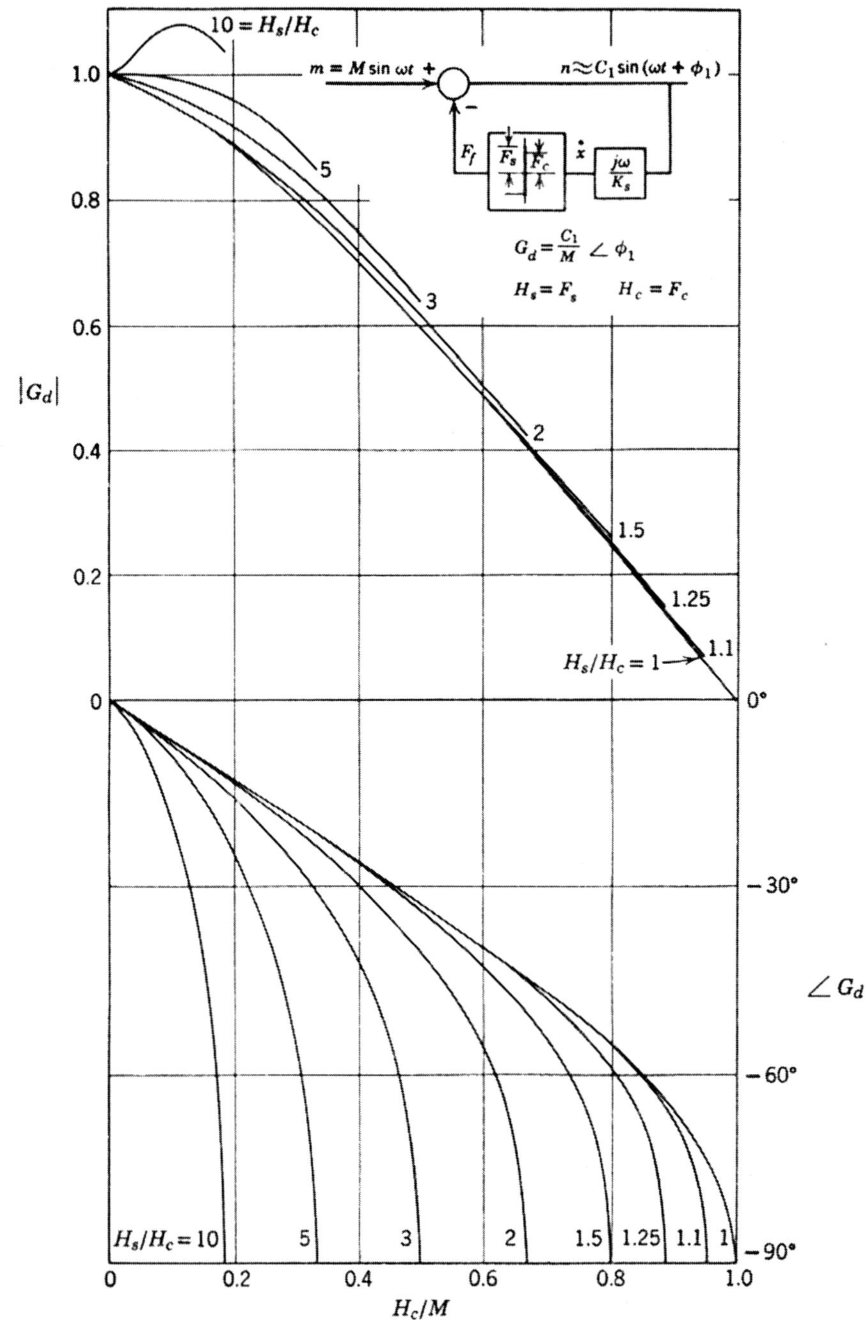

그림 10-38 스프링력 우세에 기초한 마찰 비선형성에 대한 기술함수

끝점에서 선형 궤적을 $-1/G_d$의 값(식 (10-17)으로부터 얻어진)과 같다고 두면, 리밋사이클 주파수는 식 (10-18)과 같이 산출된다.

$$\omega_{lc} = \frac{4}{\pi} \frac{K_v(H_s - H_c)}{(H_s + H_c)} \text{ rad/sec} \tag{10-18}$$

그림 10-39에서 비선형에 대한 입력에서 리밋사이클의 진폭은 식 (10-16)에 의해 주어진다. 그러므로

$$M_{lc} = \frac{H_s + H_c}{2} \tag{10-19}$$

비선형성의 출력의 진폭은

$$C_{lc} = \frac{H_s - H_c}{2} \tag{10-20}$$

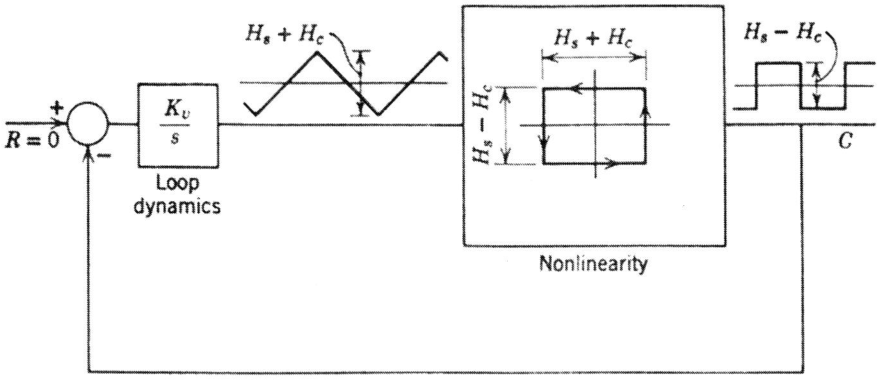

그림 10-39 스프링력 비선형성을 포함하는 단순 1형 서보루프

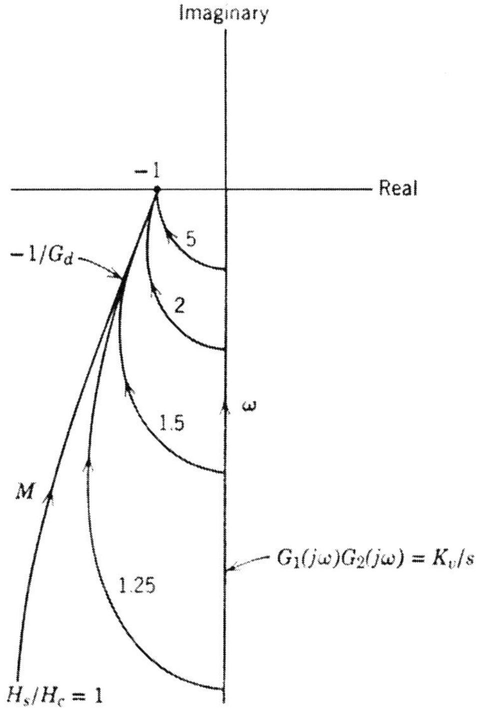

그림 10-40 스프링력 비선형성을 포함하는 단순 1형 서보루프의 기술함수 해석

비선형성은 작은 입력에 대하여 직사각형으로 축소되기 때문에 비선형성의 출력은 사각파형이어야 한다. 그리고 루프 내의 적분기를 통해 통과된 이 사각파형은 비선형의 입력에서 삼각파형이 된다. 그러므로 식 (10-19)와 식 (10-20)은 각각 삼각파형과 사각파형의 진폭(0부터 peak)이다.

이 특별한 경우에 삼각파형과 사각파형이 가정된다면 리밋사이클의 정확한 해석이 가능하다. 리밋사이클의 진폭은 식 (10-19)와 식 (10-20)에 주어진 것으로 남아 있지만 진동의 주파수는

$$\omega_{lc} = \frac{\pi}{2}\frac{K_v(H_s - H_c)}{(H_s + H_c)} \text{ rad/sec}$$

이것은 기술함수 해석에 의해 예측된 값의 $(\pi/2)/(4/\pi) = \pi^2/8 = 1.23$배이다. 이 주파수 편차는 크지 않지만, 기술함수 기법에서 가정된 바와 같이 비선형성에 대한 입력이 정현파이기보다는 삼각파형이라는 사실에 기인할 수 있다.

그림 10-41의 공작기계 슬라이드에 의해 나타낸 바와 같이 비선형성의 일반적인 예는 유연한(compliant) 구동계에 마찰부하가 있을 때 발생한다. 모터축은 구동하기 전에 유연한 구동을 이겨내는 데 필요한 박리(break-away) 토크를 구축하기 위해서 충분히 회전되어져야 한다. 테이블로부터 위치 피드백이 얻어진다면, 이 마찰 비선형성은 루프 내에 있을 것이고 리밋사이클을

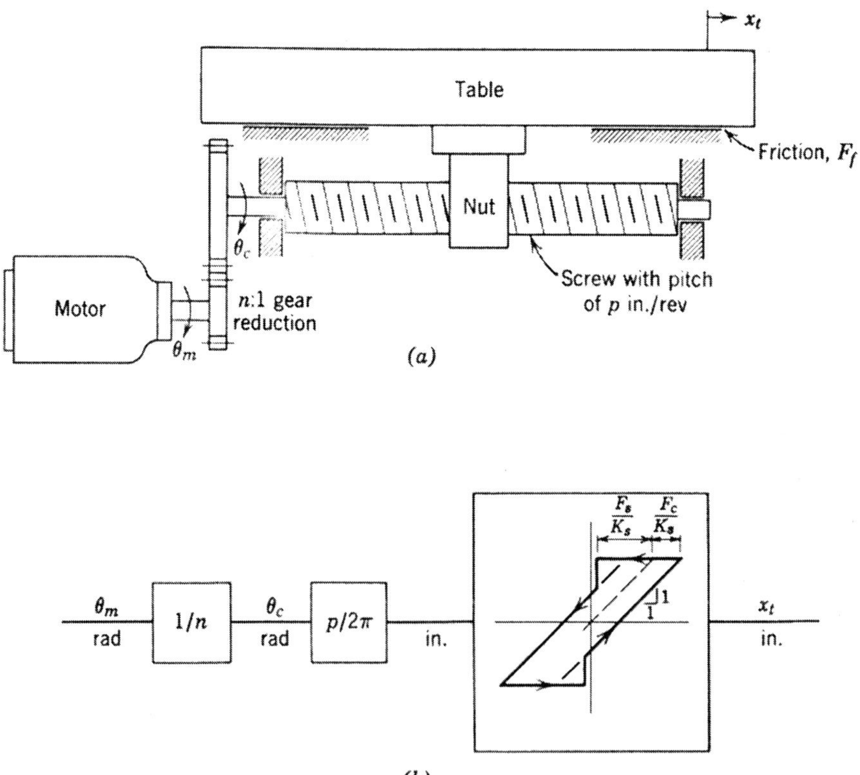

그림 10-41 (a) 평이한(마찰) 방식의 테이블을 갖는 유연 머신툴 구동; (b) 시스템의 입출력 특성. K_s는 테이블에서 구동 스프링률이고 모터축을 잠금으로서 얻어진다

야기시킬 것이다. 피드백이 모터축 위치로부터 얻어진다면, 비선형성이 루프의 외부에 있기 때문에 루프는 안정될 것이다. 그러나 이 비선형성은 $H_s + H_c$까지의 테이블 위치 오차를 야기시킬 것이다.

이런 특정한 마찰 비선형에 대한 많은 물리적 예가 있다[8]. 유연한 기계에서의 마찰부하는 필요하나 이 비선형성은 아주 간단한 서보루프 조차도 리밋사이클을 야기시키고 자주 관찰되는 저주파수 진동을 일으킨다. 이것은 디더의 사용을 제외하고는 효과적으로 보상될 수 없다. 그러나 디더는 마모의 원인이 되며 출력에 나타날 수 있으므로 루프에 추가하기 어려울 것이기 때문에 디더는 모든 경우에 대하여 유용한 것은 아니다.

요약

마찰을 포함한 운동방정식 (10-8)은 모든 항을 포함하는 기술함수를 얻는 것이 불가능할 정도로 복잡하다. 그러나 이런 기술함수들은 구동력에 대하여 마찰이 일반적인 힘들, 즉 질량, 점성, 스프링력의 각각과 연동된 경우에 대하여 유도될 수 있다. 따라서 세 경우로 구별되어진다. 처음 두 경우는 안정성에 심각한 위협이 안 되지만, 세 번째 경우는 안정성을 위협한다. 예제의 숙달과 경험은 주어진 문제에 대하여 어느 경우가 적용 가능한지 결정짓는 데 주된 요소이다.

10-9 조화함수적 시험에서 기술함수 개념의 사용

구성요소의 적절한 수학적 표현은 전체로서의 시스템의 해석과 설계를 용이하게 하기 위하여 얻어져야 한다. 이것은 만족스러운 표현을 얻기 위하여 어떤 시험이 필요한가에 대한 질문으로 이끈다. 기술함수 해석에서 위상지연과 진폭감쇠가 정현파 입력의 주파수뿐만 아니라 진폭으로부터 결과됨을 알 수 있었다. 입력진폭으로 인한 감쇠와 위상지연은 비선형요소임을 나타낸다.* 우리가 보았던 입출력 특성이 일반적인 비선형성을 잘 나타내 줌을 보아왔고, 이 사실은 테스트 절차를 제안한다.

일단 입력 및 출력이 규명되면, 그림 10-42a에 나타낸 바와 같이 구성요소는 "블랙 박스"로 표시될 수 있다. 근사적인 수학적 묘사는 그림 10-42b에 나타낸 바와 같이, 입력-출력 특성(비선형성을 설명하기 위해)과 요소의 전달함수(선형 동역학을 설명하기 위해)의 연속적인 배치로 합성될 수 있다. 구성요소의 비선형 및 선형 성질은 너무 흩어져 있어 집중적 표현이 가능하지 않다. 그러나 이 근사가 대강이지만 더 적당한 모델이 알려져 있지 않다고 하면 이러한 표현은 가정되어져야 한다.

---

* 위상지상뿐만 아니라 진상이 비선형성에서 가능함을 주목하는 것은 흥미롭다. 예를 들어, 백래시는 90° 위상지연까지 줄 수 있다. 그러나 루프의 피드백 경로에 백래시가 있다면, 폐루프 응답은 저주파수에서 입력진폭에 따라 90°까지의 위상앞섬(phase lead)을 산출하는 그림 10-1h에 나타낸 특성을 갖을 것이다. 10-8절의 Case a는 위상앞섬을 제공하는 비선형성의 다른 예이다.

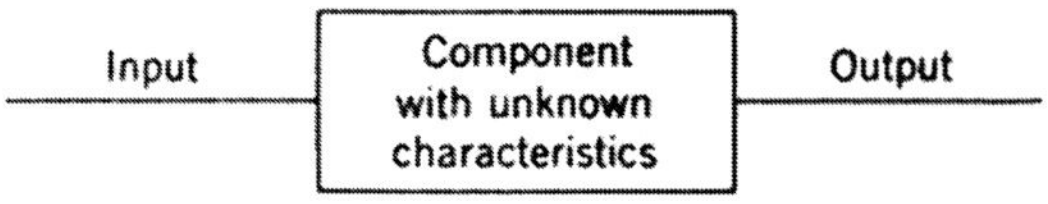

(a)

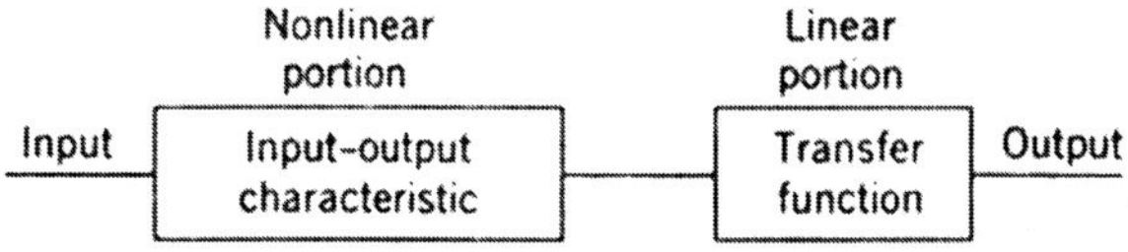

(b)

그림 10-42 (a) 구성요소의 블록 표현; (b) 구성요소의 근사 수학적 표현

그림 10-42b에서 어느 집중이 먼저 배치되는가는 고주파 정현파 입력에 대한 출력파형으로부터 추론될 수 있다. 출력파형이 잘 필터링된다면 선형전달은 비선형특성 후 일어난다고 결론내릴 수 있다. 출력파형이 평면점, 불연속, 뾰족한 끝 및 비선형성 출력의 전형인 다른 특징을 보여준다면, 선형전달함수는 비선형특성 앞에 와야 한다는 결론을 내릴 수 있다. 수렴값이 존재하지 않는다면 구성요소의 비선형 및 선형 성질이 이산적 블록으로 집중될 수 있다는 가정은 의심스러워진다.

구성요소의 입력-출력 특성은 주의를 기울여 측정되어야 한다. X-Y기록계 상의 연속적인 데이터 그래프는 좋은 결과를 위해 추천된다. 선형 동역학이 출력에 영향을 주지 않도록 저주파수 입력 정현파가 사용된다. 큰 입력진폭은 존재하는 백래시 또는 불감대역을 숨길 수 있기 때문에 작은 입력진폭을 사용하는 것이 중요하다. 그러나 큰 입력은 포화 한도를 설정하는 데 필요하다.

출력에 미치는 비선형성 영향을 분리할 수 없기 때문에, 선형전달함수의 측정은 어렵다. 이것은 전기유압 서보밸브와 같은 많은 요소가 선형 동역학이 위상지연이 없음을 나타내는 저주파수에서 위상지연을 보이는 이유이다. 상당히 좋은 결과는 작은 입력에서 지배적인(예: 불감대역, 백래시) 비선형성을 없앨 만큼 크고, 그러나 큰 입력(예: 포화)에서 효력이 발생되는 비선형성을 만나지 않을 만큼 작은 정현파 입력 진폭을 사용하여 얻을 수 있다. 이들 한도 사이의 입력으로 주파수를 넓게 변화시키면 점근선 기울기를 사용하여 근사되는 전달함수를 얻을 수 있는 주파수 응답이 제공될 것이다. 다시, 주파수응답의 게인 및 위상의 연속적인 데이터 그래프가 권장된다.

많은 시행착오의 실행뿐만 아니라, 입력진폭과 주파수의 약간의 조정은 이 시험에서 일반적으로 높은 신뢰 수준을 갖는 결과를 얻는 데 필요하다.

10-10 리밋사이클 진동의 고장해결

이 장에서 어떤 알려져 있는 비선형성이 불안정 문제를 일으킬 것인지에 대하여 논의하였다. 그러나 신중한 설계에도 불구하고 시스템은 종종 진동하며, 문제는 이유를 알아내는 것이다. 체계적인 접근 방법을 사용하지 않는다면 진동의 원인을 찾는 것은 많은 시간과 비용이 든다.

루프 내에서 모든 신호가 리밋사이클 주파수로 진동하기 때문에, 원인을 추적하는 것이 불가능하다. (강제진동보다 자려진동을 가정하고 있다.) 초기에 단순한 원인이 존재하지 않음을 인식하는 것이 상당히 중요하고 필수적이다. 불안정 루프가 되도록 루프 구성요소의 동역학이 결합되기 때문에 자려진동이 튀어나온다. 루프가 어떤 점에서 끊어진다면 진동은 멈출 것이다. 루프에서 하나 또는 그 이상의 요소들의 정적 또는 동적 특성의 수정은 루프가 안정되게 할 것이다. 리밋사이클 진동은 전체 루프의 특성이기 때문에, "나쁜(bad)" 요소와 같은 것은 없다. 그러나 구성요소가 루프에서 더 리밋사이클을 쉽게 일으키는 백래시와 같은 특정한 특성을 갖는 것은 상당히 가능한 일이다. 이런 관점에서 구성요소가 "나쁜(bad)"으로 선언될 수 있다. 그러나 진동은 개별 요소가 아닌 구성요소의 조합에 기인한다. 따라서 리밋사이클 진동은 시스템 문제로 간주되어야 한다. 이 절의 목적은 리밋사이클 진동 문제를 해결하는 데 유용하다고 판명된 기술을 설명하는 것이다.

리밋사이클 문제를 해결하는 첫 번째 단계는 서보루프의 수학적 블록선도를 얻고 안정도를 설정하기 위해 나이퀴스트 또는 Routh의 안정도 판별법을 사용하는 것이다. 안정도는 피드백 제어시스템에 기본적인 성능 제한이며 설계하다 보면 종종 불안정영역으로 들어간다. 게인상수와 우세 시정수를 사용하는 기초적 분석은 가끔 충분하다. 말할 필요도 없이, 해석은 테스트 결과와 차이를 논하기 전에 루프가 안정함을 보여야 한다. 단순한 게인 감소는 종종 루프를 안정화시킬 것이고 어려운 경우에 수행할 수 있는 모든 것이다. 복잡한 시스템에서 안정도를 해석하는 것은 불가능할 것이다. 시험과 고장해결은 유일한 수단이며, 체계적이고 합리적인 기술이 사용되어야 한다.

리밋사이클 문제 해결의 두 번째 단계는 진동하는 루프를 파악하는 것이다. 두 가지 사실이 이 작업을 돕는다. 루프가 오픈될 때 루프는 진동을 중지하기 때문에 최고 바깥 루프에서 시작하여 내부 루프로 불안정 루프를 판별하기 위해 차례로 하나씩 루프를 끊으면서 작업해 들어온다. 불안정 루프에 대한 또 다른 단서는 진동의 주파수이다.

루프는 교점주파수보다 낮은 주파수에서 진동하는 경향이 있다(릴레이형 서보는 제외). 따라서 저주파수에서 주요 제어루프가 불안정한 반면, 고주파수 진동은 내부 루프 또는 구성요소의 불안정을 나타낼 것이다. 알려진 공진주파수를 갖는 진동의 주파수 비교, 특히 진동의 모드 형상은 또한 도움이 될 것이다. 일단 진동루프가 결정되면, 그 후 루프 주위 사건의 순서가 추적되어야 하고 모든 물리적 변수들이 규명되어야 한다. 루프의 블록선도가 작성되어야 하고 가능하다면 안정도 해석이 행해져야 한다.

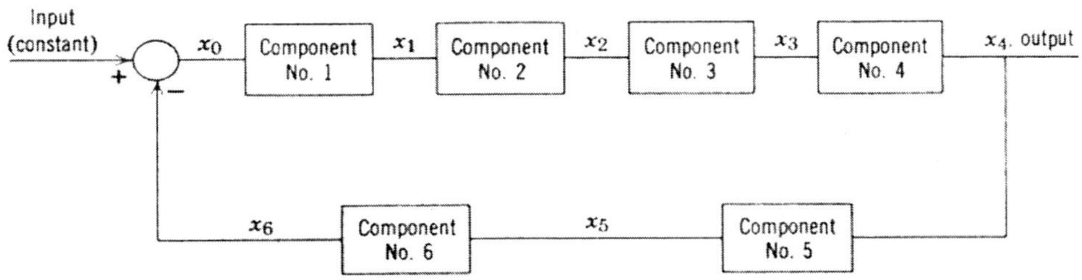

그림 10-43 불안정한 제어루프

불안정한 루프의 블록선도가 그림 10-43에 표시되었다고 가정하라. x_6에서 x_0까지 모든 물리적 변수는 리밋사이클 주파수에서 주기적인 방식으로 진동하고 있다. 일부 파형은 정형파이지만 다른 것은 아니다. 이것은 비선형성의 존재를 나타낸다. 지금 문제는 이 특정한 루프가 진동하는 이유를 규명하는 것이다.

이 고장해결 과정에서의 세 번째 단계는 리밋사이클로 진동하는 루프의 총 위상지연이 360°이고 루프 게인은 정확히 1이라는 사실에 기반을 두고 있다. 마이너스 피드백의 신호 반전은 -180°을 주기 때문에, 그림 10-43에서의 x_0에서 x_6까지의 루프 요소들은 위상지연이 정확히 -180°가 되어야 한다. 위상 지연이 -180°보다 크거나 작다면, 리밋사이클 진폭은 증가하거나 감소할 것이다. 위상지연이 정확히 180°일 때 일정한 리밋사이클 진폭에 도달한다.(참고: 10-2절) 이 사실은 체계적인 실험 절차를 제안한다. 루프가 진동할 때 루프 내의 여러 개의 신호를 측정하여 기록하라. 즉, 그림 10-43의 x_2, x_4와 x_6. 루프 내의 다양한 요소에서의 위상지연은 리밋사이클의 이 시험기록으로부터 얻어질 수 있다. 그리고 이 값들은 리밋사이클 주파수에서 계산된 이론값과 비교된다. 따라서 비정상적으로 큰 위상지연을 초래하는 구성요소는 즉시 식별될 수 있다.

예를 들어, 기호 반전을 제외한 50° 위상 지연이 x_4에서 x_2사이에서 예상되어진다고 가정하자. 이것은 시험에서 자세히 증명된다. 루프가 진동하기 때문에 x_2에서 x_4까지 위상지연은 130°이어야 하며, 이것은 시험기록과 연관되어야 한다. 구성요소 No. 3는 전기유압 서보밸브이며, 구성요소 No.4는 유압모터라고 가정하자. 리밋사이클 주파수가 서보밸브와 모터부하의 동역학에 따른 위상지연은 무시할만큼 충분히 낮다고 가정하자. 이러한 조건에서 유압모터의 적분기로 인한 90° 위상지연은 x_2에서 x_4사이에 예상될 것이다. 시험 기록은 130°의 지연을 보여주기 때문에 이들 두 구성요소는 리밋사이클의 원인으로 규명된다. 과도한 지연이 서보밸브로 인함이지 아니면 유압모터 부하로 인함인지를 결정하기 위해서 아마도 서보밸브 스풀위치인 x_3를 계측하고 기록해야 한다. 이 시험이 서보밸브를 통하여 40° 지연을 보인다고 가정하면, 이 구성요소는 바람직하지 않다. 지금 질문은 "왜 이 구성요소가 과도한 위상지연을 초래하는가"이다. 그 답은 구성요소의 선형 동역학이 아니고, 백래시와 같은 비선형성이다. 리밋사이클 신호파형은 포함된 특정한 비선형성에 관한 귀중한 단서를 제공한다. 불감대와 포화, 백래시, 또는 히스테리시스를 갖는 구성요소의 출력파형은 기꺼이 구별된다.

루프의 여러 점에서 리밋사이클을 기록하고 이들 점 사이의 위상지연을 비교하는 기술은 물리적 변수들이 쉽게 규명되거나 측정될 수 있기 때문에 많은 구성요소를 갖는 복잡한 시스템에서 잘 작동한다. 진동하는 루프를 규명하거나 포함된 양들을 측정하기 어렵기 때문에 구성요소의 불안정을 해결하는 데 있어서 이것은 효과적으로 사용될 수 없다.

많은 경우에 구성부품의 전달함수를 얻기 위해 루프를 잘라서 정현파 신호를 주입함으로써 리밋사이클의 고장해결을 시도하고 있다. 그리고 이들 측정된 전달함수는 이론결과와 비교된다. 그리고 차이가 주목된다. 그러나 우연히도 주입된 신호진폭은 리밋사이클의 것보다 훨씬 커서 백래시와 같은 리밋사이클 발생에 중요한 비선형성을 없애버린다. 리밋사이클 신호를 직접 측정하여 추론하는 것이 훨씬 낫다. 이들 신호 레벨은 낮고 기록을 위해 증폭되어야 하지만, 위상 정보만 필요하기 때문에 진폭 보정은 필요하지 않다.

기술된 고장해결기술은 다른 용도로도 유용하다. 서보시스템이 설계되고 만들어지고 시험된 후, 게인이 안정 한계를 넘어 증가된다면 리밋사이클 문제를 예측하고 시스템이 왜 그리고 어떻게 진동하는가를 알아내는 것이 바람직하다. 안정된 값 이상으로 게인을 증가시키고 루프 내의 여러 점을 기록하면 리밋사이클 결과의 시험 기록은 중요한 비선형성과 요소를 결정하기 위해 해석될 수 있다. 이러한 방식으로 시스템의 안정도에 관한 중요한 데이터를 얻을 수 있다.

저자의 경험에 따르면 리밋사이클 진동이나 다른 과도 문제가 시스템의 몇 가지 기본적인 물리적 특성으로 추정될 수 있어서 상대적으로 간단히 설명되었다. 더 많은 동역학 원천을 고려하면서 시스템의 선형 부분에 대한 "보다 철저한" 해석은 시스템의 차수를 3차에서 아마도 10차로 증가시킬 것이다. 그러나 보통 이러한 문제에 새로운 해명을 주지는 못한다. 일반적으로 비선형을 포함한 간단한 인수는 대부분 시스템의 문제를 설명하기에 충분하다.

고려해야 할 또 다른 요인은 시스템의 유형이다. 루프에 적분을 갖는 시스템인 1형 시스템은 단지 하나의 파라미터인 속도상수의 충분한 감소로 인하여 안정화될 수 있기 때문에 본래적으로 아주 양호한 안정 특성을 갖고 있다. 저주파수에서 보드선도의 -1 기울기는 교점주파수가 이상적인 상황인 -1 경사에서 생기도록 게인을 감소시킨다. 실제로 적분은 루프 동역학을 장악하고 안정도 묘사를 지배하는 큰 저주파수 지연으로 작용한다. 속도상수가 충분히 낮다면 다른 시스템 동역학과 무관한 건전한 교점주파수를 갖는 이와 같은 1형 서보의 속성은 보통 0 위치오차의 장점만큼 중요하다.

0형 서보루프는 매우 다른 문제이다. 교점주파수는 루프게인에서 만나게 되는 지연과 앞섬, 이차항의 조합으로부터 결과된다. 루프 동역학이 단순지연에 의해 지배된다면, 좋은 안정도가 달성될 수 있다. 많은 0형 루프에서 안정성을 보상하거나 제어하기 위해 단순지연을 삽입하는 것이 바람직하다(8-4절 예제 참고).

0형 시스템과 1형 시스템은 그들의 내재적 안정성 특성에 있어서 크게 차이가 있으며 이 사실은 문제를 진단하는데 유용할 수 있다는 것을 깨닫는 게 중요하다. 실용적인 관점에서 2형 시스템은 기본적으로 불안정(참조: 8-3절의 조건부안정 루프 참조)하고 안정시키기 위해 많은 노력을 필요로 한다. 이 절을 닫으면서 유압제어시스템에서 진동의 더 일반적인 경우에 대하여 목록으로 만드는 것이 유용할 것이다.

1. **선형 동역학으로 인한 불안정** — 루프의 선형 동역학은 나이퀴스트 와/또는 Routh의 조건을 충족하지 않을 것이다. 세 개의 특별한 경우는 과도한 루프 게인과 유압 고유진동수보다 큰 대역폭, 무시할만 하다고 생각되는 구조적인 공진의 출현이다.

2. **백래시로 인한 불안정** — 대부분의 요소가 어느 정도 가지고 있는 이 비선형성은 입력 진폭에 따라 위상지연의 90°까지 추가할 수 있으며, 루프에서 유용한 위상여유를 흡수하여 불안정을 초래할 수 있다. 보통 위상여유가 60°보다 적을 때 진상-지상 보상된 서보에서 특별히 심각하다.

3. **유연 구동에 가해지는 정적과 쿨롱마찰 부하로 인한 불안정** — 10-8절 c 경우에서 설명된 이 비선형성은 모든 1형 서보루프에 리밋사이클을 야기시킬 수 있다. 출력의 파형은 삼각형이며

주파수는 낮다.

4. **퇴사(silting)에 인한 불안정** — 밸브의 퇴사는 출력에서 주기적인 저크를 발생시킬 수 있다. 서보밸브가 퇴사로 막힐 때 루프게인은 감소하고 서보는 제어를 잃는다. 액추에이터는 오차를 발생시키면서 위치로부터 서서히 움직인다. 오차가 밸브를 충분히 열 때 토사의 댐은 뚫리고 입자들이 밖으로 내보내진다. 루프 게인은 회복되고 출력은 제어되는 위치로 갑자기 복귀한다. 서보밸브에 토사가 다시 쌓이고 사이클은 반복하지만 주기는 일정치 않다. 이를 막기 위해서는 디더와 깨끗한 오일을 사용해야 한다.

5. **게인 특성의 활성화로 인한 불안정** — 원형 포트가 있는 서보밸브와 오버랩 서보밸브는 특정 출력속도 이상에서 서보 불안정을 일으킬 수 있는 증가하는 유량게인 특성을 제공한다.

6. **과도감쇠 유압공진으로 인한 불안정** — 유속이 높을 때 서보밸브는 과도감쇠가 될 수 있는 유압공진에서의 감쇠를 증가시킨다. 이차의 선형 요소 중 하나의 절점 주파수가 낮은 값을 갖고 위상 여유가 낮고 특정 출력 속도보다 위에 있는 진상-지상 보상된 위치제어시스템의 불안정으로 귀착될 수 있다.

7. **스틱 슬립 현상으로 인한 불안정** — 유연 구동이라면 정적 및 쿨롱 마찰 부하는 출력 액추에이터의 반복되는 교착과 미끄러짐을 발생시킬 수 있다(265페이지 각주 참조). 이 불안정은 특정한 임계속도 아래에서 움직이는 동안만 일어나고 그 진동파형은 톱니 형태이다.

8. **공기 함유로 인한 불안정** — 유압작동유에 함유된 공기는 유압공진이 선형시스템의 불안정을 야기시킬 정도로 충분히 낮도록 체적탄성계수를 낮출 수 있다. 갇힌 공기는 적절한 통로 설계에 의해 뺄 수 있다(2-5절 참고).

9. **유압 관로로 인한 불안정** — 유압 관로의* 1/4 길이 주파수는 토크모터에서의 구조적인 공진이나 서보밸브에서의 유압 고유진동수와 일치할 수 있으며 진동의 원인이 될 수 있다(7-6절 참조). 관로는 종종 진동 문제에 연루되어 있고 그들의 매우 높은 주파수로 규명될 수 있다. 관로 길이나 다른 직경의 관로들을 합계 조립하는 등의 물리적 변화는 관로 고유진동수를 변화시킬 수 있고 유용한 보정 기술이다.

10. **유동력에 의한 불안정** — 구동원 밸브가 충분히 강하지 않다면 스풀밸브에 가해지는 정상상태 유동력은 불안정을 야기시킬 수 있다. 이 현상은 1단 전기유압 서보밸브에서 특히 분명하다(7-3절 참고). 감쇠 길이가 불안정할 경우 과도(천이) 유동력은 스풀밸브를 잡아당길 수 있으며 진동 문제를 야기하는 것으로 알려져 있다.

11. **압력 컨트롤 밸브에 의한 불안정** — 압력릴리프밸브와 감압 및 압력보상유량제어밸브는 종종 유압제어회로나 서보에 나타나는 고주파 진동을 보인다.

12. **유연한 설치로 인한 불안정** — 액추에이터의 토크나 힘이 액추에이터가 설치되어 있는 구조에 대한 반발력으로 생성됨을 분명히 해야 한다. 인근 지지 구조물이 유연하다면 구조의 동특성이 제어루프에 나타나고 대개 구조의 진동 모드에 상응하는 주파수에서 불안정을 야기시키는

---

* 한쪽 끝은 열리고 다른 한쪽은 닫힌 유압 라인의 기본 고유진동수(1/4 파장 주파수)는 $f = c/4L$ cps이다. 여기서 c는 유체 속의 음속(in./sec)이며 L은 라인 길이(in.)이다. 광물성 작동유에 대하여 $c = 113.5\sqrt{\beta_e}$ 이다. 여기서 β_e는 유효 체적탄성계수(lb/in.^{2})이다.

것이 가능하다. 이들이 단단한 구조물에 견고히 장착되어 있지 않다면 이와 같은 진동이 때때로 서보밸브에서 발생할 것이다.

13. **유압동력공급의 불안정** — 일정압력 동력공급 장치는 정용량형 펌프와 압력을 제어하기 위해 릴리프밸브를 통한 오일 바이패스를 사용하거나 압력을 제어하기 위해 가변용량형 펌프의 스트로크를 조절할 것이다.

두 경우에서 불안정은 릴리프밸브나 스트로크 조절 메커니즘의 고유진동수에서, 공급원에 부착된 부하에 따라 발생할 수 있다. 공급 관로의 오일 체적은 때때로 특별히 중요하다. 축압기는 여기에 체적을 추가하기 때문에 공급압력의 진동 원인이 될 수 있다. 또한, 공급 관로 길이는 도관 공진이 릴리프밸브나 스트로크 제어 메커니즘과 일치하고 지속적인 진동의 원인이 될 수 있다.

14. **강제 진동** — 펌프와 모터, 기타 장치들은 유압 액추에이터의 출력에 나타나는 베인이나 피스톤 주파수에서 맥동을 야기시킨다. 축압기와/또는 교축은 이들 바람직하지 않은 맥동을 줄이기 위해 종종 사용된다.

참고문헌

[1] Linebarger, R., and R. Brennan, "Digital Simulation for Control System Design," *Instruments &: Control Systems*, October 1965, 147-152.

[2] Grabbe, E. M., S. Ramo, and D. E. Wooldridge, *Handbook of Automation, Computation and Control*, vol. 1. New York: Wiley, 1958, Chapter 25.

[3] Gibson, J. E., *Nonlinear Automatic Control*. New York: McGraw-Hill, 1963.

[4] Neal, C. B., and D. B. Bunn, "The Describing Function for Hysteresis," 1964 *Joint Automatic Control Conf.* (JACC).

[5] Tou, J., and P. M. Schultheiss, "Static and Sliding Friction in Feedback Systems," *J. Appl. Phys.*, **24**, No. 9, September 1953, 1210-1217.

[6] Silberberg, M. Y., "A Note on the Describing Function of an Element with Coulomb, Static, and Viscous Friction," *Trans. AIEE*, **75**, Pt. 2, 1956, 423-425.

[7] Merritt, H. E., and J. T. Gavin, "Friction Load on Hydraulic Servos," *Proc. NatJ. Conf. Indl Hydraulics*, **16**, 1962, 174-184.

[8] Merritt, H. E., and G. L. Stocking, "How to Find When Friction Causes Instability," *Control Engineering Magazine*, December, 1966.

[9] Singh, B. R., "Study of Critical Velocity of Stick-Slip Sliding," *ASME Trans.*, *J. Eng. Ind.*, 1960.

제11장 압력과 유량제어밸브

서보밸브는 유압서보시스템의 유량 및 압력제어의 주요 구성요소로 논의되어 왔다. 그러나 다른 밸브들은 유압동력의 생성 및 사용에서 또한 반드시 필요하다. 이들 밸브들은 폐루프 유압제어에서 보조적인 기능을 제공한다. 그들은 모바일 및 산업기계 유압회로에 사용되는 액추에이터의 개루프제어에 주로 사용되어진다. 이 장의 목적은 주로 피드백을 사용하고, 따라서, 서보루프를 구성하는 이러한 밸브들에 관하여 논의한다.

11-1 밸브의 기능적 분류

밸브는 예를 들어 릴리프밸브와 같이 기능에 따라 분류되거나, 또는 예를 들어 스풀밸브와 같이 밸브의 구조특성(5-1절 참조)에 따라 분류된다. 밸브의 많은 종류가 주로 기능에 따라 분류된다. 기능적으로 대략 3가지로 분류된다: 방향제어밸브, 압력제어밸브 및 유량조절밸브.

방향제어밸브는 특정 선택된 통로를 통한 흐름을 막거나 연결시킨다. 이들은 적어도 주요기능으로 유량이나 압력을 조절하지 않고 단순히 스위칭 기능을 수행한다. 따라서 그들은 보통 2~3개의 밸브위치를 갖고 있다. 이러한 밸브는 보통 스풀형 구조를 사용하고 수동 조작이나 기계적, 유압적, 공압적, 전기 또는 보다 작은 밸브로부터 파일럿 조작될 것이다. 2방, 3방, 4방 밸브들이 일반적이다. 방향제어밸브의 예는 체크밸브와 솔레노이드로 작동되는 4방 스풀밸브이다.

방향밸브는 기본적으로 열리거나 또는 닫히기 때문에 피드백 루프가 없다. 따라서 안정성 문제는 설계나 조작에 있어 발생되지 않는다. 이러한 밸브는 보통 다소 구식인 “배관 크기”로 등급되지만, 대부분의 제조업체는 정격유량에서 압력강하를 제공한다. 주된 응용인자는 정격유량과 압력강하, 수명, 최대 압력등급, 누유 및 작동시간이다.

압력제어밸브는 회로에서 압력을 조절하기 하기 위해서 사용되고, 압력릴리프밸브와 감압밸브로 세분된다. 이러한 장치는 1단(직동) (그림 11-1) 또는 2단(복합) (그림 11-7)이 될 것이다. 상시 닫힘인 압력릴리프밸브는 최대압력에서 설정 압력을 유지하기 위해 여분의 흐름을 바이패스시킨다. 상시 열림인 감압밸브는 관로에서 흐름을 교축시키므로 최소압력을 유지하기 위해 닫는다. 보통 기능에 의해 분류되는 압력제어밸브의 다른 여러 종류가 있으며, 릴리프밸브의 형상과 비슷하다.

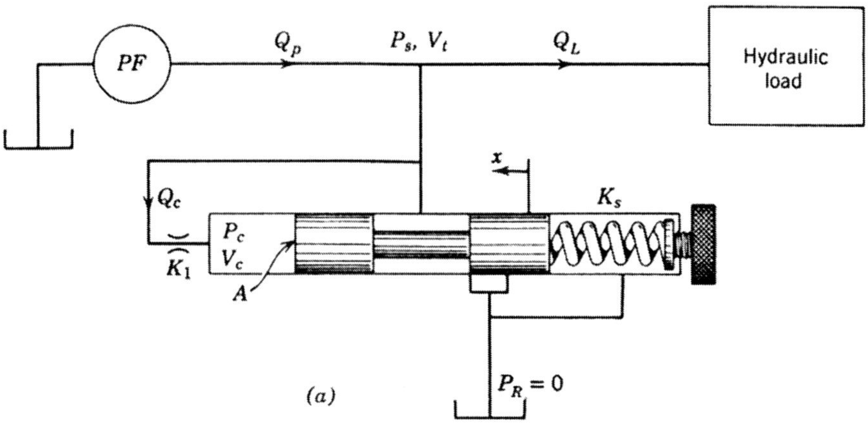

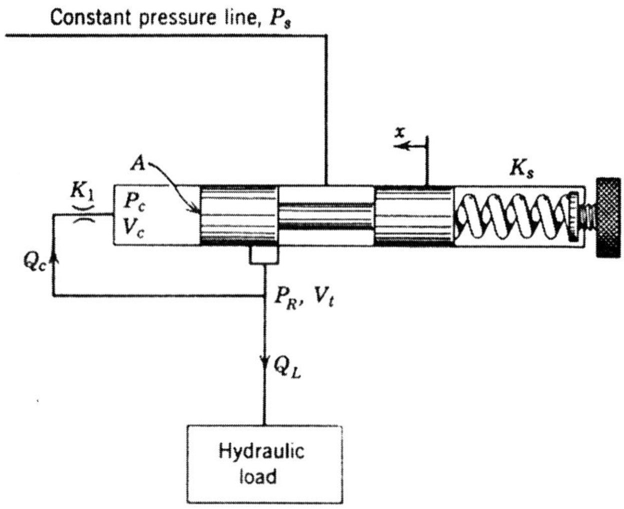

그림 11-1 1단 압력제어밸브; (a) 릴리프밸브; (b) 감압밸브

이들은:

안전 또는 과부하 릴리프밸브 ― 주된 기능이 시스템 오작동의 경우 압력을 제한하는 보통 스프링 부하되는 볼 또는 포펫형 밸브.

배압 또는 카운터밸런스밸브 ― 보통 낙하로부터 부하를 방지하기 위해 액추에이터에 일정한 배압을 유지시키는 릴리프밸브.

언로딩 밸브 ― 펌프압력을 제어하고 펌프를 무부하시키기 위해 파일럿 압력이 작용하면 열리는 릴리프형 밸브.

로딩 디바이딩 밸브 ― 직렬로 연결된 두 펌프 사이의 압력을 배분해 주는 압력제어밸브.

시퀀스밸브 ― 기본적으로 설정된 압력 레벨이 초과되면 흐름이 다른 회로에 전달될 수 있게 해주는 릴리프밸브. 이들은 두 개 또는 그 이상의 실린더의 작동순서를 제어하는 데 사용된다.

감압밸브 ― 압축된 유체의 압력이 감압되는 속도를 제어하는 압력제어밸브.

충격억제밸브 — 압력 상승의 속도가 안전한 값으로 제한되도록 흐름을 바이패스시키는 압력 제어밸브.

유량제어밸브는 회로에서 흐름을 조절하고 단순한 2방 니들밸브와 글로브, 게이트밸브에서 상당히 복잡한 조정가능한 또는 고정된 압력보상유량 제어밸브까지 다양하다. 압력보상유량 제어밸브는 오리피스에 걸쳐 일정한 압력강하를 유지하기 위해 압력제어밸브를 사용한다. 일정압력강하로 오리피스를 통한 유량은 오리피스 면적에 직접 비례하고 상류와 하류의 압력변화에 의해 영향을 받지 않는다.

유량제어밸브의 특별한 형은 다음과 같다:

분류밸브 — 하나의 흐름을 두 개 또는 그 이상의 소정의 흐름으로 분할시키는 밸브.

감속밸브 — 보통 액추에이터의 부드러운 감속을 달성하기 위해 흐름을 제어하는 캠으로 조작되는 밸브.

압력제어밸브 및 압력보상 유량제어밸브는 피드백을 사용하고 아마도 서보제어루프로 간주되는 것은 적절할 것이다. 따라서 적절한 동적설계가 안정성을 확보하는 데 필요하다. 동적 특성에 관한 지식은 이들 장치의 응용에 또한 유용하다.

11-2 1단 압력제어밸브

1단 압력릴리프 및 감압밸브의 개략도를 그림 11-1(a)와 11-1(b)에 각각 나타내었다. 두 경우 모두 제어되는 압력, 즉 릴리프밸브에 대해서는 펌프출력압력 P_s, 감압밸브에 대해서는 밸브 감압된 압력 P_R은 스풀 끝 면적에서 감지되어 설정된 스프링력과 비교된다. 힘의 차이는 설정된 값으로 압력을 유지시키기 위해 흐름을 제어하는 스풀밸브를 작동시키는 데 사용된다. 그림 11-1에 나타낸 특별한 구조는 실제 제작에 따라 다를 수도 있지만, 작동 및 동적 해석의 원리는 동일할 것이다. 감지선의 교축은 동적 성능에 중요한 역할을 할 뿐만 아니라 안정을 위해 필요하다. 이것은 모세관일 수도 있지만 보통 고정된 오리피스이다.

다음의 해석은 그림 11-1의 두 밸브에 모두 적용가능하다. 스풀의 동작을 나타내는 방정식은

$$F_0 - AP_c = M_v s^2 x + K_e x \tag{11-1}$$

여기서 F_0 = 초기 스프링력, lb

$K_e = K_s + 0.43w(P_{S_0} - P_{R_0})$ = 등가 스프링률(즉, 기계적 스프링률 더하기 유동력 스프링률), lb/in.

w = 주 오리피스의 면적구배, in^2/in.

P_s = 공급압력, psi

P_R = 감소된 압력, psi

P_c = 감지압력, psi

M_v =스풀 질량 더하기 스프링 질량의 $\frac{1}{3}$, lb-sec²/in.

A = 스풀 끝단 면적, in.²

x = 스풀 변위, in.

$\omega_m = \sqrt{\frac{K_e}{M_v}}$ =기계적 고유진동수, rad/sec

s =라플라스 연산자, sec⁻¹

감지된 압력 챔버의 선형화된 연속방정식은

$$Q_c = K_1(P_s - P_c) = \frac{V_c}{\beta_e} s P_c - Asx \quad \text{릴리프밸브에 대하여} \tag{11-2}$$

$$Q_c = K_1(P_R - P_c) = \frac{V_c}{\beta_e} s P_c - Asx \quad \text{감압밸브에 대하여} \tag{11-3}$$

여기서 $K_1 = \frac{\partial Q}{\partial P}$ =교축의 유량-압력계수, in.³/sec/psi

V_c =감지 챔버체적, in.³

β_e =유효체적탄성계수, lb/in.²

제어되는 압력 챔버의 선형화된 연속방정식은 다음과 같다.

$$Q_p - Q_L - K_l P_s - K_c P_s - K_1(P_s - P_c) + K_q x = \frac{V_t}{\beta_e} s P_s \quad \text{릴리프밸브에 대하여} \tag{11-4}$$

$$K_c(P_s - P_R) - Q_L - K_l P_R - K_1(P_R - P_c) + K_q x = \frac{V_t}{\beta_e} s P_R \quad \text{감압밸브에 대하여} \tag{11-5}$$

여기서 $K_c = \frac{\partial Q}{\partial P} = \frac{C_d w x_0 \sqrt{2/\rho}}{\sqrt{P_{s0} - P_{R0}}} = \frac{Q_0}{2(P_{s0} - P_{R0})}$ =주 오피리스의 유량-압력계수, in.³/sec/psi

$K_q = \frac{\partial Q}{\partial x} = C_d w \sqrt{\frac{2}{\rho}(P_{s0} - P_{R0})}$ =주 오피리스의 유량게인, in.³/sec/in.

V_t =압력이 제어되는 챔버의 전체 체적, in.³

Q_L =임의의 부하유량, in.³/sec

Q_p =이상적인 펌프토출유량(일정), in.³/sec

K_l =압력이 제어되는 챔버로부터 드레인으로의 누유계수(부하누유와 릴리프밸브 케이스, 펌프누유를 포함한다), in.³/sec/psi

이들 방정식들은 밸브를 정의한다. 그 중 일부를 더 유용한 형식으로 결합하자. 식 (11-2)를 P_c에 대하여 풀고 몇 가지 조작 후 식 (11-4)에 대입하면

$$\begin{aligned}(Q_p - Q_L)\left(1 + \frac{s}{\omega_1}\right) + K_q\left[1 + \left(\frac{1}{\omega_1} + \frac{A}{K_q}\right)s\right]x \\ = \left[(K_{ce} + K_1)\left(1 + \frac{s}{\omega_3 + (V_c/V_t)\omega_1}\right)\left(1 + \frac{s}{\omega_1}\right) - K_1\right]P_s\end{aligned} \tag{11-6}$$

여기서 $\omega_1 = \dfrac{\beta_e K_1}{V_c}$=감지 챔버의 절점주파수, rad/sec

$\omega_3 = \dfrac{\beta_e K_{ce}}{V_t}$=주 체적의 절점주파수, rad/sec

$K_{ce} = K_c + K_l$ =등가 유량-압력계수, in.^{3}/sec/psi

등호의 우변을 전개하고 $\omega_3/\omega_1 = K_{ce} V_c/K_1 V_t$라는 사실을 이용하면 식 (11-6)은

$$(Q_p - Q_L)\left(1+\frac{s}{\omega_1}\right)+K_q\left[1+\left(\frac{1}{\omega_1}+\frac{A}{K_q}\right)s\right]x$$
$$= K_{ce}\left[1+\frac{1}{\omega_3}\left(1+\frac{\omega_3}{\omega_1}+\frac{V_c}{V_t}\right)s+\frac{s^2}{\omega_1\omega_3}\right]P_s \tag{11-7}$$

$V_c/V_t \ll 1$ 때문에, 릴리프밸브의 경우에 대해 등호의 우변은 다음의 최종 형태로 인수화될 수 있다.

$$(Q_p - Q_L)\left(1+\frac{s}{\omega_1}\right)+K_q\left[1+\left(\frac{1}{\omega_1}+\frac{A}{K_q}\right)s\right]x$$
$$= K_{ce}\left(1+\frac{s}{\omega_1}\right)\left(1+\frac{s}{\omega_3}\right)P_s \tag{11-8}$$

완전히 유사한 방식으로 $V_c \ll V_t$이라고 가정하면, 식 (11-3)과 (11-5)는 감압밸브에 대한 다음과 같은 결과를 산출하도록 결합될 수 있다:

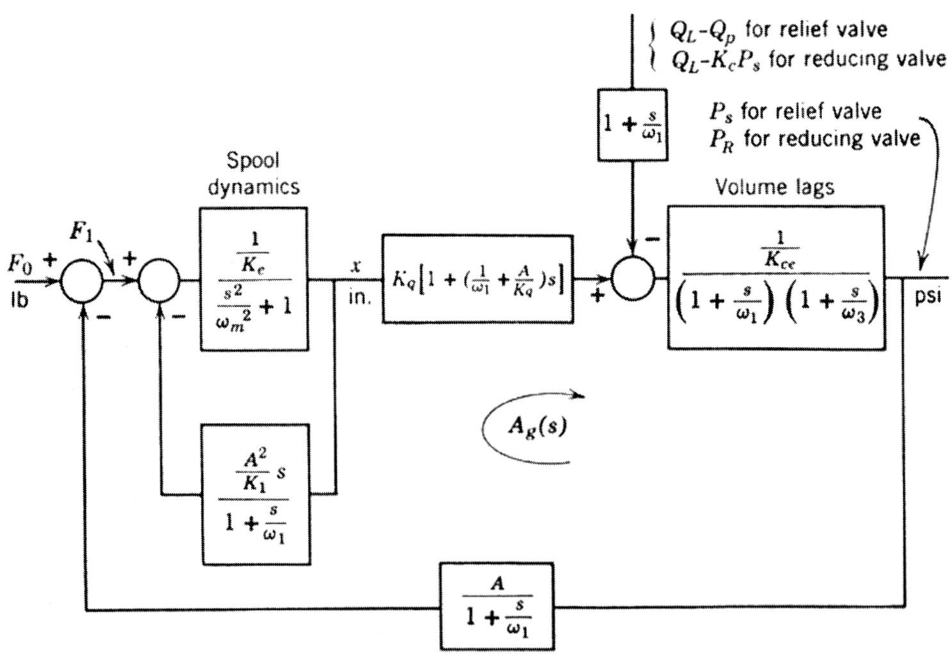

그림 11-2 1단 압력제어밸브(릴리프와 감압)의 블록선도

$$(K_c P_s - Q_L)\left(1+\frac{s}{\omega_1}\right)+K_q\left[1+\left(\frac{1}{\omega_1}+\frac{A}{K_q}\right)s\right]x$$
$$= K_{ce}\left(1+\frac{s}{\omega_1}\right)\left(1+\frac{s}{\omega_3}\right)P_R \tag{11-9}$$

식 (11-1)과 (11-2), (11-8)은 릴리프밸브를 정의하고 그림 11-2에서 블록선도를 구성하는 데 사용될 수 있다. 식 (11-2)와 (11-1), (11-3), (11-9)는 감압밸브를 정의하고 동일한 블록선도에 의해 표시될 수 있다.

감지선에 교축이 없다면, K_1은 무한한(즉, 매우 큰) 크기 일 것이다. 양$(A/K_1)s$와 s/ω_1은 0이 될 것이며, 이 경우의 루프게인 함수는 그림 11-2로부터 직접 쓸 수 있다.

$$A_g(s)\Big|_{\substack{\text{without}\\ \text{restrictor}}} = \frac{\dfrac{K_q A}{K_e K_{ce}}\left(1+\dfrac{A}{K_q}s\right)}{\left(\dfrac{s^2}{\omega_m^2}+1\right)\left(1+\dfrac{s}{\omega_3}\right)} \tag{11-10}$$

ω_3에서 지연을 효과적으로 없애는 K_q/A에서의 진상을 가정할 때, 루프게인이 ω_m에서 저감쇠된 기계적 공진에 의해 지배됨과 그림 8-20과 유사한 보드선도를 가짐을 알 수 있다. 개구점에서 매개변수 K_q와 K_e, K_{ce}의 변동과 이차 요소의 저 감쇠, -2 경사에서 발생하는 교점주파수(8-4절 참조)는 직동압력제어밸브(즉, 교축없음)의 안정도가 설계에 있어서 제어할 수 없도록 한다. 이 사실은 이들 밸브들이 종종 진동할 때 경험에 의해 알려졌고 각각의 응용에서 안정을 위해 점검되어야 한다. ω_3가 (큰 V_t를 가짐으로) 충분히 작다면 이것은 루프 동역학을 지배하고 밸브를 안정시킬 수 있다. 그러나 시행착오가 필요하다.

이들 밸브를 안정화하는 가장 효과적인 방법은 감지선에 교축을 사용하는 것이다. 이들 교축은 압력 P_C의 형성에서의 지연 때문에 밸브가 갑작스런 흐름 변화에 동기되는 동안 큰 과도압력 오버슈트가 발생할 수 있다는 단점이 있다. 그러나 대부분의 제어장치의 정확성 및/또는 응답의 일부 희생은 보통 안정을 얻기 위해 필요하며, 압력제어밸브도 예외는 아니다.

그림 11-2를 참조하면 교축이 적어도 직관적으로 감쇠를 향상시킬 스풀 동역학 주변에 속도조절형의 피드백을 야기시킬 것이다. 그러나 교축 동작은 내부 루프의 폐루프응답으로부터 잘 보여진다. 이 루프의 응답은

$$\frac{x}{F_1} = \frac{\dfrac{1}{K_e}\left(1+\dfrac{s}{\omega_1}\right)}{\dfrac{s^3}{\omega_m^2\omega_1}+\dfrac{s^2}{\omega_m^2}+\left(\dfrac{1}{\omega_1}+\dfrac{1}{\omega_2}\right)s+1} \tag{11-11}$$

여기서 $\omega_2 = \dfrac{K_1 K_e}{A^2}$ = 교축으로 인한 절점주파수, rad/sec

$\dfrac{K_h}{K_e} = \dfrac{\omega_1}{\omega_2}$ = 기계적 스프링률에 대한 유압 스프링률의 비, 무차원

$$K_h = \frac{\beta_e A^2}{V_c} = \text{감지 챔버 내에 갇힌 유체의 스프링률, lb/in.}$$

$$\omega_h = \sqrt{\frac{K_h}{M_v}} = \text{스풀 질량과 갇힌 오일 스프링률에 의한 유압 고유진동수, rad/sec}$$

3차 분모는 선형 및 이차항으로 인수화될 수 있다. 따라서 식 (11-11)은 다음과 같이 된다.

$$\frac{x}{F_1} = \frac{\frac{1}{K_e}\left(1+\frac{s}{\omega_1}\right)}{\left(1+\frac{s}{\omega_\tau}\right)\left(\frac{s^2}{\omega_0^2}+\frac{2\delta_0}{\omega_0}s+1\right)} \tag{11-12}$$

주로 3차를 인수분해하는 것은 쉽지 않다. 그러나 이 경우에 주어진 ω_2/ω_m 및 K_h/K_e의 값에 대하여 ω_r, ω_0 그리고 δ_0가 얻어질 수 있는 비교적 간단한 차트 그림 11-3과 4, 5가 유도될 수 있다. 실제 설계에서는 갇힌 오일 스프링률은 $K_h/K_e \gg 1$이도록 매우 크다.

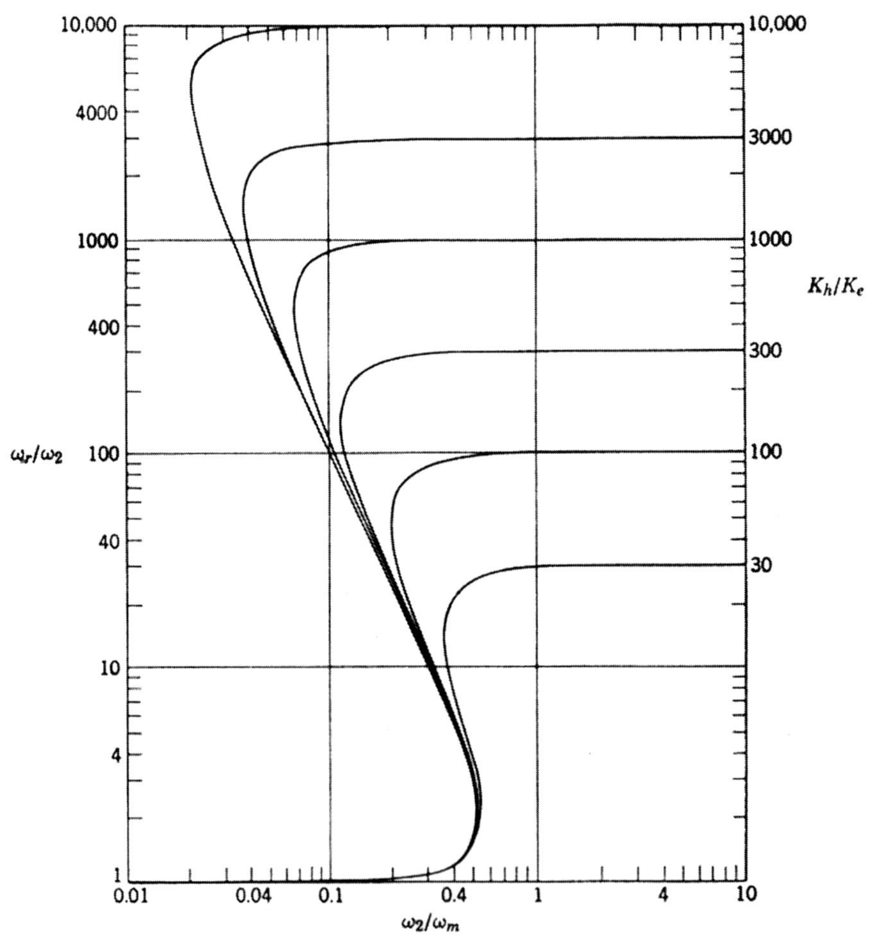

그림 11-3 압력제어밸브 3차 특성방정식 실근의 정상화 곡선

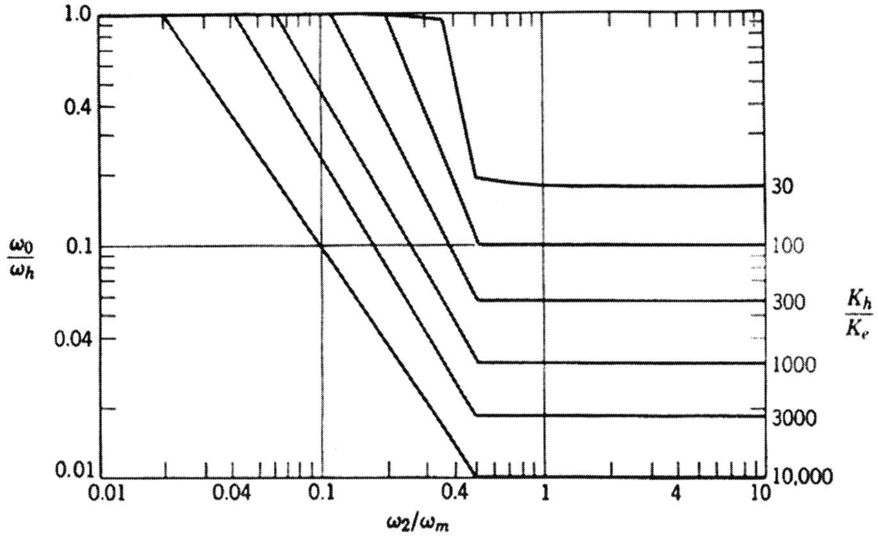

그림 11-4 압력제어밸브 3차 특성방정식 중 2차항의 고유진동수 정상화 곡선

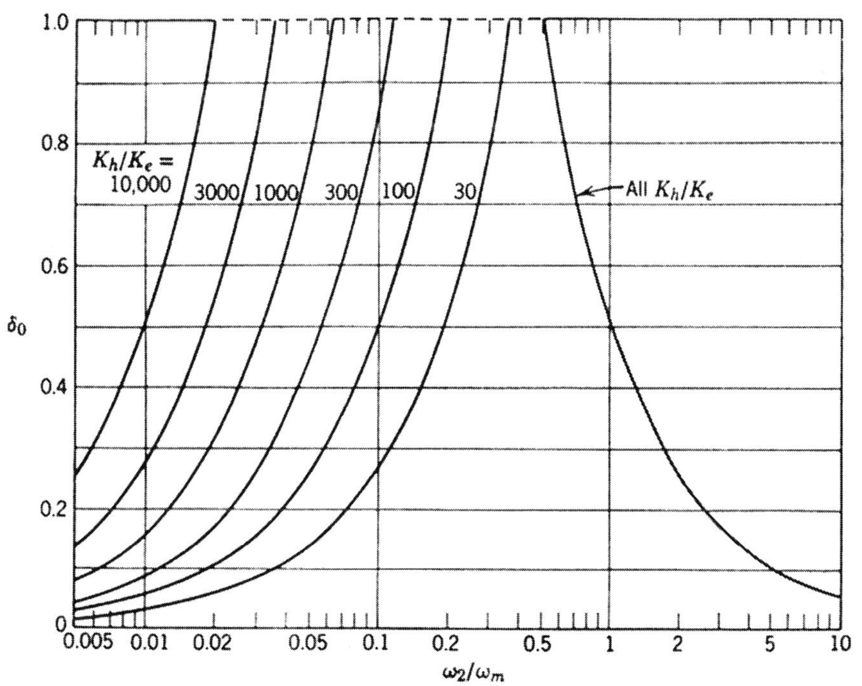

그림 11-5 압력제어밸브 3차 특성방정식 중 2차항의 감쇠비

이 조건으로 모든 3차 근들은 ω_2/ω_m의 비에 대하여 다음의 범위 내에서 실수이고

$$\frac{2}{\sqrt{K_h/K_e}} \le \frac{\omega_2}{\omega_m} \le 0.5 \tag{11-13}$$

3개의 절점 주파수는 그림 11-3으로부터 얻을 수 있다. 이 범위 밖의 ω_2/ω_m의 값에 대하여 저감쇠 2차와 선형요소가 발생한다. 가장 흥미있는 영역이 이 영역이고, 요소들에 대한 간단한 문자적 표현이 가능하기 때문에 다행이다.

$K_h/K_e \gg 1$와 $\omega_2/\omega_m \ge 0.5$에 대하여 $\omega_r = \omega_1$, $\omega_0 = \omega_m$, $\delta_0 = 1/2(\omega_m/\omega_2)$이다. 따라서 식 (11-12)는

$$\frac{x}{F_1} = \frac{\dfrac{1}{K_e}}{\dfrac{s^2}{\omega_m^2} + \dfrac{2\left(\dfrac{\omega_m}{2\omega_2}\right)}{\omega_m}s + 1} \tag{11-14}$$

그리고 그림 11-2로부터 루프게인 함수는

$$A_g(s) = \frac{\dfrac{K_q A}{K_e K_{ce}}\left[1 + \left(\dfrac{1}{\omega_1} + \dfrac{A}{K_q}\right)s\right]}{\left[\dfrac{s^2}{\omega_m^2} + \dfrac{2\left(\dfrac{\omega_m}{2\omega_2}\right)}{\omega_m}s + 1\right]\left(1 + \dfrac{s}{\omega_1}\right)^2\left(1 + \dfrac{s}{\omega_3}\right)} \tag{11-15}$$

ω_1이 크기 때문에 이 표현이 교축이 없는 경우에 대하여 식 (11-10)에서 크게 다르지 않다. 따라서 안정도는 루프 동역학이 공진에 의해 지배되기 때문에 제어하기가 어려울 것이다. 그러나 공진은 ω_2/ω_m을 약 0.5가 되도록 선택함으로써 잘 감쇠될 수 있으며, 이것은 안정도를 도울 것이다. 값에서 ω_3를 ω_m 근방으로 만드는 큰 부하체적이 불안정을 야기시킬 수 있다. 그러나 $\omega_3 \ll \omega_m$이 되도록 체적이 더 증가된다면, ω_3가 지배하고 밸브를 안정하게 할 것이다. 따라서 각 응용은 안정을 결정하기 위해 시험을 요구할 것이다.

기계적 공진에서 증가된 감쇠로 귀착되었기 때문에 우리는 $\omega_2/\omega_m \ge 0.5$은 만족스러운 설계 목표를 나타내지는 않는다는 것을 보아 왔다. $K_h/K_e \gg 1$과 $\omega_2/\omega_m \le 2\sqrt{K_e/K_h}$에 대하여 $\omega_r = \omega_2$과 $\omega_0 = \omega_h$과 $\delta_0 = 1/2(\omega_2/\omega_m)\sqrt{K_h/K_e} = 1/2(\omega_1/\omega_h)$는 아주 좋은 근사이다. 따라서 식 (11-12)는

$$\frac{x}{F_1} = \frac{\dfrac{1}{K_e}\left(1 + \dfrac{s}{\omega_1}\right)}{\left(1 + \dfrac{s}{\omega_2}\right)\left[\dfrac{s^2}{\omega_h^2} + \dfrac{2\left(\dfrac{\omega_1}{2\omega_h}\right)}{\omega_h}s + 1\right]} \tag{11-16}$$

그리고 루프게인 함수는 그림 11-2로부터 다음과 같이 써 질 수 있다.

$$A_g(s) = \frac{\dfrac{K_q A}{K_e K_{ce}}\left[1 + \left(\dfrac{1}{\omega_1} + \dfrac{A}{K_q}\right)s\right]}{\left(1+\dfrac{s}{\omega_2}\right)\left(1+\dfrac{s}{\omega_3}\right)\left(1+\dfrac{s}{\omega_1}\right)\left[\dfrac{s^2}{{\omega_h}^2} + \dfrac{2\left(\dfrac{\omega_1}{2\omega_h}\right)}{\omega_h}s + 1\right]} \tag{11-17}$$

식 (11-10)과 비교되는 몇 가지 근본적인 차이들이 지금 언급될 수 있다.

ω_m에서의 기계적 공진은 ω_h에서 훨씬 더 높은 유압공진로 대체되었다. 따라서 교축은 공진을 결정하는 데 있어서 필수적으로 기계적인 스프링을 대체하는 동적 유체 스프링을 만드는 오일체적을 가두는 역할을 한다. 더욱이 저주파수 지연이 ω_2에서 발생하고, 이것이 루프 동역학을 지배하기 때문에, 이것이 밸브를 안정화시키기 위해 교점주파수를 제어하는 데 사용될 수 있다. 진상이 효과적으로 ω_1의 지연을 없앤다고 가정하면 식 (11-17)의 보드선도는 그림 11-6으로 나타내어진다. 루프가 V_t의 모든 값에 대하여 안정하고, 따라서 부하에 매우 독립적임은 명백하다. 안정도는 심지어 매개변수 K_q와 K_e, K_{ce}의 상당한 변화에도 유지된다(ω_h가 아주 큼에 유의). 따라서 이 밸브는 잘 거동되어야 하며 응용은 특별히 임계적이어서는 안 된다.

부하유량의 증가에 대한 설정압력으로부터의 변화인 압력제어밸브의 정상상태 컴플라이언스가 종종 관심 있고 제어의 정확성을 측정하는 수단이다. 그림 11-2를 참조하면 릴리프밸브에 대하여(감압밸브에 대해서는 P_s를 P_R로 교체) 정상상태 컴플라이언스는

$$\frac{\Delta P_s}{\Delta Q_L} = -\frac{1/K_{ce}}{1 + AK_q/K_e K_{ce}} \tag{11-18}$$

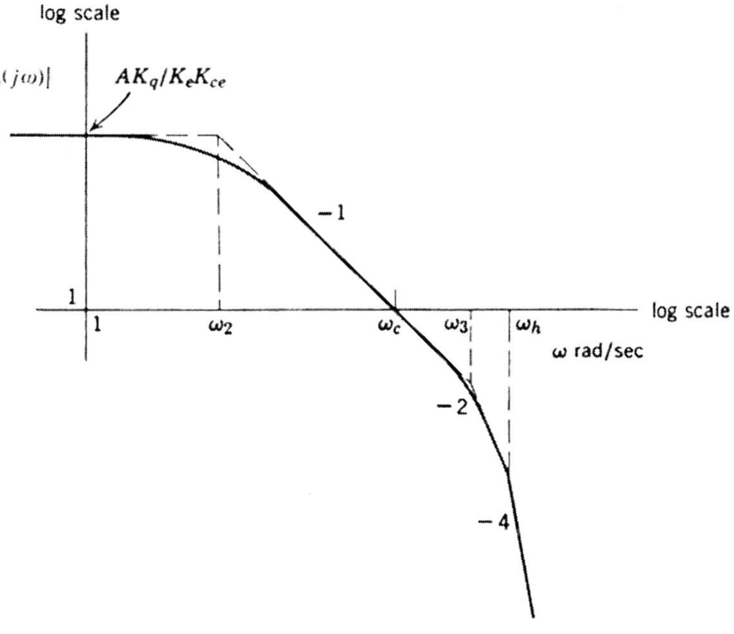

그림 11-6 안정을 얻기 위해 교축을 사용한 압력제어밸브의 보드선도

루프게인상수(AK_q/K_eK_{ce})가 좋은 설계를 위해서는 1보다 훨씬 크기 때문에, 다음과 같은 근사가 충분하다.

$$\frac{\Delta P_s}{\Delta Q_L} \approx -\frac{K_e}{AK_q} \tag{11-19}$$

작동점에 따라 K_q와 K_e의 변화(유동력에 의해)는 컴플라이언스를 어느 정도 변경시킨다. ω_h와 ω_1이 매우 크기 때문에 식 (11-17)은 다음과 같이 근사될 수 있다.

$$A_g(s) \approx \frac{AK_q/K_eK_{ce}}{(1+s/\omega_2)(1+s/\omega_3)} \tag{11-20}$$

이들 두 개의 지연은 밸브 동역학을 지배하고 설계 고려사항을 요구한다. 설계 과정은 다음과 같을 것이다:

1. 압력 및 유량의 정적 요구사항을 만족시키는 밸브를 대략적으로 배치하라. 그림 11-1에 있는 것과 같은 안정화시키는 감쇠길이가 사용되어야 한다. K_h/K_e와 ω_m, ω_h에 대한 예비값은 레이아웃에서 계산될 수 있다.
2. 교축은 다음이 만족되도록 크기가 정해져야 한다.

$$\omega_2 \le 2\omega_m\left(\frac{K_e}{K_h}\right)^{1/2}$$

실제 교축의 크기는 K_h/K_e가 감소되도록 요구할 것이다. 이것은 ω_h를 낮추는 단점을 갖는다.

3. 정적 컴플라이언스를 계산하고 사양과 비교한다.
4. ω_1이 이제 계산될 수 있으며 ω_3에 대한 값이 응용 데이터를 사용하여 얻어질 수 있다. 식 (11-17)의 보드선도가 그려진다. 안정도는 모든 예상되는 작동점과 부하 조건에서 확인되어야 한다.

수정된 레이아웃에 따라 이 절차의 일부 반복은 최종 설계에 도달하기 위해 요구되는 것은 의심할 바 없다. 주 오리피스의 베벨링 또는 노칭은 종종 유량게인 K_q를 감소시키기 위해 요구된다.

직동(즉, 안정화 교축없이)압력제어밸브는 갑작스러운 유량 요구에 신속하게 대응하지만, 안정성과 압력제어 정확도에서 떨어진다. 빈약한 안정도 특성은 이들 밸브로 하여금 휘파람 소리 또는 비명 소리, 채터링의 형태로 소음을 만들어 내기 쉽게 한다. 교축의 사용은 안정성과 정확성을 향상시키지만, 부하흐름의 급속한 변화에 큰 압력 오버슈트와 느린 응답의 벌점을 갖는다. 2단 장치는 최고의 안정도와 정확도 특성을 갖는데, 이는 다음 절에서 설명된다.

11-3 2단 압력제어밸브

넓은 유량 범위에서 정확한 압력제어, 즉 낮은 정상상태 컴플라이언스는 보통 2단 제어밸브(그림 11-7)를 요구한다.

이들 밸브는 파일럿작동 또는 복합이라고 한다. 메인밸브가 스풀형인 반면에 파일럿 부분은 보통 스프링 부하되는 포펫이다. 파일럿밸브는 주 단으로부터 멀리 떨어져 위치할 수 있다. 이들 밸브는 정확한 압력제어 기능을 제공하지만, 이들은 더 느린 응답을 갖고 오염된 작동유로 막힘에 더 민감하다.

그림 11-7을 참조하면 주 오리피스는 고정 오리피스를 통한 흐름이 파일럿 포펫을 열기에 충분한 값으로 압력 P_1을 형성시키기까지는 메인 스풀에 가해지는 가벼운 설정 스프링에 의해 닫힌 채로 유지된다. 복귀관로로 흐름을 허용하면서 파일럿밸브가 열리면 압력강하가 고정 오리피스를 통하여 발생한다. 주 스풀을 통한 힘의 불균형은 주 오리피스를 연다. 그러면 흐름은 공급압력이 파일럿 스프링에 의해 설정된 값으로 유지되는 그런 방식으로 복귀관로로 바이패스된다. 2단 압력제어밸브에 대한 다른 구성이 있고 각각의 속성은 설정되지 않아서 연구할 가치가 있다.

이들 2단 밸브들은 그들의 작동에 대한 실제적이고 유용한 해석이 부족하기 때문에 경험과 시행착오로 설계되었다. 그러나 이것은 많은 다른 유압 제어 구성요소에서도 같은 상황이다. 이러한 연구가 수행되어야 하며 유압동력 실험실을 가진 대학에 도전을 제공한다.

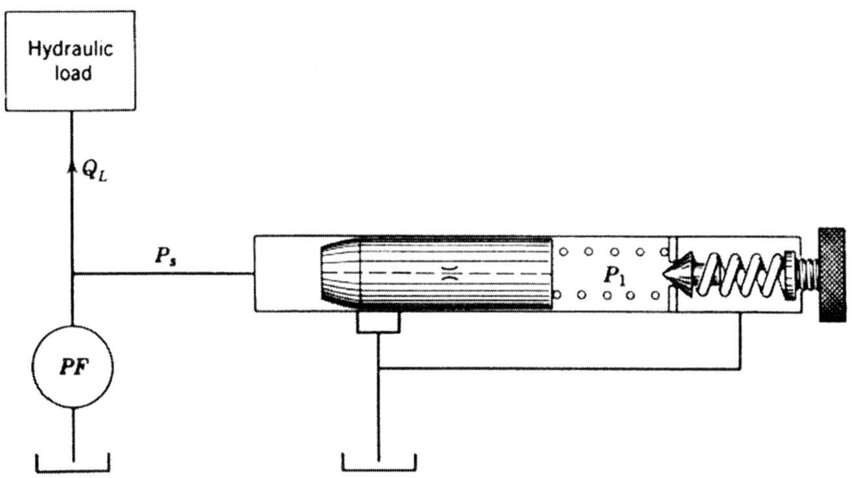

그림 11-7 2단 압력릴리프밸브

11-4 유량제어밸브

많은 유압회로에서 유량제어는 간단한 조절가능한 니들이나 글로브, 게이트형 밸브를 사용하여 수행된다. 어떤 경우에 이 밸브들은 유압 액추에이터의 속도를 조절하는 데 사용된다. 그러나 액추에이터에 작용하는 부하변동은 밸브를 통한 압력강하의 변화를 야기시키고 이는 결과적으로 유량의 변화를 따라서 액추에이터의 속도를 바꿀 것이다. 대부분의 경우 이러한 속도 변화는 인정된다. 오리피스를 통한 흐름은 압력의 제곱근에 따라 변하기 때문에, 오리피스는 본질적으로 상당히 좋은 유량 조절기이다.

정확한 유량제어가 요구될 때 압력제어밸브를 사용하여 유량 미터링 오리피스를 통한 일정 압력강하를 유지할 필요가 있다. 이러한 압력보상 유량제어밸브의 두 종류는 그림 11-8에서와 같이 구별될 수 있다. 일반적인 유형(그림 11-8a)에서 압력제어밸브 스풀은 미터링 오리피스를 통한 일정한 압력강하를 유지하기 위해 인라인 흐름을 제한한다. 다른 종류(그림 11-8b)는 일정한 압력강하를 유지하기 위해 유량을 바이패스시킨다.

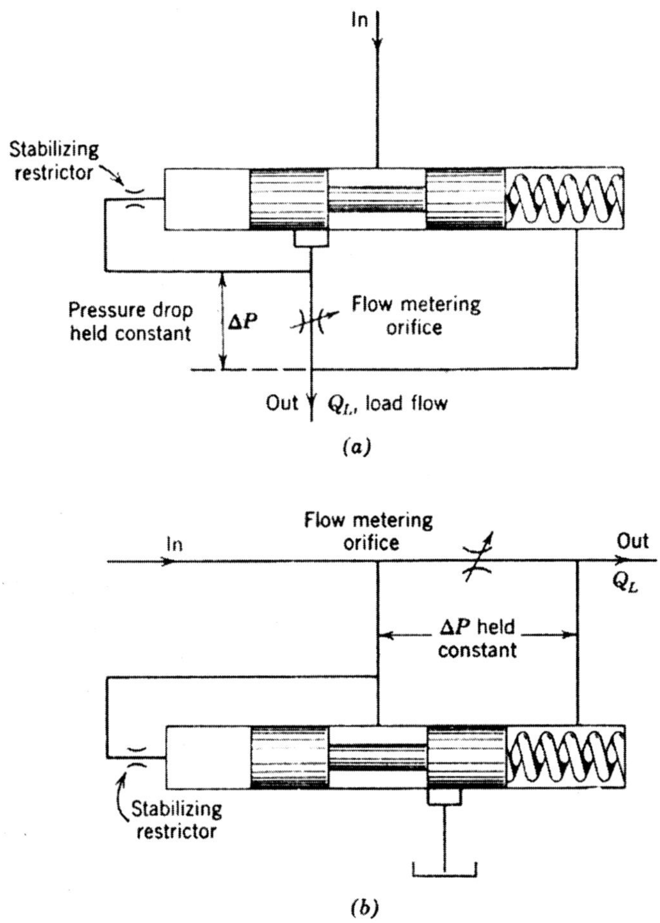

그림 11-8 압력보상된 유량제어밸브: (a) 교축형; (b) 바이패스형

유량 미터링 오리피스를 통한 일정한 압력강하(보통 40~100 psi)로 유량은 오리피스 면적에 직접 비례한다. 미터링 오리피스의 면적구배는 오리피스 면적을 변화시키는 기계적 입력의 위치와 유량 사이에 요구되는 관계를 얻기 위해 선형이나 로그, 또는 특수 형상으로 만들어질 수 있다. 압력강하는 일정하게 유지되어야 하기 때문에 압력제어밸브의 설계는 11-2절의 개요를 사용하여 쉽게 이루어진다.

일부 압력보상형 유량제어밸브는 역방향으로 자유흐름을 주기 위해 체크밸브를 내장하거나 또는 내장된 과부하 릴리프밸브, 온도보상과 같은 특징을 갖는다.

참고문헌

[1] Leskiewicz, H. J., "Approach to the Theory of Hydraulic Pressure-Regulating Relief Valves," *ASME Paper No.* 63-*AHGT*-47.

[2] Ma, C. Y., "Analysis and Design of Hydraulic Pressure Reducting Valves," *ASME Trans., J. Eng. Ind., Paper No.* 66-*WA/MD*-4, 1967.

제12장 유압동력 공급장치

개루프형 유압제어회로에서 펌프는 제어의 핵심 구성요소이다. 그러나 유압서보제어에서, 펌프는 유압동력의 공급원으로서 단지 간주될 수 있는 보조장치의 일부이다. 유압서보밸브에 일정 유량이나 일정 압력원으로부터 유량이 공급될 것이다. 일정 유량이 사용된다면 서보밸브는 펌프의 최대 토출량을 통과시키기 위하여 오픈센터형이어야 한다. 큰 규모의 대기 동력 소실과 오픈센터 밸브의 낮은 압력 민감도는 대개 서보밸브가 일정한 압력원으로부터 작동되는 것을 보다 바람직하게 만든다. 이들 일정압력 동력장치가 이 장의 주제이다. 이런 일정압력 동력공급장치를 그림 12-1에 나타내었다.

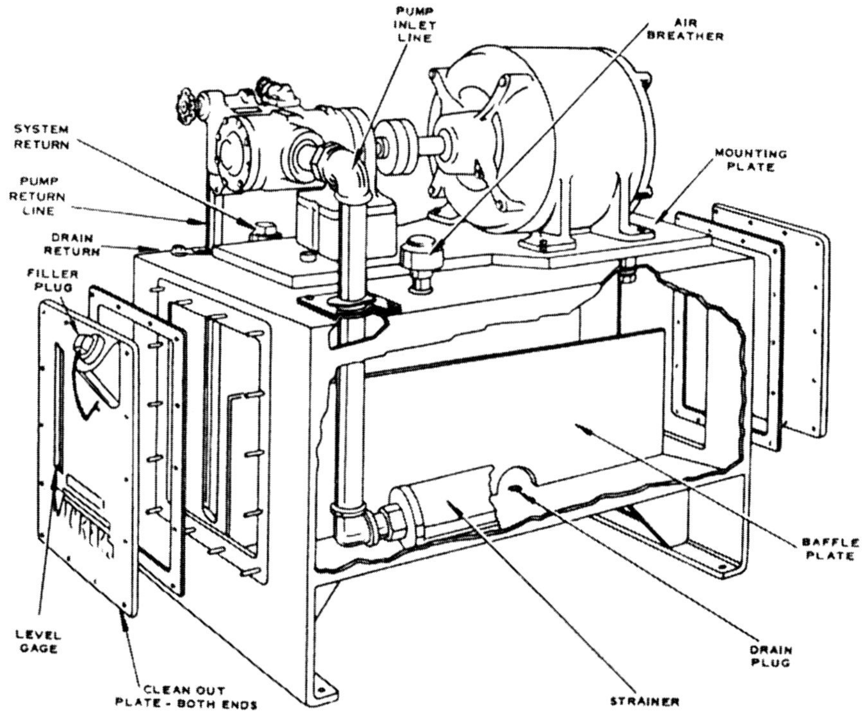

그림 12-1 바이패스 릴리프밸브 압력조절장치를 사용하는 일정 압력 유압동력 공급장치 (빅커스 주식회사, 유압기계부, 펀데일, 미시간)

12-1 유압동력 공급장치의 기본적 구성

일정압력의 유압동력 공급장치는 대개 펌프와 펌프를 구동시키기 위한 원동기(prime mover)(한 위치에 설치되어 사용시 전기모터), 유압작동유의 저장고, 압력조절기, 안전 목적의 릴리프 밸브, 필터, 그 외에 오일쿨러와 축압기로 구성된다.

이런 장치를 그림 12-2에 나타내었다. 축압기는 펌프로부터의 압력맥동을 흡수하는 기능을 하며, 최고 유량 요구를 맞추기 위하여 어떤 압력 하에서 추가적 유량을 공급한다. 축압기는 가끔 필요하지 않다.

압력조절기의 원리는 완전히 이해해 두어야 한다. 펌프는 일정유량 공급장치의 핵심이다. 이상적인 펌프의 흐름은

$$Q_p = D_p N \tag{12-1}$$

여기서 D_p = 펌프의 행정체적(in.^{3}/rad)

N = 펌프의 속력(rad/sec)

그래서 펌프는 단지 일정량의 유체를 이동시키며, 이는 출력이나 공급압력을 결정하지는 않는다. 압력은 펌프에 연관된 부하에 의하여 주로 결정된다. 근본적으로 일정 전압장치인 발전기와 유사하고, 여기에서 도출되는 전류는 부하 임피던스에 의하여 결정된다. 사실상, 펌프는 펌프에 작용하는 압력에 비례하여 약간의 내부누유를 갖는다. 즉, $Q_l = C_l P_s$이다. 그래서 결과의 펌프 출력유량은 $Q_p - Q_l$이다. 만일 V_t가 펌프의 고압측의 총 체적이고, β_e가 유효 체적탄성계수라면 연속방정식은 다음과 같다.

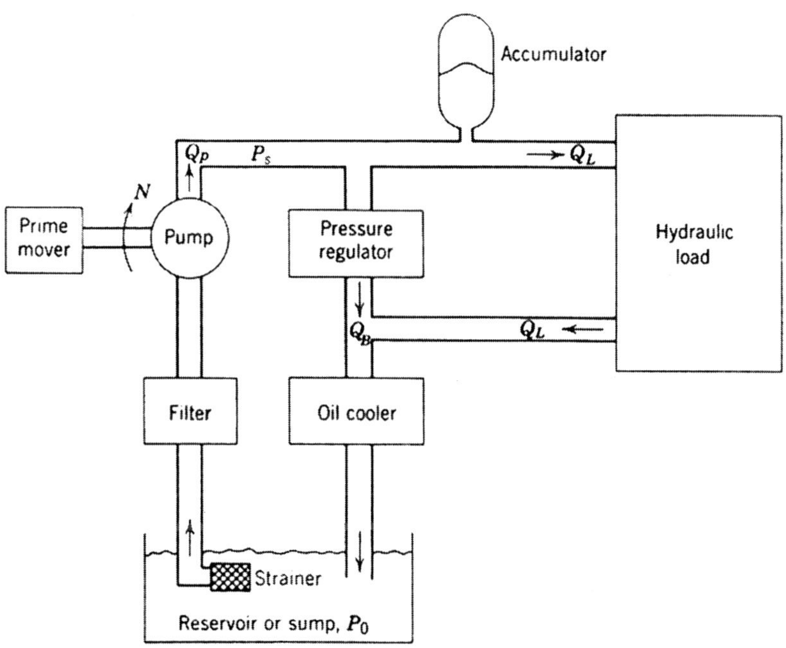

그림 12-2 유압동력 공급장치

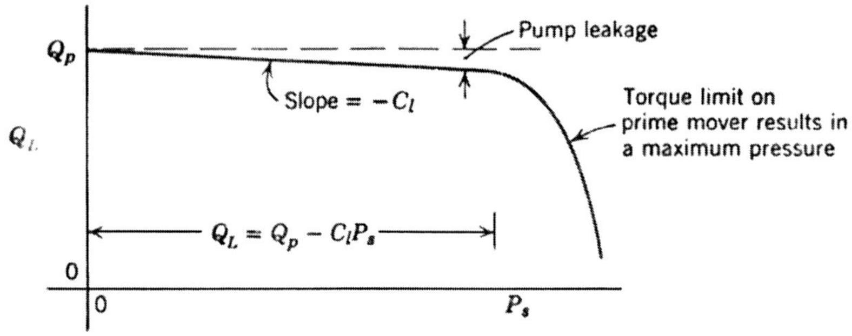

그림 12-3 압력제어 없는 펌프에 대한 압력-부하유량

$$Q_p - C_l P_s - Q_L = \frac{V_t}{\beta_e} s P_s \tag{12-2}$$

여기서 Q_L은 부하유량이다. 정리하면 다음을 산출한다.

$$P_s = \frac{Q_p - Q_L}{C_l[1 + (V_t / C_l \beta_e)s]} \tag{12-3}$$

여기서 P_s는 펌프 토출 또는 공급압력이다. 그림 12-3에 나타낸 이 식의 정상상태 부분은 부하유량이 비교적으로 P_s에 독립(누출에 대해서는 제외)되어 있음을 보여주고 있다. 또한, Q_L이 0로 접근하면, 이 압력이 매우 커짐에 주목하라. 사실상, 부하 유량이나 누출이 없으면,

$$P_s = \frac{Q_p}{(V_t / \beta_e)s} \tag{12-4}$$

펌프 토출압력은 토출유량의 적분이기 때문에 펌프 케이싱 혹은 관로가 우연히 파손될 때 급하게 증가한다. 이런 이유로, 단순한 릴리프밸브가 안전 조치로서 그리고 종종 압력 조절기능을 부가하여 펌프에 사용된다.

압력조절기의 목적은 P_s를 미리 정한 값으로 제한하고 이를 Q_L과 무관하게 일정하게 유지하도록 펌프 스트로크나 펌프의 흐름을 조절하는 것이다. 그래서 이상적 압력조절기는 $\Delta P_s / \Delta Q_L = 0$이 되도록 하며, 유량 변화의 결과로서 공급압력에 어떤 변화도 없다.

바이패스 조절기와 스트로크 조절기, 두 종류의 압력조절기가 있다. 바이패스 조절기는 고정용량형 펌프에 사용되며 그 역할은 펌프 토출압력을 감지하여 기준값과 비교하고, 펌프 압력을 기준값으로 유지하는 방식으로 부하에 사용되지 않은 유량을 바이패스시키는 것이다. 보통의 릴리프밸브는 이런 다양성을 갖는다. 이들 시스템은 아주 빠르지만 부하 흐름이 존재하지 않을 때 전체 유량을 탱크로 보내면서 많은 양의 열을 발생시키는 단점이 있다. 스트로크 조절기는 가변용량형 펌프에 사용되며 그 역할은 펌프 토출압력을 기준값과 비교하여 펌프압력을 기준값으로 유지하도록 펌프의 스트로크 암(arm)을 조절하는 것이다. 이런 유형의 조절기는 열 발생이 낮은 장점이 있지만 반응이 느리고 더욱 정교하고 비싼 펌프가 필요하다. 이런 압력 조절되는 2종류의 유압동력 공급장치를 그림 12-4와 12-6에 나타내었다. 각각의 조절기의 특징은 다른 것을 보충하는 경향이 있으며 선택은 응용 요구조건에 달려있다.

12-2 바이패스 조절되는 유압동력 공급장치

2단 릴리프밸브는 넓은 범위의 유량에 대하여 뛰어난 정확도와 안정도를 갖기 때문에 바이패스 조절되는 유압동력 공급장치는 거의 언제나 2단 릴리프밸브를 사용한다. 이런 유형의 공급해석은 릴리프밸브의 해석과 동일하다. 2단계 릴리프밸브는 모든 요소를 포함시키면 상당히 복잡하기 때문에, 근사 해석이 주어질 것이다.

그림 12-4의 바이패스 조절되는 일정압력 유압공급장치를 고려한다. 공급압력실에서 연속방정식은 다음과 같다.

$$Q_p - C_l P_s - Q_B - Q_L = \frac{V_t}{\beta_e} s P_s \tag{12-5}$$

바이패스되는 유량을 나타내는 선형화된 오리피스식은

$$Q_B = K_{qb} x_p + K_{cb} P_s \tag{12-6}$$

여기서 K_{qb} =바이패스밸브의 유량게인, in.^{3}/sec/in.

K_{cb} =바이패스밸브의 유량-압력 계수, in.^{3}/sec/psi

파일럿 스풀의 힘의 방정식은

$$P_s A_v - F_0 = \frac{1}{K_s}\left(\frac{s^2}{\omega_{nv}{}^2} + 1\right) x_v \tag{12-7}$$

여기서 F_0 =스프링 초기압축력, lb

W_{nv} =파일럿 스풀 중량과 스프링의 고유진동수, rad/sec

기초적 수준으로 단순하게 분석하면 바이패스밸브 위치는 다음과 같이 파일럿 밸브 위치에 연관된다.

$$A_p s x_p = K_q x_v \tag{12-8}$$

여기서 K_q=파일럿 스풀밸브의 유량 게인, in.^{3}/sec/in.

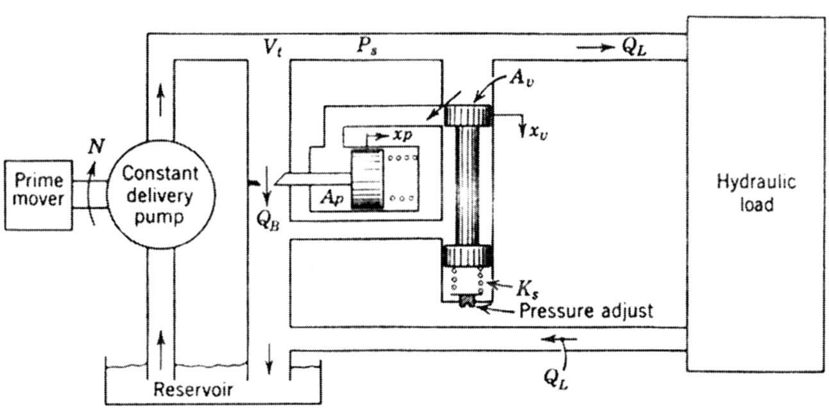

그림 12-4 바이패스 조절되는 일정 압력 유압동력 공급장치

이들 4개의 방정식은 그림 12-5의 블록선도를 구성하도록 결합될 수 있다.

이 루프에 대한 루프게인함수는 다음과 같다.

$$A_s = \frac{K_v}{s\left(1+\frac{s}{\omega_v}\right)\left(\frac{s^2}{\omega_{nv}^{\ 2}}+1\right)} \tag{12-9}$$

여기서 $K_v = \dfrac{K_q A_v K_{qb}}{K_s A_p (C_l + K_{cb})}$ =속도 상수, sec^{-1}

$\omega_v = \dfrac{\beta_e (C_l + K_{cb})}{V_l}$ = 체적 지연, rad/sec

루프가 적분을 포함하고 있기 때문에, K_v값을 충분히 작게 하는 것 같이 변수값들을 선택함으로써 안정화될 수 있다. 그러나 안정성은 K_v가 작동점에 따라 변동하는 누유계수 C_l과 K_{cb} 같은 많은 변수들에 종속되어 있기 때문에 제어하기 어렵다.

그림 12-5를 참조하고 제어 정확도의 측정인 ω_{nv}에서의 절점을 무시하면, 조절기의 동적 유연성(dynamic compliance)은 다음과 같다.

$$\frac{\Delta P_s}{\Delta Q_L} = -\frac{\frac{1}{K_v(S_l + K_{cb})}s}{\frac{s^2}{K_v\omega_v} + \frac{s}{K_v} + 1} \tag{12-10}$$

정상상태에서 유연성은 0이고, 이는 완전한 조절을 나타낸다. 주파수가 증가할수록 유연성은 최댓값으로 증가하며 주파수가 더 증가하면 감소한다. 주파수 0에서와 무한대의 주파수에서 유연성은 0이다. 바이패스밸브에 작용하는 유동력과 스프링력 때문에 유연성은 정상상태에서 실제로는 0가 아니다.

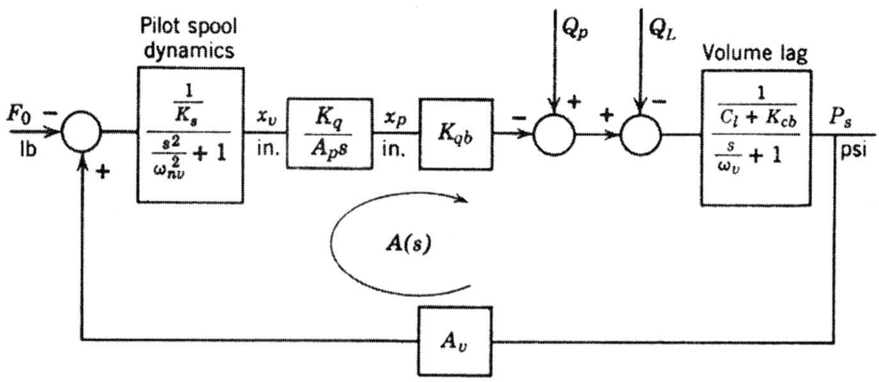

그림 12-5 바이패스형 압력조절기의 블록선도

바이패스 압력조절기(즉, 릴리프밸브)는 요구되는 토출압력을 유지하기 위하여 바이패스 유량을 조정한다. 펌프에서 부하로 공급하는 모든 유량이 갑자기 흐르면, 바이패스밸브는 닫히며, 조절기는 압력을 제어하는 작동을 멈춘다. 그러므로 조절기에는 모든 예상되는 부하유량에 대하여 작동되는 상태로 남아 있도록 펌프 토출유량의 5~10%의 충분한 유량이 공급되어야 한다. 부하유량이 0일 때, 펌프 토출유량의 전체는 릴리프밸브를 통과하여 탱크로 보내지고, 생성된 열과 그 결과의 동력손실은 크게 증가한다. 이런 이유로, 바이패스 조절기는 낮은 동력 공급 시 주로 사용되거나 또는 대형 동력 공급장치의 안전 장치로서 사용된다. 이들은 상대적으로 신속하며 저렴하다.

12-3 스트로크 조절되는 유압동력 공급장치

효율성이 요구될 때 가변용량형 펌프가 일정 압력 동력공급장치에 사용된다. 이들 펌프는 내장된 유압식으로 작동되는 메커니즘을 가지고 있는데, 근본적으로 사판의 경사를 변화시키는, 따라서 펌프가 일정 공급압력을 유지하도록 작동하는 스프링 복귀를 갖는 3방 밸브 제어되는 피스톤이다. 발생된 유압 마력의 변화에 의해 압력이 조절되기 때문에, 이런 종류의 동력 공급이 생성된 마력이 일정한 바이패스식보다 훨씬 더 효율적이다. 스트로크 조정되는 동력 공급장치를 그림 12-6에 나타내었으며, 훨씬 단순화된 해석이 주어질 것이다.

이상적인 펌프 유량은 펌프 속도 및 스트로크 제어 위치에 비례한다. 따라서

$$Q_p = D_p N = -k_p N x_p \tag{12-11}$$

여기서 K_p=펌프 스트로크 제어의 변위 기울기, in.^{3}/rad/in.

음의 부호는 스트로크 위치가 증가할 때 펌프 유동이 감소됨을 나타내고, 스트로크 제어루프에서 피드백을 주는 데 필요하다. 기초적 해석으로 파일럿 스풀 위치와 스트로크 제어 피스톤 위치는 대략적으로 식 (6-49)에 의해 연관된다.

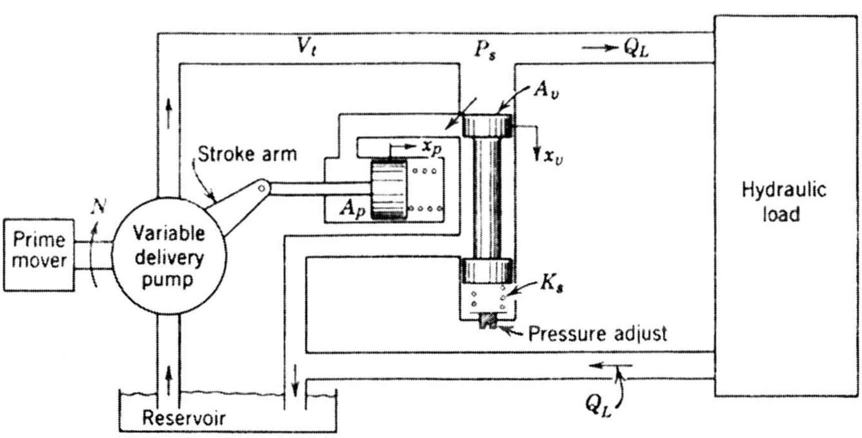

그림 12-6 스트로크 조절되는 일정 압력 유압동력 공급장치

$$\frac{x_p}{x_v} = \frac{\dfrac{K_q}{A_p}}{s\left(\dfrac{s^2}{\omega_h^2} + \dfrac{2\delta_h}{\omega_h}s + 1\right)} \tag{12-12}$$

여기서 K_q = 파일럿 스풀밸브의 유량게인, in.^{3}/sec/in.

ω_h = 갇힌 오일 스프링과 경사판 질량으로 인해 발생되는 유압 고유진동수, rad/sec

δ_h = 유압 감쇠비, 무차원.

이 식은 피스톤 복귀 스프링(6-3절에 나타낸 바와 같이 이것은 적분을 야기시켜 큰 지연이 된다)과 마찰, 경사판실에 작용하는 압력에 기인한 힘들의 영향을 무시한다.

파일럿 스풀로 흐르는 유량을 무시하면, 공급압력실에서의 유량에 대한 연속방정식은 다음과 같다:

$$Q_p - C_l P_s - Q_L = \frac{V_t}{\beta_e} s P_s \tag{12-13}$$

식 (12-7)과 (12-11), (12-12), (12-13)을 이용하여 그림 12-7의 블록선도를 그릴 수 있다. 루프 게인함수와 동적 컴플라이언스를 구할 수 있으며 12-2절에 나오는 것과 비슷하다. 그러나 경사판 동역학은 무시될 수 없으며, 대부분 스트로크 조정식 펌프의 늦은 응답에 크게 기여한다.

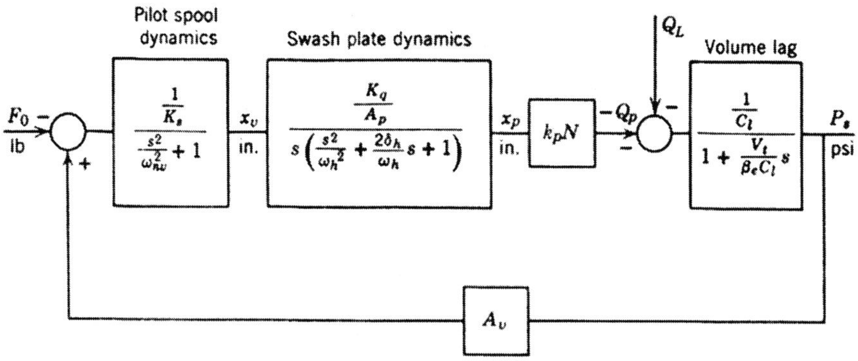

그림 12-7 스트로크 제어 압력 조정기의 블록선도

12-4 유압동력 공급장치와 서보루프 사이의 상호작용

전형적인 시스템은, 그림 12-8에 개략적으로 나타낸 바와 같이, 서보밸브와 작동기에 대한 동력공급장치로서 스트로크 조절기가 있는 가변용량형 펌프로 구성된다. 공급압력에서 약간의 변화는 부하유량의 변화를 초래할 것이며, 이는 결국 조절기 작동의 수정을 초래할 것이다.

이리하여 유압공급과 부하는 제어루프를 공유하기 때문에 이 루프의 안정도가 조사되어야 한다.

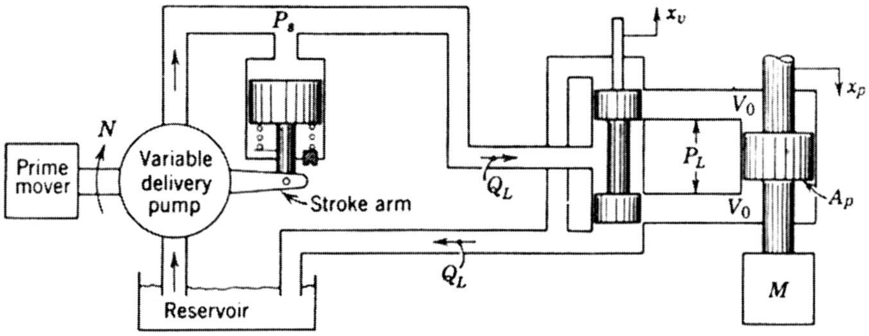

그림 12-8 서보부하를 갖는 일정 압력 유압동력 공급장치

상호작용하는 루프의 루프게인은 조절기 컴플라이언스와 서보 부하의 전달함수 $\Delta Q_L / \Delta P_s$ 와의 곱의 (−)이다. 그러므로

$$A(s) = -\left.\frac{\Delta P_s}{\Delta Q_L}\right|_{\substack{\text{press}\\ \text{reg}}} \times \left.\frac{\Delta Q_L}{\Delta P_s}\right|_{\substack{\text{servo}\\ \text{load}}} \tag{12-14}$$

조절기 컴플라이언스가 항상 - 이기 때문에 이 함수는 언제나 +이다. 상호작용하는 루프는 언제나 - 피드백을 가지며, 이 식의 보드선도로부터 안정도가 판단될 수 있다.

예로서 그림 12-8의 서보밸브에 대한 선형 유동방정식은 다음과 같다:

$$Q_L = K_q x_v - K_c P_L + K_c P_s \tag{12-15}$$

여기서 K_q = 서보밸브 유량게인, in.^{3}/sec/in

K_c = 서보밸브 유량-압력계수, in.^{3}/sec/psi.

작동기에 대한 연속방정식은(6-2절 참조), 작동기에서의 누유를 무시하면

$$Q_L = A_p s x_p + \frac{V_0}{2\beta_e} s P_L \tag{12-16}$$

작동기에 작용하는 단순 관성부하를 가정하면 운동방정식은 다음과 같다:

$$P_L A_p = M s^2 x_p \tag{12-17}$$

이 3개의 방정식을 결합하여 다음의 전달함수를 만들 수 있다.

$$\frac{\Delta Q_L}{\Delta P_s} = \frac{K_c\left(\dfrac{s^2}{\omega_h^2 + 1}\right)}{\dfrac{s^2}{\omega_h^2} + \dfrac{2\delta_h}{\omega_h} s + 1} \tag{12-18}$$

여기서 $\omega = \sqrt{\dfrac{2\beta_e A_p^2}{V_0 M}}$ = 유압 고유진동수, rad/sec

$\delta_h = \dfrac{K_c}{A_p}\sqrt{\dfrac{\beta_e M}{2 V_0}}$ = 유압 감쇠비, 무차원

이 관계는 압력조절기 컴플라이언스에 따라 식 (12-14)에 대입될 수 있으며, 보드선도가 안정도를 결정하기 위해 만들어질 수 있다.

상호작용하는 루프의 안정도가 일반적으로 기술될 수 있다. 서보부하에 대하여 양 $\Delta Q_L / \Delta P_s$는 주로 작다. 조절기 컴플라이언스도 역시 작다. 상호작용하는 루프게인이 이 작은 양들의 곱이기 때문에, 모든 주파수들에서 통상적으로 1보다 훨씬 작으며, 안정성에는 아무 문제가 없다. 따라서 유압서보시스템을 해석할 때 종종 이루어지는 일정 공급압력에 대한 가정은 안정성 관점에서 볼 때 정당하다.

안정성에는 아무 문제가 없지만 유압 공급과 서보부하 사이에 상호작용이 없다고 결론 내려서는 안 된다. 서보에서 갑작스런 속도 변화는 결국 공급압력의 상당한 변화와 천이성능 악화를 초래할 수 있는 유압동력 공급장치에서 유량 수요로 귀착된다. 많은 변수들과 비선형성으로 인해 이러한 압력천이를 예측하기란 실질적으로 불가능하다. 시스템에 대한 평가 프로그램에서 직접 측정하는 것이 필요하다.

12-5 유압시스템의 탱크

탱크의 주된 기능은 유압작동유의 충분한 공급을 유지하는 것이다. 작동유를 보관하며, 함유된 공기가 올라오게 하고, 오염물질을 밑으로 가라앉히고, 열을 발산시키는 기능을 한다. 많은 경우에, 탱크는 펌프, 열 교환기, 필터, 그리고 유압 공급과 관련된 다른 장비들을 장착하기 편리한 장소 역할을 하다.

탱크는 제어되는 기계에 내장되거나 일체식으로 설치될 수 있으며, 공간이 충분하고 외관이 허용한다면 별도로 설치될 수도 있다. 일체식 탱크를 관리하기가 더 어려울 뿐만 아니라, 열을 잘 발산시키기도 어렵고, 인근 부품들에 뜻하지 않은 열 변형을 야기시킬 수도 있다. 분리된 탱크는 정치 산업응용에서 선호되며 그림 12-1에 나타낸 바와 같다.

탱크 용량은 반드시 분당 펌프 토출용량(gallons)의 2~3배이어야 한다. 이 경험법칙은 보통 시동 시 시스템을 채우는 데, 가동 중 유량 변동에도 불구하고 합리적인 오일 수준을 유지하는 데, 유압관로가 파손되었을 때 같은 비상시에도 시스템을 유지하는 데, 빠른 시간 내에 열을 흡수하는 데, 방열 냉각에 필요한 충분한 벽 표면을 제공하는 데, 오일에서 공기와 먼지를 골라내는 데, 시스템으로부터 탱크로 회수되는 작동유를 담는 데, 그리고 손실된 오일을 보충하는 데 충분한 용량을 제공한다.

그림 12-1을 참조하면 탱크 설계 및 제조 시 고려해야 하는 다른 중요한 사항들은:

1. 캐비테이션과 공기혼입을 예방하기 위해 펌프 입구와 주 리턴관로는 반드시 최소 작동유 수준 밑에 있어야 한다. 주 리턴관로들은 열 발산이 잘 되도록 하기 위해 주변 순환을 보장하도록 탱크 벽을 향해야 한다. 대기 방출관들은 작동유를 골고루 퍼트리도록 그리고 함유된 공기를 쉽게 방출하도록 작동유 수준 위에 있는 판 위로 작동유를 방출해야 한다. 하나의 관을 제거했을 때 탱크에 있는 작동유들이 방출되지 않도록 모든 관들은 반드시 탱크 상단에 연결되어야 한다.

2. 회수관과 흡입관 사이에 반드시 칸막이를 설치하여 작동유 속도를 줄이고 동일 작동유가 계속 순환되는 것을 방지해야 한다. 이는 기포들이 빠져나가고 오염물질들을 가라앉히고 오일 냉각에 필요한 시간을 더 많이 확보하게 한다.

3. 탱크는 이물질들이 들어오지 못하도록 완전히 둘러싸여 있어야 한다. 공기로 인한 오염이 제거되고 펌프 흡입이 개선되기 때문에 압력 탱크가 바람직하다. 그러나 이럴 경우에는 가압 드레인이 필요하다.

4. 공기청정기(air breather)는 작동유의 최대 유동 시 탱크 내 압력을 대기압 근방으로 유지시키기에 충분한 크기이어야 한다. 그렇지 않으면 펌프에 기포가 발생될 수 있다.

5. 높은 수준과 낮은 수준을 보여주는 수준지시계가 반드시 있어야 한다.

6. 탱크에는 청소와 액체 방출, 스트레이너들과 필터들의 교환 작업을 쉽게 할 수 있도록 접근판과 플러그들이 설치되어 있어야 한다.

7. 필터 뚜껑이 편리한 위치에 있어야 하며 이물질 유입을 방지하기 위해 내부 막이 있어야 한다.

8. 펌프 인입구에는 시스템필터 외에도 스트레이너를 설치해야 한다.

유압동력 공급장치를 조립할 때, 탱크들이 완전하게 청결해야 하고 특정 작동유 유종에 대하여 적절하게 페인트되어야 한다는 것을 유념해야 한다. 어떤 합성유들은 매우 쉽게 페인트를 제거한다.

12-6 유압시스템에서 열 발생과 방산

유압시스템이 열을 발생시키기 때문에, 이들은 열을 대기로 발산하도록 또는 그것을 거부하고 열이 열교환기 냉각수로 전달되도록 주변 온도보다 높게 가동되어야 한다. 너무 높은 온도에서 가동되면 오일이 분해되어 오리피스를 막는 슬러지 등이 생길 수 있다. 높은 온도에서 점도와 윤활성이 저하되면 펌프 같은 구성요소들의 수명이 크게 단축될 수 있다. 실링, 패킹, 호스, 필터들 마다 정상 가동에 필요한 적정 온도들이 있다. 유압 부속품들 및 주변 구조물들의 열변형은 바람직하지 않다.

따라서 열균형이 만족스러운 작동 온도에서 이루어지도록 유압시스템을 설계하는 것이 매우 중요하다.

유압시스템에는 여러 개의 열발생원이 있다.

1. 주요 열발생원들은 유량을 교축하고 제어하기 위해 사용되는 시스템에서의 오리피스와 밸브들이다. 3-6절에서 언급하였듯이, 이 장치들에 의해 소모되는 유압동력은 열로 발산되어 작동유를 데우고, 이보다는 훨씬 덜하지만 밸브 자체를 부분적으로 데운다. 밸브들은 본질적으로 열발생원이라는 점을 인식하는 것이 중요하나, 이는 제어 능력을 확보하기 위해 어쩔 수 없이 치러야만 하는 대가이다. 릴리프밸브와 서보밸브는 열발생원의 좋은 사례들이다.

2. 또 다른 열발생원은 유압관로와 피팅, 필터, 그리고 밸브와 모터, 그리고 열교환기 같은 부품들의 통로에서의 저항 압력강하이다. 열손실을 최소화시키기 위해서는 통로가 작거나 그리고/또는 오염되어서는 안 된다.

3. 펌프와 모터, 밸브에서의 누유 손실은 시스템에 의해 발생된 열에 추가된다.

4. 실 마찰과 기계적 마찰, 풍손(風損), 펌프와 모터 표면 간의 점성마찰 또한 열을 발생시킨다.

5. 스트로크의 펌핑 부분 중에 펌프 내에 오일과, 특히 갖힌 공기를 고압으로 압축하는 것이 열발생을 야기시킬 수 있다. 가스 충전된 축압기를 급하게 충방전시키면 가스 온도가 오일 온도보다 높게 될 수 있어 결과적으로 오일로 열이 전달될 수 있다.

나중의 4가지 열원 각각은 보통 제어밸브의 유량조정 오리피스로 인해 만들어진 열원보다 훨씬 작지만 이 열원들이 모이면 상당하게 된다. 유압시스템은 원동기 같은 외부 열원들로부터 열을 흡수할 수 있는데, 이 또한 반드시 고려되어야 한다.

시스템 내에서의 오일의 작동 온도는 그것이 만족스러운지를 알기 위해 결정되어야 한다. 이것은 발생된 열과 시스템의 자연스런 열 발산 능력의 계산을 요구한다. 발생된 열량을 구하는 한 가지 방법은 각 부품의 손실을 더하는 방법이다. 이 기법은 시간이 오래 걸리며 누유율과 효율, 압력강하 등 많은 양들의 평가를 요구한다. 최초에 생성된 유압마력이 출력에서 기계적 동력으로 사용되거나 또는 열로 변환되어야 하기 때문에, 훨씬 더 좋은 방법은 펌프(또는 펌프들)에 의해 만들어진 총 유압마력을 계산하고 여기에서 구동장치들(피스톤 또는 모터)에 의해 부하에 전달한 기계적 동력을 감해 발산되어야 할 열을 산출하는 방법이다.

기계적 마력과 열동력이 압력과 유량으로 나타낼 수 있는 유압마력과 동등함을 밝히는 것은 유용할 것이다. 변환상수를 적절하게 조작하면 다음과 같은 마력을 산출한다.

$$hp = \frac{\Delta PQ}{1714.3} \tag{12-19}$$

그리고 다음과 같이 등가 열동력을 산출한다.

$$q = 2,540\text{hp} = 1.485\Delta PQ \tag{12-20}$$

여기서 ΔP = 장치에서의 압력강하, psi
Q = 장치를 통과하는 유량, gal/min
q = 열동력, Btu/hr
hp = 마력(1 hp = 550 ft-lb/sec = 42.4 Btu/min)

최초로 생성된 유압마력은 동력공급장치의 형에 따른다. 바이패스식 조절기를 이용한 정압공급인 경우(즉, 릴리프밸브)에 항상 최대동력이 발생되며 열동력은

$$q|_{PF} = 1.485 P_s Q_p \text{Btu/hr} \tag{12-21}$$

여기서 P_s = 일정 공급압력, psi
$Q_p = (60/231)D_p N$ = 이상적인 펌프유량, gal/min

생성된 총 동력이 요구되기 때문에, 실제 펌프유량이 아닌 이상적인 펌프유량(실제 유량은 이상적 유량에서 누유량을 뺀 것이다)이 사용되며 이때 차이는 열손실을 나타낸다. 스트로크 조정식 가변용량형 펌프가 사용된 정압 공급장치라면 열손실동력이 작을 것이며 부하 유량에 따른다. 따라서 Q_L은 다음과 같다:

$$q|_{PV} = 1.485 P_s Q_p \left(\frac{Q_L}{Q_p} \right) \tag{12-22}$$

여기서 Q_p는 최대 스트로크에서의 펌프유량을 나타내며, Q_L/Q_p 비는 0과 1 사이이다. 듀티사이클이 반복되지 않는다면 Q_L을 구하기 위해서 듀티사이클에 대한 분석이 필요하다. 그러면 Q_L/Q_p가 0.5 또는 가장 보수적 값인 1로 평가될 것이다. 상기의 두 방정식들은 펌프에 의해 발생된 열을 나타내는 것이 아니라 발생된 유압동력과 등가인 열동력을 의미하는 것이다.

부하에 전달된 평균 기계적 동력을 구하기 위해 부하 듀티사이클이 분석되어야 한다. 출력 작동기가 대부분의 사이클 동안에 주어진 위치에 그대로 있는 경우, 동력이 소모되지 않는다. 이는 발생된 동력이 열로 발산되는 서보제어시스템에서는 대체적으로 사실이다. 가변용량형 펌프를 사용하는 시스템들은 작동기가 정해진 위치에 그대로 있을 때 열발산이 훨씬 적은데, 그 이유는 펌프유량이 누유 손실을 메우는 데 필요한 만큼으로 감소되기 때문이다. 그러나 작동기가 빠른 속도로 움직이고 낮은 압력차가 요구된다면 열손실은 바이패스식 공급의 손실과 거의 비슷하지만, 그런 부하들은 제외적이다.

발산된 열동력은 펌프에서 발생된 열동력으로부터 작동기에서 발생된 기계적 동력을 뺀 값과 같다. 열은 유압시스템에서 전도, 방열, 그리고 대류라는 3가지 기본적인 방법에 의해 발산된다. 탱크가 내장되어 있을 때 주변 구조물로의 열전도는 주된 냉각 수단이다. 전도된 열은 다음과 같다:

$$q = kA \frac{dT}{dx} \text{Btu/hr} \tag{12-23}$$

여기서 k = 구조물 재료의 열전도율, Btu/ft-hr-°F

$\frac{dT}{dx}$ = 열흐름의 방향으로 열적 구배, °F/ft

A = 열 흐름 통로에 대한 수직 면적, ft^2

복잡하고 불규칙한 구조물에 대하여 열구배를 규명하기 어렵기 때문에, 오일 온도를 결정하기 위해서는 특정한 시험들이 요구된다.

분리된 탱크들은 방열을 통해 자체적으로 냉각되며, 이보다는 덜하지만 오일, 탱크, 케이스들, 그리고 배관들의 질량에 의해 이루어진 열흡수원과의 자유로운 열대류를 통해 냉각된다. 분리된 탱크로부터 전달된 열은 보통 다음과 같다:

$$q = UA\Delta T \tag{12-24}$$

여기서 U = 전체 열전달계수, Btu/ft^2-hr-°F

ΔT = 오일과 대기 사이의 온도차, °F

q = 열방산율, Btu/hr

A = 탱크의 표면적(탱크가 바닥 위에 놓여 있는 경우에는 보통 윗면적을 제외한 옆면적과 바닥면적으로 취해진다), ft^2

U는 많은 변수들(페인트 색 등 - 열 방출을 좋게 하기 위해서는 어두운 색이어야 한다)에 따라 좌우되지만 주로 탱크 주위의 공기 순환에 좌우된다. 공기 흐름이 어느 정도 막혀있고 탱크가 특별히 먼지가 없는 곳이 아닌 정상적인 곳에 설치될 경우에는 1.5~3 Btu/ft^2-hr-°F 범위에 있는 값을 이용한다. 만약 이동식 차량이거나 또는 환풍기의 도움을 받아 공기 순환이 좋아지면, 10 이상의 값을 사용해도 괜찮다.

훨씬 더 높은 열전달계수들도 열교환기에 사용될 수 있다. 자연 공기속의 탱크에 대하여 U가 2 Btu/ft^2-hr-°F이라면 식 (12-20)과 (12-24) 방정식을 이용해 만약 오일 온도가 주변 온도보다 500°F 를 초과하지 않는다면, 약 25 ft^2/hp의 마력에 대한 면적비가 필요하다는 것을 알 수 있다. 따라서, 만약 5마력이 발산되어야 한다면, 125 ft^2 면적이 필요하다. 자연 공기에 노출된 50갤런 용량의 분리된 탱크는 주변 온도보다 500°F 높은 상태에서 약 1마력(42.4 Btu/min)의 속도로 열을 발산하기에 충분한 표면적을 갖는다.

만약 발산되어야 될 열이 정상적인 오일 온도에서 시스템의 자연 열 발산 능력을 초과하는 경우, 열교환기가 필요하다. 대부분의 열교환기들은 공냉식이거나 수냉식이다. 그러나 물이 너무 비싸거나 이용할 수 없는 지역, 그리고 공냉식을 이용할 수 없는 지역에서는 냉각장치가 이용된다. 공냉식 열교환기들은 뜨거운 오일이 흐르는 배관들의 중심 부위와 방열판을 통하여 주변 공기를 강제적으로 지나가게 만드는 송풍팬 또는 송풍기로 구성된다. 수냉식 열교환기는 통상적으로 외피와 배관 구조로 되어 있어서 물이 이 배관들 속을 흐르고 오일은 배관들 밖을 흐른다. 주어진 오일 온도를 유지하기 위해 물 유속이 자동적으로 제어된다.

열교환기의 크기를 정할 때는 제조업체들의 권고를 반드시 따라야 한다. 열교환기들은 비싼 고압장치의 필요성을 제거하며 압력 급등으로부터 열교환기를 보호하기 위하여 시스템의 복귀관로 또는 저압관로에 설치해야 한다.

12-7 작동유 오염과 필터

작동유의 오염, 즉 이물질의 존재가 거의 대부분의 시스템 고장의 원인이다. 시스템 설계에서 가장 중요한 부분은 이물질의 크기를 작동을 위해 만족스러운 수준으로 제한하면서도 사용하기 쉬운 필터들을 이용해 오염을 제어하는 것이다.

서보밸브의 오염은 스풀과 슬리브 간의 마찰을 야기시켜 히스테리시스를 증가시키고, 중립흐름을 증가시키는 교축모서리 마모를 가져오고, 미사를 퇴적시키고, 스풀들을 달라붙게 만들고, 심한 경우에는 내부 오리피스를 막아 완전한 고장을 일으킨다. 모래, 금속 조각들, 그리고 래핑 합성물 찌꺼기 같은 마모성 오염물질들은 마모를 촉진시키고 밸브판에 금을 내서 펌프들을 급속히 못쓰게 만들 수도 있다.

또한, 오염은 전반적인 시스템 성능을 천천히 열화시킨다. 간헐적이고 불규칙한 성능 그리고/또는 원인을 알 수 없는 고장들이 일어날 때는 오염된 오일을 의심하는 것이 타당하다.

펌프와 모터 같은 부속품들의 정상적인 마모로 인해 생긴 금속 조각들, 밀봉재 마모로 인해 생긴 탄성 물질 조각들, 필터 매개체와 플렉시블호스의 벗겨진 조각들 같은 오염물질들은 시스템 내에서 자연 발생될 수도 있다. 제조 과정 중에 부적절하게 세척된 부속품들이 주요 오염원이며, 따라서 섬유 조직, 그라인딩과 머시닝 가공 시 작은 조각들과 작은 부스러기들, 관 밀봉재들, 그리고 래핑 합성물 찌꺼기가 작동유에 나타날 수도 있다. 공기 중에 떠다니는 입자들이 시스템 안으로 들어와 하나의 오염원이 될 수도 있다. 유지 보수 작업 중에 부속품들을 부주의하게 다루면 오염이 야기될 수도 있다.

1 마이크론(1μ), 즉 1백만분의 1미터, 이 오염과 여과를 취급할 때 길이단위로 사용된다. 유용한 변환상수는 1 μ= 0.0004 in.와 25 μ= 0.001 in이다.

최근에 오염 분석기술 및 사양에서 많은 발전이 있었다. 유압작동유의 오염 수준을 결정하는 데 여러 가지 방법들이 사용되고 있다.

1. **육안 검사** — 인간이 눈으로 볼 수 있는 최저 한계가 40 μ이기 때문에, 40 μ보다 큰 입자는 육안으로 관찰된다.

이 검사는 보통 제일 먼저 실시되며, 그다지 중요하지 않은 경우에 만족할만하고 결정적이다.

2. **첩포 시험(Patch test)** — 작동유 오염물질로부터 수집한 샘플을 여과지를 이용해 여과시킨다. 여과지의 색 또는 색조를 통해 대강적인 오염 수준을 알 수 있다. 이 방법을 이용하여 비교기준을 개발하기 위해서는 특정 유형의 유압시스템에 대한 많은 경험이 요구된다.

3. **미사퇴적지수** — 작동유 샘플을 정압 하에서 작은 구멍 여과지를 통과시킨다. 필터가 막힘에 따라, 샘플 처음의 절반을 통과하는 시간보다 나중 절반의 시간이 더 많이 걸리면서 여과지를 통과하는 유속이 감소한다. 이 시간 차이가 오염 수치로 취해지면, 이를 이용하여 미사퇴적지수라고 불리우는 수치를 계산할 수 있다.

4. **중량 분석** — 오염된 작동유의 일부를 미리 무게가 정해진 건식 여과지를 통과시킨다. 필터가 보유한 오일을 제거하기 위해 솔벤트로 닦아내고, 건조시켜 오염 물질의 무게를 구하기 위해 무게를 측정한다. 작동유 1단위(통상적으로 갤런 또는 리터 단위)당 오염물질의 무게(통상적으로 mg 단위)를 오염 수준 측정치로 사용한다. 이 방법은 비교적 간단하지만 입자 크기는 고려하지 않는다.

5. **전자입자카운터** — 작동유 샘플이 투명관을 통해 통과된다. 빛 광선이 관에 쏘여지고 포토셀에 의해 감지된다. 전자카운터는 마이크론 범위에 드는 입자 수를 측정하기 위해 빛 간섭 횟수를 기록한다. 이 방법은 경비가 많이 들지만 직접적이고 신속하게 입자들의 개수를 셀 수 있다. 그 결과는 샘플 100 ml당 다양한 크기의 입자들 개수로 나타난다.

6. **광학적 입자 카운트** — 100 ml 작동유 샘플을 오염물질들이 퇴적되어 있으며 줄이 쳐있는 사각 분석 필터에 통과시킨다. 필터를 현미경 밑에 놓고 통계학적으로 유의한 사각형 안에 있는 입자들의 개수를 다양한 크기 별로 센다. 그 결과값은 100 ml 샘플당에 들어 있는 다양한 크기 범주 별 입자들의 개수로 간주된다. 이 방법이 가장 흔히 사용되는 방법이다. 오염물질의 성격

및 형태에 관한 가장 정확한 입자 정보를 준다. 비교적 간단한 장비들이 필요하지만, 광학기구 정밀도와 빛 비침, 오염물질의 분포, 그리고 작업자 피로도 같은 많은 오류 원인이 있기 때문에 경험 많은 능숙한 기술자가 요구된다.

입자수 세기, 중량 분석, 그리고 미사퇴적 지수는 모두 정량적 오염 수준 측정법이다. 입자수 세기가 가장 좋은 측정법이지만 간단히 말하기는 쉽지 않다. 이런 어려움을 극복하기 위해, 오염 수준에 대한 다양한 등급들이 제안되었다(표 12-1). 샘플의 입자 개수는 시스템의 오염 등급을 나타내기 위해 표 12-1에 나오는 값들과 한 비교될 것이다. 여기에 한자리 숫자가 입자 개수 정보를 주기 위해 사용되었다.

표 12-1 SAE와 ASTM, AIA의 잠정적 시스템 등급별 100 ml당 작동유 오염 표준 입자수

Size Range Micron	Contamination Class							
	0	1	2	3	4	5	6	7~10
2.5~5	Pending							Pending
5~10	2,700	4,600	9,700	24,000	32,000	87,000	128,000	
10~25	670	1,340	2,680	5,360	10,700	21,400	42,000	
25~50	93	210	380	780	1,510	3,130	6,500	
50~100	16	28	56	110	225	430	1,000	
>100	1	3	5	11	21	41	92	

전형적이고 근사적으로
등급 0 – 거의 없음
등급 1 – MIL-H-5606B
등급 2 – 미사일 시스템에 사용 가능
등급 3과 4 – 일반적으로 중요한 시스템들에 사용 가능
등급 5 – 미사일 시스템에 사용 불가
등급 6 – 작동유로 사용 가능
등급 7 – 산업용으로 사용 가능

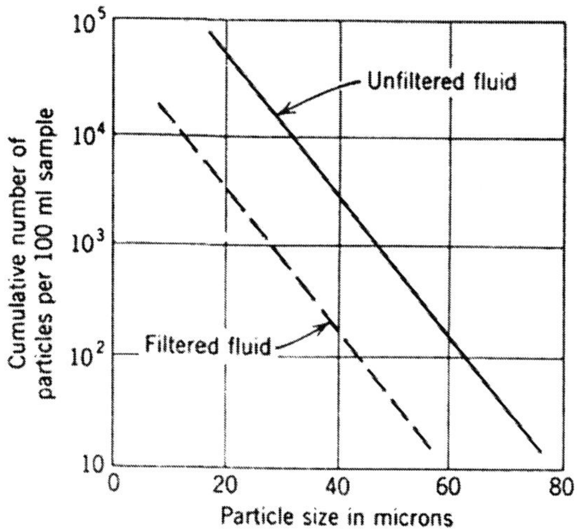

그림 12-9 입자크기에 대한 입자 누적 개수의 전형적인 곡선

입자크기에 대한 입자 누적 개수의 그래프가 세미로그 모눈종이에 직선으로 나타났는데(그림 12-9) 이것은 어떤 시스템의 무작위 오염 특성이다. 이런 이유로, 특정 크기의 입자들 개수를 나타내기 위해서는 소수의 점들만이 필요하다. 여과의 효과가 클수록 이 곡선이 낮다. 오염 수준 측정 능력 및 설명 능력이 있어야 필터들을 평가하고, 지능적으로 이 필터들을 적용할 수 있으며 의미있는 예방적 유지 관리 프로그램을 가질 수 있다.

오염 물질들을 제거하기 위해서는 작동유를 반드시 여과해야 한다. 여과재에는 2종류가 있다: 표면형과 깊이형. 각각의 상대적 보유 특성 그림 12-10에 나타내었다. 그러나 어떤 여과재는 이들 2가지 기본유형의 속성을 모두 가지고 있다.

절대형 또는 스크린형으로 알려진 표면형 여과재의 두드러진 특징은 일정하고 분명한 구멍크기이다. 이런 유형의 필터는 아마도 긴 섬유를 제외하고 구멍크기보다 큰 모든 입자들을 확실하게 붙잡는다. 표면에서 오염물질을 수집하고 오염물질이 쉽게 쌓이기 때문에, 이 필터는 오염입자를 보유하는 능력이 낮다. 그러나 이 필터재는 대부분 기계적 강도가 좋고, 붙잡은 오염물질들을 놓치지 않고 그리고 깨끗이 세척할 수 있다. 표면형 필터재의 예로 구멍 난 금속, 감긴 철사줄, 사각으로 엮은 철사줄, 그리고 더치 트윌 능직물, 미공 필터(Millipore filter)*가 있다.

깊이형 필터재는 무작위로 분포된 권선, 섬유 조직, 또는 입자들의 비교적 깊은 매트릭스로 이루어져 있다. 오염된 작동유는 반드시 서로 다른 단면의 수없이 많고, 기다란, 그리고 구불구불한 통로를 통과해야 한다. 입자들과 섬유형 오염원들은 모두가 이 필터 매트릭스의 작은 틈들에 흡수 그리고/또는 갇힌다. 이런 유형의 필터재는 특정한 기공 크기를 가지고 있지 않기 때문에, 이 필터재를 통과할 수 있는 입자들의 명확한 한계가 없다. 그러나 필터 장벽의 밀도가 너무 촘촘해서 필터의 정격 크기 이상의 입자들은 단지 소수만 통과된다.

표면형 필터재와는 대조적으로, 깊이형 필터는 필터의 정격 크기 이하의 입자들을 상당히 제거한다. 이런 이유로, 미세한 입자 제거 능력 때문에 이런 유형의 필터들이 더 선호된다. 깊이형 필터재들은 오염물질 보유 능력이 크며, 기다란 미로 같은 통로 안에서 섬유조직들을 걸러낼 수 있으며, 압력강하가 적으며, 그리고 저렴하다.

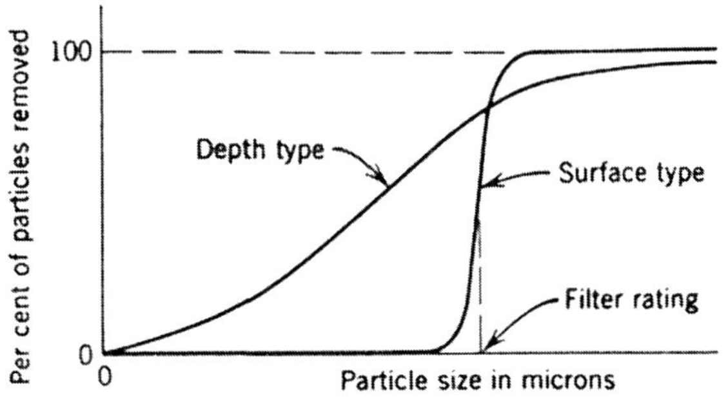

그림 12-10 표면형과 깊이형 필터 여과재의 보유 특성

* 매사추세츠 주 Bedford 소재 Millipore Filter 사가 만든 미공 필터는 순수 셀룰로즈 에스테르로 만든 얇은 기공막으로 이루어져 있다. 투과성 등급은 0.01~8μ까지이다. 기공 크기가 아주 균일하기 때문, 이 필터는 대부분의 오염 분석 절차에서 하나의 기준이 되었다. 미세한 여과가 요구되는 경우에 이 필터가 사용된다.

그러나 이 필터재들은 세척할 수 없으며, 진동과 압력맥동으로 인해 오염물질들이 필터를 통과할 수도 있다. 이 필터재들은 큰 압력차에서 붕괴되거나 터질 수도 있으며, 필터크기는 종종 크고 부피가 많다. 필터재는 포획한 오염물질을 놓치는 경향이 있는데, 이는 오염에 직접 영향을 준다. 깊이형 필터재의 예로 규화된 금속, 수지 함침 종이, 펠트 같은 빽빽한 섬유, 셀룰로즈, 그리고 화이버글라스, 세라믹, 모래, 백토 등이 있다.

필터재는 반드시 시스템 내에 적절한 곳에 케이스에 담겨 설치되어야 한다. 5가지 기본 필터 구성을 그림 12-11에 나타내었다. T형 구성이 간결성과 사용 편리성 때문에 시스템 필터로서 가장 널리 사용된다. 인-라인형 필터는 서보밸브들의 파일럿단에 있는 것들과 같이 중요한 오리피스들을 보호하기 위하여 종종 부품에 내장된다. 필터 하우징에는 차압지시계가 있어 필터가 막혀서 수리를 받아야 할 때를 알려준다. 밸브가 막혔을 때 열려 흐름을 필터 주위로 바이패스시키는 릴리프밸브는 종종 필터 하우징에 내장되어 있다. 이 밸브는 필터가 완전히 막혔을 때도 작동을 가능하게 해주기 때문에 시스템 신뢰성을 높인다.

시스템들은 언제나 여과를 필요로 한다; 필터의 종류 및 크기만을 결정하기만 하면 된다. 안전한 오염 수준은 통상적으로 유사한 시스템들에 대한 과거 경험들과 부품 제조사들의 추천 사항으로부터 나온다. 필터의 마이크론 등급은 각각에 맞게 선정된다. 필터를 선정할 때 고려해야 하는 추가 요소들은 오염물질을 보유 능력(가능하면 큰 필터), 최소한의 압력강하에서 필요한 유량을 통과시키는 능력, 필터가 설치된 장소에서 압력 수준을 견디는 능력, 필터재의 조각 떨어짐, 그리고 오염물질을 발생시키는 시스템의 활성 장치들의 개수이다.

이상적으로 특히 중요한 시스템들에는 2가지 필터형 모두가 사용되어야 한다. 깊이형 필터는 오염물질들을 대량으로 제거하는 데 사용되고, 특히 미세한 입자들을 제거, 위험한 크기의 모든 입자들을 붙잡기 위해서는 표면형 필터가 뒤따라야 한다.

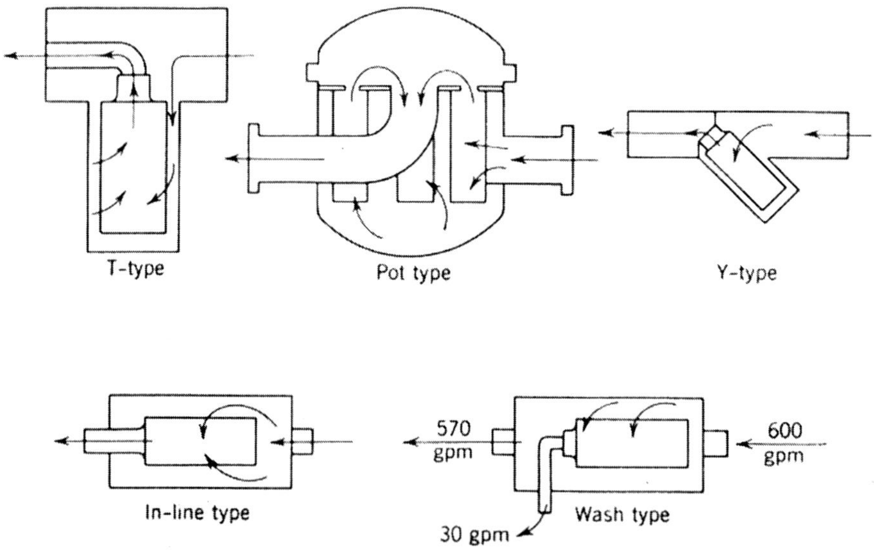

그림 12-11 필터 조합의 기본적 구성[3]

표면형 필터는 깊이형 프리 필터가 없으며 너무 빨리 막힐 것이다. 그러나 비용과 공간으로 인해 보통 한 종류만의 필터를 사용할 수 밖에 없으며, 이럴 경우, 일반적으로 깊이형 필터가 선택된다.

이상적으로 필터는 중요한 부속품 바로 앞에 설치되어야 한다. 서보밸브와 펌프 같은 관련된 중요 부품이 여러 개가 있으면 여러 개의 필터가 요구될 것이다. 그러나 대부분 단지 하나의 필터만 사용되고, 이것은 펌프 토출 관로에 설치된다. 큰 입자들이 들어와서 펌프를 손상시키는 것을 방지하는 보호장치로 항상 펌프 인입구 관로에만 설치되는 거친 표면형 필터(스트레이너)를 제외하고는 펌프를 직접적으로 보호하는 장치가 없다. 만약 필터를 펌프 인입구에 설치하면, 펌프가 발생시킨 마모 입자들이 서보밸브로 갈 수 있으며, 또한 펌프에 캐비테이션이 발생할 것이다. 때때로 필터는 복귀관로에 설치된다. 이 지점에서는 작동유 속도가 느리기 때문에, 저렴한 저압 장치들로 훌륭한 여과효과가 얻어질 수 있다. 그러나 탱크는 오염 물질들이 가라앉은 후 아마도 펌프로 들어가는 장소라기 보다는 무오염으로 유지되어야 한다. 이것은 펌프 인입구를 탱크의 낮은 지점에 만듦으로써 성취될 수 있다.

분리된 펌프가 작동유를 단지 하나의 필터를 통해서만 흐르게 하는 바이패스형 필터 배치가 때때로 사용된다. 깨끗한 오일만이 중요한 부품에 들어온다는 통계적 확실성이 있는 경우에 한하여 필터와 필터의 압력강하가 주 유압회로에서 제거되기도 한다.

경험을 통해, 제조 당시에 깨끗했던 시스템은 시스템 필터를 통해 계속 깨끗하게 유지될 수 있음을 알 수 있다. 따라서 새로운 유압 작동유, 배관, 다기관들, 그리고 새로 구축된 시스템의 부품 통로들을 깨끗이 하기 위해서는 여러 개의 필터를 이용해 시스템을 깨끗이 씻어내는 작업이 권고된다. 서보밸브 같은 중요한 부속품들을 설치하기 전에 마모성 오염물질에 의한 때 이른 마모를 방지하기 위해서는 이 씻어내기 작업을 반드시 실시해야 한다.

필터가 물리적으로 오염물질을 붙잡고 있기 때문에, 필터들은 어쩔 수 없이 막혀서 기능수행에 실패할 수밖에 없다. 따라서 아주 세밀한 여과를 위해서는 빈번한 검사와 건전한 예방적 유지관리 프로그램이 필요하다.

참고문헌

[1] Lusig, R., "Hydraylic System Reservoirs," *Machine Design*, June 6, 1963, 145-150.

[2] Dodge, L., "Oil-system Cooling," *Product Eng.*, June 25, 1962, 92-96.

[3] Wheeler, Jr., H. L., *Filtration in Modern Fluid Systems*, Bendix Corporation, 434 W. 12 Mile Road, Madison Heights, Michigan, 1964.

[4] *Detection and Analysis of Contamination*. Milipore Filter Corporation, Bedford, Massachussetts, ADM-30, 1964.

[5] *Ultracleaning of Fluids and Systems*. Millipore Filter Corporation, Bedford, Massachussetts, ADM-60, 1963.

찾아보기

역자 소개

허 준 영(전공분야 : 유공압제어)

한국기술교육대학교 메카트로닉스공학부 교수

1975. 3. - 1979. 2. 부산대학교 공과대학 기계설계공학과 공학사
1979. 3. - 1982. 2. 부산대학교 대학원 기계공학과 공학석사
1983. 3. - 1989. 8. 부산대학교 대학원 기계공학과 공학박사

1988. 1. - 1992. 1. 현대중공업 중장비사업부 연구소 유공압팀장
1993. 3. - 1994. 2. 독일 Aachen공대 IHP(유공압연구소) 객원연구원
2000. 2. - 2001. 2. 캐나다 Saskatchewan대학 방문교수
2002.11. - 2003. 2. 영국 Bath대학 PTMC(유공압센터) 연수
1992. 1. - 現 한국기술교육대학교 메카트로닉스공학부 교수

정가 28,000원

유압제어 시스템

2015년 1월 2일 초판 인쇄
2015년 1월 10일 초판 발행
저 자 : Herbert E. Aerritt
역 자 : 허준영
발행자 : 우명찬·송 준
발행처 : 홍릉과학출판사
주 소 : 서울시 강북구 인수동 455-60
142-885
등 록 : 1976년 10월 21일 제5-66호
전 화 : (02) 999-2274~5, 903-7037
팩 스 : (02) 905-6729
e-mail: hongpub@hongpub.co.kr
http://www.hongpub.co.kr
ISBN: 979-11-5600-332-8

역자와의 협의하에 인지생략